U0286800

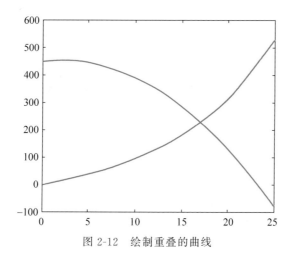

图 2-12　绘制重叠的曲线

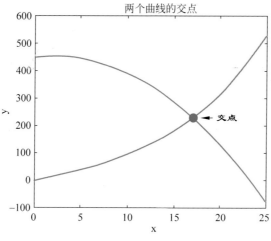

图 2-13　加入图形标识

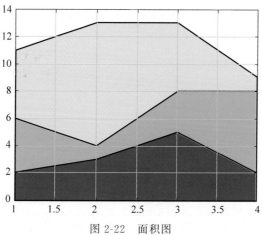

图 2-22　面积图

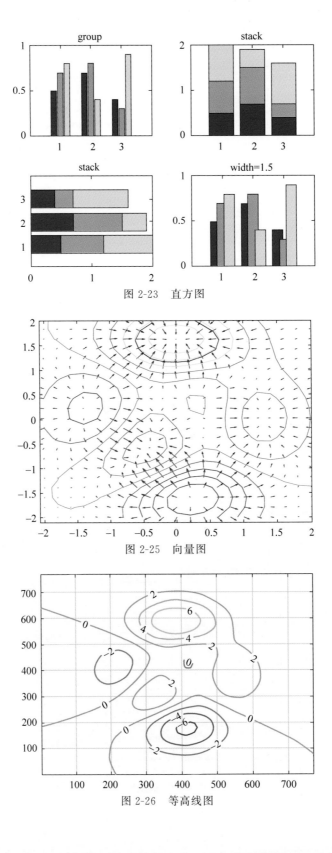

图 2-23 直方图

图 2-25 向量图

图 2-26 等高线图

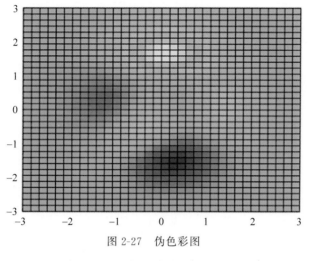

图 2-27　伪色彩图

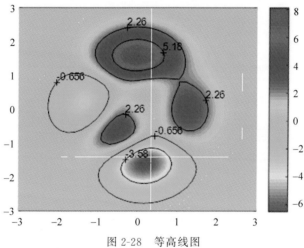

图 2-28　等高线图

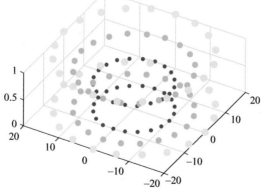

图 2-31　散点图

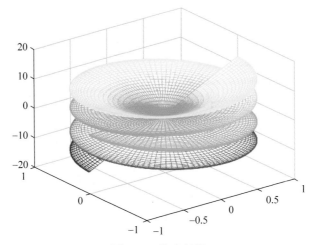

图 2-34　柱坐标图

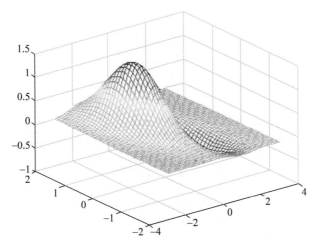

图 2-36　三维曲线图

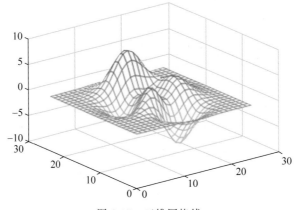

图 2-37　三维网格线

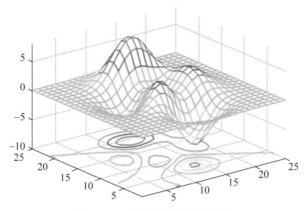

图 2-38　三维曲线加等高线图

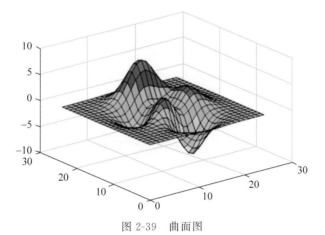

图 2-39　曲面图

图 2-41　阴影曲面加等高线图

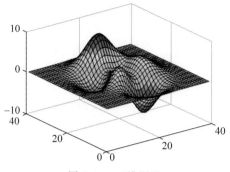

图 2-44　三维图形

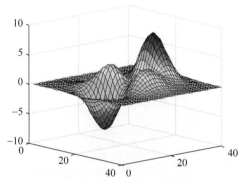

图 2-45　不同视角的三维图形

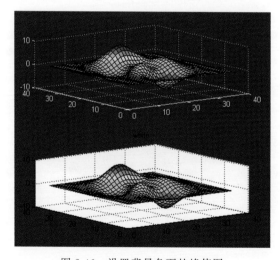

图 2-46　设置背景色下的峰值图

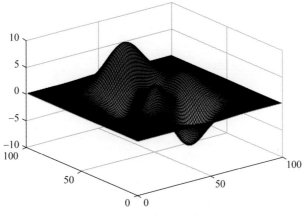

图 2-47　设置图形颜色

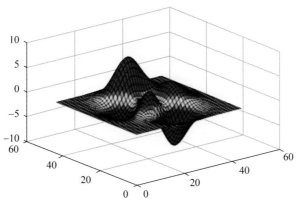

图 2-48　设置数值轴的颜色图

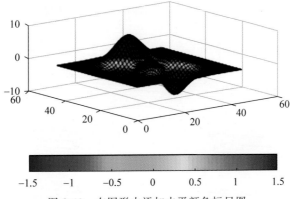

图 2-49　在图形中添加水平颜色标尺图

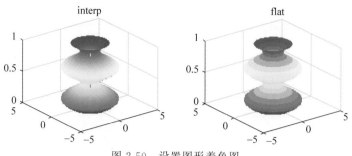

图 2-50　设置图形着色图

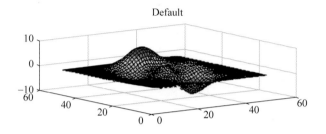

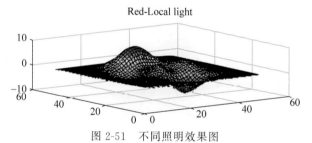

图 2-51　不同照明效果图

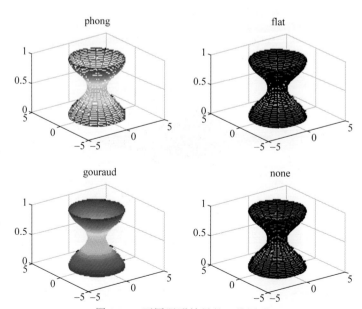

图 2-52　不同照明效果的三维图形

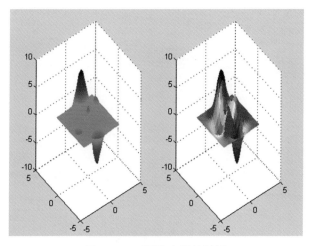

图 2-53　不同的光照效果图

图 2-54　透视效果

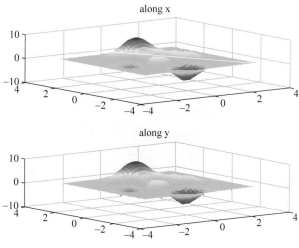

图 2-55　不同线性透明度效果

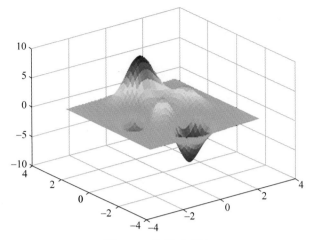

图 2-56　控制透明图

$$y/(1+x^2+y^2)$$

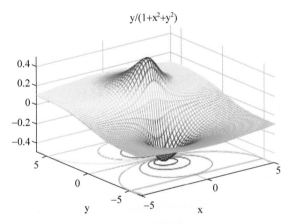

图 2-58　绘制三维图形及等高线

$$x^2+y^2,$$

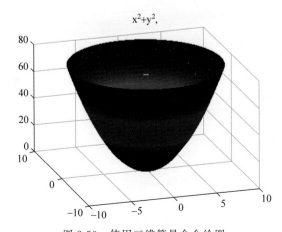

图 2-59　使用三维简易命令绘图

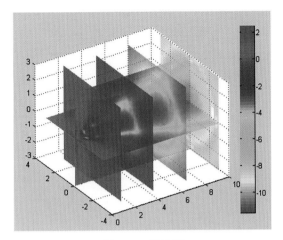

图 2-60　切片图

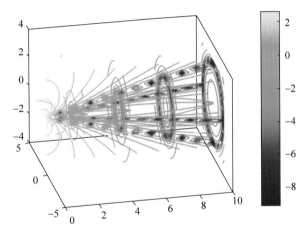

图 2-61　切面等位线图

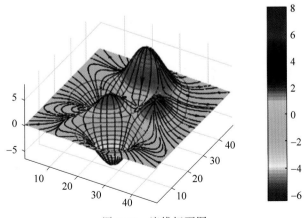

图 2-62　流线切面图

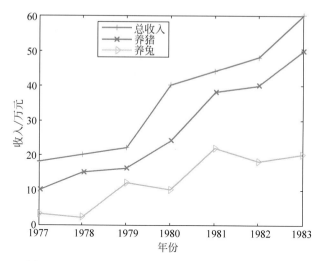

图 4-1　1977—1983 年总收入与养猪、养兔收入曲线图

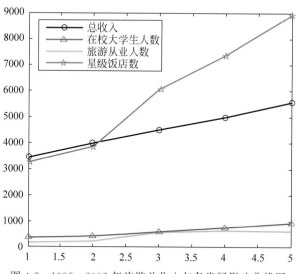

图 4-2　1998—2002 年旅游总收入与各发展影响曲线图

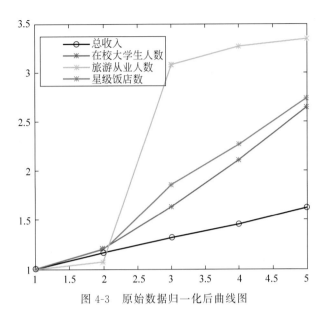

图 4-3　原始数据归一化后曲线图

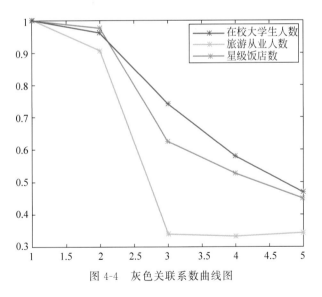

图 4-4　灰色关联系数曲线图

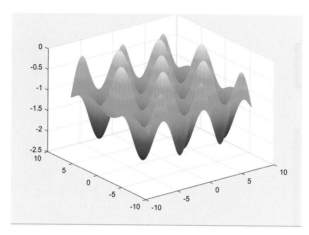

图 11-2　Griewank 函数图像

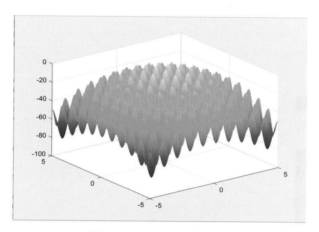

图 11-3　Rastrigin 函数图像

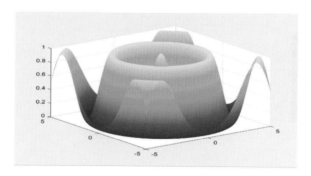

图 11-4　Schaffer 函数图像

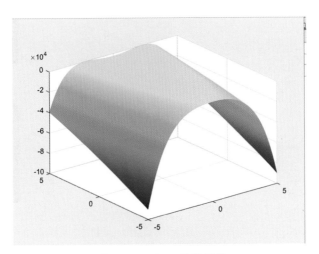

图 11-5　Ackley 函数图像

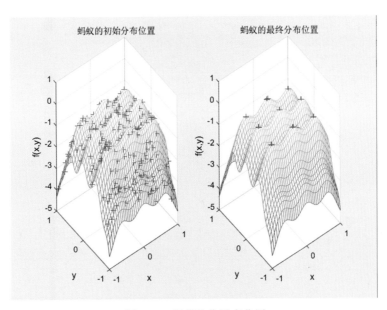

图 11-6　蚂蚁的位置变化图

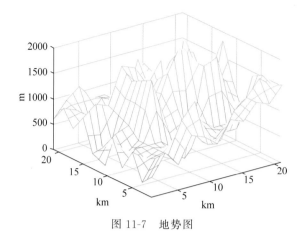

图 11-7　地势图

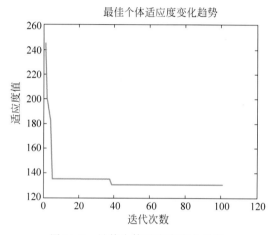

图 11-8　最佳个体适应度变化趋势

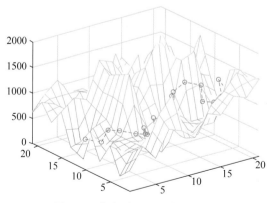

图 11-9　蚂蚁在山区运行路线图

计算机技术开发与应用丛书

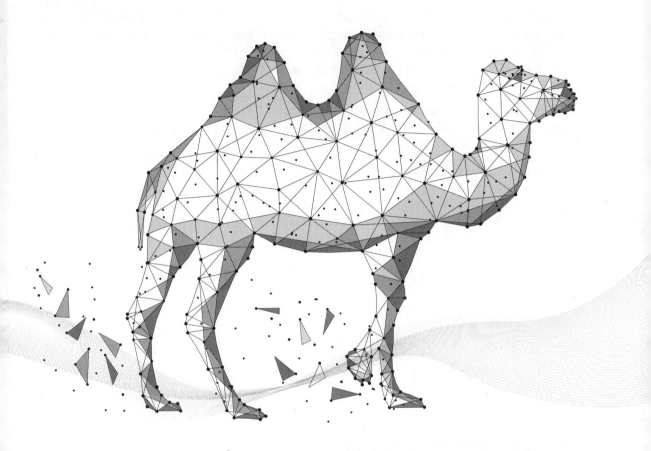

人工智能算法
原理、技巧及应用

韩 龙 张 娜 汝洪芳◎编著

清华大学出版社

北京

内 容 简 介

本书以智能算法为背景,全面地介绍了人工智能的各种算法。本书内容以理论为基础,以应用为主导,循序渐进地向读者揭示怎样利用智能算法解决实际问题。全书共 11 章,主要内容包括 MATLAB 语言入门、插值算法与曲线拟合、灰色系统理论、傅里叶变换和小波变换、经验模态分解算法、模糊逻辑控制算法、滑模变结构控制、神经网络基本理论、支持向量机、智能优化算法等。

本书可作为高校本科生和研究生的学习用书,也可作为科研人员、学者、工程技术人员的相关参考用书。

图书在版编目(CIP)数据

人工智能算法:原理、技巧及应用/韩龙,张娜,汝洪芳编著.—北京:清华大学出版社,2022.8
(计算机技术开发与应用丛书)
ISBN 978-7-302-59281-5

Ⅰ.①人… Ⅱ.①韩… ②张… ③汝… Ⅲ.①人工智能—算法 Ⅳ.①TP18

中国版本图书馆 CIP 数据核字(2021)第 200446 号

责任编辑:赵佳霓
封面设计:吴　刚
责任校对:时翠兰
责任印制:曹婉颖

出版发行:清华大学出版社
　　　　网　　　址:http://www.tup.com.cn,http://www.wqbook.com
　　　　地　　　址:北京清华大学学研大厦 A 座　　　邮　　编:100084
　　　　社 总 机:010-83470000　　　　　　　　邮　　购:010-62786544
　　　　投稿与读者服务:010-62776969,c-service@tup.tsinghua.edu.cn
　　　　质量反馈:010-62772015,zhiliang@tup.tsinghua.edu.cn
　　　　课件下载:http://www.tup.com.cn,010-83470236
印 装 者:北京鑫海金澳胶印有限公司
经　　销:全国新华书店
开　　本:186mm×240mm　　印　张:24.75　　插　页:8　　字　　数:571 千字
版　　次:2022 年 8 月第 1 版　　　　　　　　印　　次:2022 年 8 月第 1 次印刷
印　　数:1~2000
定　　价:100.00 元

产品编号:090504-01

前　言
PREFACE

　　人工智能(Artificial Intelligence,AI)是研究、开发用于模拟、延伸和扩展人的智能的理论、方法、技术及应用系统的一门新的技术科学。它的研究范围为自然语言处理、知识表现、智能搜索、推理、规划、机器学习、知识获取、组合调度问题、感知问题、模式识别、逻辑程序设计软计算、不精确和不确定的管理、人工生命、神经网络、复杂系统、遗传算法等。本书主要介绍常用的人工智能所涉及的机器学习算法,并借助 MATLAB 语言实现其应用。

　　本书通过精心设计理论讲解及例程实践,深入浅出地介绍 MATLAB 语言的基础与常用的人工智能算法理论,以便使读者尽快地掌握人工智能算法的应用和创新技巧,能够尽快地投入自己的学术研究与工程实践中。

本书主要内容

　　第 1 章介绍人工智能的发展过程、人工智能的核心技术体系及人工智能的特点与应用等。

　　第 2 章介绍 MATLAB 语言开发环境、数据类型与基本运算符、常用的流程操作语句和 MATLAB 语言的绘图等。

　　第 3 章简单介绍插值算法与曲线拟合,包括拉格朗日插值、牛顿插值、多项式拟合理论及应用等。

　　第 4 章介绍灰色系统理论,包括灰色关联分析法、灰色预测、灰色聚类评估理论及应用等。

　　第 5 章介绍傅里叶变换和小波变换,包括傅里叶变换、小波变换理论及各种应用等。

　　第 6 章介绍经验模态分解算法,包括 EMD 算法、EEMD 算法、CEEMD 算法及应用等。

　　第 7 章介绍模糊逻辑控制算法,包括模糊集合的基本概念、模糊关系、模糊推理与模糊决策等。

　　第 8 章介绍滑模变结构控制,包括变结构控制系统、开关控制与滑模变结构控制等。

　　第 9 章介绍神经网络基本理论,包括人工神经元的数学建模、BP 神经网络、径向基神经网络理论及应用等。

　　第 10 章介绍支持向量机,包括统计学习理论基础、支持向量机理论,以及 LIBSVM 软件包应用等。

　　第 11 章介绍智能优化算法,包括粒子群算法、蚁群算法、模拟退火算法等。

　　本书由韩龙、张娜和汝洪芳编写,韩龙负责编写第 2 章、第 4~6 章和第 10 章;张娜负责编写第 7～9 章；汝洪芳负责编写第 1 章、第 3 章和第 11 章。

阅读建议

本书是一本基础入门加实战的图书,既有理论基础知识,又有丰富示例,包括详细的操作步骤,实操性强。由于人工智能算法内容较多,所以本书对常用的人工智能算法的理论讲解得很详细,包括基本概念及 MATLAB 应用代码示例。每个知识点都配有小例子,力求精简,帮助读者在轻松掌握基础知识的同时快速进入实战。本书部分彩图请见插页。

建议读者先把第 2 章 MATLAB 语言基础知识掌握扎实,这样就可以很好地运用其编写简单的代码,然后理解其余章节的人工智能算法的理论,练习知识点所对应的程序代码,深入理解算法应用。

本书源代码

扫描下方二维码,可获取本书教学课件(PPT)及源代码。

教学课件(PPT)   源代码下载

致谢

首先感谢清华大学出版社赵佳霓编辑的耐心指点,以及推动了本书的出版。

还要感谢刘凯雷、李腾、李佳军、陆泽通、纪成浩、王珂硕、张东东同学在本书编写过程中的仔细校阅。

由于时间和水平有限,书中难免存在不妥之处,敬请读者指正,并提宝贵意见。

编　者

2022 年 1 月

目 录

CONTENTS

第1章 绪论（▶ 24min） ………………………………………………………… 1

1.1 人工智能的发展过程 ………………………………………………… 1

1.1.1 孕育阶段 …………………………………………………… 1

1.1.2 形成阶段 …………………………………………………… 2

1.1.3 发展阶段 …………………………………………………… 3

1.2 人工智能的核心技术体系 …………………………………………… 8

1.3 人工智能特点与应用 ………………………………………………… 11

1.3.1 人工智能研究的特点 ……………………………………… 11

1.3.2 人工智能应用 ……………………………………………… 12

第2章 MATLAB 语言入门（▶ 56min） ……………………………………… 16

2.1 MATLAB 语言开发环境 ……………………………………………… 16

2.1.1 命令行窗口 ………………………………………………… 17

2.1.2 M 文件编辑窗口 …………………………………………… 17

2.1.3 Simulink Model 窗口 ……………………………………… 18

2.2 数据类型与基本运算符 ……………………………………………… 19

2.2.1 变量的定义与赋值 ………………………………………… 19

2.2.2 数据类型 …………………………………………………… 20

2.2.3 关系表达式 ………………………………………………… 21

2.2.4 关系表达式的优先级 ……………………………………… 22

2.2.5 逻辑表达式 ………………………………………………… 23

2.3 常用的流程操作语句 ………………………………………………… 23

2.3.1 顺序结构 …………………………………………………… 24

2.3.2 if 分支结构 ………………………………………………… 24

2.3.3 switch 分支结构 …………………………………………… 26

2.3.4 while 循环结构 ……………………………………………… 27

2.3.5 for 循环结构 ………………………………………………… 28

2.4 MATLAB 语言的绘图 ……………………………………………………… 29
  2.4.1 图形的基础知识 ……………………………………………………… 30
  2.4.2 绘制二维图形 ………………………………………………………… 32
  2.4.3 设置曲线的属性 ……………………………………………………… 34
  2.4.4 设置坐标轴范围 ……………………………………………………… 35
  2.4.5 叠绘和图形标识 ……………………………………………………… 37
  2.4.6 绘制双坐标轴图形 …………………………………………………… 38
  2.4.7 绘制多子图 …………………………………………………………… 40
  2.4.8 交互式图形 …………………………………………………………… 41
  2.4.9 绘制面积图 …………………………………………………………… 43
  2.4.10 绘制直方图 ………………………………………………………… 44
  2.4.11 绘制二维饼图 ……………………………………………………… 46
  2.4.12 绘制向量图 ………………………………………………………… 46
  2.4.13 绘制等高线 ………………………………………………………… 47
  2.4.14 绘制伪色彩图 ……………………………………………………… 48
  2.4.15 绘制误差棒 ………………………………………………………… 49
  2.4.16 绘制二维离散杆图 ………………………………………………… 51
  2.4.17 绘制散点图 ………………………………………………………… 52
  2.4.18 极坐标图形 ………………………………………………………… 54
  2.4.19 柱坐标图形 ………………………………………………………… 55
  2.4.20 绘制三维曲线 ……………………………………………………… 55
  2.4.21 编辑三维图形 ……………………………………………………… 62
  2.4.22 四维图形 …………………………………………………………… 78

第 3 章 插值算法与曲线拟合(▶ 101min)………………………………………… 82

3.1 插值 …………………………………………………………………………… 82
  3.1.1 一维插值 ……………………………………………………………… 83
  3.1.2 人口数量预测 ………………………………………………………… 83
  3.1.3 二维插值 ……………………………………………………………… 86
  3.1.4 绘制二元函数图形 …………………………………………………… 86
3.2 插值算法 ……………………………………………………………………… 88
  3.2.1 拉格朗日插值 ………………………………………………………… 88
  3.2.2 牛顿插值 ……………………………………………………………… 94
  3.2.3 分段插值法 …………………………………………………………… 101
  3.2.4 样条插值 ……………………………………………………………… 104
3.3 曲线拟合 ……………………………………………………………………… 107

3.3.1 多项式拟合 ┈┈┈┈┈┈┈┈┈┈┈┈┈┈┈┈┈┈┈┈┈┈┈┈┈┈ 107

3.3.2 加权最小方差拟合 ┈┈┈┈┈┈┈┈┈┈┈┈┈┈┈┈┈┈┈┈┈┈ 109

3.3.3 数据拟合——适用加权最小方差 WLS 方法 ┈┈┈┈┈┈┈┈ 109

第 4 章 灰色系统理论(▶ 44min) ┈┈┈┈┈┈┈┈┈┈┈┈┈┈┈┈┈ 113

4.1 灰色关联分析法 ┈┈┈┈┈┈┈┈┈┈┈┈┈┈┈┈┈┈┈┈┈┈┈┈┈ 113

4.1.1 灰色关联因素与关联算子集 ┈┈┈┈┈┈┈┈┈┈┈┈┈┈┈┈ 114

4.1.2 距离空间 ┈┈┈┈┈┈┈┈┈┈┈┈┈┈┈┈┈┈┈┈┈┈┈┈┈┈ 116

4.1.3 灰色关联公理与灰色关联度 ┈┈┈┈┈┈┈┈┈┈┈┈┈┈┈┈ 118

4.2 灰色预测 ┈┈┈┈┈┈┈┈┈┈┈┈┈┈┈┈┈┈┈┈┈┈┈┈┈┈┈┈┈ 124

4.2.1 累加生成序列 ┈┈┈┈┈┈┈┈┈┈┈┈┈┈┈┈┈┈┈┈┈┈┈┈ 125

4.2.2 均值 GM(1,1)模型 ┈┈┈┈┈┈┈┈┈┈┈┈┈┈┈┈┈┈┈┈┈ 125

4.2.3 累减生成序列 ┈┈┈┈┈┈┈┈┈┈┈┈┈┈┈┈┈┈┈┈┈┈┈┈ 126

4.2.4 模型检验 ┈┈┈┈┈┈┈┈┈┈┈┈┈┈┈┈┈┈┈┈┈┈┈┈┈┈ 127

4.3 灰色聚类评估 ┈┈┈┈┈┈┈┈┈┈┈┈┈┈┈┈┈┈┈┈┈┈┈┈┈┈┈ 130

4.3.1 灰色变权聚类 ┈┈┈┈┈┈┈┈┈┈┈┈┈┈┈┈┈┈┈┈┈┈┈┈ 130

4.3.2 灰色定权聚类 ┈┈┈┈┈┈┈┈┈┈┈┈┈┈┈┈┈┈┈┈┈┈┈┈ 133

第 5 章 傅里叶变换和小波变换(▶ 86min) ┈┈┈┈┈┈┈┈┈┈┈┈ 138

5.1 傅里叶变换 ┈┈┈┈┈┈┈┈┈┈┈┈┈┈┈┈┈┈┈┈┈┈┈┈┈┈┈┈ 138

5.1.1 傅里叶级数的频谱 ┈┈┈┈┈┈┈┈┈┈┈┈┈┈┈┈┈┈┈┈┈ 138

5.1.2 傅里叶级数的相位谱 ┈┈┈┈┈┈┈┈┈┈┈┈┈┈┈┈┈┈┈ 139

5.1.3 傅里叶变换表示形式 ┈┈┈┈┈┈┈┈┈┈┈┈┈┈┈┈┈┈┈ 141

5.1.4 MATLAB 的傅里叶变换函数 ┈┈┈┈┈┈┈┈┈┈┈┈┈┈┈ 142

5.1.5 傅里叶变换的信号降噪应用 ┈┈┈┈┈┈┈┈┈┈┈┈┈┈┈ 143

5.2 小波变换 ┈┈┈┈┈┈┈┈┈┈┈┈┈┈┈┈┈┈┈┈┈┈┈┈┈┈┈┈┈ 147

5.2.1 小波函数 ┈┈┈┈┈┈┈┈┈┈┈┈┈┈┈┈┈┈┈┈┈┈┈┈┈┈ 148

5.2.2 小波变换理论 ┈┈┈┈┈┈┈┈┈┈┈┈┈┈┈┈┈┈┈┈┈┈┈┈ 150

5.2.3 小波分解与重构 ┈┈┈┈┈┈┈┈┈┈┈┈┈┈┈┈┈┈┈┈┈┈ 152

5.2.4 MATLAB 的小波变换函数 ┈┈┈┈┈┈┈┈┈┈┈┈┈┈┈┈ 153

5.2.5 小波变换在信号处理中的应用 ┈┈┈┈┈┈┈┈┈┈┈┈┈┈ 155

5.3 小波包变换 ┈┈┈┈┈┈┈┈┈┈┈┈┈┈┈┈┈┈┈┈┈┈┈┈┈┈┈┈ 161

5.3.1 小波包变换理论 ┈┈┈┈┈┈┈┈┈┈┈┈┈┈┈┈┈┈┈┈┈┈ 161

5.3.2 小波包变换的 MATLAB 函数 ┈┈┈┈┈┈┈┈┈┈┈┈┈┈┈ 162

5.3.3 小波包变换在信号处理中的应用 ┈┈┈┈┈┈┈┈┈┈┈┈┈ 164

第6章 经验模态分解算法(▶ 40min) ···································· 170

  6.1 EMD算法 ···································· 170

    6.1.1 瞬时频率 ···································· 170

    6.1.2 EMD基本理论 ···································· 171

    6.1.3 EMD下载与应用 ···································· 172

  6.2 EEMD算法 ···································· 174

  6.3 CEEMD算法 ···································· 178

第7章 模糊逻辑控制算法(▶ 14min) ···································· 181

  7.1 概述 ···································· 181

  7.2 模糊集合的基本概念 ···································· 182

    7.2.1 普通集合 ···································· 182

    7.2.2 模糊集合 ···································· 184

    7.2.3 模糊运算 ···································· 185

    7.2.4 隶属函数的确定 ···································· 187

    7.2.5 常见的隶属函数 ···································· 188

  7.3 模糊关系的基本概念 ···································· 188

    7.3.1 普通关系 ···································· 189

    7.3.2 模糊关系 ···································· 189

    7.3.3 模糊变换 ···································· 192

  7.4 模糊推理与模糊决策 ···································· 193

    7.4.1 模糊逻辑 ···································· 193

    7.4.2 模糊语言算子 ···································· 193

    7.4.3 模糊推理 ···································· 194

    7.4.4 模糊决策 ···································· 196

  7.5 模糊控制器的基本原理与设计方法 ···································· 198

    7.5.1 模糊控制器的基本原理 ···································· 198

    7.5.2 模糊控制器的设计步骤 ···································· 200

  7.6 模糊控制系统的工作原理 ···································· 201

    7.6.1 单输入和单输出模糊控制器的设计 ···································· 201

    7.6.2 双输入和单输出模糊控制器 ···································· 208

    7.6.3 MATLAB模糊控制工具箱及应用 ···································· 212

第8章 滑模变结构控制(▶ 12min) ···································· 218

  8.1 变结构控制系统 ···································· 218

8.1.1　变结构控制 ·· 219

8.1.2　变结构控制系统的品质 ·· 221

8.1.3　变结构系统的数学模型 ·· 223

8.1.4　变结构控制的特点 ·· 225

8.2　开关控制与滑模变结构控制 ··· 226

8.2.1　开关控制 ··· 226

8.2.2　变结构系统中的滑动模态 ··· 229

8.3　滑动模态及其数学表达 ·· 232

8.3.1　滑动模态 ··· 232

8.3.2　滑动模态的数学表达 ·· 233

8.4　菲力普夫理论 ·· 233

8.4.1　滑动模态的存在条件 ·· 234

8.4.2　关于菲力普夫理论的说明 ·· 235

8.5　等效控制及滑模运动 ··· 242

8.5.1　等效控制 ··· 243

8.5.2　滑模运动 ··· 243

8.6　滑模变结构控制的基本问题 ··· 249

8.6.1　滑动模态的存在性 ·· 250

8.6.2　滑动模态的可达性及广义滑模 ·· 250

8.6.3　滑模运动的稳定性 ·· 251

8.7　滑模变结构控制系统的动态品质 ··· 252

8.7.1　正常运动段 ·· 253

8.7.2　滑模运动段 ·· 260

8.8　滑模变结构控制的基本方法 ··· 263

8.8.1　滑模变结构的基本控制策略 ··· 263

8.8.2　滑模变结构控制的基本结构 ··· 264

8.9　基于低通滤波器的滑模控制 ··· 265

8.9.1　系统描述 ··· 265

8.9.2　滑模控制器设计 ·· 265

8.9.3　仿真实例 ··· 267

第9章　神经网络基本理论（ ▶ 87min） ··· 271

9.1　生物神经网络 ·· 271

9.1.1　生物神经元的结构 ·· 271

9.1.2　生物神经元的信息处理机理 ··· 271

9.1.3　生物神经网络的信息处理 ·· 274

9.2 人工神经元的数学建模 ·································· 275

　9.2.1 M-P 模型 ·································· 275

　9.2.2 常用的神经元数学模型 ·································· 277

9.3 人工神经网络的结构建模 ·································· 280

　9.3.1 网络拓扑类型 ·································· 280

　9.3.2 网络信息流向类型 ·································· 281

9.4 人工神经网络的学习 ·································· 282

9.5 神经网络及其分类 ·································· 283

9.6 BP 神经网络 ·································· 285

　9.6.1 BP 神经网络结构 ·································· 285

　9.6.2 BP 神经网络算法原理 ·································· 286

　9.6.3 反向传播实例 ·································· 289

9.7 BP 算法的不足与改进 ·································· 291

　9.7.1 BP 算法的不足 ·································· 291

　9.7.2 BP 算法的改进 ·································· 292

9.8 BP 网络的 MATLAB 仿真实例 ·································· 294

　9.8.1 BP 神经网络的 MATLAB 工具箱 ·································· 294

　9.8.2 BP 网络仿真实例 ·································· 296

9.9 径向基神经网络 ·································· 298

　9.9.1 正规化 RBF 网络 ·································· 298

　9.9.2 广义 RBF 网络 ·································· 299

9.10 径向基网络的 MATLAB 仿真实例 ·································· 300

　9.10.1 RBF 网络的 MATLAB 工具箱 ·································· 300

　9.10.2 仿真实例 ·································· 302

第 10 章 支持向量机（▶ 43min） ·································· 305

10.1 统计学习理论基础 ·································· 305

　10.1.1 机器学习 ·································· 305

　10.1.2 经验风险最小化原则 ·································· 305

　10.1.3 结构风险最小化原则 ·································· 306

10.2 支持向量机 ·································· 307

　10.2.1 最优超平面 ·································· 307

　10.2.2 线性支持向量机 ·································· 308

　10.2.3 非线性支持向量机 ·································· 309

10.3 LIBSVM 软件包简介 ·································· 310

　10.3.1 LIBSVM 使用的数据格式 ·································· 310

　　　　10.3.2　LIBSVM 使用的函数 ·· 311

　　　　10.3.3　LIBSVM 使用 ·· 314

第 11 章　智能优化算法（▶ 34min）··· 318

　11.1　粒子群概述 ··· 318

　　　　11.1.1　粒子群算法的基本原理 ··· 318

　　　　11.1.2　全局与局部模式 ··· 319

　　　　11.1.3　粒子群的算法建模 ··· 319

　　　　11.1.4　粒子群的特点 ··· 320

　　　　11.1.5　粒子群算法与其他进化算法的异同 ································· 320

　11.2　粒子群算法 ··· 321

　　　　11.2.1　基本原理 ··· 321

　　　　11.2.2　算法构成要素 ··· 321

　　　　11.2.3　算法的基参数设置 ··· 322

　　　　11.2.4　算法基本流程 ··· 323

　　　　11.2.5　粒子群算法的 MATLAB 实现 ·· 324

　11.3　蚁群算法 ··· 333

　　　　11.3.1　蚁群的基本概念 ··· 333

　　　　11.3.2　蚁群算法的重要规则 ·· 336

　　　　11.3.3　蚁群优化算法的应用 ·· 337

　　　　11.3.4　蚁群算法的 MATLAB 实现 ·· 338

　11.4　模拟退火算法 ··· 346

　　　　11.4.1　模拟退火算法的理论 ·· 347

　　　　11.4.2　模拟退火寻优实现步骤 ··· 349

　　　　11.4.3　模拟退火算法的 MATLAB 工具箱 ································· 350

　　　　11.4.4　模拟退火的 MATLAB 实现 ·· 354

　11.5　遗传算法 ··· 356

　　　　11.5.1　遗传算法概述 ··· 356

　　　　11.5.2　遗传算法的生物学基础 ··· 357

　　　　11.5.3　遗传算法的名称解释 ·· 358

　　　　11.5.4　遗传算法的运算过程 ·· 359

　　　　11.5.5　遗传算法的特点 ··· 360

　　　　11.5.6　染色体的编码 ··· 360

　　　　11.5.7　适应度函数 ·· 362

　　　　11.5.8　遗传算子 ··· 363

　　　　11.5.9　算法参数设计原则 ··· 365

11.5.10　适应度函数的调整 ······································· 365

11.5.11　遗传算法的应用 ·· 366

11.6　禁忌搜索算法 ·· 372

11.6.1　禁忌搜索的相关理论 ······························· 373

11.6.2　启发式搜索算法与传统的方法 ············· 373

11.6.3　禁忌搜索与局部邻域搜索 ······················ 374

11.6.4　局部邻域搜索 ·· 374

11.6.5　禁忌搜索的基本思想 ······························· 375

11.6.6　禁忌搜索算法的特点 ······························· 376

11.6.7　禁忌搜索算法的应用 ······························· 377

第 1 章

绪　　论

24min

　　人工智能研究和发展的本质就是延长和扩展人的智能。如果读者能够理解工业社会中机器如何替代和减轻人的体力劳动,就同样可以想象人工智能将会替代和减轻人的脑力劳动,所以人工智能的研究和发展将会改变人类社会。事实上,人工智能的应用成果已经给我们的现实生活带来了很多方便。本章主要阐述人工智能的发展过程、核心体系和应用。

1.1　人工智能的发展过程

　　人工智能涉及的领域十分广泛,涵盖多个大学科和技术领域。如计算机视觉、自然语言理解与交流、认知与推理、机器人学、博弈与伦理、机器学习、统计学、脑神经学等,这些领域和学科目前尚处于交叉发展、逐渐走向统一的过程中,所以很难给人工智能下一个全面、准确的定义。美国斯坦福大学人工智能研究中心的尼尔逊教授认为,“人工智能是关于知识的学科——怎样表示知识及怎样获得知识并使用知识的科学”。麻省理工学院的温斯特教授认为,“人工智能就是研究如何使计算机去做过去只有人才能做的智能工作”。总地来讲,人工智能是模拟实现人的抽象思维和智能行为的技术,即通过利用计算机软件模拟人类特有的大脑抽象思维能力和智能行为,如学习、思考、判断、推理、证明、求解等,以完成原本需要人的智力才可胜任的工作。从这个意义上看,人工智能既可以捕捉海量的信息和知识,又可以以极高速度进行思维和运算,是海量知识和高速思维的结合体。

　　人工智能作为一门科学正式诞生于 1956 年在美国达特茅斯大学(Dartmouth University)召开的一次学术会议上。到目前为止,人工智能的发展经历了 3 个阶段:第 1阶段为孕育阶段(1956 年之前),第 2 阶段为形成阶段(1956—1969 年),第 3 阶段为发展阶段(1970 年至今)。

1.1.1　孕育阶段

　　自古以来,人类就根据当时的技术条件和认识水平,一直力图创造出某种机器来代替人的部分劳动(包括体力劳动和脑力劳动),以提高征服自然的能力,但是真正对思维和智能进行理性探索,并抽象成理论体系,则经历了相当漫长的一段时期。

　　早在公元前,希腊哲学家亚里士多德(Aristotle)在其著作《工具论》中提出了形式逻辑的一些主要定律。他提出的三段论至今仍是演绎推理的基本依据。英国哲学家培根(F. Bacon)在《新工具》中系统地提出了归纳法,还提出了"知识就是力量"的警句。1642年,法国数学家帕斯卡(Blaise Pascal)发明了第一台机械计算器——加法器(Pascaline),开创了计算机械的时代。德国数学家莱布尼兹(G. Leibniz)在帕斯卡加法器的基础上发展并制成了可进行全部四则运算的计算器。他还提出了"通用符号"和"推理计算"的概念,使形式逻辑符号化。他认为,可以建立一种通用的符号语言及在此符号语言上进行推理的演算。这一思想不仅为数理逻辑的产生和发展奠定了基础,而且是现代机器思维设计思想的萌芽。英国逻辑学家布尔(G. Boole)创立了布尔代数。他在《思维法则》一书中,首次用符号语言描述了思维活动的基本推理法则。英国数学家图灵在1936年提出了一种理想计算机的数学模型,即图灵机,这为后来电子数字计算机的问世奠定了理论基础。美国神经生理学家麦库仑奇(W. McCulloch)和佩兹(W. Pitts)在1943年提出了第1个神经网络模型——M-P模型,开创了微观人工智能的研究工作,奠定了人工神经网络发展的基础。美国数学家马士利(J. W. Mauchly)和埃克特(J. P. Eckert)在1946年研制出了世界上第一台电子数字计算机ENIAC(Electronic Numerical Integrator and Calculator)。1950年,图灵发表论文 *Computing Machinery and Intelligence*,提出了图灵测试。19世纪以来,数理逻辑、自动机理论、控制论、信息论、仿生学、计算机、心理学等科学技术的进展,为人工智能的诞生奠定了思想、理论和物质基础。在20世纪50年代,计算机应用还局限在数值处理方面,如计算弹道等,但是,1950年 C. E. Shannon 完成了第1个下棋程序,开创了非数值计算的先河。Newell、Simon、McCarthy 和 Minsky 等均提出以符号为基础的计算。这一切使人工智能作为一门独立的学科呼之欲出。

1.1.2　形成阶段

　　1956年夏季,J. McCarthy、M. L Minsky、N. Lochester 和 C. E. Shannon 邀请 T. More、A. L Samuel、O. Selridge、R. Solomonff、A. Newell、H. A. Simon 等 10 人在美国的 Datmouth 大学召开了一次学术研讨会,讨论关于机器智能的有关问题。在会上,McCarthy 提议正式采用"人工智能"这一术语。这次历史性的会议被认为是人工智能学科正式诞生的标志,从此在美国开始形成了以人工智能为研究目标的几个研究组,如 Newell 和 Simon 的 CamegRAND 协作组、Samuel 和 Gelermiter 的 IBM 公司工程课题研究组、Minsky 和 McCarthy 的 MT 研究组等。1956年,Samuel 研究出了具有自学习能力的西洋跳棋程序。这个程序能从棋谱中学习,也能从下棋实践中提高棋艺。这是机器模拟人类学习过程卓有成就的探索。1959年这个程序曾战胜设计者本人,1962年还击败了美国 Connecticut 州的跳棋冠军。1957年,A. Newell、J. Shaw 和 H. Simon 等的心理学小组编制出一个称为逻辑理论机(The Logic Theory Machine)的数学定理证明程序。当时该程序证明了 B. A. W. Russel 和 A. N. Whitehead 的《数学原理》一书第2章中的38个定理。1963年修订的程序在大机器上证明了该章中的52个定理。1958年,美籍华人王浩在 IBM-740 机器上用 3～

5min 证明了《数学原理》中有关命题演算的全部定理(220 个),还证明了谓词演算中 150 个定理的 85%。1965 年,J. A. Robinson 提出了归结原理,为定理的机器证明做出了突破性贡献。A. Newell、J. Shaw 和 H. Simon 等揭示了人在解题时的思维过程大致可归结为 3 个阶段:想出大致的解题计划;根据记忆中的公理、定理和推理规则组织解题过程;进行方法和目的分析,修正解题计划。这种思维活动不仅在解数学题时如此,解决其他问题时也大致如此。基于这一思想,他们于 1960 年又编制了能解 10 种不同类型课题的通用问题求解程序(General Problem Solving,GPS)。A. Newell、J. Shaw 和 H. Simon 等还发明了编程的表处理技术和 NSS 国际象棋机。后来,他们的学生还做了许多工作,如人的口语学习和记忆的 EPAM 模型(1959 年)、早期自然语言理解程序 SAD-SAM 等。此外,他们还对启发式求解方法进行了探讨。1959 年,Selfridge 推出了一个模式识别程序。1965 年,Roberts 编制了可分辨积木构造的程序。1960 年,McCarthy 在 MIT 研制出了人工智能语言 LISP。1965 年,Stanford 大学的 E. A. Feigenbaum 开展了专家系统 DENDRAL 的研究,并于 1968 年投入使用。这个专家系统能根据质谱仪的试验,通过分析推理决定化合物的分子结构。其分析能力接近甚至部分超过有关化学专家的水平。该专家系统的成功不仅为人们提供了一个实用的智能系统,而且对知识表示、存储、获取、推理及利用等技术是一次非常有益的探索,为以后的专家系统树立了一个榜样,对人工智能的发展产生了深刻的影响。这些早期的成果充分表明了人工智能作为一门新兴学科正在蓬勃发展,也使当时的研究者们对人工智能产生了盲目乐观的看法。1997 年 5 月 12 日,IBM 公司的"深蓝"超级计算机才第一次击败国际象棋世界冠军卡斯珀罗夫(Kasparov)。1976 年,美国数学家 Kenneth Appel 等在 3 台大型电子计算机上用 1200h 完成了四色定理证明。1977 年,我国数学家吴文俊在《中国科学》上发表论文《初等几何判定问题与机械化问题》,提出了一种几何定理机械化证明方法,被称为"吴氏方法"。1980 年,吴文俊在 HP9835A 机上成功证明了勾股定理、西姆逊线定理、帕普斯定理、帕斯卡定理、费尔巴哈定理,并在 45 个帕斯卡点中发现了 20 条帕斯卡圆 5 维曲线。但是,至今仍未有公认的由计算机谱写的名曲,至今计算机仍然缺乏对常识的推理能力。

1.1.3 发展阶段

从 20 世纪 70 年代开始,人工智能的研究已经逐渐在世界各国开展起来。此时召开并创办了多个人工智能国际会议和国际期刊,对推动人工智能的发展、促进学术交流起到了重要作用。1969 年成立了国际人工智能联合会(JCAI)。1970 年创刊了著名的国际期刊《人工智能》。1974 年成立了欧洲人工智能会议(European Conference on Artificial Intelligence,ECAI)。此外,许多国家有本国的人工智能学术团体。英国爱丁堡大学那时候就成立了"人工智能"系。日本和西欧一些国家虽起步较晚,但发展都较快。那时苏联对人工智能研究也开始予以重视。我国是从 1978 年开始对人工智能课题进行研究的,那时候主要集中在定理证明、汉语自然语言理解、机器人及专家系统等方面的研究。我国先后成立了中国人工智能学会、中国计算机学会、人工智能和模式识别专业委员会和中国自动化学会、模式识别与机器智能专业委员会等学术团体,开展这方面的学术交流。

当时涌现出了一批重要的研究成果。例如,1972 年法国马赛大学的 A. Comerauer 提出并实现了逻辑程序设计语言 PROLOG。Stanford 大学的 E. H. Shortliffe 等从 1972 年开始研制用于诊断和治疗感染性疾病的专家系统 MYCIN,但是,在 20 世纪 60 年代末至 70 年代末,人工智能研究遭遇了一些重大挫折。例如,Samuel 开发的下棋程序在与世界冠军对弈时,五局中败了四局。机器翻译研究中也碰到了不少问题。例如,"果蝇喜欢香蕉"的英语句子 Fruit flies like a banana 会被翻译成"水果像香蕉一样飞行"。"心有余而力不足"的英语句子 The spirit is willing but the flesh is week 被翻译成俄语,然后由俄语翻译回英语后,竟变成了 The vodka is strong but meat is rotten,即"伏特加酒虽然很浓,但肉是腐烂的",这种错误都由多义词造成的。这说明仅仅依赖一部双向词典和简单的语法、词法知识还不足以实现准确的机器翻译。在问题求解方面,即便是对于良结构问题,当时的人工智能程序也无法面对巨大的搜索空间。更何况现实世界中的问题绝大部分是非良结构的或者是不确定的。在人工神经网络方面,感知机模型无法通过学习解决异或(XOR)等非线性问题。这些问题使人们对人工智能研究产生了质疑,1966 年,ALPAC 的负面报告导致美国政府取消了对机器翻译的资助。1973 年英国剑桥大学应用数学家赖特黑尔(James Lighhil)爵士的报告认为,"人工智能研究即使不是骗局,至少也是庸人自扰"。当时英国政府接受了该报告的观点,取消了对人工智能研究的资助。这些指责中最著名的是明斯基(Minsky)的批评。1969 年,明斯基和贝波特(Papert)出版了《感知机》(Perceptron)一书。在书中他批评感知机无法解决非线性问题,如异或(XOR)问题等,而复杂性信息处理应该以解决非线性问题为主,他还认为几何方法应该代替分析方法作为主要数学手段。明斯基的批评导致美国政府取消了对人工神经网络研究的资助。人工神经网络的研究此后被冷落了 20 年。智能研究出现了一个暂时的低潮。面对困难和挫折,人工智能研究者们对以前的思想和方法进行了反思和检讨。1977 年《人工智能的艺术:知识工程课题及实例研究》的报告,提出了知识工程的概念,知识工程是研究知识信息处理的学科,它应用人工智能原理和方法为那些需要专家知识才能解决的应用难题提供了解决途径。采用恰当方法实现专家知识的获取、表示、推理和解释,是设计基于知识的系统的重要技术问题。以知识为中心开展人工智能研究的观点被大多数人所接受。基于符号的知识表示和基于逻辑的推理成为其后一段时期内人工智能研究的主流。人工智能从对一般思维规律的探讨转向以知识为中心的研究。

知识工程的兴起使人工智能摆脱了纯学术研究的困境,使人工智能的研究从理论转向应用,并最终走向实用。这一时期产生了大量专家系统,并在各个领域中获得了成功应用。例如,地矿勘探专家系统 PROSPECTOR 拥有 19 种矿藏知识,能根据岩石标本及地质勘探数据对矿产资源进行估计和预测,能对矿床分布、储藏量、品位、开采价值等进行推断,制订合理的开采方案。1978 年,该系统成功地找到了价值过亿美元的钼矿脉。1980 年,美国 DEC 公司开发了 XCON 专家系统用于根据用户需求配置 VAX 机器系统。人类专家做这项工作一般需要 3 个小时,而该系统只需约半分钟。

日本政府在 1981 年宣布了第 5 代电子计算机(智能计算机)的研制计划。智能计算机的主要特征是具有智能接口、知识库管理、自动解决问题的能力,并在其他方面具有人的智能行为。这一计划引发了一股智能计算机的研究热潮,但是,到了20世纪80年代末,各国的智能计算机计划相继遇到了困难。后来日本政府于1992年宣布五代机计划失败。这一时期,人们发现专家系统面临着几个问题:一是交互问题,即传统的方法只能模拟人类深思熟虑的行为,而不包括人与环境的交互行为;二是扩展问题,即大规模的问题,传统的人工智能方法只适合于建造领域狭窄的专家系统,不能把这种方法简单地推广到规模更大、领域更宽的复杂系统中去;三是人工智能和专家系统热衷于自成体系的封闭式研究,这种脱离主流计算(软硬件)环境的倾向严重阻碍了专家系统的实用化。人们认识到系统的能力主要由知识库中包含的领域特有的知识决定,而并不主要在于特别的搜索和推理方法。

基于这种思想,以知识处理为核心去实现软件的智能化,开始成为人工智能应用技术的主流开发方法。它要求知识处理建立在对应用领域和问题求解任务的深入理解的基础上,并扎根于主流计算环境,从而促使人工智能的研究和应用走上稳健发展的道路。知识工程的困境也动摇了传统的人工智能物理符号系统对于智能行为是必要的也是充分的这一基本假设,促进了区别于符号主义的联结主义和行为主义智能观的兴起。

人工神经网络理论和技术在20世纪80年代获得了重大突破和发展。1982年,生物、物理学家霍普费尔德(John Hopfield)提出并实现了一种新的全互联的神经元网络模型,可用作联想存储器的互联网络,这个网络被称为Hopfield网络模型。1985年,Hopfield网络比较成功地求解了货郎担问题,即旅行商问(Traveling Salesman Problem,TSP)。1986年,儒梅哈特(Rumelhart)发现了反向传播算法(Back Propagation Algorithm,BP算法),成功解决了受到明斯基责问的多层网络学习问题,成为广泛应用的神经元网络学习算法。1987年,在美国召开了第一届神经网络国际会议,从此掀起了人工神经网络的研究热潮,提出了很多新的神经元网络模型,并被广泛应用于模式识别、故障诊断、预测和智能控制等多个领域,但是,随着人工神经网络研究和应用的深入,人们又发现人工神经网络模型和算法也存在问题。例如,首先,神经计算不依靠先验知识,而是靠学习与训练从数据中取得规律和知识。这固然是优点,但同时也带来困难。如效率问题、学习的复杂性都是困扰神经网络研究的难题。其次,由于先验知识少,神经网络的结构难以预先确定,只能通过反复学习寻找一个较优结构,而且由此所确定的结构也难以被人理解。再者,人工神经网络还缺乏强有力的理论支持。

总而言之,人工智能的发展经历了曲折的过程。现在,人工智能已经走上了稳健的发展道路。人工智能的理论研究和实践应用都在推动着这门学科稳步前进。随着计算机网络技术和信息技术的迅猛发展,人类社会已经进入信息时代。这既对人工智能提出了新的课题,也给人工智能带来了更大的发展空间。人工智能的第三次浪潮较前两次浪潮具有本质区别。如今,以大数据和强大算力为支撑的机器学习算法已在计算机视觉、语音识别、自然语言处理等诸多领域取得了突破性进展,基于人工智能的技术应用业已开始成熟。不仅如此,这一轮人工智能发展的影响范围不再局限于学术界,人工智能技术开始广泛嫁接生活场景,从实验室走入日常,政府、企业、非营利机构开始纷纷拥抱人工智能。具体来讲,这一轮人工智能的发展主要得益于三大驱动因素。

1．深度学习算法的突破和发展

2006 年，加拿大神经网络专家杰弗里·辛顿（Geoffrey Hinton）提出了"深度学习"的概念，他与其团队发表了论文《一种深度置信网络的快速学习算法》（*A fast Learning Algorithm for Deep Belief Nets*），引发了广泛的关注，吸引了更多学术机构对此展开研究，也宣告了深度学习时代的到来。2012 年，辛顿课题组在 ImageNet 图像识别比赛中夺冠，证实了深度学习方法的有效性。深度学习的优势在于，随着数据量的增加，深度学习算法的效果会比传统人工智能算法有显著提升。当然，深度学习也存在一定的局限性，它对于数据量的要求较高，仅在数据量足够大的条件下，才能训练出效果更好的深度学习模型。对于一些样本数量少的研究对象，深度学习的算法并不能起到什么特殊作用。我国在基础算法的研发领域相对落后，但在图像识别、语音识别等算法应用领域已具备了较强的研究积累，处于国际领先地位，近年来强化学习、迁移学习等机器学习算法也发展迅速。2017 年，强化学习被《麻省理工科技评论》（*MIT Technology Review*）评为 2017 全球十大突破性技术，包括百度、科大讯飞、阿里巴巴、中国科学院在内的我国企业和高校是该领域的主要研究者。迁移学习是运用已有的知识，对不同但相关领域的问题进行求解的一种机器学习方法，目前香港科技大学、百度、腾讯等已将其作为重要研究方向。

2．计算能力的极大增强

运算能力的提高与计算成本的下降加速了人工智能的发展进程。计算机行业有一条非常著名的摩尔定律，它是由英特尔（Intel）创始人之一戈登·摩尔（Gordon Moore）提出来的，其内容为当价格不变时，集成电路上可容纳的元器件的数目，每隔 18～24 个月便会增加一倍，性能也将提升一倍。换言之，每一美元所能买到的计算机性能，将每隔 18～24 个月翻一倍以上。这让整个计算能力一直呈指数式拓展。现在，我们普通人使用的手机的计算能力，就超越了美国登月计划时 NASA（美国国家航空航天局）所拥有的全部计算能力的总和。

进入新的时期，云计算、图形处理器（GPU）的出现为人工智能的发展提供了更多可能。作为大数据挖掘和深度学习算法的实际处理平台，云计算平台可提供计算能力，并解决在数据存储、管理、编程模式和虚拟化等方面存在的问题。GPU 的崛起则是促使传统计算模式向更类似人脑的并行计算模式发展的重要因素之一。2009 年，吴恩达及斯坦福大学的研究小组发现 GPU 在并行计算方面的能力，使神经网络可以容纳上亿个节点间的连接。传统的处理器往往需要数周才可能计算出拥有一亿节点的神经网的所有级联可能性，而一个 GPU 集群仅需要一天就可以完成。

云计算平台、GPU 的大规模使用使并行处理海量数据的能力变得十分强大，极大提升了人工智能的运算速度，大大缩短了训练深度神经网络模型对某一事物的认知时间，也进一步加速了人工智能的发展。以百度 2016 年发布的百度大脑为例，依托强大的底层技术、开源的算法模型和 GPU 大规模并行计算，百度大脑现已建成超大规模的神经网络，拥有万亿级的参数、千亿样本和千亿特征训练，目前已能提供语言技术、图像技术、自然语言、用户画像、机器学习和 AR 增强现实等超过 100 种服务。

芯片的革新也在持续提升大规模计算的能力。以深度学习原理为基础的人工神经网络芯片是国内外相关公司重点发展的方向,英特尔、IBM、英伟达等企业纷纷涉足该领域。我国的寒武纪科技公司推出的深度学习芯片已经具有国际领先水平,在现有工艺水平下,单核处理器的平均性能超过主流 CPU 的 100 倍,而面积和功耗仅为主流 CPU 的 1/10。2011 年起,为了深度学习运算的需要,百度开始基于现场可编程逻辑门阵列(FPGA)研发 AI 加速器芯片,并于同期开始使用 GPU。最近几年,百度对 FPGA 和 GPU 进行了大规模部署。由于市场上现有的解决方案和技术不能满足百度对 AI 算力的要求,百度科学家和工程师开始自主研发"昆仑"芯片,其计算能力比原来用 FPGA 做的芯片提升了 30 倍左右。

3. 数据量的爆炸式增长

大数据训练可以有效提高深度学习算法的效果,获取足够多的数据,这样机器学习就会学得越准确越快速,训练出的模型效果会更好,而经过不断学习后的人工智能模型又可以挖掘和洞察数据中更多的信息,帮助数据增值。以物联网、移动互联网为代表的技术带来了数据量的爆发性增长,给人工智能发展提供了不可或缺的基础。

我国在数据资源方面也有特定的优势。根据中国互联网络信息中心(CNNIC)发布的《中国互联网络发展状况统计报告》显示,截至 2017 年 12 月,我国网民规模达 7.72 亿,普及率达到 55.8%,超过全球平均水平(51.7%)4.1 个百分点,超过亚洲平均水平(46.7%)9.1 个百分点。我国拥有全球数量最多的互联网用户、最活跃的数据生产主体,并在数据总量上具有优势;数据标注的成本较低,则在一定程度上降低了大量初创企业的运营成本,有利于我国人工智能加速发展。

2015 年,谷歌公司训练的对话 Agent,不仅能够与人类做技术性的交流,而且可以表达自己的观点,回答以事实作为依据的问题。该对话 Agent 采用基于句子预测的模型,能够从特定领域和通用领域的语料库中抽取知识,并作简单推理。可以看到,Agent 能完成简单问答任务,但仍然存在一些前后不一致的缺陷。

棋类游戏一直被视为是人类智力活动的一种体现,AI 的研究人员也因此持续从事机器博弈研究。自从 1997 年 IBM 公司的 Deep Blue 击败了国际象棋冠军卡斯帕罗夫之后,围棋就被视为是人类智慧最后的堡垒。这是因为国际象棋的状态组合为 10^{46} 量级,而围棋的状态组合数是 10^{172}(宇宙中原子数为 10^{80} 量级)。即使最先进的博弈搜索技术也难以应对如此规模的问题,然而在 2016—2017 年,DeepMind 公司开发的 AlphaGo 和 AlphaGo Zero 采用深度神经网络加强化学习的办法攻破了这一最后的堡垒,击败了人类围棋冠军。至此,机器在所有棋类游戏中均已完胜人类。

2017 年,OpenAI 公司开发的游戏机器人在线上 Dota2 比赛(1vs1)中击败了人类顶尖选手。不仅如此,OpenAI 公司还在开发与人类选手合作的游戏机器人。该机器人并非模仿人类选手或采用状态搜索,而是直接从自我对战中学习游戏策略,通过学习得到的知识,游戏机器人能够预测对手的走位,在不熟悉的情况中做出回应,以及与队友配合。对于如何构建在复杂真实人类环境下完成确定目标的 AI 系统,此项工作具有重要意义。谷歌公司发布了中文拍照翻译 App。即使用户对源语言一无所知,该软件的图片识别和翻译功能也足以满足用户需求。除中文外,谷歌翻译软件还支持 100 多种语言。

2018 年 3 月,《自然》杂志发表了利用 AI 技术区分中枢神经系统肿瘤的最新研究成果。此项成果由来自美国、德国、意大利等 100 多个实验室的近 150 位科学家共同完成。他们开发了一个超级 AI 系统,根据肿瘤组织 DNA 的甲基化数据准确地区分了近 100 种不同的中枢神经系统肿瘤。此外,该系统还具备学习能力,可分析并发现一些临床指南中尚未包含的新肿瘤分类。

1.2　人工智能的核心技术体系

发展人工智能,最重要的是抢占科技竞争和未来发展的制高点,突破关键核心技术,在重要科技领域成为领跑者。深入剖析当前人工智能的发展,我们看到其核心技术可以分为基础技术、通用技术、应用技术 3 个层面,各个层级间协作互通,底层的平台资源和中间层基础技术研发的进步共同决定了上层应用技术的发展速度。

1. 人工智能的基础技术

机器学习(Machine Learning)是人工智能最重要的基础技术,是一门专门研究计算机怎样模拟或实现人类的学习行为,以获取新的知识或技能,重新组织已有的知识结构使之不断改善自身性能的科学。一个不具有学习能力的系统很难被认为真正具备“智能”,因此机器学习在人工智能研究中扮演着最为核心的地位。在过去的几十年中,机器学习虽已在垃圾邮件过滤系统、网页搜索排序等领域有了广泛的应用,但在面对一些复杂的学习目标时仍未能取得重大突破,如图片、语音识别等。究其原因,是由于模型的复杂性不够,无法从海量数据中准确地捕捉微弱的数据规律,也就达不到好的学习效果,在此背景下,深度学习的兴起为人工智能基础技术的持续发展注入了新的动力。

深度学习是机器学习最重要的分支之一,大大优化了机器学习的速度,使人工智能技术取得了突破性进展,深度学习最核心的理念是通过增加神经网络的层数来提升效率,将复杂的输入数据逐层抽象和简化,相当于将复杂的问题分段解决,这与人脑神经系统的某些信息处理机制非常相近。目前,深度学习已在图像识别、语音识别、机器翻译等领域取得了长足进步,并进行了广泛应用。例如,图像识别可以凭借一张少年时期的照片就可在一堆成人照片中准确地找到这个人,机器翻译可以帮助人们轻松看懂外文资料等。

人工智能的基础技术具有较高的门槛,这在一定程度上决定了只有少数的大企业和高校才能深入参与,但通过开放平台的方式,则可以将深度学习技术赋能各行各业。从目前的发展状况来看,深度学习平台开源化是趋势,更高效的开源平台将孕育更庞大的场景应用生态,也将带来更大的市场价值。各行各业可依托深度学习开放平台,实现自身的产业升级与优化。未来人工智能的竞争将是基于生态的竞争,主要发展模式将是若干主流平台加上广泛的应用场景,而开源平台是该生态构建的核心,也是人工智能最大化发挥创新价值的基础。在我国,百度飞桨(PaddlePaddle)是深度学习开源平台的典型代表。2016 年 9 月,百度开源了深度学习飞桨平台,开源平台兼备易用性、高效性、灵活性和可扩展性等特点,可供广大开发者下载使用。百度现有 100 多个主要产品的应用采用了该平台,成为继 Google(谷歌)公司,Facebook(脸书)公司、IBM(国际商业机器公司)公司之后全球第 4 个将人工智能技术开源的科技巨头,也是国内首个开源深度学习平台的科技公司。此外,阿里、科大讯飞、旷视科技等企业在开源平台领域也有布局。

2. 人工智能的通用技术

在基础设施和算法的支撑下形成的人工智能通用技术层,主要包括赋予计算机感知能力的计算机视觉技术和语音技术,提供理解和思考能力的自然语言处理技术,提供决策和交互能力的规划与决策、运动与控制等;每个技术方向下又有多个具体的子技术,如图像识别、图像理解、视频识别、语音识别、语义理解、语音合成、机器翻译、情感分析等。其中语音识别、计算机视觉和自然语音处理发展得较为成熟,并且应用领域较广的基础技术,决策与规划、运动与控制等则是自动驾驶技术的重要组成部分。

1) 语音识别

传统的语音识别技术虽然起步较早,但识别的效果有限,离实用化的差距始终较大。直到近年来深度学习的兴起,语音识别技术才在短时间内取得了突破性进展。2011 年微软率先取得了突破,在使用深度神经网络模型之后,将语音识别错误率降低至 30%,2013 年,谷歌公司语音识别系统错误率约为 24%,融入深度学习技术之后,2015 年错误率迅速降低至 8%。

在随后的几年中,我国在语音识别领域也取得了较快的发展,已经达到世界领先水平。科大讯飞的语音技术集中在语音合成、语音识别、口语评测等方面,讯飞输入法的语音识别准确率可达 97%。2015 年 12 月,百度发布了 Deep Speech 2 深度语音识别技术,用于提高在嘈杂环境下语音识别的准确率,其错误率低于谷歌、微软及苹果的语音系统。《麻省理工科技评论》(*MIT Technology Review*)将它评为"2016 年十大突破技术"之一,认为百度在该领域取得了令人印象深刻的进展,这项技术将在几年内极大地改变人们的生活。目前,百度语音识别在搜索、地图、阅读等产品中得到广泛应用,仅百度输入法一项,语音的日请求量就达到了 5.5 亿。

2) 计算机视觉

计算机视觉是指用摄影机和计算机代替人眼对目标进行识别、跟踪和测量等,并进一步做图像处理,用计算机处理成更适合人眼观察或传送给仪器检测的图像。传统的计算机视觉识别需要依赖人们对经验的归纳提取,进而设定机器识别物体的逻辑,有很大的局限性,识别率较低。深度学习的引入让识别逻辑变为自学习状态,精准度大大提高。

计算机视觉包括人脸识别、细粒度图像识别、OCR 文字识别、图像检索、医学图像分析、视频分析等多个方向,在典型的图像识别应用——人脸识别方面,已经做到了比肉眼更精准。我国的人脸识别技术水平位居世界前列,近几年在权威人脸识别技术比赛 FDDB(Face Detection Data Set and Benchmark)和 LFW(Labeled Faces in the Wild)的测试中,百度、腾讯、商汤科技、旷视科技等企业均取得了非常好成绩。2015 年,百度研发的 Deep Image 图像识别系统,在 LWF 测试中取得了准确度 99.77% 的优异成绩,而在该项测试中人类的准确度仅能达到 99.2%。2016 年,在全球最权威的计算机视觉大赛 ImageNetILSVRC(大规模图像识别竞赛)上,南京信息工程大学、香港中文大学、海康威视、商汤科技、公安部第三研究所等高校、企业或研究机构共获得了 5 个项目的第一。

3) 自然语言处理

用自然语言与计算机进行通信,目的是解决计算机与人类语言之间的交互问题,这是人们长期以来所追求的目标。如果说语音识别技术让计算机"听得见",那么自然语言处理则让计算机"听得懂",人们可以用自己最习惯的语言来和设备交流,而无须再花大量的时间和精力去学习和习惯各种设备的使用方法。例如,当你用语音询问手机百度"今天哪个车号限行",机器会反馈结果;若你想继续询问明天的限行车号,只要说"那明天呢",机器就可以根据上下文背景给出正确的答案。

目前,自然语言处理的研究领域已经从文字处理拓展到语音识别与合成、句法分析、机器翻译、自动文摘、问答系统、信息检索、OCR 识别等多个方面,并发展出统计模型、机器学习等多种算法。深度学习技术在自然语言处理领域的应用,进一步提升了计算机对语言理解的准确率。借助深度学习技术,计算机通过对海量语料的学习,能够依据人们的表达习惯,更准确地把握一个词语、短语甚至一句话在不同语境中的表达含义。汉语诗歌生成是自然语言处理中一项具有挑战性的任务,对此百度提出了一套基于主题规划的诗歌生成框架,有效地提升了主题相关性,大幅度提高了自动生成的诗歌的质量。2016 年,百度在手机百度和百度度秘上推出了"为你写诗"功能,可以让用户任意输入题目生成古诗。

3. 人工智能的应用技术

人工智能应用正在加速落地,深刻地改变了世界和人类的生产、生活方式。小到手机语音助手、行为算法、搜索算法,大到自动化汽车及飞机驾驶,人工智能应用技术与各个垂直领域结合,不断拓展"A+"应用场景的边界,探索智慧未来的无限可能。人工智能应用技术丰富多彩,其中在人机交互、自动驾驶、机器翻译等领域最早得到应用和普及。

1) 人机交互

从科技的发展来看,每一次人机交互的更迭都推动了时代的变革。PC(个人计算机)时代,人们使用鼠标、键盘与计算机进行交互,微软的 Windows 桌面操作系统以近 90% 的市场占有率牢固地确立了市场霸主地位。移动互联网时代,触摸成为人们与平板计算机、手机进行交互的主要方式,谷歌的 Android 系统和苹果的 iOS 系统成为这个领域最大的赢家。到了人工智能时代,语言正在成为最自然的交互方式。随着深度学习技术的发展,对语音的准确识别及对语义的准确理解的提高,让机器理解并执行人类语言指令成为可能,对话式人工智能系统应运而生,成为未来的发展方向。智能助理是人机交互最为广泛的应用,百度度秘、阿里小蜜、腾讯叮当、京东 JIMI 等都是这一领域的典型代表。在国内外,大企业纷纷布局对话式人工智能系统,如亚马逊公司的 Alexa、谷歌公司的 Google Assistant、百度公司的 DuerOS 等,并在众多产品中得到广泛应用,DuerOS 可以用自然语言作为交互方式,同时借助云端大脑,可不断学习进化,变得更聪明。它可以应用于手机、电视、音箱、汽车等多种设备,让人们通过最自然的语音方式与设备进行交互,使设备具备与人类沟通和提供服务的能力。

我国互联网应用所覆盖的场景广泛,因此提供的服务更加多样化,与语音交互的结合点也会更多,伴随着技术的发展将会有广阔的应用空间。现阶段,在人与设备进行语音交互方面,语音识别问题已经基本得到解决。自然语言理解和多轮交互属于更深层次的认知层,涉及记忆机制、思考机制、决策机制等领域的研究探索,目前技术虽然已有突破,但是还需要持续进步。在此背景下,语言交互实现全场景覆盖难度很大,选择合适的应用场景成为应用落地需要重点考虑的方向。

2)自动驾驶

自动驾驶涉及计算机视觉、决策与规划、运动与控制等多项人工智能基础技术,在自动驾驶的环境感知、路径规划与决策、高精度定位和地图等关键环节,这些技术均有所应用和体现,其中对环境的智能感知技术是前提,智能决策和控制技术是核心,高精度地图和传感器是重要支撑。

在国内的自动驾驶领域,互联网企业成为重要的驱动力量,百度自2013年开启无人驾驶汽车项目,目前已拥有环境感知、行为预测、规划控制、操作系统、智能互联、车载硬件、人机交互、高精定位、高精地图和系统安全等十项技术。2016年9月,百度获得了美国加州无人车道路测试牌照。同年11月,百度无人车在浙江乌镇开展全球首次开放城市道路运营和体验,腾讯也于2016年下半年成立自动驾驶实验室,聚焦自动驾驶核心技术研发。在这一领域,还兴起了大量的创业公司,包括驭势科技、智行者、图森未来、禾多科技、主线科技、新石器等。

3)机器翻译

随着人工智能技术的提升和多语言信息数据的爆发式增长,机器翻译技术开始为普通用户提供实时便捷的翻译服务,而深度学习则让机器翻译的精确性和支持的语种数量都得到大幅提高。机器翻译可以为人们的生活带来各种便利,使语言难题不再困扰我们的学习和生活,小到出国旅游、文献翻译,大到跨语言文化交流、国际贸易,多语言的信息连通大趋势更加凸显出机器翻译的重要价值。

2016年,百度机器翻译项目获国家科学技术进步二等奖。目前百度翻译已支持28种语言,756个翻译方向,用户数超5亿,每天响应上亿次翻译请求。科大讯飞也是机器翻译领域的代表企业,面向国家"一带一路"倡议,科大讯飞正式推出多语种翻译产品,在将语音实时转换为文字的同时,还能同步翻译成英语、日语、韩语、维语等,实现轻松跨语言交流。

1.3 人工智能特点与应用

1.3.1 人工智能研究的特点

人工智能是自然科学和社会科学的交叉学科。信息论、控制论和系统论是人工智能诞生的基础。除了计算机科学以外,人工智能还涉及哲学、心理学、认知学、语言学、医学、数学、物理学、生物学等多门学科及各种工程学方法。参与人工智能研究的人员也来自于各个领域,所以人工智能是一门综合性、理论性、实践性、应用性都很强的科学。人工智能研究的一个原因是为了理解智能实体,为了更好地理解我们自身,但是这和同样也研究智能的心理学和哲学等学科不一样。人工智能努力构造智能实体并且理解它们。再者,人工智能所构造出的实体都是可直接帮助人类的,都是对人类有直接意义的系统。虽然人们对人工智能的未来存在争议,但是毋庸置疑,人工智能将会对人类未来的生活产生巨大影响。虽然人工智能涉及众多学科,从这些学科中借鉴了大量的知识、理论,并在很多方面得到了成功应用,但是,人工智能还是一门不成熟的学科,与人们的期望还有着巨大的差距。

现在的计算机系统仍未彻底突破传统的冯·诺依曼体系结构。CPU 的微观工作方式仍然是对二进制指令进行串行处理,具有很强的逻辑运算功能和很快的算术运算速度。这与人类对大脑结构和组织功能的认识有相当大的差异。人类的大脑约有 10^{11} 个神经元,按照并行分布式方式工作,具有很强的演绎、归纳、联想、学习和形象思维等能力,具有直觉,可以对图像、图形、景物、声音等信息进行快速响应和处理,而目前的智能系统在这方面的能力还非常弱。

从长远角度来看,人工智能的突破将会依赖于分布式计算和并行计算,并且需要全新的计算机体系结构,如光子计算、量子计算、分子计算等。从目前的条件来看,人工智能还主要依靠智能算法来提高现有计算机的智能化程度。人工智能系统和传统的计算机软件系统相比有很多特点。

首先,人工智能系统以知识为主要研究对象,而传统软件一般以数值(或者字符)为研究对象。虽然机器学习或者模式识别算法也处理大量数值,但是它们的目的却是为了从数据中发现知识(规则),从而获取知识。知识是一切智能系统的基础,任何智能系统的活动过程都是一个获取知识或者运用知识的过程。

其次,人工智能系统大多采用启发式(Heuristics)方法而不用穷举的方法来解决问题。启发式就是关于问题本身的一些特殊信息。用启发式来指导问题的求解过程,可以提高问题的求解效率,但是往往不能保证结果的最优性,一般只能保证结果的有效性或者可用性。

再次,人工智能系统中一般允许出现不正确的结果。因为智能系统大多是处理非良结构问题,或者时空资源受到较强约束,或者知识不完全,或者数据包含较多不确定性等,在这些条件下,智能系统有可能会给出不正确的结果,所以在人工智能研究中一般采用准确率或者误差等来衡量结果质量,而不要求结果一定百分之百正确。

1.3.2 人工智能应用

人工智能作为新一轮产业变革的核心驱动力,将进一步释放历次科技革命和产业变革所积蓄的巨大能量,并创造新的强大引擎,重构生产、分配、交换、消费等经济活动的各环节,形成从宏观到微观各领域的智能化新需求,催生新产品、新产业、新业态、新模式,推动经济结构重大变革,深刻改变人类生产生活方式和思维模式,实现社会生产力的整体跃升。

制造业是国民经济的主体,是立国之本、兴国之器、强国之基。当前,新一代信息技术与制造业深度融合,正在引发影响深远的产业变革,形成新的生产方式、产业形态、商业模式和经济增长点。伴随着语音识别、计算机视觉感知、文本分析翻译、人机交互等人工智能技术的快速发展,人工智能加速向制造业的设计、生产、物流、销售、市场和服务等多个环节广泛渗透,使高效生产和柔性生产成为可能。

在产品研发设计环节,人工智能可基于海量数据建立数据模型,模拟产品研发设计过程,从而减少人力、物力、时间等投入,降低研发设计成本。尤其在研发周期长、投入高、成功不确定性高的医药、化工等领域,应用效果尤为突出。以医药研发为例,人工智能可广泛应用于药物分子挖掘、生物标志筛选、新型组合疗法研究、新药有效性/安全性预测等环节。例如,英国伦敦的一家初创企业 BenevolentAI,利用 JACS 判断加强认知系统核心技术平台,把人、技术和生物学结合起来,通过模拟大脑皮层中的识别和学习方式,在杂乱无章的海量信息源中提取有效信息,提出新的可被验证的假设,从而加速药物研发的进程。

将人工智能技术嵌入生产制造环节,可以使机器在更复杂的环境中实现智能化、柔性化生产。人工智能技术主要应用于柔性生产、工艺优化和质量管控等领域。基于消费者个性化需求数据,人工智能可提升生产制造系统的柔性化水平,更好、更快地满足市场个性化、多样性需求;通过机器学习建立产品生产模型,可以自主设定最佳生产工艺流程及参数,并能自主开展故障诊断及排除;利用机器视觉检测系统,可以逐一检测多种材质产品的缺陷,并指导生产线对不合格产品进行分拣,有效提高出厂产品合格率。例如,海尔 COSMOPlat 平台集成了多种智能技术,可以为企业提供用户参与企业全流程大规模定制的智能化服务,通过该平台,用户可以通过 HOPE、众创汇等在线交互设计平台,自主定义所需产品的形状、材质等各类参数。

在供应管理环节,基于历史供需数据和现实约束条件,运用人工智能可使需求预测更加精准,动态调整库存水平和生产计划,实现采购和补货的全自动化,提供更加优化的产品运输路线和计划,提高供应链管理水平,降低生产成本。例如,美国 C. H. Robinson 公司,依托 TMS(供承运商使用)和 Navisphere(供货主使用)两大核心信息系统,为承运商和货主提供可视、可控、实时和智能的信息及服务,货主通过 Navisphere 提交价格、车型、时限、货物等需求信息,Navisphere 将利用机器学习自动匹配性价比最高的几种方案供其选择;通过与 TMS 的无缝对接,承运商可迅速获取货主的真实需求,并将订单需求转化为更加高效优化的运输计划。

在营销环节,基于年龄、教育程度、消费习惯、社交特征等海量用户数据,运用人工智能挖掘和优化数据,可以更好地洞察客户和潜在客户,对客户需求进行精准预测,并针对特定客户群体提出个性化、更具创意的营销策划方案。基于智能语音识别及分析技术,24h 机器人在线客服可以随时响应客户的相关信息和需求。例如,IBM 推出了基于 Watson 的认知营销服务,Watson 认知计算系统具备理解、推理和学习能力,能够为营销提供更多创造力,帮助用户实现独一无二的高度精准数字营销。

当前,人工智能技术正在成为改变农业生产方式,推进农业供给侧改革的强劲动力,在多种农业场景得到广泛应用。例如,耕作、播种和采摘等智能机器人,土壤分析、种子分析、病虫害分析等智能识别系统,以及禽畜智能穿戴产品等。这些应用的广泛运用能有效提升农业产出及效率,同时减少农药和化肥的使用。土壤成分及肥力分析是农业产前阶段最重要的工作之一,也是实现定量施肥、宜栽作物选择、经济效益分析等工作的重要前提。借助非侵入性的探地雷达成像技术对土壤进行探测,然后利用人工智能技术对土壤情况进行分析,可在土壤特征与宜栽作物品种间建立关联模型。例如,IntelinAir 公司开发了一款无人机,通过类似核磁共振成像技术拍下土壤照片,通过智能分析,确定土壤肥力,精准判断适宜栽种的农作物。美国生物学家戴维•休斯和作物流行病学家马塞尔•萨拉斯研发了一款名为 Plant Village 的病虫害探测 App,可检测出 14 种作物的 26 种疾病,识别准确率高达99.35%。此外还有播种、耕作、采收等智能机器人。人工智能技术广泛应用到农业生产中的播种、耕作、采摘等多种场景,极大地革新了农业生产方式,提高了生产效率。在播种环节,美国 David Dorthout 公司推出一款名为 Prospero 的智能播种机器人,其内置了土壤探测装置,在获取土壤信息的基础上通过算法得出最优化的种植密度,并可自动播种、控制杂草。依托出色的传感器技术和图像识别功能,Blue River Technology 公司开发了一款名为See & Spray 的机器人,用以帮助控制棉花地的杂草。它依靠计算机视觉和机器学习判断面前是棉花还是杂草,即使目标只有邮票大小,它也能准确识别。一旦确定那不是棉花,机器人会控制喷嘴对准喷洒,避免对棉花造成腐蚀。精准喷洒和喷雾喷嘴可以防止杂草对除草剂产生抗药性,并且能减少高达 90% 的除草剂使用量。这不但提高了除草效率,帮助农民增加收入,也因减少化学品的使用量,保护了作物和环境。

人工智能在金融领域有着广泛的应用前景,并将在投资决策、运行模式、服务方式、风险管理等各个方面带来变革性影响。德勤公司在其《银行业展望:银行业重塑》报告中指出,机器智能决策的应用将会加速发展。智能算法在预测市场和人类行为的过程中会越来越强,人工智能将会影响行业竞争,市场将变得更有效率。科尔尼管理咨询公司(A. T. Kearney)预计,人工智能投资顾问在未来 3~5 年将成为主流,年复合增长率将达 68%,2020 年其管理资产规模估计已达到 2.2 万亿美元。可以看出,人工智能技术将极大地改变现有金融格局。伴随着人工智能技术的成熟及普及,智能投顾发展迅速,如美国的Wealthfront 公司,目前已掌控超过 20 亿美元的资产。其他发达国家也涌现出大量智能投顾公司及平台,例如英国的 Money on Toast、德国的 FinanceScout24、法国的 MarieQuantier 等。

2014 年起,招商银行、广发证券、阿里巴巴等诸多传统金融机构及互联网公司纷纷推出各类智能投顾产品,发展势头十分迅猛,从产品模式来看,目前我国智能投顾产品主要分为3 种类型:一是传统金融机构推出的智能投顾产品及服务,例如广发证券的“贝塔牛”、招商银行的“摩羯智投”等;二是互联网公司推出的财富管理应用,例如“百度金融”“胜算在握”等;三是为用户解决如何建立与风险匹配的分散化投资组合问题的独立第三方智能投顾产品,例如“资配易”“蓝海智投”和“弥财”等。伴随着神经网络、决策树等人工智能技术的不断迭代创新和发展,智能投顾在我国金融业具有广阔的应用前景。

在物流行业内,人工智能技术的应用主要聚焦在智能搜索规划、动态识别、计算机视觉、智能机器人等领域,人工智能技术正改变着传统物流,对今后物流业的发展也将产生深远的影响。例如,2017 年苏宁在上海率先探索使用仓库机器人进行仓储作业,1000 平方米的仓库里,穿梭着 200 台仓库机器人,驮运着近万个可移动的货架,商品的拣选不再是人追着货架跑,而是等着机器人驮着货架排队跑过来,机器人行动井然有序。根据实测,1000 件商品的拣选,采用仓库机器人拣选可减少人工 50%～70%,小件商品拣选效率是人工的 3 倍以上,拣选准确率可达 99.99%以上。

《中国智慧物流发展报告》显示,2016 年智慧物流市场的规模超过 2000 亿元,预计到 2025 年,智慧物流市场的规模将超过万亿元,发展市场前景广阔。以智能快递柜为例,截至 2016 年底,我国智能快递柜已由 2015 年的 6 万多台增加到近 16 万台,增幅超过 200%。可以预见,以人工智能技术为依托的智慧物流将再造物流产业新结构,引领物流产业新发展。亚马逊公司在 2012 年斥资 7.75 亿美元收购了机器人制造商 Kiva Systems,自 2014 年开始在仓库中使用 Kiva 机器人,从而大大提升了其物流效率。截至 2017 年 9 月,亚马逊公司在全球仓库拥有超过 10 万台自动化机器人,并计划增设更多机器人协助工作。2018 年,亚马逊公司还获得美国专利商标局授予的无人机新专利,该无人机能够对尖叫声、挥动的手臂等人类姿势做出回应。这项专利将帮助亚马逊公司解决无人机与在门口等待的顾客之间的互动问题。

第 2 章

MATLAB 语言入门

MATLAB 语言总是与数学计算联系在一起的,其产生也与数学计算有着紧密的联系。1980 年,美国新墨西哥州大学计算机系主任 Cleve Moler 在给学生讲授线性代数课程时,发现学生在高级语言编程上花费了很多时间,于是决定编写供学生使用的 Fortran 子程序库接口程序,他将其命名为 MATLAB(Matrix Laboratory 的前 3 个字母的组合,意为"矩阵实验室"),然后 MATLAB 经过几十年的研究和不断完善,现在已成为国际上最为流行的科学计算与工程计算软件工具之一。MATLAB 成为工程师必须掌握的一种工具,被认为进行高级研究与开发的首选软件工具。

2.1 MATLAB 语言开发环境

19min

在 MATLAB 主窗口中,层叠平铺了命令行窗口、编辑器窗口、工作区窗口、当前目录窗口等子窗口,如图 2-1 所示。

图 2-1　MATLAB 主窗口

其中命令行窗口是 MATLAB 界面中的重要组成部分,利用这个窗口可以和 MATLAB 交互操作,即对输入数据或命令进行相应计算;编辑器窗口用于编写程序代码;工作区窗口用于记录工作空间。

2.1.1　命令行窗口

在命令行窗口里,用户可以输入变量、函数及表达式等,按 Enter 键后系统即可执行相应操作。

示例代码如下:

```
>> t = 1:0.5:10
```

运行结果如下:

```
t =
    Columns 1 through 7
      1.0000    1.5000    2.0000    2.5000    3.0000    3.5000    4.0000
    Columns 8 through 14
      4.5000    5.0000    5.5000    6.0000    6.5000    7.0000    7.5000
    Columns 15 through 19
      8.0000    8.5000    9.0000    9.5000   10.0000
```

MATLAB 计算中所有的量为双字长浮点数,但为了方便显示需遵循下面的规则,在默认情况下,当结果为整数时,MATLAB 将它作为整数显示,当结果为实数时,MATLAB 以小数点后 4 位的精度近似显示,如果结果中的有效数字超出这一范围,MATLAB 则以科学记数法显示结果。

2.1.2　M 文件编辑窗口

在选择菜单中单击新建 ▦ 下拉菜单中的脚本按钮,会在编辑器中生成一个新的 Untitled1.m 文件,单击保存 ▤ 按钮,便可生成自定义名称的 M 文件。在窗口内输入代码,如图 2-2 所示。

图 2-2　M 文件编辑窗口

编写完毕,选择菜单中的编辑器选项卡,单击运行▊按钮,运行结果如图 2-3 所示。

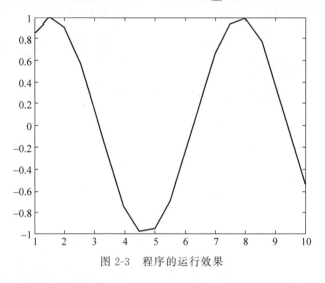

图 2-3　程序的运行效果

M 文件编辑窗口中编写的代码会以文件的形式保留,可以反复地运行,而命令行窗口中输入的代码则达不到这样的效果。

2.1.3　Simulink Model 窗口

Simulink 是一个模块图环境,用于多域仿真及基于模型的设计。它支持系统设计、仿真、自动代码生成及嵌入式系统的连续测试和验证。Simulink 提供图形编辑器、可自定义的模块库及求解器,能够进行动态系统建模和仿真。

在选择菜单栏中单击新建▊下拉菜单中的▊(Simulink Model)按钮,会出现如图 2-4所示的窗口。

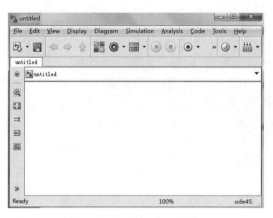

图 2-4　Simulink Model 窗口

为了可以在 Simulink Model 窗口建立图形化仿真模型,在主窗口菜单单击▊按钮,即

Simulink 库,会出现如图 2-5 所示的窗口。

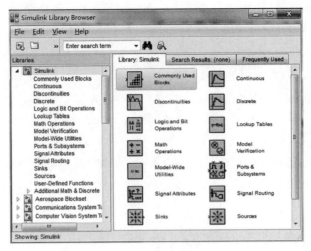

图 2-5 Simulink 库窗口

Simulink 提供了一个建立模型方块图的图形用户接口,在创建的过程中只需单击和拖动鼠标选取的模型元件,连接后就能完成所需要的功能。

2.2 数据类型与基本运算符

在 MATLAB 中,可以进行常用的加、减、乘、除和幂等运算,对于简单的计算可以直接在命令行窗口中输入表达式,MATLAB 会将计算的结果保存在默认的 ans 变量中。与 C 语言不同,在 MATLAB 中使用变量可以不预先定义。下面将介绍 MATLAB 的变量和关系式的规则和信息。

2.2.1 变量的定义与赋值

在复杂的程序结构中,变量是各种程序结构的基础,因此,MATLAB 中的变量也有自己的命名规则,规则如下:必须以字母开头,之后可以是任意字母、数字或者下画线,同时变量命名不能有空格,变量名称区分大小写。

在 MATLAB 中有一些默认的预定义变量,例如 pi、inf 和 ans 等。用户在设置变量时应该尽量避免和这些默认的预定义变量名相同,否则会给程序代码带来不可预测的错误。

在编写程序代码的时候,可以定义全局变量和局部变量两种类型,这两种变量类型在程序设计中有着不同的应用范围,因此,有必要了解这两种变量的使用方法和特点。

当每个函数在运行的时候,都会占有独自的内存,这个工作空间独立于 MATLAB 的基本工作空间和其他函数的工作空间,这样的工作原理保证了不同的工作空间中的变量相互独立,不会相互影响,这些变量都被称为局部变量。

在默认情况下,如果没有特别声明,函数运行过程中使用的变量都是局部变量。如果希望减少变量传递,则可以使用全局变量,在 MATLAB 中,定义全局变量需要使用命令 global,其调用格式如下:

```
global Var1
```

通过这个简单的命令,就可以使 MATLAB 允许几个不同的函数空间及基本工作空间共享同一个变量。每个希望共享全局变量的函数或者 MATLAB 基本工作空间必须逐个对具体变量进行专门定义。

如果某个函数在运行的过程中修改了全局变量的数值,则其他函数空间及基本工作空间内的同名变量的数值也会随之变化。

变量的赋值可以采用直接赋值和表达式赋值这两种方式,格式如下:

```
>> x = 1
x =
   1
>> y = 4 + sin(2 * pi)
y =
   4.0000
>> z = 'MATLAB'
z =
MATLAB
```

2.2.2 数据类型

MATLAB 中有 15 种基本的数据类型,如字符型、整型、浮点型、逻辑型、结构数组等。一般情况下,MATLAB 内部每个数据元素都是用双精度数来表示和存储的,数据输出时可以用 format 命令设置或改变数据的输出格式。表 2-1 为 MATALB 的数据显示格式。

表 2-1 数据显示格式

格　　式	说　　明
format	设置输出格式
format short	表示短格式(缺省显示短格式),只显示 5 位。例如 3.1416
format long	表示长格式,双精度数 15 位,单精度数 7 位。例如 3.14159265358979
format short e	表示短格式 e 方式,只显示 5 位。例如 3.1414e+000
format long e	表示长格式 e 方式。例如 3.141592653589793e+000
format short g	表示短格式 g 方式(自动选择最佳表示格式),只显示 5 位。例如 3.1416
format long g	表示长格式 g 方式。例如 3.14159265358979
format compact	表示压缩格式。变量与数据之间在显示时不留空行
format loose	表示自由格式。变量与数据之间在显示时留空行
format hex	表示十六进制格式。例如 400921fb54442d18

2.2.3　关系表达式

在 MATLAB 的程序结构中经常会遇到判断结构,根据某种条件的数值 0 或者 1 而得出不同的结论。在 MATLAB 中,能够产生这种逻辑数值 0 或者 1 的表达式分为关系表达式和逻辑表达式。

关系表达式是针对两个变量的表达式,可能是两个数值变量或者字符串变量,通过表达式之间的关系得出逻辑值 0(false)或者 1(true),取决于两个变量之间的关系。常见的逻辑关系如表 2-2 所示。

表 2-2　常见的逻辑关系

关系运算符	含　义
==	相等
～=	不等
>	大于

【例 2-1】　在 MATLAB 中,使用关系运算符进行运算,便可得到相应的结果。

代码如下:

```
% chapter2/test1.m
>> x = (8 > = 9)
>> y = (8 < = 9)
>> z = (8 ~ = 9)
```

运行结果如下:

```
x =
   0
y =
   1
z =
   1
```

【例 2-2】　在 MATLAB 中,以数值矩阵(数组)为单位,进行关系表达式的运算。

代码如下:

```
% chapter2/test2.m
a = [ -1 0;3 2]            % 二行二列矩阵
>> b = 1                   % 标量
>> c = [2 2;2 2]           % 二行二列矩阵
>> d = [1 1 1;1 1 1]       % 二行三列矩阵
>> x = (a > b)             % 矩阵与标量比较
>> y = (a < c)             % 同维矩阵比较
>> z = (a > d)             % 不同维矩阵比较
```

运行结果如下：

```
a =
    -1    0
     3    2
b =
     1
c =
     2    2
     2    2
d =
     1    1    1
     1    1    1
x =
     0    0
     1    1
y =
     1    1
     0    0
错误使用 >
矩阵维度必须一致.
```

从以上程序代码中可以看出，一个数值矩阵或者数组可以和一个标量进行关系运算，其运算规则是将矩阵的数值依次和标量数值进行关系运算，得出相应的关系结果，返回一个逻辑矩阵；同时，同维度的矩阵也可以相互进行关系运算，运算规则是将对应数值进行关系运算，同样可以得到一个逻辑矩阵。

但是，如果将不同维度的矩阵进行关系运算，则 MATLAB 无法完成其关系运算，并会返回相应的错误信息，提示用户两个矩阵的维度必须一致。

在 MATLAB 中，字符串变量本身就是一个矩阵变量，因此关系表达式只能比较长度相同的字符串变量，否则 MATLAB 就会返回错误信息。

2.2.4　关系表达式的优先级

在 MATLAB 中，关系表达式之间也存在优先级问题。下面将结合具体的例子来讲解关系表达式的优先级。

【例 2-3】　在 MATLAB 中，分析关系表达式和算术运算的优先级。

代码如下：

```
% chapter2/test3.m
>> x = 1 + 2 > 6
>> y = (1 + 2) > 6
```

运行结果如下：

```
x =
    0
y =
    0
```

通过以上程序代码可以看出,无论是否使用括号进行算术运算,得到的结果都是相等的,也就是说,x 和 y 是完全相同的。这就表明在 MATLAB 运算中,算术表达式的优先级高于关系表达式,所以是否添加括号不会影响最后的运算结果。

2.2.5　逻辑表达式

在 MATLAB 中,逻辑表达式是通过逻辑关系符将两个或者多个项进行连接而得到的逻辑数值。在 MATLAB 中,为用户提供了 3 种比较常见的逻辑运算符：AND、OR 和 XOR。这 3 种逻辑运算符是二元关系运算符,同时 MATLAB 还提供了一个非二元关系运算符 NOT。表 2-3 列出了 MATLAB 中常见的逻辑运算符。

表 2-3　MATLAB 中常见的逻辑运算符

关系运算符	含　义
&	逻辑 AND
|	逻辑 OR
XOR	逻辑 XOR
~	逻辑 NOT

MATLAB 中关系运算符和逻辑运算符的优先级情况,包括算术运算符在内,其优先级依次如下：

(1) 算术运算符,其优先级高于关系运算符和逻辑运算符。

(2) 关系运算符(==、~=、>、>=、<、<=),运算顺序是从左向右。接着是逻辑上的 NOT 运算符。

(3) 逻辑上的 AND 运算符 &,运算顺序是从左向右。

(4) 逻辑上的 XOR 运算符,运算顺序是从左向右。

2.3　常用的流程操作语句

和其他编程语言类似,MATLAB 也向用户提供了判断结构,用来控制程序流的执行次序。一般来讲,决定程序结构的语句有顺序语句、分支结构和循环结构 3 种,每种语句结构都有各自的流控制机制,相互配合使用可以实现功能强大的程序。由于 MATLAB 的这种控制命令用法和其他语言用法十分类似,因此本节只结合 MATLAB 的特点来对控制命令进行简要介绍。

2.3.1　顺序结构

顺序结构是最遵循逻辑思路的程序代码结构,批处理文件就是典型的顺序结构语句的文件,这种语句不需要任何特殊的流控制。这种顺序结构是最基础的程序结构,也是其他控制流语句中的重要组成部分。

【例 2-4】 在 MATLAB 中,使用顺序结构编写绘制函数的图形。

单击 MATLAB 命令行窗口工具栏中的新建脚本按钮,打开 M 文件编辑器。在 M 文件编辑器中输入以下程序代码。

代码如下:

```
% chapter2/test4.m
t = 0:0.1:4 * pi
y = cos(t)
plot(t,y)
```

单击 M 文件编辑器中的"保存"按钮,将以上程序代码保存为 li2.m。

返回 MATLAB 的命令行窗口,输入 li2,然后按 Enter 键,运行结果如图 2-6 所示。

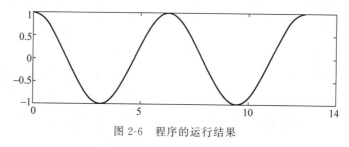

图 2-6　程序的运行结果

这样的程序代码流程符合逻辑顺序,而且容易阅读,容易理解,这是顺序结构的重要优点。

2.3.2　if 分支结构

如果在程序中需要根据一定条件来执行不同的操作,就可以使用条件语句,在MATLAB 中提供了 if 分支结构,或者被称为是 if-else-end 语句。根据不同的条件情况,if分支结构有多种形式,其中最简单的用法是:如果条件表达式值为真,则执行组命令程序块,否则跳过该组命令,其格式如下:

```
if　表达式
程序块
end
```

如果表达式的值是一个空数组,则 MATLAB 认为条件表达式为假。在 MATLAB 中,if 分支结构的更为普遍的调用格式如下:

```
if      表达式 1
        程序块 1
elseif  表达式 2
        程序块 2
…
else
        程序块 n
end
```

如果条件语句只有两种可能的选择,则其调用格式如下:

```
if  表达式
    程序块 1
else
    程序块 2
end
```

在大多数情况下,条件表达式会由关系表达式或者逻辑表达式组成,这些表达式返回的都是逻辑值 0 或者 1,将作为条件判断的依据。为了提高程序代码的执行效率,MATLAB会尽可能少地检测这些表达式的数值。

【例 2-5】　在 MATLAB 中,使用 if 分支结构编写下面的分段函数程序代码,并且运行及检测该代码结果。

$$y = \begin{cases} x, & x > 0 \\ 0, & x = 0 \\ -2, & x < 0 \end{cases} \tag{2-1}$$

代码如下:

```
% chapter2/test5.m
x = - 3
if  x > 0
    y = x
elseif x == 0
    y = 0
else
    y = - 2
end
```

运行结果如下:

```
x =
   - 3
y =
   - 2
```

在以上的结果中,用户分别输入不同情况下的系数数值,得出不同条件下方程的解。这样就可以检测程序代码中 if 分支结构语句的有效性。

最后,在使用 if 分支结构时,需要注意以下几个问题:

if 分支结构是所有程序结构中最灵活的结构之一,可以使用任意多个 else if 语句,但是只能有一个 if 语句和一个 end 语句。

if 语句可以相互嵌套,可以根据实际需要将各个 if 语句进行嵌套,以此来解决比较复杂的实际问题。

2.3.3 switch 分支结构

和 C 语言中的 switch 分支结构类似,在 MATLAB 中同样适用于条件多而且比较单一的情况,类似于一个数控的多个开关。其一般的语法调用方式如下:

```
switch 分支语句
case 条件语句
      程序段 1
case {条件语句 1,条件语句 2,…,条件语句 n}
      程序段 2
otherwise
      程序段 3
end
```

在以上语法结构中,分支语句值是一个标量或者字符串,MATLAB 可以将条件语句中的数值依次和各个 case 命令后的数值进行比较。如果比较结果为假,则 MATLAB 自动取下一个数值进行比较,一旦比较结果为真,MATLAB 就会执行相应的命令,然后跳出该分支结构。如果所有的比较结果都为假,也就是表达式的数值和所有的检测值都不相等,则 MATLAB 会执行 otherwise 部分的语句。

【例 2-6】 某商场对顾客所购买的商品进行打折销售,标准为小于 200 元(没有折扣),200～500 元(5%折扣),500～1000 元(8%折扣),大于或等于 1000 元(15%折扣)。输入所销售商品的价格,求其实际销售价格。

代码如下:

```
% chapter2/test6.m
p = input('输入商品价格:')
switch fix(p/100)
    case{0,1}
        r = 0;
    case{2,3,4}
        r = 5/100;
    case{2,3,4}
        r = 5/100;
```

```
        case{5,6,7,8,9}
            r = 8/100;
        otherwise
            r = 15/100
end
p = p * (1 - r)
```

输入商品价格：230，运行结果如下：

```
p =

    230
p =

  218.5000
>> r

r =

    0.0500
```

在 switch 分支结构中，case 命令后的检测不仅可以为一个标量或者字符串，还可以提示为一个元胞数组。如果检测值是一个元胞数组，则 MATLAB 把表达式的值和该元胞数组中的所有元素进行比较，如果元胞数组中某个元素和表达式的值相等，则 MATLAB 认为比较结果为真。

2.3.4　while 循环结构

除了分支结构，MATLAB 还提供了多个循环结构。和其他编程语言类似，循环语句一般用于有规律的重复计算。被重复执行的语句称为循环体，控制循环语句流程的语句称为循环条件。下面首先介绍 while 循环结构。在 MATLAB 中，while 循环结构的语法形式如下：

```
while   表达式
        程序块
end
```

while 循环的次数是不固定的，只要表达式的值为真，循环体就会被执行。通常表达式给出的是一个标量，但是也可以是数组或者矩阵，如果是后者，则 while 循环会要求所有的元素数值为真。

【例 2-7】　使用 while 循环结构对 $1+2+3+\cdots+100$ 求和。

单击 MATLAB 命令行窗口工具栏中的新建脚本按钮，打开 M 文件编辑器。在 M 文件编辑器中输入以下程序代码：

```
% chapter2/test7. m
k = 0;
sum = 0;
while (k < = 100)
    sum = sum + k;
    k = k + 1;
end
```

运行结果如下：

```
>> sum

sum =

    5050
```

从本例可以看出，当 k 的值大于 100 时，MATLAB 会自动跳出 while 循环结构，只计算前面小于或等于 100 时的值，从而得到相应的累加结果。

2.3.5 for 循环结构

在 MATLAB 中，另外一种常见的循环结构是 for 循环结构，其常用的调用格式如下：

```
for   index = 初值:增量:终值
    程序块
end
```

在以上语法结构中，index 被称为是循环变量，循环体被重复执行的次数是确定的，该次数由 for 命令后面的终值决定。

【例 2-8】 使用 for 循环结构对 $1+2+3+\cdots+100$ 求和。

代码如下：

```
% chapter2/test8. m
sum = 0;
for k = 0:1:100
    sum = sum + k;

end
```

运行结果如下：

```
>> sum

sum =

    5050
```

在以上程序代码中,使用 for 循环替代了 while 循环结构,同样得出了数值的计算结果。同时,这段程序代码通过数值个数来控制循环,可以计算的数值范围比较大,甚至可以计算包括负数在内的数值。while 循环和 for 循环都是比较常见的循环结构,但是这两种循环结构还是有区别的。

其中最明显的区别在于,while 循环的执行次数是不确定的,而 for 循环的执行次数是确定的。

【例 2-9】 10 个数值进行从小到大排序,并找出最大值。

对于比较复杂的 MATLAB 程序,经常需要将各种程序结构综合起来使用,这样才能解决复杂的问题。下面介绍一个比较简单的实例,来分析如何综合应用这些程序结构。

代码如下:

```matlab
% chapter2/test9.m
x = [8 0 7 2 37 6 45 12.3 6 4]
n = length(x);
for i = 1:n
for j = 1:n - i
if x(j) > x(j + 1)
t = x(j);
x(j) = x(j + 1);
x(j + 1) = t;
end
end
end
y = x
```

运行结果如下:

```
y =
  Columns 1 through 9
        0    2.0000    4.0000    6.0000    6.0000    7.0000    8.0000
12.3000   37.0000
  Column 10
   45.0000
>>  x(10)
ans =
   45
```

2.4 MATLAB 语言的绘图

MATLAB 具有强大的图形编辑功能。通过图形,可以直观地观察数据间的内在关系,也可以十分方便地分析各种数据结果。在 MATLAB 中只需使用简单的程序语句就可以设置图形的各种属性。灵活使用线型、颜色和数据标记的参数,可以绘制出十分美观的图形。

37min

在本节中,将详细介绍 MATLAB 的图形形成原理、曲线及曲面绘制的基本技巧、如何编辑图形参数、如何标记图形等。这些操作大部分只涉及了 MATLAB 中的高层命令,这些命令格式简单,容易理解。

2.4.1 图形的基础知识

在正式学习和熟悉 MATLAB 的图形编辑功能之前,有必要了解 MATLAB 中图形绘制的基本原理和基础步骤。在本节中,大致将 MATLAB 图形的数据源分成离散和连续两部分,介绍在 MATLAB 中如何绘制这两种图形。由于是介绍基础知识,所以选取的函数形式比较简单,主要是为了介绍绘制图形的原理和步骤。

1. 离散数据的可视化

在 MATLAB 中,绘制离散数据的原理十分简单。对于离散数据数组 $x=[x_1,x_2,\cdots,x_n]$,$y=[y_1,y_2,\cdots,y_n]$,MATLAB 会将对应的向量组 $(x_1,y_1),(x_2,y_2),\cdots,(x_n,y_n)$ 用直角坐标中的点序列表示。一般情况下,MATLAB 中的离散序列所反映的只是某确定区间的对应关系(也就是函数关系),不能反映无限区间上的对应关系。

【例 2-10】 绘制离散函数 $y=\dfrac{1}{(n+3)^2+1}+\dfrac{1}{(n-3)^2+2}+5$ 的图形,其中自变量 n 的取值范围为 $(0,16)$ 的整数。

代码如下:

```
% chapter2/test10.m
n = 0:16
y = 1./((n+3).^2+1) + 1./((n-3).^2+2) + 5;
plot(n,y,'rp','markersize',15);
axis([0,18,5,6]);
grid on
```

运行结果如图 2-7 所示。

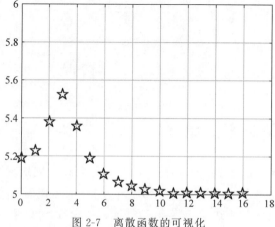

图 2-7 离散函数的可视化

以上程序语句十分简单,但是已经涉及 MATLAB 中图表绘制的多个方面。下面详细介绍各个语句的含义:

程序语句 plot(n,y,'rp','markersize',15)是图表绘制的主要命令,其中第 3 个参数 rp 用于设置数据点的色彩和点形,其中 r 表示颜色为"红",p 表示数据点呈"五角星"形,关于其他颜色和点形参数将在后面的章节中详细介绍;参数 markersize 用于设置标记的大小属性,15 就是其属性值。

程序语句 axis([0,18,5,6])的功能是设置图表坐标轴的范围,其中横坐标轴(X 轴)的刻度范围是[0,18],纵坐标轴(Y 轴)的刻度范围是[5,6]。

程序语句 grid on 的功能是添加分格线。在默认情况下,MATLAB 会为所有坐标轴添加分格线,如果需要单独对其中某个坐标轴添加分格线,则需要使用句柄图形的内容。

在默认情况下,当用户在命令行窗口中输入 plot 命令时,MATLAB 程序就会将图表显示在 Figure1 对话框中,而且该对话框会与 MATLAB 的操作界面独立。

2. 连续函数的可视化

在 MATLAB 中,绘制连续函数的图表原理基本和离散函数相同,也就是在一组离散自变量上计算相应的函数值,然后将各个数据组用点来表示。这似乎和离散函数相比没有太大的区别。在 MATLAB 中,将这些离散数据点转化为连续函数的方法有两种:一种方法是减少离散数据点的间隔,增加更多的数据点,计算各个数据点的函数数值,这种方法相当于微分的思想;另一种方法是直接将相邻的数据点用直线连接起来,用线性关系替代其他的函数关系。

在 MATLAB 中,使用这两种方法都可以绘制连续函数的图形,但是,如果函数的自变量采样点数不够多,这两种方法绘制的连续图形都会有很大的误差。

【例 2-11】 绘制离散函数 $y = \dfrac{1}{(n+3)^2+1} + \dfrac{1}{(n-3)^2+2} + 5$ 的图形,其中自变量 n 的取值范围为(0,16)的实数。

代码如下:

```
% chapter2/test11.m
n = 0:0.2:16
y = 1./((n+3).^2+1) + 1./((n-3).^2+2) + 5;
plot(n,y,'rp','markersize',15);
axis([0,18,5,6]);
grid on
```

运行结果如图 2-8 所示。

从以上对比可以很明显地看出,当自变量使用的数组离数数据间隔变小后,图表可以更明显地表示出函数的形态。

3. 绘制图表的基础步骤

从前面的内容中,应该基本了解了在 MATLAB 中绘制图表的方法。在本节中,将归纳

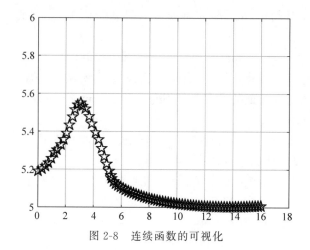

图 2-8　连续函数的可视化

一下在 MATLAB 中绘制图表的基本步骤,具体步骤如下:

1) 准备图表的数据

这是基础的步骤,因为图表就是用来显示数据变化规律的,因此,首先需要为绘制图表准备数据。一般而言,需要首先确定图表绘制的范围,然后选择对应范围的自变量,最后计算对应的函数数值。

2) 设置显示图表的位置

这个步骤主要是针对多子图的情况。当用户绘制多子图的时候,需要设置每个子图表的显示位置。对应的命令就是前面用过的 subplot 命令,可以使用该命令指定相应的窗位。

3) 绘图并设置相应的参数

这是在 MATLAB 中绘图的主要步骤,对应的命令为 plot,可以使用该命令绘制图表,同时可以设置图表的参数,例如线型、颜色和数据点形等。完成该命令后,基本上就完成了图表的大致外观。

4) 设置坐标轴属性

从这个步骤开始,就开始了对图表的编辑工作。可以设置坐标轴的刻度范围,以及添加坐标轴的分格线等。

5) 添加图形注释

完成图表的基础外观并设置了坐标轴属性后,还可以添加一些注释信息,例如图表的标题、坐标轴名称、图例和文字说明等。对于这些注释,MATLAB 都提供了对应的命令。可以使用命令来方便地设置各种注释。

说明:在以上的步骤中,步骤(1)和(3)是最基础的,通过这两个步骤基本上就可以完成图表的绘制工作了,其他步骤都可以认为是对图表的编辑步骤。

2.4.2　绘制二维图形

在 MATLAB 中,二维曲线和三维曲线在绘制方法上有较大的差别,相对而言,绘制二维曲线比绘制三维曲线要简单,因此,在本节中介绍如何在 MATLAB 中绘制二维曲线。

在 MATLAB 中,绘制二维曲线的基本命令是 plot,其他的绘制命令都是以 plot 为基础而开发的,而且调用方式都和调用该命令类似,因此,在本节中将详细介绍 plot 的使用方法。在 MATLAB 中,调用 plot 的方法有以下 3 种。代码如下:

```
plot(X,'PropertyName',PropertyValue,...)
```

其中参数 X 表示的是绘制图表的数据;PropertyName 表示的是图表属性的选项字符串,例如线型、颜色和数据点形等;PropertyValue 表示对应属性的选值。对于参数 X 的不同类型,MATLAB 会做不同的处理,详细内容如下:

(1) 当 X 是实数向量时,MATLAB 会以 X 向量元素的下标为横坐标,以元素数值为纵坐标绘制连续曲线。

(2) 当 X 是实数矩阵时,MATLAB 会绘制矩阵中每列数值元素相对于其下标的连续曲线,因此绘制的图表结果中包含了多个图表,个数等于 X 矩阵的列数。

(3) 当 X 是复数矩阵时,以列为单位,分别以矩阵元素的实部为横坐标,以元素的虚部为纵坐标绘制连续曲线。

代码如下:

```
plot(X,Y,'PropertyName',PropertyValue,...)
```

和以上命令相比,该命令多了一个参数 Y,其中 X、Y 都是图表的数据数组。其他参数的含义和以上命令相同。同样,对于参数 X、Y 的不同数据类型,MATLAB 也会做不同的处理,详细内容如下:

(1) 当 X、Y 是同维矩阵时,MATLAB 会以 X、Y 元素为横、纵坐标绘制曲线。

(2) 当 X 是向量,Y 是某维数值与 X 向量相同的矩阵时,MATLAB 会绘制多个连续曲线,默认情况下这些曲线的颜色都会不同;曲线的个数等于 Y 矩阵的另外一个维数,X 向量是曲线的横坐标。

(3) 当 X 是矩阵,Y 是向量时,情况和上面相同,Y 向量是这些曲线的纵坐标。

(4) 当 X、Y 是同维矩阵时,MATLAB 会以 X、Y 对应元素为横、纵坐标绘制曲线,因此,曲线的个数就是矩阵的列数。

代码如下:

```
plot{plot\left(X1,Y1,X2,Y2,X3,Y3,PropertyName',PropertyValue,...)}
```

该命令和第二种命令相似,只是同时在图形窗口中绘制了多个曲线,这些曲线之间没有相互的约束。

【例 2-12】 在 MATLAB 中绘制 $3\sin(4t+10)$ 和 $t+4$ 的图形,并在图形中显示对应的图例。

代码如下:

```
% chapter2/test12.m
t = 0:0.2:16
y1 = 3 * sin(4 * t + 10)
y2 = t + 4
plot(t,y1,t,y2,'rp');
legend('3sin(4t + 10)','t + 4')
grid on
```

运行结果如图 2-9 所示。

在图 2-9 中,在 MATLAB 的同一幅图形窗中绘制了不同的曲线,命令十分简单。为了便于分辨曲线的表达式,使用命令 legend 添加了图表的图例说明。

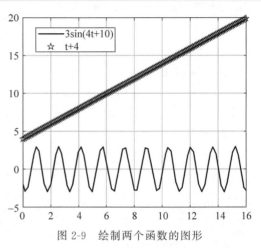

图 2-9 绘制两个函数的图形

2.4.3 设置曲线的属性

为了能够使曲线更加直观,同时也为了能够在复杂图形中分辨各个数据系列,在 MATLAB 中,可以为曲线设置不同的颜色、线型和数据点形属性。在 MATLAB 中,关于曲线的线型和颜色参数的设置如表 2-4 所示。

表 2-4　MATLAB 中线型和颜色的设置

项　目	符　号	含　义
线型	-	实线
	:	虚线
	-.	点画线
	--	双画线
颜色	b	蓝
	g	绿
	r	红
	c	青
	m	品红
	y	黄
	k	黑
	w	白

之所以将曲线的线型和颜色一起介绍,是因为在使用 plot 命令时这两个参数经常一起使用,例如 r 表示的曲线是红色的虚线。在命令 plot(X, 'PropertyName', PropertyValue, …) 中,如果没有输入参数 PropertyName 和 PropertyValue 的数值,则 MATLAB 将线型和颜色的属性设置为默认值,线型的默认值是"实线";颜色的默认值则依次是蓝、绿、红、青等。如果只有一条曲线,则曲线的颜色是蓝色。

在 MATLAB 中,除了可以为曲线设置颜色、线型外,还可以为曲线中的数据点设置属性。这样,就可以选择不同的数据点形,很方便地将不同的曲线区分开来。MATLAB 中的数据点形的属性如表 2-5 所示。

表 2-5 MATLAB 中的数据点形

符 号	含 义	符 号	含 义
.	实心黑点	+	十字符号
*	八线符	∧	上三角符
<	左三角符	>	右三角符
d	菱形	h	六角星
o	空心圆圈	p	五角星
s	方块符	×	叉字符

2.4.4 设置坐标轴范围

图表的坐标轴对图表的显示效果有着明显的影响,尽管 MATLAB 提供了考虑比较周全的坐标轴默认设置,但是并不是所有图形的默认效果都是最好的,用户可以根据需要和偏好设置坐标轴的属性。为此,MATLAB 提供了一系列关于坐标轴的命令,用户可以根据情况选取合适的命令,调整坐标轴的取向、范围、刻度和高宽比等。表 2-6 列出了 MATLAB 中关于坐标轴的常见命令。

表 2-6 MATLAB 中关于坐标轴的常见命令

命 令	含 义	命 令	含 义
axis auto	使用默认设置	axis manual	保持当前刻度范围
axis off	取消坐标轴背景	axis on	使用坐标轴背景
axis ij	原点在左上方	axis xy	原点在左下方
axis equl	横、纵坐标使用相同的刻度	axis image	等长刻度,坐标框紧贴数据范围
axis nmal	默认的矩形坐标系	axis square	正方形坐标
axis tight	将数据范围设置为刻度	axis fill	使坐标充满整个绘图区

表 2-6 所列出的命令,主要用于控制图表坐标轴,在前面的内容中已经接触到了坐标轴范围的控制命令 axis([xmin xmax ymin ymax]),此控制命令用于设置图表各坐标轴的

刻度范围。在本节中,将利用几个例子来讲解如何在 MATLAB 中对图形的坐标轴进行控制。

【例 2-13】 绘制 $y = \tan x$ 在 $\left[0, \dfrac{\pi}{2}\right]$ 的图表。

代码如下:

```
% chapter2/test13.m
x = 0:0.01:pi/2
plot(x,tan(x),'-ro')
```

运行结果如图 2-10 所示。
修改坐标轴刻度范围,代码如下:

```
axis([0 pi/2 0 50])
grid on
```

运行结果如图 2-11 所示。

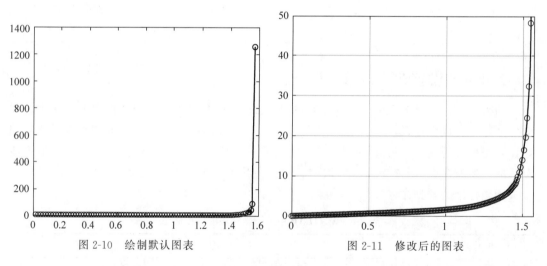

图 2-10 绘制默认图表　　　　　图 2-11 修改后的图表

从两个图表的对比中可以发现,修改后的图表在描述整个函数形态上要好于默认的图表。这是因为自变量 x 在整个范围 $\left[0, \dfrac{\pi}{2}\right]$ 中,大部分的函数值都比较小,例如:$\tan(1.5) = 14.1014$、$\tan(1.55) = 48.0785$ 等。

但是 $\tan\left(\dfrac{\pi}{2}\right) = +\infty$,$\tan(1.57) = 1256$。也就是说,函数在自变量的很小范围 $\left[1.5, \dfrac{\pi}{2}\right]$ 内递增得十分明显。如果使用 MATLAB 的自动刻度范围,就无法显示整个图表的变化趋势了。

2.4.5 叠绘和图形标识

在 MATLAB 中,可以使用多种命令在同一幅图形窗中绘制不同的图形,但是在实际应用中,会遇到在已经完成的图形中再绘制曲线的情况。为了能够达到这种效果,MATLAB 为用户提供了 hold 命令。在 MATLAB 中,hold 命令的常用调用格式如下:

(1) hold on 用于启动图形保持功能,当前坐标轴和图形都将保持,此后绘制的图形都将添加在这个图形之上,并且自动调整坐标轴的范围。

(2) hold off 用于关闭图形保持功能。

(3) hold 在 hold on 和 hold off 命令之间进行切换。

【例 2-14】 在 MATLAB 中绘制函数 $f_1(x) = -x^2 + 4x + 450$ 和 $f_2(x) = 2^{\sqrt{3x}} + 5x$ 同时在图形中标识出两个曲线的交点和曲线的属性。

代码如下:

```
% chapter2/test14.m
x = [0:0.01:25]
y1 = - x.^2 + 4 * x + 450
y2 = 2.^(sqrt(3 * x)) + 5 * x
plot(x,y1,x,y2,'linewidth',2);
hold on
```

运行结果如图 2-12 所示。

在 MATLAB 中提供了多个图形标识命令,用来添加多种图形标识。常见的图形标识包括图形标题、坐标轴名称、图形注释和图例等。关于这些图形标识,MATLAB 提供了简洁命令方式及精细命令方式。

代码如下:

```
xrt = 17.02
yrt = - xrt^2 + 4 * xrt + 450
plot(xrt,yrt,'r.','markersize',25)
text(xrt,yrt,'\fontsize{16}\leftarrow\fontname{隶书}交点')
xlabel('x')
ylabel('y')
title('两个曲线的交点')
```

运行结果如图 2-13 所示。

在图 2-13 中为图形添加了多个图形标识:坐标轴、标题、文本注释、箭头注释等。其中,坐标轴和标题的设置方法十分简单,直接引用简单命令即可,这里就不介绍了,而文本注释和箭头注释相对比较复杂,下面详细分析这两种注释内容。命令行 text(xrt,yrt, '\fontsize{16}\leftarrow\fontname{隶书}交点')为文本注释"交点"。其中参数 xrt 和 yrt 表示插入文本注释的位置,也就是坐标点(xrt,yrt),而参数(fontsize\{16}\leftarrow\fontname{隶书}交点')则定义了注释文字类型(隶书)和大小(16)及文本内容(交点),其中参数 leftarrow 表示为文本添加左向箭头。

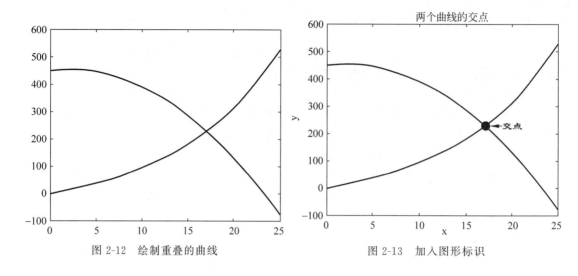

图 2-12　绘制重叠的曲线　　　　　　　图 2-13　加入图形标识

2.4.6　绘制双坐标轴图形

双坐标轴问题是科学计算和绘图中经常遇到的问题,当需要将同一自变量的两个(或者多个)不同量纲、不同数量级的函数曲线绘制在同一幅图形中时,就需要在图形中使用双坐标轴。为了满足这种需求,MATLAB 提供了 plotyy 命令。plotyy 命令的常用调用格式如下:

```
plotyy(x1,y1,x2,y2)           % 以左、右不同纵轴绘制 x1-y1、x2-y2 两条曲线
plotyy(x1,y1,x2,y2,FUN)       % 以左、右不同纵轴绘制 x1-y1、x2-y2 两条曲线,曲线类型由
                             % FUN 指定
plotyy(x1,y1,x2,y2,FUN1,FUN2) % 以左、右不同纵轴绘制 x1-y1、x2-y2 两条曲线,x1-y1 曲线类
                             % 型由 FUN1 指定,x2-y2 曲线类型由 FUN2 指定
```

在以上命令格式中,左坐标轴用于绘制 x1-y1 数据系列,右坐标轴用于绘制 x2-y2 数据系列。坐标轴的范围和刻度都可以自动产生。参数 FUN、FUN1、FUN2 可以是 MATLAB 中所有可以接受的二维绘图命令,例如 plot、bar、linear 等。

【例 2-15】　某公司统计了公司近半年的销售收入(Income)和边际利润率(Profit_Margin)的数据,为了方便财务人员进行查看,需要在同一幅图形窗中绘制两组数据的变化趋势。现在需要在 MATLAB 中实现以上要求。

代码如下:

```
% chapter2/test15.m
Income = [2456 2032 1900 2450 2890 2280]
profit = [12.5 11.3 10.2 14.5 14.3 15.1]/100
t = 1:6
[AX,H1,H2] = plotyy(t,Income,t,profit,'bar','plot')
```

```
set(get(AX(1),'Ylabel'),'string','left Y - axis')
set(get(AX(2),'Ylabel'),'string','Right Y - axis')
```

运行结果如图 2-14 所示。

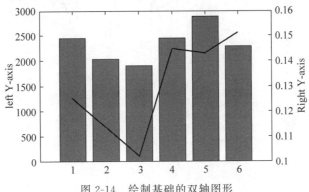

图 2-14 绘制基础的双轴图形

单击编辑菜单栏,选择图形属性,如图 2-15 所示,然后弹出如图 2-16 所示窗体,单击更多属性。

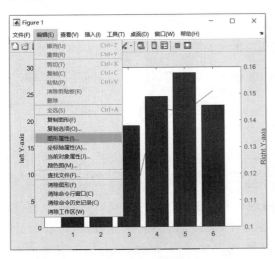

图 2-15 设置图形属性

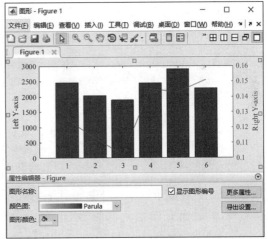

图 2-16 更多属性

选择 FaceColor 中的白色,如图 2-17 所示。

使用 plotyy 函数绘制了基础的双轴曲线,对于第 1 个数据系列 Income 使用的图表类型是直方图(bar),对于第 2 个数据系列 Profit_Margin 使用的图表类型是直线(plot),如图 2-18 所示。在没有任何编辑之前,MATLAB 会将这两个曲线的属性都设置为默认值,例如两个曲线的颜色都是蓝色等。修改图形可以选择图形属性、设置图形的线宽、填充颜色、数据标记等。

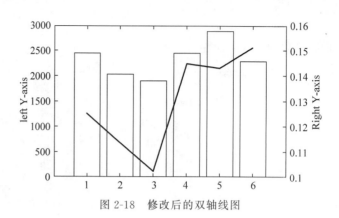

图 2-17 设置颜色 　　　　图 2-18 修改后的双轴线图

如果需要在双轴图表图形中添加文字标记,则 text 命令添加的标记位置是由左纵轴决定的,同时,需要注意,前面介绍的图例命令 legend 在双轴图形中无法正常使用。

2.4.7 绘制多子图

在前面的内容中已经多次涉及在一幅图形窗中布置多个独立的子窗口的情况。在同一图形窗中绘制多个子图,可以很方便地将几个独立图形进行对比。在 MATLAB 中,提供了 subplot 命令来绘制子图。subplot 命令的常见调用格式如下:

```
subplot(m,n,p)                              % 该命令的功能是将图形窗口分成 m×n 个子窗口,然后在第 p 个小窗口中
                                            % 创建坐标轴,将其设置为当前窗口
subplot(m,n,p,'replace')                    % 如果在绘制图形的时候已经定义了坐标轴,则该命令将删除原来的坐
                                            % 标轴,创建一个新的坐标轴系统
subplot(m,n,p,'align')                      % 该命令的功能是对齐坐标轴
subplot(h)                                  % 使句柄 h 对应的坐标轴成为当前坐标轴
subplot('Position',[left bottom width height])   % 在指定位置开辟子图,并将其设置成当前坐标轴
```

在命令 subplot(m,n,p)中,p 代表的是子图的编号。子图序号编排规则是:左上方是第 1 幅,然后向右向下依次编号,这个命令产生的子图分割按照默认值设置,而在命令 subplot('Position',[left bottom width height])中,指定位置的四元数组必须采用标化坐标,图形窗的高和宽分别是[0,1],左下方的坐标是(0,0)。最后,所有的 subplot 命令产生的子图都是相互独立的。

【例 2-16】 在 MATLAB 中,用子图绘制函数 $y_1 = e^{-\frac{t}{3}}$,$y_2 = \sin(2t+3)$ 的图形,分别使用不同的子图绘制命令。

代码如下:

```
% chapter2/test16.m
t = [0:0.1:25]
```

```
y1 = exp( - t/3)
y2 = sin(2 * t + 3)
subplot(2,1,1)
plot(t,y1)
subplot(2,1,2)
plot(t,y2)
```

运行结果如图 2-19 所示。

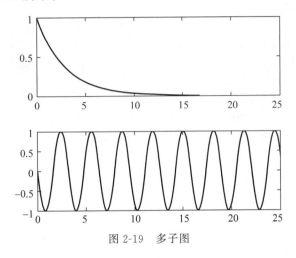

图 2-19　多子图

2.4.8　交互式图形

在 MATLAB 中,除了前面介绍的图形编辑命令之外,还提供了一些和鼠标操作相关的命令,也就是交互式图形命令。例如,当将某个函数的曲线绘制完成以后,有时候希望知道某个自变量数值下的函数值,这个时候使用 ginput 命令可以十分便利地通过鼠标来读取二维平面图形中的任意一点的坐标值。

除了 ginput 命令之外,MATLAB 还提供了 gtext、zoom 等命令,这些命令都和鼠标操作有关。

在这些命令中,除了 ginput 命令只能用于二维图形之外,其他的命令都可以用于二维和三维图形中。其中 ginput 命令和 zoom 命令经常一起使用,可以从图形中获得比较准确的数据。在 MATLAB 中,ginput 命令的常用调用格式如下:

```
[x,y] = ginput(n)      % 该命令的功能是用鼠标从二维图形上获取 n 个数据点的坐标数值,通过 Enter
                       % 键结束取点
[x,y] = ginput         % 取点的数目不受限制,这些数据点的坐标数值保存在[x,y]中,通过 Enter 键结
                       % 束取点
[x,y,button] = ginput(\ldots)      % 返回值 button 记录了每个数据点的相关信息
```

　　这个命令和其他图形命令的机理不同,其他命令是将各个数据点绘制到图形中,而该命令则是从已经绘制完成的图形中获取数据点的信息。同时,该命令只适合于二维图形。命令中的 n 只能选取正整数,表示选择数据点的个数。

　　在 MATLAB 中,ginput 命令经常和 zoom 命令一起配合使用。zoom 命令用于实现对二维图形的缩放,其常见的调用格式如表 2-7 所示。

表 2-7　MATLAB 中的 zoom 命令

命　令	含　义	命　令	含　义
zoom	进行命令切换	zoom factor	将 factor 作为缩放因子进行坐标轴的缩放
zoom on	允许对坐标轴进行缩放	zoom off	取消对坐标轴进行缩放
zoom out	恢复对坐标轴的设置	zoom reset	将当前的坐标轴设置为初始值
zoom xon	允许对 X 轴进行缩放	zoom yon	允许对 Y 轴进行缩放

　　在 MATLAB 中,使用 zoom 命令完成的缩放工作是标准的 Windows 操作:单击就可以将图形放大,也可以使用鼠标拉出一定的区域后将区域进行放大。右击可以使用 factor 来修改这个缩放因子。

　　【例 2-17】　在 MATLAB 图形窗中实现动态绘图,单击曲线的数据点,右击结束,然后使用曲线将以上所有数据点连接起来,以此绘制曲线。

　　代码如下:

```
% chapter2/test17.m
axis([0 10 0 10])
hold on
xy = [ ]
n = 0
but = 1
while but == 1
    [xi,yi,but] = ginput(1)
    plot(xi,yi,'ro')
    n = n + 1
    xy(:,n) = [xi;yi]
end
```

　　运行结果如图 2-20 所示。

　　绘制拟合交互式图形的代码如下:

```
t = 1:n
ts = 1:0.1:n
xys = spline(t,xy,ts)
plot(xys(1,:),xys(2,:),'b-','linewidth',2)
```

　　运行结果如图 2-21 所示。

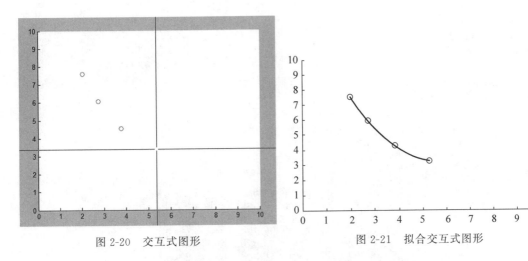

图 2-20　交互式图形　　　　　图 2-21　拟合交互式图形

在以上程序中,使用了循环语句来依次将用户使用鼠标所选取的数据点信息添加到对应的数组中,然后使用样条函数对所选取的数据点进行插值,在程序的最后,使用 plot 命令绘制插值后的曲线。

2.4.9　绘制面积图

MATLAB 为用户提供了不少绘制特殊图形的命令,使用这些绘图命令可以很方便地绘制出一些特殊图形:面积图、直方图、向量图等。这些图形使用基础的 plot 命令也是可以完成的,但是操作步骤比较复杂,而使用 MATLAB 内部已经设置好的命令就可以很方便地绘制这些特殊图形。

MATLAB 为用户提供了绘制面积图的命令 area。这个命令的主要特点是:在图形中绘制多条曲线时,每条曲线都是将前面的曲线当作基线,然后取值绘制曲线。area 命令的常见调用格式如下:

```
area(Y)              % 这是比较常见的调用格式,将以向量 Y 的下标为横坐标轴,以向量 Y 的元素
                     % 数值为纵坐标轴来绘制面积图
area(X,Y)            % 当 X 和 Y 都是向量的时候,这个命令绘图的结果和 plot(X,Y) 相同,只是在默
                     % 认的 X 轴最小值 0 和数值 Y 之间有填充效果;当 X 是向量,Y 是矩阵的时候,
                     % 则以向量 X 为横坐标轴,以矩阵的列元素的累积数值为纵坐标数值绘制填充图形
area(...,basevalue)  % 在这个命令中,为面积图设置了填充的基值数值.如果没有指定该参数的数
                     % 值,MATLAB 则会将该数值设置为 0
```

【例 2-18】　在 MATLAB 中绘制面积图。

代码如下:

```
% chapter2/test18.m
y = [2,4,5;3,1,9;5,3,5;2,6,1]
```

```
area(y,'linewidth',2)
grid on
set(gca,'layer','top')
```

运行结果如图 2-22 所示。

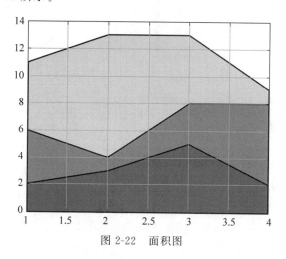

图 2-22　面积图

在以上程序代码中,使用了高级图形句柄语句 set(gca,'layer'. 'top')将面积图的图层设置为最顶层,这样图形的分格线就可以显示在其上面了。

2.4.10　绘制直方图

在 MATLAB 中,提供了命令 bar 和 bar3 来绘制二维和三维垂直条形图,提供了命令 barh 和 bar3h 来绘制二维和三维水平条形图。两种绘制命令有很多相似的地方,但是也有一些不同,在本节中将使用两个简单的实例来讲解两种命令的用法。在 MATLAB 中,命令 bar 的常用调用方式如下:

```
bar(Y)          % 为向量 Y 中的每个元素绘制一个条形
bar(x,Y )       % 在指定的横坐标轴 x 上绘制 Y,其中参数 x 必须是严格递增的向量
bar(...,width)  % 参数 width 用于设置条形的相对宽度和条形之间的间距.其默认值是 0.8,如果
                % 将参数 width 设置为 1,则条形之间没有间距
bar(...,'style') % 参数 style 用于设置条形的形状类型,可以选择的数值是 group 和 stack.MATLAB
                % 的默认数值是 group.如果选择的数值是 stack,则 MATLAB 会绘制累积直方图
```

命令 bar3 的调用方式和以上命令的调用方式大致相同,只是由于 bar3 命令绘制的是三维直方图,因此在命令 bar(ldots,'style')中参数 style 的取值可以为 detached,group 或者 stacked。同时,MATLAB 的默认值为 detached。关于这些参数的具体含义可以从后面的具体实例中直观地了解到。

命令 barh 和 bar3h 的调用方式和命令 bar 和 bar3 的调用方式大致相同,只是将结果的

垂直条形图转换为水平条形图。

【例 2-19】 某公司统计了该公司 3 个部门在 3 个月内的销售情况,现在公司需要将这些销售数据绘制成直方图,以此方便公司销售部门查看和对比。在 MATLAB 中,可以根据统计的数据来绘制多种直方图。

代码如下:

```
% chapter2/test19.m
y = [0.5 0.7 0.8;0.7 0.8 0.4;0.4 0.3 0.9]
subplot(2,2,1)
bar(y,'group')
title('group')
subplot(2,2,2)
bar(y,'stack')
title('stack')
subplot(2,2,3)
barh(y,'stack')
title('stack')
subplot(2,2,4)
bar(y,1.5)
title('width = 1.5')
```

运行结果如图 2-23 所示。

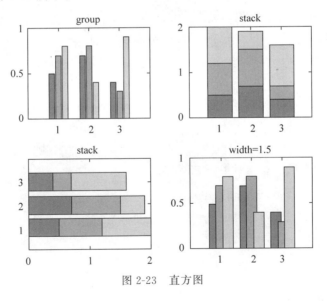

图 2-23 直方图

在第 1 个子图中,绘制的是 MATLAB 的默认直方图;第 2 个子图绘制的是累积直方图,在此子图中使用的参数是 stack;第 3 个子图绘制的是水平累积直方图,相当于将第 2 个子图旋转 90°得到的图形;最后一个子图将直方图的宽度设置为 1.5,从结果可以看出直方图中的各个条形有交叉的情况。

2.4.11　绘制二维饼图

饼图是分析数据比例中常用的图表类型,主要用于显示各个项目与其总和的比例关系,它强调的是部分与整体的关系。MATLAB 提供了 pie 和 pie3 命令分别用于绘制二维和三维饼图。

在 MATLAB 中,pie 命令的常见调用方式如下:

```
pie(X)              % 绘制向量 X 的饼图,向量 X 中的每个元素就是饼图中的一个扇形
pie(X,explode)      % 参数 explode 和向量 x 是同维矩阵,如果其中有非零的元素,则 X 矩阵中对应的
                    % 位置的元素在饼图中对应的扇形将向外移出,以此加以突出
pie(...,labels)     % 参数 labels 用来定义对应扇形的标签
```

命令 pie3 的参数格式和命令 pie 的参数格式大致相同,只是最后显示的结果是一个三维的拼图。

【例 2-20】　在 MATLAB 中绘制二维饼图,分析各个部门销量所占的比例。

代码如下:

```
% chapter2/test20.m
y = [ 1 2.5 1.8 3.6 2.4]
subplot(1,2,1)
pie(y,1:5,{'dep1','dep2','dep3','dep4','dep5'})
subplot(1,2,2)
pie(y)
colormap cool
```

运行结果如图 2-24 所示。

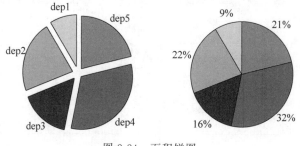

图 2-24　面积饼图

2.4.12　绘制向量图

向量图在工程领域有着广泛的应用,特别是在物理或者通信系统中有着更为重要的应用。在 MATLAB 中可以使用 quiver 命令十分方便地绘制向量场的形状。quiver 命令的常用调用格式如下:

quiver(x,y,u,v)	％在坐标点(x,y)的地方使用箭头图形来绘制向量,其中(u,v)是对应坐标点的 ％速度分量,参数 x、y、u、v 必须是同维向量
quiver(u,v)	％在 x－y 平面坐标系中等距的坐标点上绘制向量(u,v)
quiver(...,scale)	％参数 scale 用来控制图中向量长度的实数,其默认数值是 1.可以根据需要重 ％新设置该数值,以免绘制的向量彼此重叠

【例 2-21】 在 MATLAB 中绘制 peaks 函数得到的向量图。

代码如下:

```
％ chapter2/test21.m
n = - 2.0:0.2:2.0
[x,y,z] = peaks(n)
[u,v] = gradient(z,2)
quiver(x,y,u,v)
hold on
contour(x,y,z,10)
```

运行结果如图 2-25 所示。在以上程序中,首先使用函数 gradient 产生 peaks 函数数据点的导数数值,然后将其结果当作 quiver 函数的输入数值,产生向量图的数据。在程序的最后一行,使用 contour 函数绘制了等高线,使整个图形更加美观。

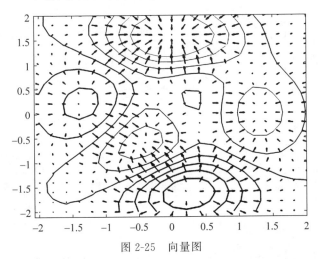

图 2-25 向量图

2.4.13 绘制等高线

等高线原来是属于地理领域的名词,后来等高线的概念被引入数学或者物理领域。在 MATLAB 中,等高线图实质上给出了函数的"地形图",等高线把曲面上高度相同的点连在一起。在默认情况下,MATLAB 可画出相应于一系列相等的空间 z 值的等高线。在 MATLAB 中,提供了 contour 和 contour3 命令用于绘制二维和三维等高线,使用这些命令可以很方便地绘制一些比较复杂的等高线。其中,contour 命令的常用调用方式如下:

```
contour(Z)          % 变量 Z 就是需要绘制等高线的函数表达式
contour(Z,n)        % 参数 n 是所绘图形等高线的条数
contour(Z,v)        % 参数 v 是一个输入向量,等高线条数等于该向量的长度,而且等高线的数值等于对应
                    % 向量的元素数值.[C,h] = contour(\ldots)中 C 是等高线矩阵,h 是等高线的句柄
```

【例 2-22】 在 MATLAB 中绘制 peaks 函数所得到的二维等高线。
代码如下:

```
% chapter2/test22.m
z = peaks
[c,h] = contour(interp2(z,4))
text1 = clabel(c,h)
set(text1,'backgroundcolor',[1 1 0.6],'edgecolor',[0.7 0.7 0.7])
grid on
```

运行结果如图 2-26 所示。

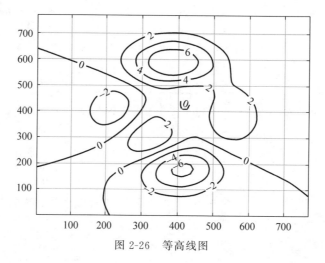

图 2-26　等高线图

2.4.14　绘制伪色彩图

在 MATLAB 中,伪色彩图(Pseudocolor)是指一个规则的矩形矩阵,该矩阵中的颜色由矩阵数值决定,对应的命令是 pcolor(C)。MATLAB 使用 C 矩阵中的 4 个节点来决定一个矩形表面的颜色。伪色彩图在效果上来看,相当于从上面向下看的一个表面图,因此,命令 pcolor(X,Y,C)相当于命令 surf(X,Y,0 * Z,C)和 view([0 90])的组合。

在 MATLAB 中,pcolor 命令的常见调用格式如下:

```
pcolor(C)           % 绘制 C 矩阵的伪色彩图,默认情况下采用线性插值绘图
pcolor(X,Y,C)       % 在平面坐标系统中的(x,y)坐标点绘制 C 矩阵的伪色彩图
```

【**例 2-23**】 在 MATLAB 中绘制函数 peaks 的伪色彩图。

代码如下：

```
% chapter2/test23.m
[x,y,z] = peaks(35)
pcolor(x,y,z)
```

运行结果如图 2-27 所示。

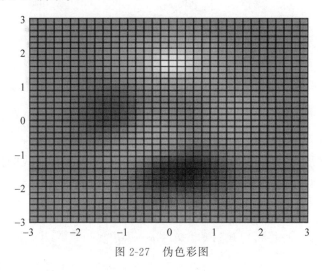

图 2-27 伪色彩图

绘制等高线图，代码如下：

```
colormap hsv
shading interp
hold on
c = contour(x,y,z,4,'k')
clabel(c)
zmax = max(max(z))
zmin = min(min(z))
caxis([zmin,zmax])
colorbar
```

运行结果如图 2-28 所示。在以上程序代码中，使用了 shading interp，用于设置图形的明暗对比情况，然后使用前面介绍的 contour 命令来绘制等高线，并使用 clabel 命令为等高线设置数值标示。在程序的最后，为整个图形添加了颜色标尺，用来显示各个颜色对应的数值。

2.4.15 绘制误差棒

误差线在数据分析中有着重要的应用，在原始图形中添加数据误差线，可以方便用户直

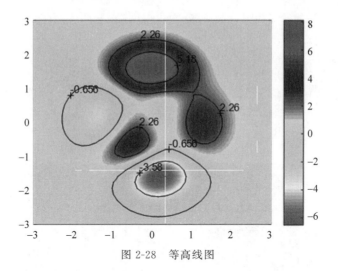

图 2-28 等高线图

观地查看各个数据点的误差变化范围。MATLAB 为用户提供了 errorbar 命令,可以沿着一曲线画出误差棒形图,其中误差棒是数据的置信水平或者沿着曲线的偏差。如果命令输入的参数是矩阵,则按矩阵的数据列画出误差棒。

在 MATLAB 中,errorbar 命令的常见调用格式如下:

errorbar(Y,E)	%绘制出向量 Y 的曲线,然后显示向量 Y 的每个元素的误差棒.误差棒表示曲 %线 Y 上面和下面的距离,因此误差棒的长度是 2E
errorbar(X,Y,E)	%X、Y 和 E 必须是同类型的变量.如果 3 个参数都是向量,MATLAB 会绘制出带长 %度为 2E、对称于误差棒曲线点; 如果 3 个参数都是矩阵,MATLAB 则会绘制出带 %长度为 Ei,并对称于误差棒曲面点

【例 2-24】 在 MATLAB 中绘制函数 $y=\dfrac{1}{(x-3)^2+1}+\dfrac{1}{(x-9)^2+4}+5$ 的图形,同时纠正数据点的误差棒。

代码如下:

```
% chapter2/test24.m
x = 0:0.5:16
y = 1./((x-3).^2+1) + 1./((x-9).^2+4) + 5
E = std(y) * ones(size(x))
errorbar(x,y,E,'r','Linewidth',2)
grid on
box on
```

运行结果如图 2-29 所示。

在以上程序中,使用程序代码 E=std(y) * ones(size(x))得到每个数据点的误差范围,其中,std(y)函数计算得到的是函数系列 y 的标准差。为了能够更好地显示误差线,将自变

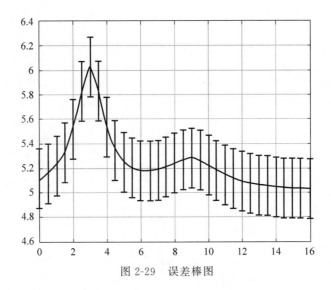

图 2-29　误差棒图

量 x 的间隔设置得较大,但是为了保持曲线特性,也不能将其设置得过大。由于矩阵 E 中的所有元素的大小相等,因此,曲线中每点的误差棒长度相等。

误差棒线的绘制图可以像普通图形那样进行编辑,例如添加分格线、设置坐标轴属性、设置绘制曲线的属性等。

2.4.16　绘制二维离散杆图

离散杆图也是一种常见的图形类型,这种图形沿着 x 坐标轴将坐标点用直线和基准线相连,也就相当于从数据点向坐标轴作垂线,数据点由数据标记显示。在 MATLAB 中,提供了二维和三维离散杆图的绘图命令 stem 和 stem3。

在 MATLAB 中,绘图命令 stem 的常见调用格式如下:

```
stem(Y)        % 绘制向量 Y 的离散杆图,由于没有参数 x 的信息,默认情况下 x 是沿着 x 坐标轴等
               % 距的、系统自动产生的数值系列
stem(x,Y)      % 参数 x 和 Y 必须是同维向量,绘制以 x 为横坐标、Y 为纵坐标的离散杆图
Stem(LineSpec) % 其他参数和前面命令相同,其中 LineSpec 用于设置直线的属性
```

命令 stem3,其参数和 stem 大致相同,只是绘制离散杆图的参数为三维参数,其他参数与此类似,可以查看 MATLAB 的帮助文件。

【例 2-25】　在 MATLAB 中绘制函数 $y = e^{-\frac{t}{3}} + \sin(1+2t)$ 的离散杆图,同时绘制该函数的直线图形。

代码如下:

```
% chapter2/test25.m
t = 0:0.5:25
```

```
y = exp( - t/3) + sin(1 + 2 * t)
plot(t,y,'r - ')
hold on
h = stem(t,y,'fill','-- ')
```

运行结果如图 2-30 所示。

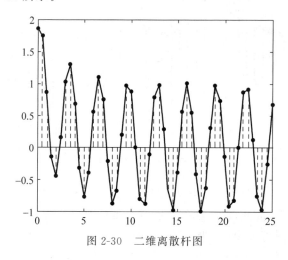

图 2-30   二维离散杆图

根据图 2-30 可以看出,离散杆图可以很直观地展示每个数据点的函数数值大小情况, 离散杆图中的垂线相当于各个数据点的 Y 轴数值。

2.4.17   绘制散点图

在 MATLAB 中,提供了 scatter、scatters 和 plotmatrix 共 3 种命令来绘制散点图。这 3 种不同的命令可以绘制出不同效果的散点图。其中,scatter 命令的常见格式如下:

```
scatter(X,Y)      % 绘制关于 X 和 Y 的散点图,由于没有设置散点图的其他属性,因此 MATLAB 会采用
                  % 默认的颜色和大小绘制数据点
scatter(X,Y,s)    % 参数 s 表示用于绘制数据点的颜色和大小
```

命令 scatter3 和以上命令相似,只是绘制的散点图是三维效果的。

【例 2-26】   在 MATLAB 中绘制柱体的三维散点图。

代码如下:

```
% chapter2/test26.m
[x,y,z] = cylinder(20)
X = [x(:) * .5 x(:) * .75 x(:)]
Y = [y(:) * .5 y(:) * .75 y(:)]
Z = [z(:) * .5 z(:) * .75 z(:)]
```

```
s = repmat([1.5 2.5 3.5] * 25,prod(size(x)),1)
c = repmat([5 6 7],prod(size(x)),1)
scatter3(X(:),Y(:),Z(:),s(:),c(:),'filled'),view( - 60,60)
```

运行结果如图 2-31 所示。

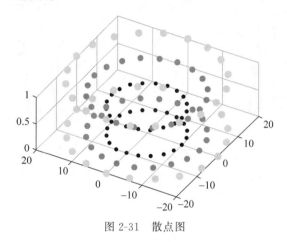

图 2-31 散点图

在以上步骤中，首先使用 cylinder 命令生成三维柱体的数据，然后将其计算得到说明的数据赋给数组 X、Y 和 Z。在后面的程序代码中，使用 repmat、prod 函数生成了散点图的颜色和大小的数组。

plotmatrix 命令的常见格式如下：

```
plotmatrix(x,y,'LineSpec')    % 其中 x 和 y 分别是多维矩阵,x 的维度是 p×n,y 的维度是 p×m,命
                              % 令 plotmatrix 将会绘制出一个分割成 m×n 个子图的散点图,其中
                              % 第(i,j)个子散点图是根据 y 的第 i 列和 x 的第 j 列数据绘制而
                              % 成的
```

【例 2-27】 在 MATLAB 中使用 plotmatrix 命令来分析数据之间的统计关系。
代码如下：

```
% chapter2/test27.m
x = randn(150,2)
y = randn(150,2)
subplot(1,3,2)
plotmatrix(x,x)
subplot(1,3,1)
plotmatrix(x)
subplot(1,3,3)
plotmatrix(x,y)
```

运行结果如图 2-32 所示。图中表现了数据的统计特征,可以看出,左边的子图形中的直方图表示变量 x 数据列的数据大致服从均值为 0 的正态分布,而其他散点图则表示 x 的两个数据列之间几乎是不相关的;中间的子图表示 x 的同一列数据是正相关的;最后的子图表示 x、y 之间完全不相关。

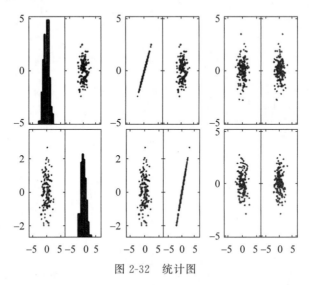

图 2-32　统计图

2.4.18　极坐标图形

在 MATLAB 中,除了可以在熟悉的直角坐标系中绘图外,还可以在极坐标或者柱坐标中绘制各种图形。在 MATLAB 中,绘制极坐标图形的主要命令是 polar,其常用的调用格式如下:

```
polar(theta,rho)            % 该命令使用极角 theta 和极径 rho 绘制极坐标图形
polar(theta,rho,LineSpec)   % 参数 LineSpec 表示的是极坐标图形中的线条线型、标记和颜色等主
                            % 要属性
```

【例 2-28】　在 MATLAB 中绘制简单的极坐标图形。

代码如下:

```
% chapter2/test28.m
t = 0:0.01:2 * pi
y = sin(2 * pi). * cos(2 * t)
polar(t,y,'-- r')
```

运行结果如图 2-33 所示。

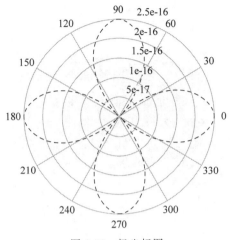

图 2-33　极坐标图

2.4.19　柱坐标图形

在 MATLAB 中,绘制柱坐标图形的主要命令是 pol2cart,这个命令用于将极坐标或者柱坐标的数值转换成为直角坐标系下的坐标值,然后使用三维绘图命令进行绘图,也就是在直角坐标系下绘制使用柱坐标值描述的图形。

【例 2-29】　在 MATLAB 中绘制简单的柱坐标图形。

代码如下:

```
% chapter2/test29.m
theta = 0:pi/50:4 * pi
rho = sin(theta)
[t,r] = meshgrid(theta,rho)
z = r. * t
[x,y,z] = pol2cart(t,r,z)
mesh(x,y,z)
```

运行结果如图 2-34 所示。

2.4.20　绘制三维曲线

下面将详细介绍在 MATLAB 中绘制三维曲线的命令和方法。尽管二维绘图和三维绘图在很多地方是共通的,但是三维曲线在很多方面是二维曲线所没有涉及的,因此,本节需要详细介绍三维曲线的函数方法。

1. 绘制三维图形函数 plot3

和二维曲线函数相似,plot3 函数是绘制三维曲线的基础命令,其调用格式和 plot 非常相似,具体的调用格式如下:

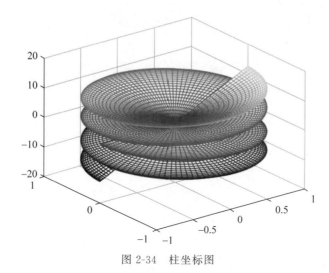

图 2-34　柱坐标图

```
plot3(X,Y,Z,LineSpec, 'PropertyName',PropertyValue,...) % 对于不同的输入参数 X、Y 和 Z,该命令
% 会得出不同的曲线结果
% 当 X、Y 和 Z 是同维向量时,MATLAB 会绘制以 X、Y 和 Z 元素为 x、y、z 坐标的三维曲线
% 当 X、Y 和 Z 是同维矩阵时,MATLAB 会绘制以 X、Y 和 Z 对应列元素为 x、y、z 坐标的三维曲线,曲线的
% 个数等于矩阵的列数
% 参数 LineSpec 主要用于定义曲线的线型、颜色和数据点等;参数 PropertyName 是曲线对的属性名,
% PropertyValue 是对应属性的取值
```

【例 2-30】　在 MATLAB 中绘制圆锥螺线的三维图形。

根据高等数学知识,圆锥螺线的三维参数方程如下:

$$\begin{cases} x = vt\sin\alpha\cos\omega t \\ y = vt\sin\alpha\sin\omega t \\ z = vt\cos\alpha \end{cases} \tag{2-2}$$

在以上参数方程中,圆锥角为 2α,旋转角速度为 ω,直线速度为 v。为了简化绘制过程, 在本实例中仅保留参数 t 来绘制三维曲线。

代码如下:

```
% chapter2/test30.m
v = 20
alpha = pi/6
omega = pi/6
t = 0:0.01 * pi:50 * pi
x = v * sin(alpha) * t. * cos(omega * t)
y = v * sin(alpha) * t. * sin(omega * t)
z = v * cos(alpha) * t
plot3(x,y,z,'r','linewidth',2)
grid on
```

运行结果如图 2-35 所示。

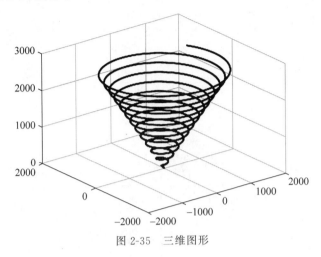

图 2-35　三维图形

2. 绘制三维曲线图函数 mesh

当绘制三维曲线的时候,除了需要绘制单根曲线,还经常需要绘制三维曲线的曲线图和曲面图,为此 MATLAB 提供了 mesh 和 surf 函数,分别用来绘制三维曲线图和曲面图,这里将详细介绍这些函数的用法。在 MATLAB 中,绘制三维函数 $z = f(x, y)$ 的时候进行数据准备的原理基本上等于以下程序代码:

```
x = x1:dx:x2
y = (y1:dy:y2)'
X = ones(size(y)) * x
Y = y * ones(size(x))
```

在这段代码中,得到的 X、Y 数组就是 xy 平面上的自变量采样"格点"矩阵。其中,dx、dy 表示两个自变量的取值间隔,而 X、Y 则使用相应的命令生成了数据点的矩阵。MATLAB 会以此数据点矩阵为自变量的取值,绘制相应的网格线。

在 MATLAB 中,mesh 的常用调用方式的代码如下:

```
mesh(z)          % 以 z 为矩阵列、行下标为 xy 轴自变量,绘制网线图
mesh(x,y,z)      % 最常用的网格线调用格式
mesh(x,y,z,C)    % 最完整的调用方式,画出由指定颜色的网格线
```

在以上的调用格式中,相同参数的含义是一致的,因此在这里仅仅解释最完整的调用方式中各个参数的含义:其中,x、y 是自变量"格点"矩阵;z 是建立在"格点"之上的函数矩阵;C 是指定各点用色的矩阵,一般情况下可以省略。默认情况下,没有指定矩阵 C,MATLAB 会认为 C=z。

代码如下:

```
[x,y] = meshgrid( - 3:0.1:3, - 2:0.1:2)    % 生成 xy 平面的网格表示
z = (x.^2 - 2 * x). * exp( - x.^2 - y.^2 - x. * y)
mesh(x,y,z)
```

运行结果如图 2-36 所示。

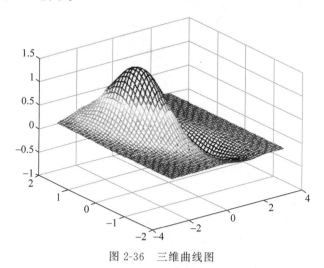

图 2-36　三维曲线图

【例 2-31】　在 MATLAB 中绘制函数 peaks 的三维网格线。

peaks 是 MATLAB 的内置函数，是一个二元函数，其作用是返回 Gaussian(高斯)分布的数值。默认情况下，peaks 的参数 x 和 y 的取值范围都是[-3,3]。函数 peaks(n)将会返回一个 $N \times N$ 矩阵，该函数在显示三维图形中有着广泛的应用，为了简化步骤，可以绘制 peaks(25)的曲线。

代码如下：

```
% chapter2/test31.m
z = peaks(25)
mesh(z)
colormap(cool)
```

运行结果如图 2-37 所示。

colormap 函数经常被用来为三维曲线设置颜色，例如 hot、jet、bone 等，这些参数其实是 MATLAB 内部程序所设定的颜色参数。例如，cool 代表的是 cyan-magenta 颜色，也就是本实例中的颜色。

3. 绘制等高线

在 MATLAB 中，还有很多和 mesh 命令相互联系的命令，例如 meshz、meshc 等，这些命令的调用格式都和 mesh 命令相似，只是在功能上有些区别，主要区别如下：

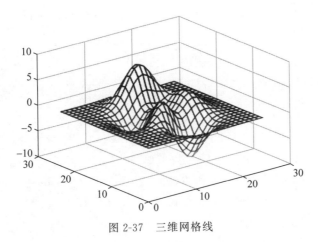

图 2-37　三维网格线

% meshc 的功能是在 mesh 命令绘制的三维曲面图下绘出等高线
% meshz 的功能是在 mesh 命令的作用之上增加绘制边界的功能

【例 2-32】　在 MATLAB 中绘制函数 peaks 的三维曲面的等高线和边界曲线。
代码如下：

```
% chapter2/test32.m
z = peaks(25)
meshc(z)
colormap(hsv)
```

运行结果如图 2-38 所示。

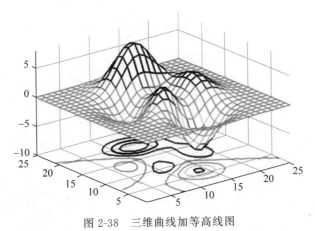

图 2-38　三维曲线加等高线图

4. 绘制曲面图函数 surf

在 MATLAB 中，绘制三维曲面图的主要函数是 surf，该命令可以绘制已经着色的三维曲面。默认的着色方法是在得到相应的网格后,对每个网格依据该网格所代表的节点的色值来定义该网格的颜色。

在 MATLAB 中,surf 命令的常见调用格式如下:

```
surf(z)           % 以为矩阵列、行下标为 x、y 轴自变量,绘制曲面图
surf(x,y,z)       % 最常用的曲面图线调用格式
surf(x,y,z,C)     % 最完整的调用方式,画出由 C 指定用色的曲面图
```

该函数中的参数和 mesh 命令中的参数类似,这里就不再重复介绍了。本节中将使用一个简单的例子来介绍 surf 命令的使用方法。

【例 2-33】 在 MATLAB 中绘制函数 peaks 的三维曲面图。

代码如下:

```
% chapter2/test33.m
z = peaks(25)
surf(z)
colormap(hsv)
```

运行结果如图 2-39 所示。

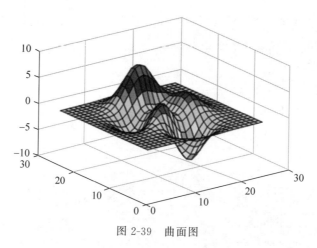

图 2-39 曲面图

与 mesh 命令类似,在 MATLAB 中也有一些和 surf 命令相互联系的命令,例如 surfl、surfc 等,这些命令的主要功能如下:

```
% surfl   的功能是产生一个带有阴影效果的曲面,该阴影效果是基于环绕、分散、特殊光照等模型得
%         到的
% surfc   的功能是在 surf 命令的作用之上增加曲面的等高线
```

【例 2-34】 在 MATLAB 中绘制函数 peaks 的三维曲面图的阴影曲面和等高线。

代码如下:

```
% chapter2/test34.m
z = peaks(25)
surfl(z)
shading interp
colormap copper
```

运行结果如图 2-40 所示。

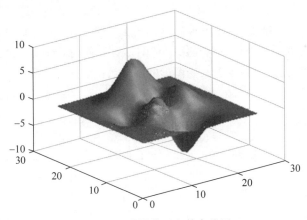

图 2-40 阴影曲面和等高线图

绘制阴影曲面加等高线图,代码如下:

```
z = peaks(25)
surfc(z)
colormap copper
```

运行结果如图 2-41 所示。

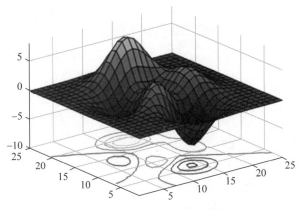

图 2-41 阴影曲面加等高线图

2.4.21 编辑三维图形

本节将详细介绍如何进行三维图形的编辑。对于三维图形，除了可以像二维图形那样编辑线型、颜色等，还可以编辑三维图形的视角、材质、照明等。这些内容都是三维图形的特殊编辑工作，都是二维图形所没有的，因此需要详细介绍关于三维图形的编辑工作。

1. 控制视角函数 view

三维视图表现的是一个空间内的图形，可以从不同的位置和角度来观察该图形，而且对于空间视图变化比较大的三维视图，使用不同的视角会产生完全不同的效果。为了可以对每幅图形使用最佳的视觉角度，MATLAB 提供了对图形进行视觉控制的函数，主要有两类函数：一类函数为 view，可以使用该命令来改变图形的观察点；另一类函数为 rotate，使用这个函数，可以直接对三维图形进行旋转。在 MATLAB 中，view 函数的常见调用格式如下：

```
view(az,el)、view([az,el])
```

功能：为三维空间图形设置观察点的方位角。方位角 az(azimuth)和仰角 el(elevation)是按照以下方法定义的两个旋转角度：做一个通过用户视点和 z 轴的平面，该平面会和 xy 平面有一个交线，该交线和 y 轴的负方向之间有一个夹角，该夹角就是视点的方位角；在通过视点和 z 轴的平面上，用一条直线来连接视点和坐标原点，该直线和 xy 平面的夹角就是观察点的仰角。

在 MATLAB 中，view 命令的常见调用格式如下：

```
view([x,y,z])
```

功能：在笛卡儿坐标系中将视角设置为沿着向量指向原点。

例如 view([0,0,1])=view(,90)。也就是在笛卡儿坐标系中将点 x、y、z 设置为视点 view(2)默认的二维形式视点，其中 az=0,el=90°。view(3)设置默认的三维形式视点，其中 az=37.5,el=30。

【例 2-35】 从不同的视角查看三维函数 $z=10\dfrac{\sin 2t}{t}$，$y=0$ 的图形。

代码如下：

```
% chapter2/test35.m
t = 0.01 * pi:0.1 * pi:3 * pi
z = 10 * sin(2 * t)./t
y = zeros(size(t))
subplot(1,2,1)
```

```
plot3(t,y,z,'r','linewidth',2)
grid on
title('default view')
subplot(1,2,2)
plot3(t,y,z,'r','linewidth',2)
grid on
title('az rotate to 52.5')
view(-37.5+90,30)
```

运行结果如图 2-42 所示。MATLAB 为用户设置了视点转换矩阵命令 viewmtx，该命令计算一个 4×4 阶的正交说明的或者透视的转换矩阵，该矩阵将一个四维的、齐次的向量转换到一个二维的平面中。

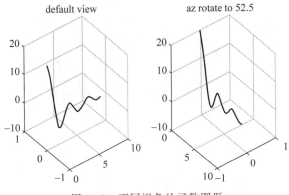

图 2-42　不同视角的函数图形

2. 控制旋转函数 rotate

在 MATLAB 中，rotate 函数的常见调用格式如下：

```
rotate(h,direction,alpha)
```

该函数将图形句柄 h 的对象绕某个方向旋转一定的角度。其中参数 h 表示被旋转的对象（例如线、面等）；参数 direction 有两种设置方法，一是球坐标设置法，将其设置为[theta，phi]，其单位是"度"，二是直角坐标法，也就是 x、y、z；参数 alpha 是绕某个方向按照右手法则旋转的角度。与命令 view 不同的是，如果用户使用了命令 rotate，则通过旋转变换改变了原来图形对象的数据，而命令 view 没有改变原始数据，只是改变了视角。

【例 2-36】　在 MATLAB 中从不同的视角查看函数 peaks 的三维图形。

代码如下：

```
% chapter2/test36.m
z = peaks(25)
subplot(1,2,1)
```

```
surf(z)
title('Default')
subplot(1,2,2)
h = surf(z)

title('Rotated')
rotate(h,[ - 2, - 2,0],30,[2,2,0])
colormap cool
```

运行结果如图 2-43 所示。从图 2-43 可以看出,使用命令 view 旋转的是坐标轴,而使用命令 rotate 旋转的是图形对象本身,此时坐标轴保持不变。

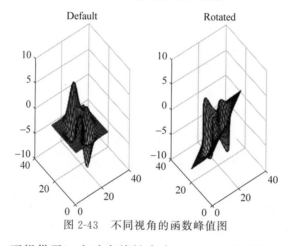

图 2-43　不同视角的函数峰值图

在 MATLAB 中,还提供了一个动态旋转命令 rotate3d,使用该命令可以动态调整图形的视角,直到用户觉得合适为止,而不用自行输入视角的角度参数,下面使用一个简单的示例来讲明如何使用命令 rotate3d。

【例 2-37】　在 MATLAB 中动态调整函数 peaks 的三维图形的视角。

代码如下:

```
% chapter2/test37.m
surf(peaks(40))
rotate3d
```

运行结果如图 2-44 所示。

不同视角的三维图形,如图 2-45 所示。

当用户输入 rotate3d 命令后,图形中会出现旋转的光标,可以在图形窗口的区域中按住鼠标左键来调节视角,在图形窗口的左下方会出现用户调整的角度。

为了能够在 MATLAB 中获得最好的视觉效果,可以先使用 rotate3d 命令,再使用鼠标来提示操作调节视角,然后使用指令将调整后的视角加以固定。例如在本例中,首先使用 rotate3d 命令将图形调整到合适的视角,然后将图形中显示的视角数值设置到 view 函数中。

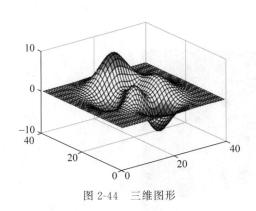

图 2-44　三维图形

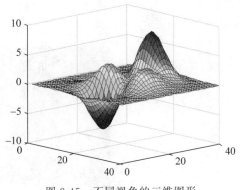

图 2-45　不同视角的三维图形

3．设置背景颜色

图形的色彩是图形的主要表现因素，丰富的颜色变化可以让图形更具有表现力。在 MATLAB 中，提供了多种色彩控制命令，这些命令分别适用于不同的环境，可以对整个图形中的所有因素进行颜色设置。

在 MATLAB 中，设置图形背景颜色的命令是 colordef，该命令的常用调用格式如下：

```
colordef  white              % 将图形的背景颜色设置为白色
colordef  black              % 将图形的背景颜色设置为黑色
colordef  none               % 将图形背景和图形窗口的颜色设置为默认的颜色
colordef(fig,color_option)   % 将图形句柄 fig 的图形的背景设置为由 color_option 设置的颜色
```

colordef 函数属于设置图形对象的上层命令，它将影响其后产生的图形窗口中的所有图形对象的颜色设置。当在第 1 个参数 fig 中指定了设置颜色的图形窗口的图柄或者字符串时，其影响就限于指定的图形窗口。

【例 2-38】　在 MATLAB 中为函数 peaks 的图形设置不同的背景颜色。

代码如下：

```
% chapter2/test38.m
subplot(2,1,1)
colordef none
surf(peaks(35))
title('default')
subplot(2,1,2)
colordef white
surf(peaks(35))
title('white')
```

运行结果如图 2-46 所示。

在 MATLAB 中，用户除了可以设置图形的背景颜色外，还可以设置图形中坐标轴的颜色。其相关的命令为 whitebg，限于篇幅，本书中不展开分析该命令，感兴趣的读者可以查

阅 MATLAB 的帮助文件。应当注意的是 whitebg 命令只影响当前或者指定图形窗口的坐标轴的颜色。

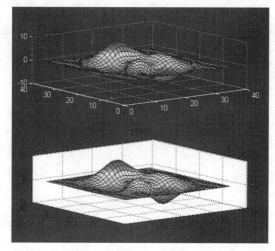

图 2-46　设置背景色下的峰值图

4. 设置图形颜色

从前面的内容中可以看出,在 MATLAB 中可以很方便地设置图形的背景颜色,但是,如果需要修饰图形的颜色,则需要使用其他的函数。在 MATLAB 中处理图形颜色的重要函数是 colormap 前面已经多次接触了该命令,在本节中将详细介绍该命令的使用方法及相应的原理。

MATLAB 采用颜色映像来处理图形颜色,也就是 RGB 色系。在 MATLAB 中,每种颜色都是由 3 个基色的数组表示的。数组元素 R、G 和 B 在[0,1]取值,分别表示颜色中红、绿、蓝 3 种基色的相对亮度。通过对 R、G、B 大小的设置可以调制出不同的颜色。在 MATLAB 中,当使用绘图命令时,所有线条的颜色都是通过 RGB 调制出来的,表 2-8 列出一些常见的颜色配比方案。

表 2-8　常见的颜色配比方案

基　　色			调制的颜色	对应的 MATLAB 符号
R	G	B		
0	0	1	蓝色(Blue)	b
0	1	0	绿色(Green)	g
1	0	0	红色(Red)	r
0	1	1	青色(Cyan)	c
1	0	1	品红色(Magenta)	m
1	1	0	黄色(Yellow)	y
1	1	1	白色(White)	w
0	0	0	黑色(Black)	k

当调好相应的颜色后,就可以使用MATLAB中的常见绘图命令来调用这些颜色,例如mesh、surf等,调用色图的基本命令如下:

```
colormap([R,G,B])
```

其中,函数的变量[R,G,B]是一个三列矩阵,行数不限,这个矩阵就是所谓的色图矩阵。在MATLAB中,每幅图形只能有一个色图。色图可以通过矩阵元素的赋值来定义,也可以按照某个数据规律产生。

MATLAB预定义了一些色图矩阵CM数值,它们的维度由其调用格式来决定:

(1) CM返回维度为64×3的色图矩阵。

(2) CM(m)返回维度是m×3的色图矩阵。

表2-9列出了色图矩阵的名称及含义。

表 2-9　MATLAB 中的 CM 名称

名　　称	含　　义	名　　称	含　　义
autumn	红、黄色图	bone	蓝色调灰度色图
cool	青、品红浓淡色图	copper	纯铜色调浓淡色图
gray	灰色调浓淡色图	hot	黑红黄白色图
hsv	饱和色图	jet	蓝头红尾的饱和色图

【例 2-39】　在MATLAB中绘制函数peaks的图形,同时设置该图形的颜色。

代码如下:

```
% chapter2/test39.m
surf(peaks(100))
colormap(cool(512))
```

运行结果如图 2-47 所示。

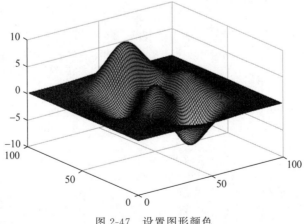

图 2-47　设置图形颜色

5. 设置数值轴的颜色

除了 colormap 函数,MATLAB 还提供了多种颜色设置函数,用于设置图形中其他元素的颜色特性,其中 caxis 函数和 colorbar 函数是经常使用的函数,下面将详细介绍这两个函数的调用方式。在 MATLAB 中,caxis 命令的主要功能是设置数值轴的颜色、控制数值和色彩间的对应关系,常用调用格式如下:

```
caxis([cmin cmax])      % 在[cmin cmax]范围内与色图矩阵中的色值相对应,并依此为图形着色. 如
                        % 果数据点的数值小于 cmin 或大于 cmax,则按照等于 cmin 或 cmax 进行着色
caxis auto              % MATLAB 自动计算出色值的范围
caxis manual            % 按照当前的色值范围设置色图范围
caxis(caxis)            % 和 caxis manual 实现相同的功能
```

【例 2-40】 在 MATLAB 中绘制函数 peaks 的图形,同时设置该图形的颜色。
代码如下:

```
% chapter2/test40.m
z = peaks(45)
surf(z)
caxis([-1.5 1.5])
```

运行结果如图 2-48 所示。

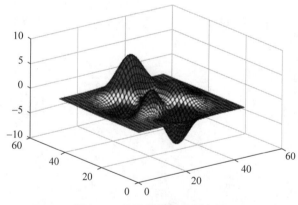

图 2-48　设置数值轴的颜色图

6. 添加颜色标尺

在 MATLAB 中,colorbar 函数的主要功能是显示指定颜色刻度的颜色标尺,其常用调用格式如下:

```
colorbar                % 更新最近生成的颜色标尺. 如果当前坐标轴系统中没有任何颜色标尺,则在
                        % 图形的右侧显示一个垂直的颜色标尺
colorbar('vert')        % 将一个垂直的颜色标尺添加到当前的坐标轴系统中
colorbar('horiz')       % 将一个水平的颜色标尺添加到当前的坐标轴系统中
```

【例 2-41】　在 MATLAB 中绘制函数 peaks 图形,同时在图形中添加水平颜色标尺。代码如下:

```
% chapter2/test41.m
z = peaks(45)
surf(z)
caxis([ - 1.5 1.5])
colorbar('horiz')
```

运行结果如图 2-49 所示。在图 2-49 中只是向前面步骤完成的图形中添加了水平颜色标尺,但是其数值信息说明却更加详细。可以通过对比标尺中的数值和图形中的颜色,查看出对应数据点的数值。

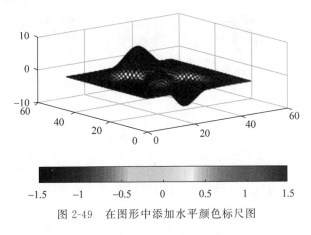

图 2-49　在图形中添加水平颜色标尺图

7. 设置图形的着色

在 MATLAB 中,除了可以为图形设置不同的颜色之外,还可以设置颜色的着色方式。对于绘图函数 mesh、sur、pcolor、fi 等所创建的图形的非数据处的着色由 shading 函数决定。在 MATLAB 中,shading 函数有 3 种参数选项:

```
shading flat     % 使用平滑方式着色.网格图的某条线段,或者曲面图中的某整个贴片都是一种颜
                 % 色,该颜色取自线段的两端,或者该贴片四顶点中下标最小的那个点的颜色
shading interp   % 使用插值的方式为图形着色.使用网线图线段,或者曲面图贴片上各点的颜色由
                 % 该线段两端,或者该贴片四顶点的颜色线性插值而得
shading faceted  % 以平面为单位进行着色,是系统默认的着色方式.在 flat 的用色基础上,再在贴
                 % 片的四周勾画黑色网线
```

【例 2-42】　在 MATLAB 中绘制圆柱图形,然后使用 3 种不同的着色方式为图形着色。代码如下:

```
% chapter2/test42.m
t = 0:pi/5:4 * pi
```

```
[x, y, z] = cylinder(2 + sin(t))
subplot(1, 2, 1)
surf(x, y, z)
shading interp
title('interp')
subplot(1, 2, 2)
surf(x, y, z)
shading flat
title('flat')
```

运行结果如图 2-50 所示。

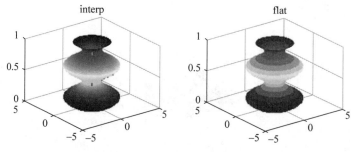

图 2-50   设置图形着色图

实质上,命令 shading 是编辑图形的高层命令,相当于设置当前轴上的"面"对象的 EdgeColor 和 FaceColor 属性,可以使用后面章节中的底层命令得到相同的效果。

8. 控制照明命令 light

在三维图形中,除了填充颜色和着色处理之外,还需要设置图形的灯光、照明模式和反射光处理,这样图形才能显得更加美观。在本节中,将介绍关于三维图形照明控制的相关命令,灵活使用这些命令可以使三维图形显得更加真实。下面将首先介绍灯光 light 命令,这是 MATLAB 中进行光照的基础命令,其功能是为图形建立光源,调用格式如下:

```
light('PropertyName', PropertyValue, …… )
```

其中,PropertyName 属性名是一些用于光源的颜色、位置和类型等的变量名,更为详细的介绍可以查阅相应的帮助文件。关于 light 命令需要了解的信息如下:

在使用这个命令之前,MATLAB 会对图形采用强度各处相等的漫射光源进行渲染。用户开始使用该命令,光源本身并不会出现,但是图形中的各个对象所有和"光"相关的属性都会被激活。

该命令的参数可以省略,当用户不输入任何参数的时候,MATLAB 会采用默认设置的光照:白光、无限远、透过[1, 0, 1]射向坐标轴。

对于该命令中的位置属性,可以选择两个数值:infinite 和 local。前者表示光照的位置是无限远,后者表示光照的位置是近光。

【例 2-43】　在 MATLAB 中绘制 peaks 函数的三维图形,然后使用不同的照明效果。代码如下:

```
% chapter2/test43.m
subplot('2,1,1')
surf(peaks)
light
title('Default')
subplot('2,1,2')
surf(peaks)
light('color','r','position',[0 1 0],'style','local')
title('Red - Local light')
```

运行结果如图 2-51 所示。在图 2-51 中,Default 子图形采用的是默认光照效果,Red-Local light 子图形采用的光照是红色的近光,而且射向图形的角度是[1 0 1],从图中可以明显地看出光照对图形显示的影响。

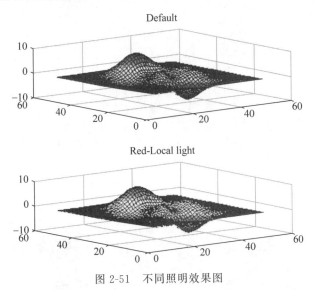

图 2-51　不同照明效果图

9. 控制照明函数 lighting

除了和灯光相关的 light 命令,MATLAB 还提供了设置曲面光源模式的 lighting 命令,使用该命令可以显示不同的照明模式,但是 lighting 命令必须在 light 命令执行后才能起作用,该函数的调用格式如下:

```
Lighting flat       % 平面模式,这是系统的默认模式.入射光均匀地洒落在图形对象的每个面上,
                    % 主要和 faced 一起配合使用
Lighting gouraud    % 点模式.先对顶点颜色进行插补,再对顶点勾画的面色进行插补
Lighting phong      % 对顶点处法线插值,再计算像素的反光.表现效果最好,但是比较耗时
Lighting none       % 关闭所有的光源
```

【例 2-44】 在 MATLAB 中绘制圆柱图形的三维图形,然后使用不同的照明效果。
代码如下:

```
% chapter2/test44.m
t = 0:pi/20:2 * pi
[x, y, z] = cylinder(2 + cos(t))
subplot(2, 2, 1)
mesh(x, y, z)
light
lighting phong
title('phong')
subplot(2, 2, 2)
surf(x, y, z)
light
shading faceted
lighting flat
title('flat')
subplot(2, 2, 3)
surf(x, y, z)
light
shading interp
lighting gouraud
title('gouraud')
subplot(2, 2, 4)
surf(x, y, z)
light
lighting none
title('none')
```

运行结果如图 2-52 所示。

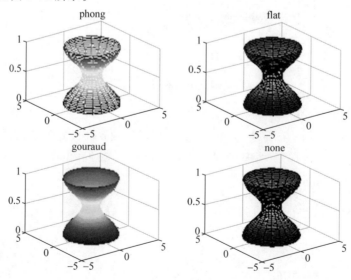

图 2-52　不同照明效果的三维图形

10. 控制材质函数 material

本节将介绍另外一个十分常见的 material 命令,该命令可以控制光照效果的材质属性,也就是设置图形表面对光照反射的模式,其常用的调用格式如下:

```
Material options    %该命令使用预定义的反射模式.对于 options 的不同选项,其对应的选项含义如下
shiny               % 使对象比较明亮.镜反射份额较大,反射光的颜色取决于光源颜色
dul                 % 使对象比较暗淡.漫反射份额较大,反射光的颜色取决于光源颜色.metal 使对
                    % 象有金属光泽.反射光的颜色取决于光源颜色和图形表面的颜色,这是 MATLAB
                    % 内部的默认设置
default             % 返回 MATLAB 中的默认设置.
material([ka kd ks n sc])   % 该命令可以使用专门的个性化设置,对反射的要素进行直接的设置,
                    % 对应参数的含义如下
Ka                  % 设置无方向性、均匀的背景光的强度
Kd                  % 设置无方向性的漫反射的强度
Ks                  % 设置硬反射光的强度
n                   % 设置控制镜面亮点大小的镜面指数
sc                  % 设置镜面颜色的反射系数
```

在 MATLAB 中绘制 peaks 函数的三维图形,同时设置不同的光照效果,如图 2-53 所示。

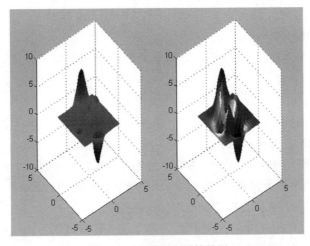

图 2-53 不同的光照效果图

11. 控制透视

在 MATLAB 中使用 mesh、surf 等命令绘制三维图形,在默认情况下,MATLAB 会隐藏重叠在后面的网格线,有时用户需要看到隐藏的网格线,这个时候需要使用透视控制命令。在 MATLAB 中,透视控制函数如下:

```
Hiddenoff    % 透视被缩压的图形
Hiddenon     % 消隐被缩压的图形
```

【例 2-45】 在 MATLAB 中演示透视效果。

代码如下：

```
% chapter2/test45.m
[x,y,z] = ellipsoid(0,0,0,1.2,2.5,4.5)
[x0,y0,z0] = sphere(40)
surf(x0,y0,z0)
shading interp
hold on
mesh(x,y,z)
colormap(hsv)
hold off
hidden off
axis equal
axis off
```

运行结果如图 2-54 所示。

12. 控制透明

从 MATLAB 6.0 版本开始，系统增加了透明处理的相关命令，该命令的主要功能是使用透明技术显示复杂图形的内部结构，和前面章节所介绍的色彩和光照控制类似，透明技术也可以为数据显示提供可视化的手段。

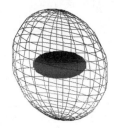

图 2-54 透视效果

在 MATLAB 中，将透明度设置为[0,1]上的数值，其中 0 表示图形是全透明的，1 表示图形是不透明的，这种量化的数值被称为 Alpha 值。在 MATLAB 中，每幅图形窗口中都有一个透明表，在默认情况下，图形透明表是一个数组，其元素的数值都是在[0,1]中取值，其中第 1 个元素的数值为 0，最后一个元素的数值为 1，其他元素按照均匀递增方式进行排列。

在本节中，主要介绍 MATLAB 中透明度的处理方式。以根据 3 个 $m \times n$ 数值矩阵 X、Y 和 Z 所绘制得到的曲面为例，MATLAB 有 3 种透明度的处理方式：

（1）标量：使所有的数据点都设置相同的透明度。

（2）线性数据：使曲面数据点的透明度按照某个指定维度的方向线性变化。

（3）$m \times n$ 矩阵：使每个数据点选取不同的透明度。

以上处理方式分别对应 MATLAB 中的 alpha 函数中的参数，当参数是标量时，曲面中的所有数据点都具有相同的透明度；当 alpha 函数中的参数是线性数据时，曲面的透明度按照某个维度的方向线性变化。

除了使用 alpha 函数分别设置曲面数据点的透明度外，MATLAB 还提供了 alim 函数设置透明度的上下限，将其上下限设置为[Amin,Amax]，在 MATLAB 中设置透明度的上下限需要和上下限模式配合使用。MATLAB 的对应命令是 alim，其参数用于设置 alpha 轴的上下限。

【**例 2-46**】 在 MATLAB 中显示 peaks 函数的不同线性透明度效果。

代码如下：

```
% chapter2/test46.m
[x,y,z] = peaks(45)
subplot(2,1,1)
surf(x,y,z)
shading interp
alpha(x)
title('along x')
subplot(2,1,2)
surf(x,y,z)
shading interp
alpha(y)
title('along y')
```

运行结果如图 2-55 所示。

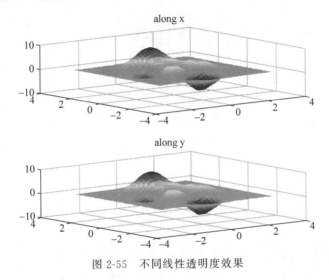

图 2-55　不同线性透明度效果

【**例 2-47**】 在 MATLAB 中显示 peaks 函数的三维图形,将图形的上半部分设置为不透明,将下半部分设置为全透明。

代码如下：

```
% chapter2/test47.m
[x,y,z] = peaks(45)
surf(x,y,z)
shading interp
alpha(z)
amin = -3
```

```
amax = 3
alim([amin,amax])
alpha('scaled')
```

运行结果如图 2-56 所示。在 MATLAB 中,当函数 alpha 中的参数是数值矩阵或者标量时,其得到的结果用于说明不同的透明度的设置情况,但是,alpha 函数还可以选择其他的参数类型,设置的是图形透明度的映射方法,参数分别是 none、scaled 和 direct,对应不同的透明度映射方式。在本例中,选择 scaled 映射方式表示将 alim 上下限映射到透明表的一段。其他映射方式可以参考 MATLAB 的帮助文件。

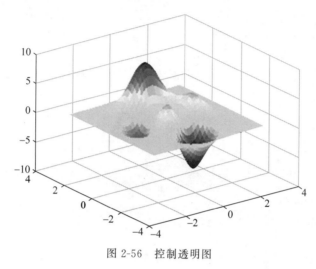

图 2-56 控制透明图

【例 2-48】 在 MATLAB 中显示 peaks 函数的三维图形,将图形的透明度设置为 V 形,也就是在 z 方向的上中部最透明,而上、下两部分最不透明。

代码如下:

```
% chapter2/test48.m
[x,y,z] = peaks(50)
surf(x,y,z)
shading interp
alpha(z)
alpha('interp')
alphamap('vdown')
```

运行结果如图 2-57 所示。在图 2-57 中使用了 alphamap 命令,用于设置图形窗的透明度表,参数数值为 vdown,说明表示图形的透明度情况是中部最透明,而上、下两部分则最不透明。

13. 三维图形的简易命令

和绘制二维函数的图形类似,在 MATLAB 中,绘制三维函数的图形同样也有一些简易命令,和三维绘图常见的各种命令相对应,三维图形的简易命令包括 ezmesh、ezmeshc、ezsurf 和 ezsurfo 等。

这些命令都在对应的绘图命令前面添加了 ez 的字样,表示是一种简易命令。关于这些常见命令的调用格式和前面小节中的简易命令相似,此处就不重复介绍了。在本节中,将使用各种实例来讲解这些函数的用法。

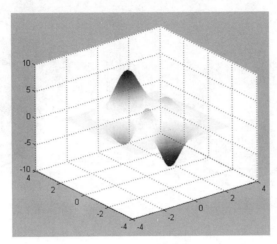

图 2-57　三维图形

【例 2-49】　在 MATLAB 中,使用三维图形的简易命令来绘制函数 $f(x,y)=\dfrac{y}{1+x^2+y^2}$ 的曲线及等高线。

代码如下:

```
% chapter2/test49.m
ezmeshc('y/(1 + x^2 + y^2)',[ - 5,5, - 2 * pi,2 * pi])
colormap jet
```

运行结果如图 2-58 所示。和前面所介绍的二维简易命令类似,用户只是指定了二元函数中参数的定义域和说明整个三维函数的表达式,通过简易命令就可以绘制出相应的图形了。

【例 2-50】　在 MATLAB 中,在"圆域"上绘制函数 $f(x,y)=x^2+y^2$ 的图形,同时为该函数图形设置相应的颜色和光照信息。

代码如下:

```
% chapter2/test50.m
ezsurf('x^2 + y^2,','circ')
shading flat
light('color','y','position',[1 0 0],'style','local')
```

```
colormap jet
view([−18,28])
```

运行结果如图 2-59 所示。在三维简易函数 ezsurf 中,当选用 circ 参数时,表示的是指定图形在"圆域"上绘制。相应的"圆域"是极坐标系,该命令可以十分方便地绘制"圆域"中的图形。

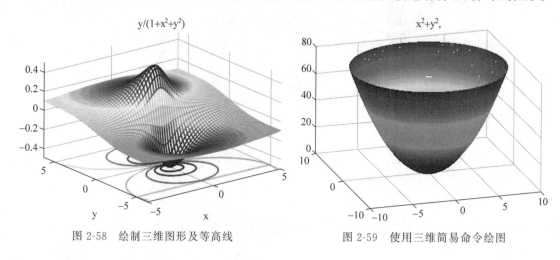

图 2-58　绘制三维图形及等高线　　　　图 2-59　使用三维简易命令绘图

2.4.22　四维图形

对于三维图形,可以利用 $z=z(x,y)$ 的函数关系来绘制函数,该函数的自变量只有两个,从自变量的角度来讲,也就是二维的,但是,在实际生活和工程应用中,有时会遇到自变量个数为 3 的情况,这个时候自变量的定义域是整个三维空间,而计算机的显示维度有限,只能显示 3 个空间变量,不能表示第四维的空间变量。对于这种矛盾关系,MATLAB 采用了颜色、等位线等手段来表示第四维的变量。

1. 绘制切片图函数 slice

在 MATLAB 中,使用 slice 等相关命令来显示三维函数切面图、等位线图,可以很方便地实现函数上的四维表现。slice 命令的常用调用格式如下:

```
slice(V,sx,sy,sz)       % 显示三元函数 V = V(X,Y,Z)所确定的超立体形在 x 轴、y 轴和 z 轴方向
                        % 上的若干点的切片图,各点的坐标由数量向量 sx、sy、sz 指定
slice(X,Y,Z,V,sx,sy,sz) % 显示三元函数 V = V(X,Y,Z)所确定的超立体形在 x 轴、y 轴和 z 轴方向
                        % 上的若干点的切片图.也就是说,如果函数 V = V(X,Y,Z)有一个变量 X
                        % 取值 X0,则函数 V = V(X0,Y,Z)变成了一立体曲面的切片图.各点的坐标
                        % 由数量向量 sx、sy、sz 指定
slice(V,XI,YI,ZI)       % 显示由参量矩阵 XI、YI 和 ZI 确定的超立体图形的切片图.参量 XI、YI 和
                        % ZI 定义了一个曲面,同时会在曲面的点上计算超立体 V 的数值
slice(,'method')        % 参数 method 用来指定内插值的方法.常见的方法包括 linear、cubic 和
                        % nearest 等,分别对应不同的插值方法
```

在 MATLAB 中,和 slice 相关的命令还有 contourslice 和 streamslice 等,分别用于绘制出不同的切片图形。在通常的情况下,需要将上面多种切片图一起使用。

【例 2-51】　在 MATLAB 中表现水体水下射流速度数据 flow 的切片图。

代码如下:

```matlab
% chapter2/test51.m
[x y z v] = flow
x1 = min(min(min(x)))
x2 = max(max(max(x)))
sx = linspace(x1 + 1.5, x2, 4)
slice(x, y, z, v, sx, 0, 0)
view([ - 33 36])
shading interp
colormap hsv
alpha('color')
colorbar
```

运行结果如图 2-60 所示。在以上程序代码中,最后的程序代码行是对该三维图形进行颜色和视角的编辑说明工作,目的是为了使用户能够更好地查看该图形。

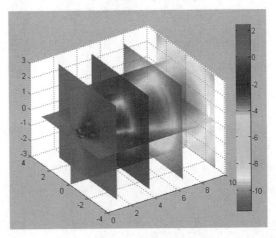

图 2-60　切片图

2. 绘制切面等位线图

【例 2-52】　在 MATLAB 中表现水体水下射流速度数据 flow 的切面等位线图。

代码如下:

```matlab
% chapter2/test52.m
[x y z v] = flow
x1 = min(min(min(x)))
x2 = max(max(max(x)))
```

```
sx = linspace(x1 + 1.5, x2, 4)
v1 = min(min(min(v)))
v2 = max(max(max(v)))
cv = linspace(v1 + 1, v2, 20)
contourslice(x, y, z, v, sx, 0, 0, cv)
view([ - 12 30])
shading interp
alpha('color')
box on
colorbar
```

运行结果如图 2-61 所示。

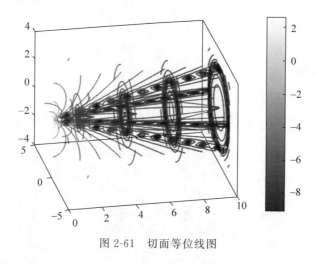

图 2-61　切面等位线图

3. 绘制流线切面图

【例 2-53】　在 MATLAB 中绘制函数 peaks 的流线切面图。

代码如下：

```
% chapter2/test53.m
z = peaks
surf(z)
shading interp
hold on
[c ch] = contour3(z, 20)
set(ch, 'edgecolor', 'b')
[u v] = gradient(z)
h = streamslice( - u, - v)
set(h, 'color', 'k')
colormap hsv
for i = 1:length(h)
```

```
    zi = interp2(z,get(h(i),'xdata'),get(h(i),'ydata'))
    set(h(i),'zdata',zi)
end
view(30,50)
axis tight
colorbar
```

运行结果如图 2-62 所示。

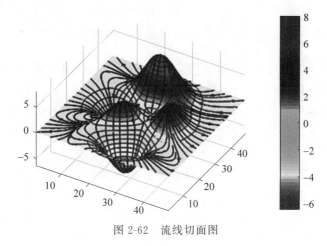

图 2-62　流线切面图

第 3 章

插值算法与曲线拟合

数据分析在各个领域有着广泛的应用，尤其是在数学、物理等科学领域和工程领域的实际应用中，经常遇到进行数据分析的情况。例如，在工程领域根据有限的已知数据对未知数据进行推测时经常需要用到数据插值和拟合的方法。在物理或工程领域中则经常需要根据现实情况抽象出微分方程，进行数值求解等。这些常见的数据分析方法在 MATLAB 中都可以实现。

通过本章的内容读者可以了解到各命令的使用场合及内在关系，同时获得综合运用命令解决实际问题的思路和借鉴的经验。在本章中，将分别介绍插值、拟合等各种内容。

3.1 插值

插值（Interpolation）是指在所给定基准数据的情况下，研究如何平滑地估算出基准数据之间其他点的函数数值。每当其他点上函数数值获取的代价比较高时，插值就会发挥作用。

定义 3.1.1 设函数 $y = f(x)$ 在区间 $[a, b]$ 上有定义，且已知在点 $a \leqslant x_0 < x_1 < \cdots < x_n \leqslant b$ 上的值 $y_0, y_1, \cdots, y_n$，若存在一简单函数，使

$$P(x_i) = y_i, \quad i = 0, 1, \cdots, n \tag{3-1}$$

成立，则称 $P(x)$ 为 $f(x)$ 的插值函数，点 $x_0, x_1, \cdots, x_n$ 称为插值节点，包含插值节点的区间 $[a, b]$ 称为插值区间，求插值函数 $P(x)$ 的方法称为插值法。若 $P(x)$ 是次数不超过 n 的代数多项式，即 $P(x) = a_0 + a_1 x + \cdots + a_n x^n$，其中 a_i 为实数，则称 $P(x)$ 为插值多项式，$P(x) = a_0 + a_1 x + \cdots + a_n x^n$ 相应的插值法称为多项式插值。

定义 3.1.2 设给定数据点 (x_i, y_i)，$i = 0, 1, \cdots, n$（互异），欲找二者的近似关系 $P(x)$，满足

（1）$P(x) \in P_n(x)$

（2）$P(x_i) = y_i, i = 0, 1, \cdots, n$

则称 $P(x)$ 为 n 次代数插值多项式。

定理 3.1.1 满足式（3-1）的插值多项式 $P(x)$ 是存在唯一的。

直接求解方程组就可以得到插值多项式 $P(x)$，但这是求插值多项式最繁杂的方法，一般不采用此方法，下面将给出构造插值多项式更简单的方法。

在 MATLAB 中提供了多种插值函数，这些插值函数在获得数据的平滑度、时间复杂度和空间复杂度方面有着完全不同的性能。在本章中，将主要介绍一维插值命令 interp1、二维插值命令 interp2 等 MATLAB 内置函数。同时，还将根据不同的插值方法自行编写 M 文件，完成不同的插值运算，例如拉格朗日插值、牛顿插值等，下面分别进行介绍。

3.1.1 一维插值

在 MATLAB 中，一维多项式插值的方法通过命令 interp1 实现，其具体的调用格式如下：

```
yi = interp1(x,Y,xi)              % 在该命令中，x 必须是向量，Y 可以是向量也可以是矩阵。如果 Y 是向量，则
                                  % 必须与变量 x 具有相同的长度，这时 xi 可以是标量，也可以是向量或者矩阵
yi = interp1(Y,xi)                % 在默认情况下，x 变量选择为 1:n，其中 n 是向量 Y 的长度
yi = interp1(x,Y,xi,method)              % 输入变量 method 用于指定插值的方法
yi = interp1(x,Y,xi,method,'extrap')     % 对超出数据范围的插值运算使用外推方法
yi = interp1(x,Y,xi,method,extrapval)    % 对超出数据范围的插值数据返回 extrapval 数值，一般
                                         % 为 NaN 或者 0
pp = interp1(x,Y,method,'pp')            % 返回数值 pp 为数据 Y 的分段多项式形式，method 用于
                                         % 指定产生分段多项式 pp 的方法
```

在 MATLAB 中，还提供了 interp1q 命令作为 interp1 的快速命令，对于数据间隔不均的数据，interp1q 命令运行的速度比 interp1 命令要快，主要原因在于 interp1q 命令没有对输入数据进行检测，关于该命令的详细使用方法可查看相应的帮助文件。

在上面的命令中，method 参数的取值和对应的含义如下：

```
nearest    % 最邻近插值方法(Nearest Neighbor Interpolation)。这种插值方法在已知数据的最邻近
           % 点设置插值点，对插值点的数值进行四舍五入，对超出范围的数据点返回 NaN
linear     % 线性插值(Linear Interpolation)，这是 interp1 命令中 method 的默认数值，该方法采用
           % 直线将相邻的数据点相连，对超出数据范围的数据点返回 NaN
spline     % 三次样条插值( Cubic Spline Interpolation )，该方法采用三次样条函数获取插值数据
           % 点，在已知点为端点的情况下，插值函数至少具有相同的一阶和二阶导数
pchip      % 分段三次厄米特多项式插值(Piecewise Cubic Hermite Interpolation)
cubic      % 三次多项式插值，与分段三次厄米特多项式插值方法相同
```

3.1.2 人口数量预测

为了让读者直观地看到上面各个不同插值方法的差别，下面举例演示不同方法的插值。用不同的方法来对基础数据进行插值运算，并比较各种方法的不同。

【例 3-1】 某城市在 1900—1990 年，每隔 10 年统计一次该城市的人口数量，得到的结果如下：

75.995　91.972　105.711　123.203　131.669　150.697　179.323　203.212
226.505　249.633

上面数据的单位是百万,以上面的数据为基础,对没有进行人口统计的年限的人口数量进行推测,分别使用不同的插值方法。

代码如下:

```
% chapter3/test1.m
t = 1900:10:1990
p = [75.995 91.972 105.711 123.203    131.669    150.697    179.323    203.212
226.505    249.633]

x = 1900:0.01:1990
y1 = interp1(t, p, x, 'linear')
y2 = interp1(t, p, x, 'spline')
y3 = interp1(t, p, x, 'cubic')
y4 = interp1(t, p, x, 'nearest')

subplot(2, 1, 1)
plot(t, p, 'ko')
hold on
plot(x, y1, 'r')
hold on
plot(x, y2, 'b')
title('linear vs spline')
grid on

subplot(2, 1, 2)
plot(x, y3, 'r')
hold on
plot(x, y4, 'b')
title('cubic vs nearest')
grid on
```

运行结果如图 3-1 所示。

比较计算结果,代码如下:

```
% chapter3/test2.m
msg = '      year        linear    spline    cubic      nearest    '
for i = 0:8
    n = 8 * i
    year = 1904 + n
    pop(i + 1, 1) = year
    pop(i + 1, 2) = y1((year - 1900)/0.01 + 1)
    pop(i + 1, 3) = y2((year - 1900)/0.01 + 1)
```

```
        pop(i + 1, 4) = y3((year − 1900)/0.01 + 1)
        pop(i + 1, 5) = y4((year − 1900)/0.01 + 1)
end
p = round(pop)
disp(msg)
disp(p)
```

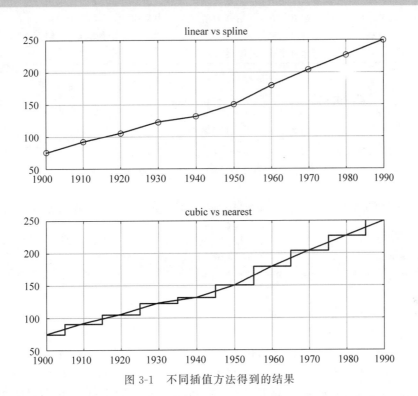

图 3-1　不同插值方法得到的结果

　　运行结果如下。从结果可以看出,使用不同的插值方法得到的预测数据会略有差别,上面的结果中 nearest 方法得到的结果是偏差最大的一种,其他方法则差别不大。

year	linear	spline	cubic	nearest
1904	82	84	83	76
1912	95	94	95	92
1920	106	106	106	106
1928	120	120	120	123
1936	128	128	128	132
1944	139	137	138	132
1952	156	156	156	151
1960	179	179	179	179
1968	198	199	199	203

根据上面的实例,下面简要比较各种插值方法在执行速度、占用内存大小及获得数据的平滑度方面的性能,如表 3-1 所示。

表 3-1　各种插值方法的比较

方　法	说　明
nearest	最快的插值方法,但是数据平滑方面最差,数据不是连续的
linear	执行速度较快,有足够的精度。最为常用,而且为默认设置
cubic	较慢,精度高,平滑度好,当希望得到平滑的曲线时可以使用该选项
spline	执行速度最慢,精度高,最平滑

3.1.3　二维插值

二维插值是高维插值的一种,主要应用于图像处理和数据的可视化,其基本思想与一维插值大致相同,它是对两个变量的函数 $z = f(x, y)$ 进行插值。

在 MATLAB 中,二维插值的常用函数是 interp2,其调用格式如下:

```
Z1 = interp2(X,Y,Z,XI,Y1)       % 原始数据 x、y 和 z 决定插值函数 z = f(x,y),返回的数值 Z1 是
                                % (X1,Y1):在函数 z = f(x, y)上的数值
Z1 = interp2(Z, X1, Y1)         % 其中如果 Z 的维度是 n×m,则有 x = 1:n, y = 1:m
Z1 = interp2(Z,ntimes)          % 在两点之间递归地进行插值 ntimes 次
Z1 = interp2(X,Y,Z,X1,Y1,method) % 使用选定的插值方法进行二维插值
```

关于上面命令中的参数,应注意下面的内容:

对于其他高维插值的命令,使用格式与此大致相同。在上面的命令中,X、Y 和 Z 是进行插值的基准数据。X1、Y1 是待求插补函数值 Z1 的自变量对组,虽然随着维度的增加,插值的具体操作变得越来越复杂,但是基本原理和一维插值的情况相同,调用名称也很类似。

参数 X 和 Y 必须满足一定的条件,首先 X 和 Y 必须是同维矩阵,同时矩阵中的元素,无论是行向还是列向,都必须是单调排列。最后,X 和 Y 必须是 Plaid 格式的矩阵,所谓 Plaid 格式的矩阵,是指 X 矩阵每一行的元素依照单调次序排列,并且任何两行都是相同的;Y 矩阵每一列的元素依照单调次序排列,并且任何两列都是相同的。

对于 X1 和 Y1 数据系列,一般需要使用 meshgrid 命令来创建。具体的方法为给定两个变量的分向量,然后通过 meshgrid 命令生成对应的数据系列。

关于该命令的 method 参数,其含义和前面小节中 interp1 命令的 method 参数类似,只是参数数值 linear 表示的是双线性插值方法。

3.1.4　绘制二元函数图形

【例 3-2】 以二元函数 $z(x, y) = \dfrac{\sin\sqrt{x^2 + y^2}}{\sqrt{x^2 + y^2}}$ 为例,首先经过"仿真"获取基础数据,生

成一组基础的稀疏"测量数据",然后使用二维插值得到更细致的数据,完成绘图。

代码如下:

```
% chapter3/test3.m
% 绘制基础数据图形
x = -3 * pi:3 * pi
y = x
[X,Y] = meshgrid(x,y)
r = sqrt(X.^2 + Y.^2) + eps
F = sin(r)./r
[FX,FY] = gradient(F)
dzdr = sqrt(FX.^2 + FY.^2)
subplot(1,2,1)
surf(X,Y,F,abs(dzdr))
colormap(spring)
alphamap('rampup')
% 进行二维插值运算
xi = linspace(-3 * pi,3 * pi,100)
yi = linspace(-3 * pi,3 * pi,100)
[XI,YI] = meshgrid(xi,yi)
ZI = interp2(X,Y,F,XI,YI,'cubic')
% 绘制插值后的数据图形
subplot(1,2,2)
surf(XI,YI,ZI)
colormap(spring)
alphamap('rampup')
```

运行结果如图 3-2 所示。

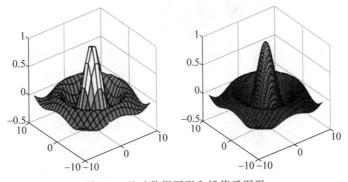

图 3-2 基础数据图形和插值后图形

【例 3-3】 在三维图形表面上添加等高线,使用二维插值的方法来计算等高线的数据点坐标,同时使用 streamslice 命令绘制三维图形表面等高线数据点的梯度。

代码如下:

```
% chapter3/test4.m
% 生成数据
z = peaks
surf(z)
shading interp
hold on
% 添加三维图形的等高线
[c ch] = contour3(z,20)
set(ch,'edgecolor','b')
% 计算三维图形表面的数值梯度
[u v] = gradient(z)
h = streamslice( - u, - v)
set(h,'color','k')
% 对等高线进行二维数值插值
for i = 1:length(h)
    zi = interp2(z,get(h(i),'xdata'),get(h(i),'ydata'))
    set(h(i),'zdata',zi)
end
view(30,50)
axis tight
```

运行结果如图 3-3 所示。

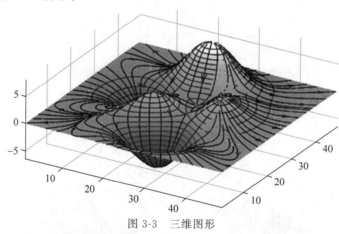

图 3-3　三维图形

在上面的两个例子中，多次用到了关于 MATLAB 图形对象操作的命令，主要涉及了图形颜色、角度等属性。

3.2　插值算法

3.2.1　拉格朗日插值

41min

拉格朗日(Lagrange)插值是 n 次多项式插值，其成功地用构造插值基函数的方法，解决了求 n 次多项式插值函数问题。拉格朗日插值的基本思想是将待求的 n 次多项式插值函数改写成另一种表示方式,再利用插值条件确定其中的待定函数,从而求出插值多项式。

1. 基函数

为了构造插值多项式,我们先定义插值基函数。

定义 3.2.1 设 $x_0, x_1, \cdots, x_n$ 是给定的彼此互异的 $n+1$ 个插值结点,$y_i = f(x_i), i = 0, 1, \cdots, n$ 为给出的函数值,则 $P_n(x) = y_0 l_0(x) + y_1 l_1(x) + \cdots + y_n l_n(x)$ 是唯一的次数不超过 n 的,并且满足 $P_n(x_i) = y_i, i = 0, 1, \cdots, n$ 的多项式。其中

$$l_i(x) = \frac{(x-x_0)(x-x_1)\cdots(x-x_{i-1})(x-x_{i+1})\cdots(x-x_n)}{(x_i-x_0)(x_i-x_1)\cdots(x_i-x_{i-1})(x_i-x_{i+1})\cdots(x_i-x_n)}$$

为拉格朗日插值基函数,$P_n(x)$ 为拉格朗日插值函数。

下面介绍基函数 $l_i(x)$ 的性质。

性质 3.2.1 $l_i(x_j) = \begin{cases} 1, & i=j \\ 0, & i \neq j \end{cases}$

性质 3.2.2 $l_i(x) \in P_n(x), \quad i = 0, 1, \cdots, n$

性质 3.2.3 $\sum_{i=0}^{n} l_i(x) \equiv 1$

2. 拉格朗日插值公式

定理 3.2.1 n 次代数插值问题的解为 x_0, x_1 称为拉格朗日插值多项式。特殊化,得到如下插值公式。

1) 线性插值 $L_1(x)$

设已知 x_0, x_1 及 $y_0 = f(x_0), y_1 = f(x_1)$,$L_1(x)$ 为 f 不超过一次多项式,且满足 $L_1(x_0) = y_0, L_1(x_1) = y_1$,几何上,$L_1(x)$ 为过 (x_0, y_0) 和 (x_1, y_1) 的直线,从而得到

$$L_1(x) = y_0 + \frac{y_1 - y_0}{x_1 - x_0}(x - x_0) \tag{3-2}$$

为了推广到高阶问题,我们将式(3-2)变成对称式:

$$L_1(x) = l_0(x) y_0 + l_1(x) y_1 \tag{3-3}$$

其中,$l_0(x) = \dfrac{x - x_1}{x_0 - x_1}$ 和 $l_1(x) = \dfrac{x - x_0}{x_1 - x_0}$ 均为 1 次多项式且满足 $l_0(x) = 1$ 且 $l_1(x) = 0$ 或 $l_0(x) = 0$ 且 $l_1(x) = 1$。两关系式可统一写成

$$l_i(x_j) = \begin{cases} 1, & i=j \\ 0, & i \neq j \end{cases} \tag{3-4}$$

2) 抛物线插值 $L_2(x)$

假定插值结点为 x_{i-1}, x_i, x_{i+1},要求抛物线插值(二次插值)多项式 $L_2(x)$,使它满足

$$L_2(x_j) = y_i, \quad j = i-1, i, i+1 \tag{3-5}$$

我们知道,在几何上就是通过三点 (x_{i-1}, y_{i-1})、(x_i, y_i) 和 (x_{i+1}, y_{i+1}) 确定抛物线。为了求出 $L_2(x)$ 的表达式,可采用基函数法,此时基函数 $l_{i-1}(x)$、$l_i(x)$ 及 $l_{i+1}(x)$ 是二次

函数,且在节点上分别满足条件

$$\begin{cases} l_{i-1}(x_{i-1})=1, & l_{i-1}(x_j)=0, & j=i,i+1 \\ l_i(x_i)=1, & l_i(x_j)=0, & j=i-1,i+1 \\ l_{i+1}(x_{i+1})=1, & l_{i+1}(x_j)=0, & j=i-1,i \end{cases} \tag{3-6}$$

满足条件式(3-6)的插值基函数可以很容易地求出,例如求 $l_{i-1}(x)$,因它有两个零点 x_i 及 x_{i+1},故可表示为

$$l_{i-1}(x)=A(x-x_i)(x-x_{i+1}) \tag{3-7}$$

其中 A 为待定系数,可由条件 $l_{i-1}(x_{i-1})=1$ 定出:

$$A=\frac{1}{(x_{i-1}-x_i)(x_{i-1}-x_{i+1})} \tag{3-8}$$

于是

$$l_{i-1}(x)=\frac{(x-x_i)(x-x_{i+1})}{(x_{i-1}-x_i)(x_{i-1}-x_{i+1})} \tag{3-9}$$

同理可得

$$l_i(x)=\frac{(x-x_{i-1})(x-x_{i+1})}{(x_i-x_{i-1})(x_i-x_{i+1})} \tag{3-10}$$

$$l_{i+1}(x)=\frac{(x-x_{i-1})(x-x_i)}{(x_{i+1}-x_{i-1})(x_{i+1}-x_i)} \tag{3-11}$$

利用二次插值基函数 $l_{i-1}(x)$、$l_i(x)$ 和 $l_{i+1}(x)$ 可立即得到二次插值多项式

$$L_2(x)=y_{i-1}l_{i-1}(x)+y_il_i(x)+y_{i+1}l_{i+1}(x) \tag{3-12}$$

显然,它满足条件 $L_2(x_j)=y_j(j=i-1,i,i+1)$。将上面求得的 $l_{i-1}(x)$、$l_i(x)$ 和 $l_{i+1}(x)$ 代入式(3-12),得

$$L_2(x)=y_{i-1}\frac{(x-x_i)(x-x_{i+1})}{(x_{i-1}-x_i)(x_{i-1}-x_{i+1})}+y_i\frac{(x-x_{i-1})(x-x_{i+1})}{(x_i-x_{i-1})(x_i-x_{i+1})}+ \\ y_{i+1}\frac{(x-x_{i-1})(x-x_i)}{(x_{i+1}-x_{i-1})(x_{i+1}-x_i)} \tag{3-13}$$

3. 余项与误差估计

拉格朗日插值用来求 n 个节点的 $(n-1)$ 次插值多项式,它就是线性插值和抛物线插值的推广和延伸。我们设有 n 个节点,则拉格朗日插值的表达式表示为

$$\begin{aligned} g(x) &= \sum_{k=1}^{n}\frac{(x-x_1)(x-x_2)\cdots(x-x_{k-1})(x-x_{k+1})\cdots(x-x_n)}{(x_k-x_1)(x_k-x_2)\cdots(x_k-x_{k-1})(x_k-x_{k+1})\cdots(x_k-x_n)}y_k \\ &= \sum_{k=1}^{n}\left(\prod_{j=1,j\neq k}^{n}\frac{x-x_j}{x_k-x_j}\right)y_k \end{aligned}$$

$$\tag{3-14}$$

若在 $[a,b]$ 上用 $L_n(x)$ 近似 $f(x)$,则其截断误差为 $R_n(x)=f(x)-L_n(x)$,也称为

插值多项式的余项。关于插值余项估计有以下定理。下面的定理说明了用插值多项式 $L_n(x)$ 近似代数 $f(x)$ 时的余项。

定理 3.2.2(余项定理) 设 $f^{(n)}(x)$ 在 $[a,b]$ 上连续，$f^{(n+1)}(x)$ 在 (a,b) 内存在节点 $a \leqslant x_0 < x_1 < \cdots < x_n \leqslant b$，$L_n(x)$ 是满足条件 $L_n(x_j) = y_j, j = 0, 1, \cdots, n$ 的插值多项式，则对任何 $x \in [a,b]$，插值余项

$$R_n(x) = f(x) - L_n(x) = \frac{f^{(n+1)}(\xi)}{(n+1)!} \omega_{n+1}(x) \tag{3-15}$$

这里 $\xi \in (a,b)$ 且依赖于 x，$\omega_{n+1}(x) = (x - x_0)(x - x_1) \cdots (x - x_n)$。

这里需要说明如下两点：

(1) 在插值多项式的余项公式中，包含 $f^{(n+1)}(\xi)$，其中，ξ 一般与插值结点 $x_j (j = 0, 1, \cdots, n)$ 及插值点 x 有关，因此，ξ 一般是无法知道的，这就对余项的估计带来了困难。

(2) 由插值多项式的余项公式可以看出，当被插值的函数 $f(x)$ 为次数不高于 n 的多项式时，其 n 次插值多项式就是它本身，因为此时 $f^{(n+1)}(\xi) = 0$，即余项为 0。

应当指出，余项表达式只有在 $f(x)$ 的高阶导数存在时才能应用。ξ 在 (a,b) 内的具体位置通常不可能给出，如果我们可以求出 $\max\limits_{a \leqslant x \leqslant b} |f^{(n+1)}(x)| = M_{n+1}$，则插值多项式 $L_n(x)$ 逼近 $f(x)$ 的截断误差限是

$$|R_n(x)| \leqslant \frac{M_{n+1}}{(n+1)!} |\omega_{n+1}(x)| \tag{3-16}$$

当 $n = 1$ 时，线性插值余项为

$$R_1(x) = \frac{1}{2} f''(\xi) \omega_2(x) = \frac{1}{2} f''(\xi)(x - x_0)(x - x_1), \quad \xi \in [x_0, x_1] \tag{3-17}$$

当 $n = 2$ 时，抛物线插值的余项为

$$R_2(x) = \frac{1}{6} f'''(\xi)(x - x_0)(x - x_1)(x - x_2), \quad \xi \in [x_0, x_2] \tag{3-18}$$

利用余项表达式(3-15)，当 $f(x) = x^k (k \leqslant n)$ 时，由于 $f^{(n+1)}(x = 0)$，于是有

$$R_n(x) = x^k - \sum_{i=0}^{n} x_i^k l_i(x) = 0 \tag{3-19}$$

由此得

$$\sum_{i=0}^{n} x_i^k l_i(x) = x^k, \quad k = 0, 1, \cdots, n \tag{3-20}$$

特别当 $k = 0$ 时，有

$$\sum_{i=0}^{n} l_i(x) = 1 \tag{3-21}$$

式(3-20)和式(3-21)也是插值基函数的性质。

4. 拉格朗日插值的 MATLAB 实现

常用的几个函数：

1) poly 函数

调用格式：Y＝poly(V)返回矩阵特征多项式的系数。

代码如下：

```
>> Y = poly(3);
```

结果为

```
1   -3 % 即其特征多项式为 x-3
```

2) polyval 函数

调用格式：Y＝polyval(p,x)返回 n 次多项式 p 在 x 处的值。输入变量 p＝[p0　p1　p2　…　pn]是一个长度为 n+1 的向量,其元素为按降排列的多项式系数。

如对多项式 $p(x)＝3x^2＋2x＋1$,计算当 $x＝5$、7、9 时的值。

代码如下：

```
>> p = [3 2 1]
   x = [5,7,9]
   polyval(p,x)
```

结果为

```
ans =
86    162    262
```

3) poly2sym 函数

调用格式一：poly2sym(C)把多项式的系数向量转化为符号多项式。

代码如下：

```
>> c = [1 -3]
   y = poly2sym(c)
```

结果为

```
y = x-3
```

调用格式二：f1＝poly2sym(C,'V') 或 f2＝poly2sym(C,sym('V'))。

代码如下：

```
    >> c = [1 -3];y = poly2sym(c,'s')
或者 >> c = [1 -3];y = poly2sym(c,sym('s'))
```

结果为

```
y = s - 3
```

拉格朗日插值多项式和基函数的主程序代码如下：

```
% chapter3/test5.m
function [C, L, L1, l] = lagran1(X, Y)
m = length(X); L = ones(m, m);
for k = 1: m
V = 1;
for i = 1:m
if k ~= i
V = conv(V, poly(X(i)))/(X(k) - X(i));
end
end
L1(k, :) = V; l(k, :) = poly2sym (V)
end
C = Y * L1; L = Y * l
return
```

【例 3-4】 给出节点数据 $f(-2.15)=17.03, f(-1.00)=7.24, f(0.01)=1.05,$ $f(1.02)=2.03, f(2.03)=17.06, f(3.25)=23.05$,作五次拉格朗日插值多项式和基函数,并写出估计其误差的公式,代码如下：

```
>> X = [-2.15  -1.00  0.01  1.02  2.03  3.25];
   Y = [17.03  7.24  1.05  2.03  17.06  23.05];
   [C, L, L1, l] = lagran1(X, Y)
```

输入的量：$n+1$ 个节点 $(x_i, y_i)(i=1,2,\cdots,n+1)$ 横坐标向量 X,纵坐标向量 Y；

输出的量：n 次拉格朗日插值多项式 L 及其系数向量 C,基函数 l 及其系数矩阵 L_1。

运行后输出五次拉格朗日插值多项式 L 及其系数向量 C,基函数 l 及其系数矩阵 L_1 如下：

```
C = -0.2169    0.0648    2.1076    3.3960   -4.5745    1.0954
L = 1.0954 - 4.5745 * x + 3.3960 * x^2 + 2.1076 * x^3 + 0.0648 * x^4 - 0.2169 * x^5
```

拉格朗日插值及其误差估计的 MATLAB 程序代码如下：

```
% chapter3/test6.m
function [y, R] = lagranzi(X, Y, x, M)
n = length(X); m = length(x);
```

```
for i = 1:m
    z = x(i);s = 0.0;
    for k = 1:n
        p = 1.0; q1 = 1.0; c1 = 1.0;
for j = 1:n
            if j~ = k
p = p * (z - X(j))/(X(k) - X(j));
            end
        q1 = abs(q1 * (z - X(j)));c1 = c1 * j;
        end
        s = p * Y(k) + s;
    end
    y( i) = s;
end
R = M * q1/c1;
return
```

【例 3-5】 已知 $\sin 30° = 0.5, \sin 45° = 0.7071, \sin 60° = 0.8660$,用拉格朗日插值及其误差估计的 MATLAB 函数求 $\sin 40°$ 的近似值,并估计其误差。

代码如下:

```
% chapter3/test7.m
>> x = 2 * pi/9; M = 1;
    X = [pi/6 ,pi/4, pi/3];
    Y = [0.5,0.7071,0.8660];
    [y,R] = lagranzi(X,Y,x,M)
```

输入的量:$\boldsymbol{X}$ 是 $n+1$ 个节点 $(x_i, y_i)(i = 1, 2, \cdots, n+1)$ 的横坐标向量,$\boldsymbol{Y}$ 是纵坐标向量,x 是以向量形式输入的 m 个插值点,M 在 $[a, b]$ 上满足 $|f^{(n+1)}(x)| \leqslant M$。

输出的量:$\boldsymbol{y}$ 为 m 个插值构成的向量,R 是误差限。

运行后输出的插值 $\boldsymbol{y}$ 及其误差限 R 为

```
y =                    R =
        0.6434                8.8610e - 004
```

3.2.2　牛顿插值

23min 拉格朗日插值的优点是插值多项式特别容易建立,缺点是增加节点时原有多项式不能利用,必须重新建立,即所有基函数都要重新计算,这就造成了计算量的浪费;牛顿(Newton)插值多项式是代数插值的另一种表现形式,当增加节点时它具有所谓的"承袭性",这要用到差商的概念。在本节中,将详细介绍如何使用牛顿插值方法进行数据插值。

1. 差商的定义与性质

定义 3.2.2 已知函数 $f(x)$ 的 $n+1$ 个插值点为 (x_i, y_j)，$y_i = f(x_i)$，$i = 0, 1, \cdots, n$，$\dfrac{f(x_i) - f(x_j)}{x_i - x_j}$ 称为 $f(x)$ 在点 (x_i, y_j) 的一阶差商，记为 $f[x_i, y_j]$，即

$$f[x_i, y_j] = \frac{f(x_i) - f(x_j)}{x_i - x_j} \tag{3-22}$$

一阶差商的差商 $\dfrac{f[x_i - x_j] - f[x_j, x_k]}{x_i - x_k}$ 称为 $f(x)$ 在点 x_i, x_j, x_k 的二阶差商，记为 $f[x_i, x_j, x_k]$，即

$$f[x_i, x_j, x_k] = \frac{f[x_i - x_j] - f[x_j, x_k]}{x_i - x_k} \tag{3-23}$$

一般地，$k-1$ 阶差商的差商 $\dfrac{f[x_0, x_1, \cdots, x_{k-1}] - f[x_1, x_2, \cdots, x_k]}{x_0 - x_k}$ 称为 $f(x)$ 在点 $x_0, x_1, \cdots, x_k$ 的 k 阶差商，记为 $f[x_0, x_1, \cdots, x_k]$，即

$$f[x_0, x_1, \cdots, x_k] = \frac{f[x_0, x_1, \cdots, x_{k-1}] - f[x_1, x_2, \cdots, x_k]}{x_0 - x_k} \tag{3-24}$$

差商具有以下性质。

性质 3.2.4 n 阶差商可以表示成 $n+1$ 个函数值 $f(x_0), f(x_1), \cdots, f(x_n)$ 的线性组合，即

$$f[x_0, x_1, \cdots, x_k] = \sum_{i=0}^{n} \frac{f(x_i)}{(x_i - x_0) \cdots (x_i - x_{i-1})(x_i - x_{i+1}) \cdots (x_i - x_n)} \tag{3-25}$$

事实上，由式(3-25)，当 $n=1$ 时

$$f[x_0, x_1] = \frac{f(x_0) - f(x_1)}{x_0 - x_1} = \frac{f(x_0)}{x_0 - x_1} + \frac{f(x_1)}{x_1 - x_0} \tag{3-26}$$

当 $n=2$ 时

$$\begin{aligned}
f[x_0, x_1, x_2] &= \frac{f[x_0, x_1] - f[x_1, x_2]}{x_1 - x_2} \\
&= \frac{f[x_0, x_1]}{x_0 - x_1} + \frac{f[x_1, x_2]}{x_2 - x_0} \\
&= \frac{1}{x_0 - x_2}\left(\frac{f(x_0)}{x_0 - x_1} + \frac{f(x_1)}{x_1 - x_0}\right) + \frac{1}{x_2 - x_0}\left(\frac{f(x_1)}{x_1 - x_2} + \frac{f(x_2)}{x_2 - x_1}\right) \\
&= \frac{f(x_0)}{(x_0 - x_1)(x_0 - x_2)} + \frac{f(x_1)}{x_0 - x_2}\left(\frac{1}{x_1 - x_0} - \frac{1}{x_1 - x_2}\right) + \\
&\quad \frac{f(x_2)}{(x_2 - x_0)(x_2 - x_1)}
\end{aligned}$$

$$= \frac{f(x_0)}{(x_0-x_1)(x_0-x_2)} + \frac{f(x_1)}{(x_1-x_0)(x_1-x_2)} + \frac{f(x_2)}{(x_2-x_0)(x_2-x_1)} \quad (3\text{-}27)$$

一般地有

$$f[x_0,x_1,\cdots,x_k] = \sum_{i=0}^{n} \frac{f(x_i)}{(x_i-x_0)\cdots(x_i-x_{i-1})(x_i-x_{i+1})\cdots(x_i-x_n)} \quad (3\text{-}28)$$

性质 3.2.5 （对称性）差商与节点的顺序无关，如

$$\begin{cases} f[x_0,x_1] = f[x_1,x_0] \\ f[x_0,x_1,x_2] = f[x_1,x_0,x_2] = f[x_0,x_2,x_1] \end{cases} \quad (3\text{-}29)$$

这一点可以从性质 3.2.4 看出。

性质 3.2.6 若 $f(x)$ 是 x 的 n 次多项式，则一阶差商 $f[x,x_0]$ 是 x 的 $n-1$ 次多项式，二阶差商 $f[x,x_0,x_1]$ 是 x 的 $n-2$ 次多项式；一般地，函数 $f(x)$ 的 k 阶差商 $f[x,x_0,\cdots,x_{k-1}]$ 是 x 的 $n-k$ 次多项式 $(k \leqslant n)$，而 $k>n$ 时，k 阶差商为零。

2. 牛顿插值多项式

设 x 是 $[a,b]$ 上任一点，则由 $f(x)$ 的一阶差商定义式 $f[x,x_0] = \dfrac{f(x)-f(x_0)}{x-x_0}$ 得

$$f(x) = f(x_0) + f[x,x_0](x-x_0) \quad (3\text{-}30)$$

同理由 $f(x)$ 的二阶差商定义式 $f[x,x_0,x_1] = \dfrac{f[x,x_0]-f[x,x_1]}{x-x_1}$ 得

$$f[x,x_0] = f[x_0,x_1] + f[x,x_0,x_1](x-x_1) \quad (3\text{-}31)$$

一般地，由 $f(x)$ 的 $n+1$ 阶差商定义式

$$f[x_0,x_1,\cdots,x_n] = \frac{f[x_0,x_1,\cdots,x_{n-1}]-f[x_1,x_2,\cdots,x_n]}{x_0-x_n} \quad (3\text{-}32)$$

有

$$f[x,x_0,x_1,\cdots,x_{n-1}] = f[x_0,x_1,\cdots,x_n] + f[x,x_0,x_1,\cdots,x_n](x-x_n) \quad (3\text{-}33)$$

即可得到一系列等式：

$$\begin{cases} f(x) = f(x_0) + f[x,x_0](x-x_0) \\ f[x,x_0] = f[x_0,x_1] + f[x,x_0,x_1](x-x_1) \\ f[x,x_0,x_1] = f[x_0,x_1,x_2] + f[x,x_0,x_1,x_2](x-x_2) \\ f[x,x_0,x_1,\cdots,x_{n-1}] = f[x_0,x_1,\cdots,x_n] + f[x,x_0,x_1,\cdots,x_n](x-x_n) \end{cases}$$

$$(3\text{-}34)$$

依次将后式代入前式，最后得

$$\begin{aligned} f(x) = {} & f(x_0) + f[x_0,x_1](x-x_0) + f[x_0,x_1,x_2](x-x_0)(x-x_1) + \cdots + \\ & f[x_0,x_1,\cdots,x_n](x-x_0),\cdots,(x-x_{n-1}) + \\ & f[x,x_0,x_1,\cdots,x_n](x-x_0)(x-x_1)\cdots(x-x_n) \end{aligned}$$

$$(3\text{-}35)$$

式(3-35)可以写为

$$f(x) = N_n(x) + R_n(x)$$

其中，

$$N_n(x) = f(x_0) + f[x_0, x_1](x - x_0) + f[x_0, x_1, x_2](x - x_0)(x - x_1) + \cdots +$$

$$f[x_0, x_1, \cdots, x_n](x - x_0), \cdots, (x - x_{n-1}) \tag{3-36}$$

$$R_n(x) = f[x, x_0, x_1, \cdots, x_n](x - x_0)(x - x_1)\cdots(x - x_n) \tag{3-37}$$

可以看出，$N_n(x)$ 是关于 x 的次数不超过 n 的多项式，并且当 $x = x_i$ 时，有

$$R_n(x_i) = 0, \quad i = 0, 1, \cdots, n \tag{3-38}$$

因而有

$$N_n(x_i) = f(x_i), \quad i = 0, 1, \cdots, n \tag{3-39}$$

即 $N_n(x)$ 满足插值条件，称为牛顿插值多项式，再由插值多项式的唯一性可知，$L_n(x) = N_n(x)$，因而两个多项式对应的余项是相等的，即

$$f[x, x_0, x_1, \cdots, x_n]\omega_{n+1}(x) = \frac{f^{(n+1)}(\xi)}{(n+1)!}\omega_{n+1}(x) \tag{3-40}$$

由此得到差商与导数的关系。

性质 3.2.7　若 $f(x)$ 在 $[a, b]$ 上存在 n 阶导数，且 $x_i \in [a, b](i = 0, 1, \cdots, n)$，则

$$f[x_0, x_1, \cdots, x_n] = \frac{f^{(n)}(\xi)}{n!}, \quad \xi \in [a, b] \tag{3-41}$$

3. 牛顿插值的 MATLAB 实现

1) 牛顿插值多项式、差商和误差公式的 MATLAB 程序

输入参数：$n + 1$ 个节点 $(x_i, y_i)(i = 1, 2, \cdots, n+1)$ 的横坐标向量 $\boldsymbol{X}$ 和纵坐标向量 $\boldsymbol{Y}$。

输出参数：n 阶牛顿插值多项式 L 及其系数向量 $\boldsymbol{C}$，差商的矩阵 $\boldsymbol{A}$，插值余项公式 wcgs 及其 $\dfrac{R_n(x)}{f^{(n+1)}(\xi)}$（其中 $\xi \in (\min\limits_{1 \leqslant i \leqslant n+1}(x_i), \max\limits_{1 \leqslant i \leqslant n+1}(x_i))$）的系数向量 $\boldsymbol{C}_\mathrm{W}$。

求牛顿插值多项式和差商的代码如下：

```
% chapter3/test8.m
function [A,C,L,wcgs,Cw] = newpoly(X,Y)
n = length(X); A = zeros(n,n); A(:,1) = Y';
  s = 0.0; p = 1.0; q = 1.0; c1 = 1.0;
    for  j = 2:n
            for i = j:n
            A(i,j) = (A(i,j-1) - A(i-1,j-1))/(X(i) - X(i-j+1));
            end
            b = poly(X(j-1));q1 = conv(q,b); c1 = c1 * j;   q = q1;
    end
```

```
    C = A(n,n); b = poly(X(n)); q1 = conv(q1,b);
for k = (n - 1) : - 1:1
C = conv(C,poly(X(k))); d = length(C); C(d) = C(d) + A(k,k);
end
L(k,:) = poly2sym(C); Q = poly2sym(q1);
syms M
wcgs = M * Q/c1; Cw = q1/c1;
return
```

【例 3-6】 给出节点数据 $f(-2.15) = 17.03, f(-1.00) = 7.24, f(0.01) = 1.05,$ $f(1.02) = 2.03, f(2.03) = 17.06, f(3.25) = 23.05$ 作五阶牛顿插值多项式和差商,并写出估计误差的公式。

代码如下:

```
% chapter3/test8.m
X = [ - 2.15   - 1.00   0.01   1.02   2.03   3.25];
Y = [17.03   7.24   1.05   2.03   17.06   23.05];
[A, C, L, wcgs, Cw] = newpoly (X, Y)
```

运行结果如下:

```
A =

   17.0300           0           0           0           0           0
    7.2400    - 8.5130           0           0           0           0
    1.0500    - 6.1287      1.1039           0           0           0
    2.0300      0.9703      3.5144      0.7604           0           0
   17.0600     14.8812      6.8866      1.1129      0.0843           0
   23.0500      4.9098    - 4.4715    - 3.5056    - 1.0867    - 0.2169


C =

    - 0.2169      0.0648      2.1076      3.3960    - 4.5745      1.0954
L =

- (7813219284746629 * x^5)/36028797018963968 +
(583849564517807 * x^4)/9007199254740992 +
(593245028711263 * x^3)/281474976710656 +
(3823593773002357 * x^2)/1125899906842624 -
(321902673270315 * x)/70368744177664 + 308328649211299/281474976710656


wcgs =
```

```
(M * (x^6 − (79 * x^5)/25 − (14201 * x^4)/2500 +
(4934097026900981 * x^3)/281474976710656 +
(154500712237335 * x^2)/35184372088832 −
(8170642380559269 * x)/562949953421312 +
5212760744134241/36028797018963968))/720


Cw =

    0.0014   − 0.0044   − 0.0079    0.0243    0.0061   − 0.0202    0.0002
```

2) 牛顿插值及其误差估计的 MATLAB 程序

输入参数：$n+1$ 个节点 $(x_i, y_i)(i=1,2,\cdots,n+1)$ 的横坐标向量 X 和纵坐标向量 Y，x 是以向量形式输入的 m 个插值点，M 在 $[a,b]$ 上满足 $|f^{(n+1)}(x)| \leqslant M$。

输出参数：向量 x 的插值向量 y 及其误差限 R。

牛顿插值及其误差估计的代码如下：

```
% chapter3/test9.m
function [y,R] = newcz(X,Y,x,M)
n = length(X); m = length(x);
for t = 1:m
    z = x(t); A = zeros(n,n);A(:,1) = Y';
s = 0.0; p = 1.0; q1 = 1.0; c1 = 1.0;
        for  j = 2:n
          for i = j:n
            A(i,j) = (A(i,j−1) − A(i−1,j−1))/(X(i) − X(i−j+1));
          end
          q1 = abs(q1 * (z − X(j−1)));c1 = c1 * j;
        end
        C = A(n,n);q1 = abs(q1 * (z − X(n)));
for k = (n−1): −1:1
C = conv(C,poly(X(k)));d = length(C); C(d) = C(d) + A(k,k);
end
  y(k) = polyval(C, z);
end
R = M * q1/c1;
return
```

【例 3-7】　已知 $\sin30°=0.5$，$\sin45°=0.7071$，$\sin60°=0.8660$，用牛顿插值法求 $\sin40°$ 的近似值，并且估计其误差。

代码如下：

```
% chapter3/test9.m
x = 2 * pi/9;
M = 1;
X = [pi/6 ,pi/4, pi/3];
Y = [0.5, 0.7071, 0.8660];
[y, R] = newcz(X, Y, x, M)
```

运行结果如下:

```
y =
    0.6434
R =
    8.8610e - 04
```

3) 牛顿插值法的 MATLAB 综合程序

输入参数:$n+1$ 个节点 $(x_i,y_i)(i=1,2,\cdots,n+1)$ 的横坐标向量 X 和纵坐标向量 Y,x 是以向量形式输入的 m 个插值点,M 在 $[a,b]$ 上满足 $|f^{(n+1)}(x)| \leqslant M$。

输出参数:向量 x 的插值向量 y 及其误差限 R,n 次牛顿插值多项式 L 及其系数向量 C,差商的矩阵 A。

代码如下:

```
% chapter3/test10.m
function [y, R, A, C, L] = newdscg(X, Y, x, M)
n = length(X); m = length(x);
for t = 1:m
    z = x(t); A = zeros(n, n); A(:, 1) = Y';
s = 0.0; p = 1.0; q1 = 1.0; c1 = 1.0;
        for  j = 2:n
          for i = j:n
            A(i, j) = (A(i, j - 1) -  A(i - 1, j - 1))/(X(i) - X(i - j + 1));
          end
            q1 = abs(q1 * (z - X(j - 1))); c1 = c1 * j;
        end
          C = A(n, n); q1 = abs(q1 * (z - X(n)));
for k = (n - 1): - 1:1
C = conv(C, poly(X(k)));
d = length(C); C(d) = C(d) + A(k, k);
end
        y(k) = polyval(C, z);
end
R = M * q1/c1; L(k, :) = poly2sym(C);
return
```

【例 3-8】 给出节点数据 $f(-4.00)=27.00$,$f(0.00)=1.00$,$f(1.00)=2.00$,

$f(2.00)=17.00$ 作三阶牛顿插值多项式,计算 $f(-2.345)$,并估计误差。

代码如下:

```
% chapter3/test10.m
X = [ - 4,0,1,2];
Y = [27,1,2,17];
x = - 2.345;
[y,R,A,C,P] = newdscg(X,Y,x,1)
```

运行结果如下:

```
y =

    22.3211
R =
2.3503
A =

   27.0000         0         0         0
    1.0000   - 6.5000         0         0
    2.0000    1.0000    1.5000         0
   17.0000   15.0000    7.0000    0.9167
C =
0.9167    4.2500    - 4.1667    1.0000
P =
(11 * x^3)/12 + (17 * x^2)/4 - (25 * x)/6 + 1
```

3.2.3　分段插值法

37min

许多实际问题希望插值函数具有较高阶的整体光滑性。分段高次拉格朗日插值和牛顿插值等是做不到的,在插值结点上它们只能保证插值函数连续。用多项式作为插值函数来逼近某一函数 $f(x)$ 是最简单易行的一种插值方法,但是插值多项式的次数是随着插值节点的数目而增加的,且次数高的插值多项式往往插值效果并不理想,会出现所谓的 Runge 现象,即在插值函数 $p_n(x)$ 的两端会发生激烈振荡,如图 3-4 所示。

增加拉格朗日插值多项式的阶数,并不能显著地减少插值的误差,因此,牛顿插值在五阶以上就很少使用了。为此,在实际应用中常采用分段插值方法。所谓分段插值法就是将被插值函数逐段多项式化,构造一个分段多项式作为插值函数。

首先,将插值区间划分为若干小段,在每一小段上使用低阶插值,然后将各小段上的插值多项式拼接在一起作为整个区间上的插值函数。如果使用的低阶插值为线性插值(两点插值),则将拼接成一条折线,用它来逼近函数 $f(x)$。

1. 分段线性插值

将插值区间 $[a,b]$ 分成

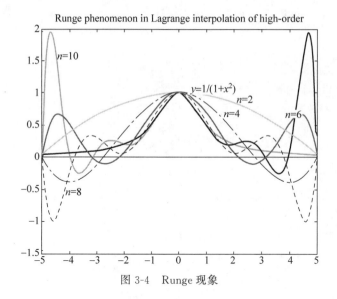

图 3-4　Runge 现象

$$a = x_0, x_1, \cdots, x_n = b \tag{3-42}$$

n 个小段，在每个小段 $(x_i y_i)(i = 1, 2, \cdots, n+1)$ 上，其分段线性插值的公式为

$$s(x) = y_i + \frac{y_i - y_{i-1}}{x_i - x_{i-1}}(x - x_i) \tag{3-43}$$

根据

$$i = \begin{cases} 1, & x \leqslant x_0 \\ k, & x_{k-1} < x \leqslant x_k (1 \leqslant k \leqslant n) \\ n, & x > x_n \end{cases} \tag{3-44}$$

选择插值节点，即当插值节点为 $J_W = [A\theta - y]^T W[A\theta - y]$ 时，依次从左至右取出各节点。如果插值点 x 不超过节点 x_1（在 $[x_0, x_1]$），则取节点 x_0 和 x_1 进行线性插值，否则，再检查 x 是否超过 x_2，……，依次逐步检查。一旦发现 x 不超过某个节点 X_n，则取它与前面一个节点 x_{n-1} 进行线性插值。如果 x 已超过 x_{n-1}，则不论是否超过 x_n，插值节点均取 x_n 和 x_{n-1}（一律当成在 $[x_{n-1}, x_n]$）范围内取插值点。

在小段 $[x_{n-1}, x_n]$ 上，分段线性插值的误差为

$$|R(x)| = |f(x) - s(x)| \leqslant \frac{|f^{(2)}(\xi)|}{8}(x_n - x_{n-1})^2, \quad \xi \in [x_{n-1}, x_n] \tag{3-45}$$

可见，当 $f^{(2)}$ 有界时，小段 $[x_{n-1}, x_n]$ 越小，分段线性插值的误差就越小。用分段线性插值方法提高插值精度是有效的。

2. 分段线性插值图形的 MATLAB 程序

一维插值函数 interp1，格式如下：

```
yi = interp1(x,y,xi,'method')
```

yi：xi 处的插值结果

x,y：插值节点

xi：被插值点

method：插值方法

nearest：最邻近插值

linear：线性插值(缺省)

spline：三次样条插值

cubic：立方插值

缺省时分段线性插值。

【例 3-9】 用三次样条插值选取 11 个基点计算 $g(x)=\dfrac{1}{1+x^2},-5\leqslant x\leqslant5$ 的插值。

代码如下：

```
% chapter3/test11.m
x0 = linspace( − 5,5,11);
y0 = 1. /(1 + x0.^2);
x = linspace( − 5,5,100);
y = interp1(x0,y0,x,'spline');
x1 = linspace( − 5,5,100);
y1 = 1. /(1 + x1.^2);
plot(x1,y1,'k',x0,y0,' + ',x,y,'r')
```

运行结果如图 3-5 所示。可以看出插值函数得到的函数图像与原函数图像很接近。分段线性插值收敛性较好,但在节点处光滑不足,为使节点处光滑,可采用样条插值。

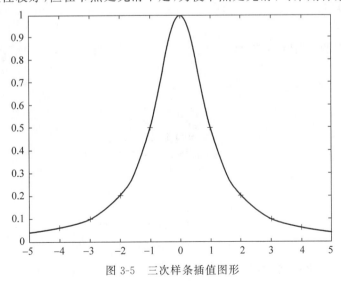

图 3-5 三次样条插值图形

3.2.4　样条插值

样条插值是用分段低次多项式去逼近被逼近函数,并且能满足对光滑性的要求,又无须给出每个节点处的导数值。它除了要求给出各个节点处的函数值外,只需提供两条边界节点处的导数信息。三次样条又是其中用得较为广泛的一种,这里重点讲解三次样条插值。

三次样条函数的定义:

设在区间 $[a,b]$ 上取 $n+1$ 个节点 $a=x_0<x_1<\cdots<x_n=b$,函数 $y=f(x)$ 在各个节点处的函数值为 $y_i=f(x_i),i=0,1,\cdots,n$ 若 $S(x)$ 满足:

(1) $S(x_i)=y_i,i=0,1,\cdots,n$。

(2) 在区间 $[a,b]$ 上,$S(x)$ 具有连续的二阶导数。

(3) 在区间 $[x_i,x_{i-1}](i=0,1,\cdots,n-1)$ 上,$S(x)$ 是 x 三次的多项式。

则称 $S(x)$ 是函数 $y=f(x)$ 在区间 $[a,b]$ 上的三次样条插值函数。

由以上定义可以看出,虽然每个子区间上的多项式可以各不相同,但在相邻子区间的连接处却是光滑的,因此,样条插值也称为分段光滑插值。

从定义可以求出 $S(x)$,在每个小区间 $[x_i,x_{i-1}](i=0,1,\cdots,n-1)$ 上确定 4 个待定系数,共有 n 个小区间,故应有 $4n$ 个参数。

根据 $S(x)$ 在 $[a,b]$ 上二阶导数连续,在节点 $i=1,2,\cdots,n-1$ 处满足连续性条件

$$\begin{cases} S(x_i-0)=S(x_i+0) \\ S'(x_i-0)=S'(x_i+0) \\ S''(x_i-0)=S''(x_i+0) \end{cases} \tag{3-46}$$

共有 $3n-3$ 个条件,再加上 $S(x)$ 满足插值条件 $S(x_i)=y_i,i=0,1,\cdots,n$ 共有 $4n-2$ 个条件,因此还需要 2 个条件才能确定 $S(x)$。

通常可在区间端点上各加一个条件(称为边界条件),可根据实际问题的要求给定,通常有以下 3 种:

(1) 已知端点的一阶导数值,即

$$S'(x_0)=f_0', \quad S'(x_n)=f_n' \tag{3-47}$$

(2) 两个端点的二阶导数已知,即

$$S''(x_0)=f_0'', \quad S''(x_n)=f_n'' \tag{3-48}$$

其特殊情况 $S''(x_0)=S''(x_n)=0$,称为自然边界条件。

(3) 当 $f(x)$ 是以 x_n-x_0 为周期的函数时,则要求 $S(x)$ 也是周期函数。这时边界条件应满足

$$\begin{cases} S(x_i-0)=S(x_i+0) \\ S'(x_i-0)=S'(x_i+0) \\ S''(x_i-0)=S''(x_i+0) \end{cases} \tag{3-49}$$

而此时 $y_0=y_n$。这样确定的样条函数 $S(x)$ 称为周期函数。

MATLAB 函数库中有现成的三次样条函数 spline 及 interp1,格式如下:

```
YI = spline(X,Y,XI)
YI = spline(X,[df0,Y,dfn],XI)
YI = spline(X,Y)
yy = ppval(YI,xx)
```

在上面的函数中,(X,Y)表示样点数据,xx 则是插值的数据点系列。下面将利用简单的例子来讲解 spline 函数的使用方法。

【例 3-10】 对基础数据进行样条插值运算,分别使用样条函数和一维插值命令,并对插值结果进行比较。

代码如下:

```
% chapter3/test12.m
x = -4:4
y = [0 0.15 1.12 2.36 2.36 1.46 0.49 0.06 0]
plot(x,y)
hold on
cs = spline(x,[0 y 0])
xx = linspace(-4,4,101)
yy = ppval(cs,xx)
yyt = interp1(x,y,xx,'spline')
plot(xx,yy,'k.')
hold on
plot(xx,yyt,'m')
grid on
```

运行结果如图 3-6 所示。

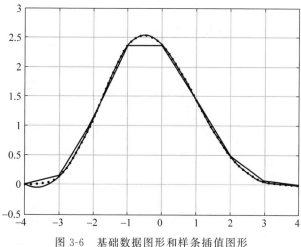

图 3-6　基础数据图形和样条插值图形

【**例 3-11**】 设函数 $f(x)=\dfrac{1}{1+25x^2}$，定义在区间 $[-1,1]$ 上，取 $n=10$，按等距节点构造分段三次样条函数，试用 MATLAB 程序计算在各区间中点处分段三次样条插值及其相对误差。

代码如下：

```
% chapter3/test13.m
h = 0.2;
x0 = -1:h:1;
y0 = 1./(1 + 25.* x0.^2);
xi = -0.9:h:0.9;
fi = 1./(1 + 25.* xi.^2);
yi = spline (x0,y0,xi)
plot(x0,y0,xi,yi)
Ri = abs((fi - yi)./fi);
xi,fi,yi,Ri,
i = [xi',fi',yi',Ri']
```

运行结果如下，函数图形如图 3-7 所示。

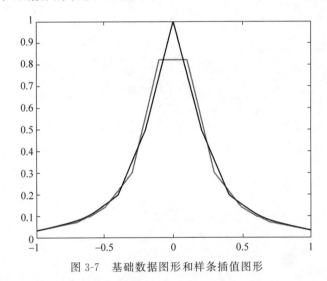

图 3-7　基础数据图形和样条插值图形

```
xi =
   -0.9000   -0.7000   -0.5000   -0.3000   -0.1000    0.1000    0.3000
 0.5000    0.7000    0.9000
fi =
    0.0471    0.0755    0.1379    0.3077    0.8000    0.8000    0.3077
 0.1379    0.0755    0.0471
yi =
    0.0484    0.0745    0.1401    0.2973    0.8205    0.8205    0.2973
```

```
    0.1401    0.0745    0.0484
Ri =
     0.0279    0.0131    0.0160    0.0337    0.0257    0.0257    0.0337
    0.0160    0.0131    0.0279
```

3.3 曲线拟合

在科学和工程领域,曲线拟合的主要目的是寻求平滑的曲线来最好地表现带有噪声的测量数据,从这些测量数据中寻求两个函数变量之间的关系或者变化趋势,最后得到曲线拟合的函数表达式。从"插值"一节中可以看出,使用多项式进行数据拟合会出现数据振荡或者 Runge 的现象,而 spline 插值方法可以得到很好的平滑效果,但是关于该插值方法有太多的参数,不适合进行曲线拟合。

同时,由于在进行曲线拟合的时候,认为所有测量数据中已经包含了噪声,因此,最后的拟合曲线并不要求通过每个已知数据点,衡量拟合数据的标准则是整体数据拟合的误差最小。一般情况下,MATLAB 的曲线拟合方法使用的是"最小方差"函数进行曲线拟合,其中方差的数值是拟合曲线和已知数据之间的垂直距离。和插值相同,对于曲线拟合也存在着各种不同的标准,为了满足不同的拟合要求,同样需要自行编写对应的 M 文件。在本节中,将分别介绍几种比较常见的曲线拟合方法,最后,还将介绍 MATLAB 提供的曲线拟合界面操作方法。

曲线拟合(Curve Fitting)的数学定义是指用连续曲线近似地刻画或比拟平面上一组离散点所表示的坐标之间的函数关系,是一种用解析表达式逼近离散数据的方法。曲线拟合通俗的说法就是"拉曲线",也就是将现有数据通过数学方法来代入一条数学方程式的表示方法。在科学和工程中遇到的很多问题,往往只能通过诸如采样、实验等方法获得若干离散的数据,根据这些数据,如果能够找到一个连续的函数(曲线)或者更加密集的离散方程,使实验数据与方程的曲线能够在最大程度上近似吻合,就可以根据曲线方程对数据进行数学计算,对实验结果进行理论分析,甚至对某些不具备测量条件的位置的结果进行估算。

3.3.1 多项式拟合

在 MATLAB 中,提供了 polyfit 函数来计算多项式拟合系数,其设定曲线拟合的目标是最小方差(Least Squares)或者被称为最小二乘法,polyfit 函数的调用格式如下:

```
[p,S,mu] = polyfit(x,y,n)
[y,delta] = polyval(p,x,S,mu)
```

其中,x 和 y 表示的是已知测量数据,n 是多项式拟合的阶数。同时参数满足下面的等式 $\hat{x} = \dfrac{x - \mu_1}{\mu_2}$,其中 $\mu_1 = \text{mean}(x)$,$\mu_2 = \text{std}(x)$,而且 $\mu = [\mu_1, \mu_2]$。

通过上面的命令，最后可以得到的拟合曲线的多项式为

$$y = p_1 x^n + p_2 x^{n-1} + \cdots + p_n x + p_{n+1} \qquad (3\text{-}50)$$

【例 3-12】 使用 polyfit 命令进行多项式的数值拟合，并分析曲线拟合的误差情况。
代码如下：

```
% chapter3/test14.m
x = (0:0.1:5)'
y = erf(x)
[p,s] = polyfit(x,y,6)
[yp,delta] = polyval(p,x,s)
plot(x,y,'+',x,yp,'g-')
legend('original','fitting')
```

运行结果如图 3-8 所示。

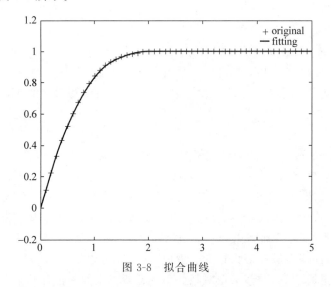

图 3-8   拟合曲线

【例 3-13】 已知 $x = [0.5, 1.0, 1.5, 2.0, 2.5, 3.0]$，$y = [1.75, 2.45, 3.81, 4.80, 7.00, 8.60]$。

代码如下：

```
% chapter3/test15.m
x = [0.5,1.0,1.5,2.0,2.5,3.0];
y = [1.75,2.45,3.81,4.80,7.00,8.60];
p = polyfit(x,y,2)     % 多项式拟合
x1 = 0.5:0.5:3.0;
y1 = polyval(p,x1);
plot(x,y,'*r',x1,y1,'-b')
```

运行结果如图 3-9 所示。

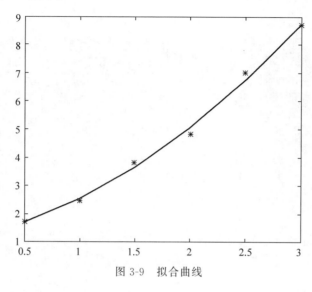

图 3-9　拟合曲线

3.3.2　加权最小方差拟合

所谓加权最小方差（Weighted Least Squares ），就是根据基础数据本身各自的准确度（或者被称为可靠性）的不同，在拟合的时候给每个数据以不同的加权数值。这种方法比前面所介绍的单纯最小方差方法要更加符合拟合的初衷。

对于 N 阶多项式的拟合公式，所要求解的拟合系数需要求解线性方程组，其中线性方程组的系数矩阵和需要求解的拟合系数（变量）矩阵分别为

$$\boldsymbol{A} = \begin{bmatrix} x_1^N & \cdots & x_1 & 1 \\ x_2^N & \cdots & x_2 & 1 \\ \vdots & \vdots & \vdots & \vdots \\ x_M^N & \cdots & x_M & 1 \end{bmatrix}, \quad \boldsymbol{\theta} = \begin{bmatrix} \theta_N \\ \theta_{N-1} \\ \vdots \\ \theta_1 \end{bmatrix} \tag{3-51}$$

使用加权最小方差（WLS）方法求解得到的拟合系数为

$$\boldsymbol{\theta}_{\xi}^{o} = \begin{bmatrix} \theta_{gN}^{o} \\ \theta_{wN-1}^{o} \\ \vdots \\ \theta_1^{o} \end{bmatrix} = [\boldsymbol{A}^{\mathrm{T}}\boldsymbol{W}\boldsymbol{A}]^{-1}\boldsymbol{A}^{\mathrm{T}}\boldsymbol{W}_Y \tag{3-52}$$

其对应的加权最小方差为表达式 $\boldsymbol{J}_{\mathrm{W}} = [\boldsymbol{A}\boldsymbol{\theta} - \boldsymbol{y}]^{\mathrm{T}}\boldsymbol{W}[\boldsymbol{A}\boldsymbol{\theta} - \boldsymbol{y}]$ 最小。

3.3.3　数据拟合——适用加权最小方差 WLS 方法

【例 3-14】　根据 WLS 数据拟合方法，自行编写使用 WLS 方法拟合数据的 M 函数，然

后使用 WLS 方法进行数据拟合。

代码如下：

```matlab
% chapter3/test16.m
function [th,err,yi] = wlspoly(x,y,N,xi,r)
    % x、y:数据点系列
    % N:多项式拟合的系统
    % r:加权系数的逆矩阵

    M = length(x);
    x = x(:);
    y = y(:);

    % 判断调用函数的格式
    if nargin == 4
    % 当调用的格式为 (x,y,N,r)
            if length(xi) == M
                    r = xi;
                    xi = x;
    % 当调用的格式为(x,y,N,xi)
            else r = 1;
            end;
    % 当调用格式为(x,y,N)
    elseif nargin == 3
            xi = x;
            r = 1;
    end
    % 求解系数矩阵
    A(:,N+1) = ones(M,1);
    for n = N:-1:1
            A(:,n) = A(:,n+1).*x;
    end
    if length(r) == M
            for m = 1:M
                    A(m,:) = A(m,:)/r(m);
                    y(m) = y(m)/r(m);
            end
    end
    % 计算拟合系数
    th = (A\y)';
    ye = polyval(th,x);
    err = norm(y-ye)/norm(y);
    yi = polyval(th,xi);
```

WLS 数据拟合的代码如下：

```
% chapter3/test17.m
clear all
    clc
    x = [-3:1:3]';
    y = [1.1650 0.0751 -0.6965 0.0591 0.6268 0.3516 1.6961]';
    [x,i] = sort(x);
    y = y(i);
    xi = min(x) + [0:100]/100 * (max(x) - min(x));
    for i = 1:4
        N = 2 * i - 1;
        [th, err, yi] = wlspoly(x, y, N, xi, xi);
        subplot(2, 2, i)
        plot(x, y, 'o')
        hold on
        plot(xi, yi, '-')
        grid on
    end
```

程序运行的结果如图 3-10 所示。

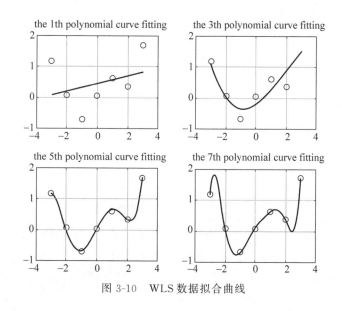

图 3-10　WLS 数据拟合曲线

LS 数据拟合的代码如下：

```
% chapter3/test18.m
  clear all
    clc
    x = [-3:1:3]';
    y = [1.1650 0.0751 -0.6965 0.0591 0.6268 0.3516 1.6961]';
```

```
for i = 1:4
  N = 2 * i - 1;
  [p,s] = polyfit(x,y,N);
  yi = polyval(p,x,s)
  subplot(2,2,i)
  plot(x,y,'o')
  hold on
  plot(x,yi,'-')
  title(['the',num2str(N),'th polynomial curve fitting'])
  grid on
end
```

运行结果如图 3-11 所示。

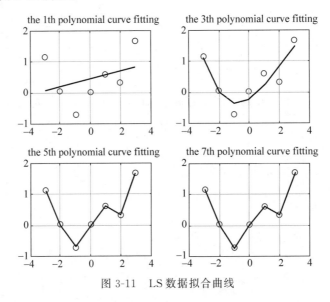

图 3-11　LS 数据拟合曲线

从上面的例子中可以看出,LS 方法其实是 WLS 方法的一种特例,相当于将每个基础数据的准确度都设为 1,但是,自行编写的 M 文件和默认的命令结果不同,读者可自行仔细比较。从图 3-11 可以看出,使用 WLS 得到的拟合结果比使用 LS 得到的拟合结果更加准确,只是参数比 LS 的参数更多。

第4章

灰色系统理论

在系统研究过程中,由于系统内外扰动的存在和人类认识能力的局限,人们所获得的信息往往带有某种不确定性。随着科学技术的发展和人类社会的进步,人们对各类系统不确定性的认识逐步深化,对不确定性系统的研究也日益深入。20世纪60年代以来,多种不确定性系统理论和方法被相继提出,其中扎德教授于20世纪60年代创立的模糊数学,邓聚龙教授于80年代创立的灰色系统理论影响深远。灰色系统理论,是一种研究少数据、贫信息不确定性问题的新方法。该理论以"部分信息已知,部分信息未知"的"少数据""贫信息"不确定性系统为研究对象,主要通过对"部分"已知信息的挖掘,提取有价值的信息,实现对系统运行行为、演化规律的正确描述和有效监控。现实世界中普遍存在的"少数据""贫信息"不确定性系统为灰色系统理论提供了丰富的研究资源和广阔的发展空间。

4.1 灰色关联分析法

28min

一般的抽象系统包含许多种因素,多种因素共同作用的结果决定了该系统的发展态势。人们常常希望知道在众多的因素中,哪些是主要因素,哪些是次要因素;哪些因素对系统发展影响大,哪些因素对系统发展影响小;哪些因素对系统发展起推动作用并需强化发展,哪些因素对系统发展起阻碍作用而需加以抑制,这些都是系统分析中人们普遍关心的问题。例如,粮食生产系统,人们希望提高粮食总产量,而影响粮食总产量的因素是多方面的,有播种面积及水利、化肥、土壤、种子、劳力、气候、耕作技术和政策环境等。为了实现少投入多产出,并取得良好的经济效益、社会效益和生态效益,就必须进行系统分析。事实上,因素间关联性如何、关联程度如何量化等问题是系统分析的关键和起点。

因素分析的基本方法过去主要采取回归分析等办法。数理统计中的回归分析、方差分析、主成分分析等都是进行系统分析的方法。这些方法都有下述不足之处:

(1)要求有大量数据,数据量少就难以找出统计规律。

(2)要求样本服从某个典型的概率分布,要求各因素数据与系统特征数据之间呈线性关系且各因素之间彼此无关,这种要求往往难以满足。

(3)计算量大,一般要靠计算机帮助。

（4）可能出现量化结果与定性分析结果不符的现象，导致系统的关系和规律遭到歪曲和颠倒。

尤其是我国统计数据十分有限，而且现有数据灰度较大，再加上人为的原因，许多数据都出现几次大起大落，没有典型的分布规律，因此，采用数理统计方法往往难以奏效。

灰色关联分析方法弥补了采用数理统计方法作系统分析所导致的缺憾。它对样本量的多少和样本有无规律都同样适用，而且计算量小，十分方便，更不会出现量化结果与定性分析结果不符的情况。灰色关联分析的基本思想是根据序列曲线几何形状的相似程度来判断其联系是否紧密。曲线越接近，相应序列之间的关联度就越大，反之就越小。

【**例 4-1**】　某地区 1977—1983 年总收入与养猪、养兔收入（万元）资料如表 4-1 所示。

表 4-1　1977—1983 年总收入与养猪、养兔收入（万元）资料

年份	1977	1978	1979	1980	1981	1982	1983
总收入	18	20	22	40	44	48	60
养猪	10	15	16	24	38	40	50
养兔	3	2	12	10	22	18	20

代码如下：

```
% chapter5/test1.m
t = 1977:1983
y = [18 20 22 40 44 48 60]
y1 = [10 15 16 24 38 40 50]
y2 = [3 2 12 10 22 18 20]
plot(t,y,'-+',t,y1,'-x',t,y2,'->')
legend('总收入','养猪','养兔')
xlabel('年份 ')
ylabel('收入/万元')
```

运行结果如图 4-1 所示。由图 4-1 可以看出，总收入曲线与养猪收入曲线发展趋势比较接近，而与养兔收入曲线相差较大，因此可以判断，该地区对总收入影响较直接的是养猪业，而不是养兔业。很显然，几何形状越接近，关联程度也就越大。当然，直观分析对于稍微复杂的问题显得难以进行，因此，需要给出一种计算方法来衡量因素间关联程度的大小。

4.1.1　灰色关联因素与关联算子集

进行系统分析，选准系统行为特征的映射量后，还需进一步明确影响系统主行为的有效因素。例如，要进行量化研究分析，则需对系统行为特征映射量和各有效因素进行适当处理，通过算子作用，使之化为数量级大体相近的无量纲数据，并将负相关因素转化为正相关因素。

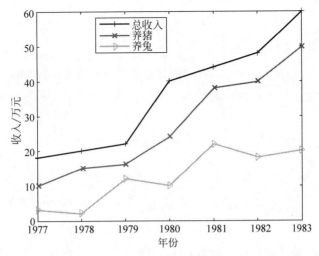

图 4-1 1977—1983 年总收入与养猪、养兔收入曲线图

定义 4.1.1 设 X_i 为系统因素,其在序号 k 上的观测数据为 $x_i(k),k=1,2,\cdots,n$,则称 $X_i=(x_i(1),x_i(2),\cdots,x_i(n))$ 为因素 X_i 的行为序列;若 k 为时间序号,$x_i(k)$ 为因素 X_i,在 k 时刻的观测数据,则称 $X_i=(x_i(1),x_i(2),\cdots,x_i(n))$ 为因素 X_i 的行为时间序列;若 k 为指标序号,$x_i(k)$ 为因素 X_i,关于第 k 个指标的观测数据,则称 $X_i=(x_i(1),x_i(2),\cdots,x_i(n))$ 为因素 X_i 的行为指标序列;若 k 为观测对象序号,$x_i(k)$ 为因素 X_i 关于第 k 个对象的观测数据,则称 $X_i=(x_i(1),x_i(2),\cdots,x_i(n))$ 为因素 X_i 的行为横向序列。

例如,当 X_i 为经济因素时,若 k 为时间,$x_i(k)$ 为因素 X_i 在时刻 k 的观测数据,则 $X_i=(x_i(1),x_i(2),\cdots,x_i(n))$ 是经济行为时间序列;若 k 为指标序号,则 $X_i=(x_i(1),x_i(2),\cdots,x_i(n))$ 为经济行为指标序列;若 k 为不同经济区域或经济部门的序号,则 $X_i=(x_i(1),x_i(2),\cdots,x_i(n))$ 为经济行为横向序列。无论是时间序列数据、指标序列数据还是横向序列数据都可以用来进行关联分析。

定义 4.1.2 设 $X_i=(x_i(1),x_i(2),\cdots,x_i(n))$ 为因素 X_i 的行为序列,D_1 为序列算子且

$$X_iD_1=(x_i(1)d_1,x_i(2)d_1,\cdots,x_i(n)d_1) \tag{4-1}$$

其中

$$x_i(k)d_1=\frac{x_i(k)}{x_i(1)}, \quad x_i(1)\neq 0, \quad k=1,2,\cdots,n \tag{4-2}$$

则称 D_1 为初值化算子,X_iD_1 为 X_i 在初值化算子 D_1 下的像,简称为初值像。

定义 4.1.3 设 $X_i=(x_i(1),x_i(2),\cdots,x_i(n))$ 为因素 X_i 的行为序列,D_2 为序列算子且

$$X_iD_2=(x_i(1)d_2,x_i(2)d_2,\cdots,x_i(n)d_2) \tag{4-3}$$

其中

$$x_i(k)d_2 = \frac{x_i(k)}{\overline{X}_i}, \quad \overline{X}_i = \frac{1}{n}\sum_{k=1}^{n}x_i(k), \quad k=1,2,\cdots,n \tag{4-4}$$

则称 D_2 为初值化算子,X_iD_2 为 X_i 在初值化算子 D_2 下的像,简称为均值像。

定义 4.1.4 设 $X_i = (x_i(1),x_i(2),\cdots,x_i(n))$ 为因素 X_i 的行为序列,D_3 为序列算子,且

$$X_iD_3 = (x_i(1)d_3,x_i(2)d_3,\cdots,x_i(n)d_3) \tag{4-5}$$

其中

$$x_i(k)d_3 = \frac{x_i(k) - \min_k x_i(k)}{\max_k x_i(k) - \min_k x_i(k)}, \quad k=1,2,\cdots,n \tag{4-6}$$

则称 D_3 为区间值化算子,X_iD_3 为 X_i 在区间值化算子 D_3 下的像,简称为区间值像。

命题 4.1.1 初值化算子 D_1、均值化算子 D_2 和区间值化算子 D_3 皆可使系统行为序列无量纲化。一般地,D_1,D_2,D_3 不宜混合、重叠作用,在进行系统因素分析时,可根据实际情况选用其中的一个。

定义 4.1.5 设 $X_i = (x_i(1),x_i(2),\cdots,x_i(n))$,$x_i(k) \in [0,1]$ 为因素 X_i 的行为序列,D_4 为序列算子且 $X_iD_4 = (x_i(1)d_4,x_i(2)d_4,\cdots,x_i(n)d_4)$ 其中 $x_i(k)d_4 = 1 - x_i(k)$,$k=1,2,\cdots,n$。则称 D_4 为逆化算子,X_iD_4 为行为序列 X_i 在逆化算子 D_4 下的像,简称为逆化像。

命题 4.1.2 任意行为序列的区间值像有逆化像。事实上,区间值像中的数据皆属于 $[0,1]$ 区间,故可以定义逆化算子。

定义 4.1.6 设 $X_i = (x_i(1),x_i(2),\cdots,x_i(n))$ 为因素 X_i 的行为序列,D_5 为序列算子,且 $X_iD_5 = (x_i(1)d_5,x_i(2)d_5,\cdots,x_i(n)d_5)$,其中 $x_i(k)d_5 = 1/x_i(k)$,$x_i(k) \neq 0$,$k=1,2,\cdots,n$。则称 D_5 为倒数化算子,X_iD_5 为行为序列 X_i 在逆化算子 D_5 下的像,简称为倒数化像。

命题 4.1.3 若系统因素 X_i 与系统主行为 X_0 呈负相关关系,则 X_i 的逆化算子作用像 X_iD_4 和倒数化算子作用像 X_iD_5 与 X_0 具有正相关关系。

定义 4.1.7 称 $D = \{D_i | i=1,2,3,4,5\}$ 为灰色关联算子集。

定义 4.1.8 设 X 为系统因素集合,D 为灰色关联算子集,称 (X,D) 为灰色关联因子空间。

4.1.2 距离空间

由系统因素集合和灰色关联算子集构成的因子空间是灰色关联分析的基础,而因素行为之间的比较、评估则是灰色关联分析的首要任务。

若将系统因素集合中的各个因素视为空间中的点,每一因素关于不同时刻、不同指标、不同对象的观测数据视为点的坐标,就可以在特定的 n 维空间中研究各因素之间或因素与

系统特征之间的关系,并能够依托 n 维空间中的距离定义灰色关联度。

定义 4.1.9 设 X、Y、Z 为 n 维空间中的点。若实数 $d(X,Y)$ 满足下列条件

(1) $d(X,Y) \geqslant 0, d(X,Y) = 0 \Leftrightarrow X = Y$。

(2) $d(X,Y) = d(Y,X)$。

(3) $d(X,Z) \leqslant d(X,Y) + d(Y,Z)$。

则称 $d(X,Y)$ 为 n 维空间中的距离。

命题 4.1.4 设

$$X = (x(1), x(2), \cdots, x(n)) \tag{4-7}$$

$$Y = (y(1), y(2), \cdots, y(n)) \tag{4-8}$$

为 n 维空间中的点,定义

$$d_1(X,Y) = |x(1) - y(1)| + |x(2) - y(2)| + \cdots + |x(n) - y(n)|$$

$$d_2(X,Y) = \left[|x(1) - y(1)|^2 + |x(2) - y(2)|^2 + \cdots + |x(n) - y(n)|^2 \right]^{1/2}$$

$$d_3(X,Y) = \frac{d_1(X,Y)}{1 + d_1(X,Y)}$$

$$d_p(X,Y) = \left[|x(1) - y(1)|^p + |x(2) - y(2)|^p + \cdots + |x(n) - y(n)|^p \right]^{1/p}$$

$$d_\infty(X,Y) = \max_k \{|x(k) - y(k)|, k = 1, 2, \cdots, n\} \tag{4-9}$$

则 $d_1(X,Y)$、$d_2(X,Y)$、$d_3(X,Y)$、$d_p(X,Y)$、$d_\infty(X,Y)$ 皆为 n 维空间中的距离。

定义 4.1.10 设 n 维空间中的点 $X = (x(1), x(2), \cdots, x(n))$,$O = (0, 0, \cdots, 0)$ 为 n 维空间中的原点,则 X 与原点 O 的距离 $d(X,O)$ 称为 X 的范数,记为 $\|X\|$。相应于命题 4.1.4 中的距离,可得如下常用范数:

(1) 1-范数:$\|X\|_1 = \sum\limits_{k=1}^{n} |x(k)|$。

(2) 2-范数:$\|X\|_2 = \left[\sum\limits_{k=1}^{n} |x(k)|^2 \right]^{1/2}$。

(3) p-范数:$\|X\|_p = \left[\sum\limits_{k=1}^{n} |x(k)|^p \right]^{1/p}$。

(4) ∞-范数:$\|X\|_\infty = \max\limits_k \{|x(k)|\}$。

定义 4.1.11 设 $X(t)$、$Y(t)$、$Z(t)$ 为连续函数,若实数 $d(X(t), Y(t))$ 满足下列条件:

(1) $d(X(t), Y(t)) \geqslant 0, d(X(t), Y(t)) = 0 \Leftrightarrow \forall t, X(t) = Y(t)$。

(2) $d(X(t), Y(t)) = d(Y(t), X(t))$。

(3) $d(X(t), Z(t)) \leqslant d(X(t), Y(t)) + d(Y(t), Z(t))$。

则称 $d(X(t), Y(t))$ 为函数空间中的距离。这里将连续函数 $X(t)$,$Y(t)$ 视为函数空间中的两个"点"。

命题 4.1.5 设 $X(t)$ 和 $Y(t)$ 为定义在区间 $[a, b]$ 上的连续函数,定义

$$d_1(X(t),Y(t)) = \int_a^b |X(t) - Y(t)| \, \mathrm{d}t$$

$$d_2(X(t),Y(t)) = \left[\int_a^b |X(t) - Y(t)|^2 \mathrm{d}t\right]^{1/2}$$

$$d_3(X(t),Y(t)) = \frac{d_1(X(t),Y(t))}{1 + d_1(X(t),Y(t))}$$

$$d_4(X(t),Y(t)) = \int_a^b \frac{|X(t) - Y(t)|}{1 + |X(t) - Y(t)|} \mathrm{d}t$$

$$d_p(X(t),Y(t)) = \left[\int_a^b |X(t) - Y(t)|^p \mathrm{d}t\right]^{1/p}$$

$$d_\infty(X(t),Y(t)) = \max_t\{|X(t) - Y(t)|, t \in [a,b]\} \tag{4-10}$$

则 $d_1(X(t),Y(t)), d_2(X(t),Y(t)), d_3(X(t),Y(t)), d_4(X(t),Y(t)), d_p(X(t),Y(t))$, $d_\infty(X(t),Y(t))$ 皆为函数空间上的距离。

定义 4.1.12 设 $X(t)$ 为区间 $[a,b]$ 上的连续函数，O 为 $[a,b]$ 上的零函数，则 $d(X(t),O)$ 称为连续函数 $X(t)$ 的范数，记为

$$\|X(t)\| = d(X(t),O) \tag{4-11}$$

相应地，可得如下常用范数：

(1) $\|X(t)\|_1 = \int_a^b |X(t)| \, \mathrm{d}t$。

(2) $\|X(t)\|_2 = \left[\int_a^b |X(t)|^2 \mathrm{d}t\right]^{1/2}$。

(3) $\|X(t)\|_p = \left[\int_a^b |X(t)|^p \mathrm{d}t\right]^{1/p}$。

(4) $\|X(t)\|_\infty = \max_t\{|X(t)|, t \in [a,b]\}$。

4.1.3 灰色关联公理与灰色关联度

定义 4.1.13 设 $X_0 = (x_0(1), x_0(2), \cdots, x_0(n))$ 为系统特征行为序列，且

$$X_1 = (x_1(1), x_1(2), \cdots, x_1(n))$$
$$\vdots$$
$$X_i = (x_i(1), x_i(2), \cdots, x_i(n)) \tag{4-12}$$
$$\vdots$$
$$X_m = (x_m(1), x_m(2), \cdots, x_m(n))$$

为相关因素序列。给定实数 $\gamma(x_0(k), x_i(k))$，若实数 $\gamma(X_0, X_i) = \dfrac{1}{n}\sum_{k=1}^n \gamma(x_0(k), x_i(k))$ 满足

(1) 规范性：$0 < \gamma(X_0, X_i), 1, \gamma(X_0, X_i) = 1 \Leftarrow X_0 = X_i$。

(2) 接近性：$|x_0(k) - x_i(k)|$ 越小，$\gamma(x_0(k), x_i(k))$ 越大。

(3) 整体性：对于 $X_i, X_j \in X = \{X_s | s = 0, 1, 2, \cdots, m, m \geq 2\}$，有 $\gamma(X_i, X_j) \neq \gamma(X_j,$

X_i），$i \neq j$。

（4）偶对对称性：对于 $X_i, X_j \in X$，有 $\gamma(X_i, X_j) = \gamma(X_j, X_i) \Leftrightarrow X = \{X_i, X_j\}$。

则称 $\gamma(X_0, X_i)$ 为 X_i 与 X_0 的灰色关联度，$\gamma(x_0(k), x_i(k))$ 为 X_i 与 X_0 在 k 点的关联系数，并称条件（1）和条件（2）为灰色关联公理。

在灰色关联公理中，$\gamma(X_0, X_i) \in (0,1]$ 表明系统中任何两个行为序列都不可能是严格无关联的。条件（3）的整体性则体现了环境对灰色关联比较的影响，环境不同，灰色关联度也随之变化，因此，对称原理不一定满足。条件（4）的偶对对称性表明，当灰色关联因子集中只有两个序列时，两两比较满足对称性。

定理 4.1.1　设系统行为序列

$$
\begin{cases}
X_0 = (x_0(1), x_0(2), \cdots, x_0(n)) \\
X_1 = (x_1(1), x_1(2), \cdots, x_1(n)) \\
\qquad\qquad\vdots \\
X_i = (x_i(1), x_i(2), \cdots, x_i(n)) \\
\qquad\qquad\vdots \\
X_m = (x_m(1), x_m(2), \cdots, x_m(n))
\end{cases}
\tag{4-13}
$$

对于 $\xi \in (0,1)$，令

$$
\gamma(x_0(k), x_i(k)) = \frac{\min\limits_{i}\min\limits_{k}|x_0(k) - x_i(k)| + \xi\max\limits_{i}\max\limits_{k}|x_0(k) - x_i(k)|}{|x_0(k) - x_i(k)| + \xi\max\limits_{i}\max\limits_{k}|x_0(k) - x_i(k)|}
\tag{4-14}
$$

$$
\gamma(X_0, X_i) = \frac{1}{n}\sum_{k=1}^{n}\gamma(x_0(k), x_i(k))
\tag{4-15}
$$

则 $\gamma(X_0, X_i)$ 满足灰色关联公理，其中 ξ 称为分辨系数。$\gamma(X_0, X_i)$ 称为 X_0 与 X_i 的灰色关联度。

按照定理 4.1.1 中定义的算式可得灰色关联度的计算步骤如下：

第 1 步：求各序列的初值像（或均值像）。令

$$
X_i' = X_i / x_i(1) = (x_i'(1), x_i'(2), \cdots, x_i'(n)), \quad i = 0, 1, 2, \cdots, m
\tag{4-16}
$$

第 2 步：求 X_0 与 X_i 初值像（或均值像）对应分量之差的绝对值序列。记

$$
\Delta_i(k) = |x_0'(k) - x_i'(k)|
$$

$$
\Delta_i = (\Delta_i(1), \Delta_i(2), \cdots, \Delta_i(n)), \quad i = 1, 2, \cdots, m
\tag{4-17}
$$

第 3 步：求两极最大差与最小差。记

$$
M = \max_{i}\max_{k}\Delta_i(k), \quad m = \min_{i}\min_{k}\Delta_i(k)
\tag{4-18}
$$

第 4 步：求关联系数。

$$
\gamma_{0i}(k) = \frac{m + \xi M}{\Delta_i(k) + \xi M}, \quad \xi \in (0,1), \quad k = 1, 2, \cdots, n; i = 1, 2, \cdots, m
\tag{4-19}
$$

第 5 步：最后求出关联系数的平均值为关联度。

$$
\gamma_{0i} = \frac{1}{n}\sum_{k=1}^{n}\gamma_{0i}(k), \quad i = 1, 2, \cdots, m
\tag{4-20}
$$

【例 4-2】 旅游业发展的影响因子如表 4-2 所示,第二列为五年的旅游总收入,代表着旅游业发展的程度,而后面的这些要素就是我们需要分析的因子,例如在校大学生人数、旅游从业人数、星级饭店数。求这些因子对旅游总收入的关联性程度。

表 4-2 旅游业发展的影响因子

年份	旅游总收入/亿元	在校大学生人数/万人	旅游从业人数/万人	星级饭店数/座
1998	3439	341	183	3248
1999	4002	409	196	3856
2000	4519	556	564	6029
2001	4995	719	598	7358
2002	5566	903	613	8880

求解思路如下:

1. 确立母序列

1998—2002 年的旅游总收入序列作为母序列,其余序列作为子序列,需要确立顺序的因素序列。

2. 序列归一化

因为我们的这些要素是不同的指标,因此可能有的数字会很大,而有的数字会很小,这是由于量纲不同导致的,因此我们需要对它们进行无量纲化。这个操作一般在数据处理领域叫作归一化,也就是减少数据的绝对数值的差异,将它们统一到近似范围内,然后重点关注其变化和趋势。

代码如下:

```
% chapter5/test2.m
clear all
close all
clc

zongshouru = [3439, 4002, 4519, 4995, 5566];
daxuesheng = [341, 409, 556, 719, 903];
congyerenyuan = [183, 196, 564, 598, 613];
xingjifandian = [3248, 3856, 6029, 7358, 8880];

% define comparative and reference
x0 = zongshouru;
x1 = daxuesheng;
x2 = congyerenyuan;
x3 = xingjifandian;
figure(1)
plot(x0, 'ko-')
hold on
plot(x1, 'b*-')
```

```
hold on
plot(x2, 'g * - ')
hold on
plot(x3, 'r * - ')
legend('总收入', '在校大学生人数', '旅游从业人数', '星级饭店数')
```

运行结果如图 4-2 所示。

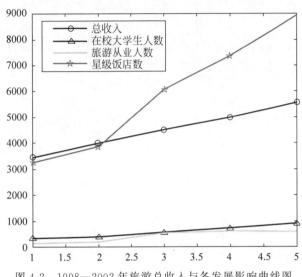

图 4-2　1998—2002 年旅游总收入与各发展影响曲线图

从图 4-2 中可以看到旅游总收入(亿元)和星级饭店数(座)的绝对数值很大,而另外在校大学生人数(万人)和旅游从业人数(万人)的绝对数值很小,如果不做处理必然导致大的数值的影响会"淹没"掉小数值的变量的影响,所以对数据要进行归一化处理,主要方法有以下几个:

1) 初值化

把这一个序列的数据统一除以最开始的值,由于同一个因素的序列的量级差别不大,所以一般通过除以初值就能将这些值整理到 1 这个量级附近。

$$x_i(k) = \frac{x_i'(k)}{x_i'(1)}, \quad i = 0, 1, \cdots, n; \ k = 1, 2, \cdots, m \tag{4-21}$$

2) 均值化

把这个序列的数据除以均值,由于数量级大的序列均值比较大,所以除掉以后就能归一化到 1 的量级附近。

$$x_i(k) = \frac{x_i'(k)}{\frac{1}{m}\sum_{k=1}^{m} x_i'(k)}, \quad i = 0, 1, \cdots, n; \ k = 1, 2, \cdots, m \tag{4-22}$$

其余还有如区间化,即把序列的值规范到一个区间,例如[0,1]。

代码如下：

```
% chapter5/test3.m
% 归一化
x0 = x0 ./ x0(1);
x1 = x1 ./ x1(1);
x2 = x2 ./ x2(1);
x3 = x3 ./ x3(1);
figure(2)
plot(x0, 'ko-')
hold on
plot(x1, 'b*-')
hold on
plot(x2, 'g*-')
hold on
plot(x3, 'r*-')
legend('总收入', '在校大学生人数', '旅游从业人数', '星级饭店数')
```

运行结果如图 4-3 所示。

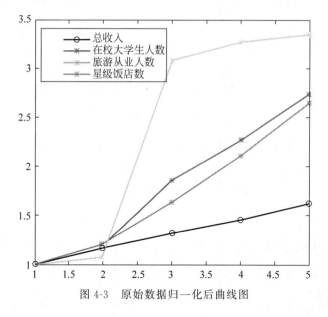

图 4-3　原始数据归一化后曲线图

可以看到，归一化以后的数据量级差别变小了，所关注的重点实际上是曲线的形状的差异，而不希望绝对数值对后面的计算有影响。

3. 计算灰色关联系数

由公式(4-14)可得

$$\gamma(x_0(k), x_i(k)) = \frac{\min\limits_i \min\limits_k |x_0(k) - x_i(k)| + \xi \max\limits_i \max\limits_k |x_0(k) - x_i(k)|}{|x_0(k) - x_i(k)| + \xi \max\limits_i \max\limits_k |x_0(k) - x_i(k)|} \quad (4\text{-}23)$$

首先,把 i 看作固定值,也就是说对于某一个因素,对其中的每个维度进行计算,得到一个新的序列,这个序列中的每个点就代表着该子序列与母序列对应维度上的关联性(数字越大,代表关联性越强)。公式中 ξ 是一个可调节的系数,取值为 $(0,1)$,目的是为了调节输出结果的差距大小。

另外,由于分子上是 $\min\limits_{i}\min\limits_{k}$,也就是距离的全局最小值,这就导致下面的分母必然大于分子(不考虑 $\xi\max\limits_{i}\max\limits_{k}$ 项),而且,如果分母非常大,曲线距离非常远,则 $\gamma(x_0(k),$ $x_i(k))$ 接近 0;相反,如果 x_i 和 x_0 在所有维度上的差完全一样,则分数的值就是 1。这样 $\gamma(x_0(k),x_i(k))$ 的取值范围就是 0~1,0 表示不相关,1 表示强相关,这也符合认知。考虑上 $\xi\max\limits_{i}\max\limits_{k}$ 项之后,我们知道对于一个真分数,分子和分母都加一个同样的值,仍然是真分数,分数的值仍然是 0~1。

总结来讲,ξ 是控制 $\gamma(x_0(k),x_i(k))$ 系数区分度的一个系数,ξ 取值为 0~1,ξ 越小,区分度越大,一般取值 0.5 较为合适。$\gamma(x_0(k),x_i(k))$ 关联系数取值落在 0~1。

代码如下:

```
% chapter5/test4.m
% global min and max
global_min = min(min(abs([x1; x2; x3] - repmat(x0, [3, 1]))));
global_max = max(max(abs([x1; x2; x3] - repmat(x0, [3, 1]))));

% set rho
rho = 0.5;

zeta1 = (global_min + rho * global_max) ./ (abs(x0 - x1) + rho * global_max);
zeta2 = (global_min + rho * global_max) ./ (abs(x0 - x2) + rho * global_max);
zeta3 = (global_min + rho * global_max) ./ (abs(x0 - x3) + rho * global_max);
figure(3)
plot(zeta1, 'b * - ')
hold on
plot(zeta2, 'g * - ')
hold on
plot(zeta3, 'r * - ')
title('灰色关联系数')
legend('在校大学生人数', '旅游从业人数', '星级饭店数')
```

运行结果如图 4-4 所示。从图 4-4 中已经可以看出,在校大学生人数这一因素对旅游业的相关性普遍要高一些,旅游从业人员相对影响少一些,星级饭店数影响居中。

4. 计算关联系数的均值得到关联度

根据图 4-4 其实已经可以看出大概的趋势,但是这只是因为此处恰好所有维度上的趋势比较一致,实际上,我们得到关联系数的值以后,应该对每个因素在不同维度上的值求取均值,即得到关联度。可以看到,根据关联度大小,排序结果为在校大学生人数>星级饭店数＞旅游从业人数。

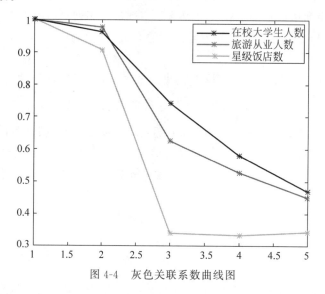

图 4-4　灰色关联系数曲线图

代码如下：

```
% chapter5/test5.m
r1 = sum(zeta1)/5      % 在校大学生人数灰色关联度
r2 = sum(zeta2)/5      % 旅游从业人数灰色关联度
r3 = sum(zeta3)/5      % 星级饭店数灰色关联度
```

运行结果如下：

```
r1 =
    0.7505
r2 =
    0.5848
r3 =
    0.7154
```

16min

4.2　灰色预测

　　预测就是指对事物的演化预先做出的科学推测。广义的预测，既包括在同一时期根据已知事物推测未知事物的静态预测，也包括根据某一事物的历史和现状推测其未来的动态预测。灰色预测基于人们对系统演化不确定性特征的认识，运用序列算子对原始数据进行生成、处理，挖掘系统演化规律，建立灰色系统模型，对系统的未来状态做出科学的定量预测。GM(1,1)、离散灰色预测模型和分数阶 GM 模型都可以用来作为预测模型。对于一个具体问题,究竟应该选择什么样的预测模型,应以充分的定性分析结论为依据模型的选择不是一成不变的,一个模型要经过多种检验才能判定其是否合理,是否有效。只有通过检验的模型才能用作预测模型。

在建立灰色预测模型之前,需先对原始时间序列进行数据处理,经过数据处理后的时间序列称为生成列。灰色系统常用的数据处理方式有累加和累减两种。

4.2.1　累加生成序列

灰色模型通常不直接运用原始序列进行预测,因为原始数据中伴有随机量或噪声,所以先要对原始数据进行去噪处理,使之呈现一定的规律性。累加生成可使上下波动的时间序列变成单调升,并带有线性或指数规律的序列。

设原始序列:

$$X^{(0)} = \{x^{(0)}(1), x^{(0)}(2), \cdots, x^{(0)}(k)\} \tag{4-24}$$

一次累加生成序列:

$$X^{(1)} = \{x^{(1)}(1), x^{(1)}(2), \cdots, x^{(1)}(k)\} \tag{4-25}$$

式(4-25)中:

$$x^{(1)}(1) = x^{(0)}(1), \quad x^{(1)}(2) = x^{(0)}(1) + x^{(0)}, \quad x^{(1)}(k) = \sum_{i=1}^{k} x^{(0)}(i) \tag{4-26}$$

r 次累加生成序列:

$$X^{(r)} = \{x^{(r)}(1), x^{(r)}(2), \cdots, x^{(r)}(k)\} \tag{4-27}$$

$$x^{(r)}(k) = \sum_{j=1}^{k} x^{(r-1)}(j), \quad k = 1, 2, \cdots, n \tag{4-28}$$

4.2.2　均值 GM(1,1)模型

灰色系统建模是利用较少的或不确切的表示系统行为特征的原始数据序列进行生成变换后建立微分方程,其目的是求得随机性弱化、规律性强化的新序列。灰色系统模型进行预测要求原始时间序列的时间间隔具有周期性,否则需要将其转换成周期性时间间隔的时间序列,然后对其进行建模,即建立微分方程。GM(1,1)模型是最基础的一种只包含单变量的一阶微分方程模型。GM(1,1)模型的 4 种基本形式:均值 GM(1,1)模型(EGM)、原始差分 GM(1,1)模型(ODGM)、均值差分 GM(1,1)模型(EDGM)和离散 GM(1,1)模型(DGM)两两相互等价,只是不同形式之间的近似程度有所区别。这种区别导致不同形式的GM(1,1)模型适用于不同的形式,也为在实际建模过程中提供了多种可能的选择。本节重点介绍均值 GM(1,1)模型。

由一阶累加生成序列 $x^{(1)}$ 构成的微分方程为

$$\frac{\mathrm{d}x^{(1)}}{\mathrm{d}t} + ax^{(1)} = b \tag{4-29}$$

写成离散形式为

$$\frac{\Delta x}{\Delta t} = \frac{x^{(1)}(k+1) - x^{(1)}(k)}{k+1-k} = x^{(1)}(k+1) - x^{(1)}(k) \tag{4-30}$$

将式(4-30)代入式(4-29)，其中 $x^{(1)} = \frac{1}{2}[x^{(1)}(k+1) + x^{(1)}(k)]$ 得

$$x^{(1)}(k+1) - x^{(1)}(k) + \frac{1}{2}a[x^{(1)}(k+1) + x^{(1)}(k)] = b \tag{4-31}$$

写成矩阵形式

$$\begin{bmatrix} x^{(0)}(2) \\ x^{(0)}(3) \\ \vdots \\ x^{(0)}(n) \end{bmatrix} = \begin{bmatrix} -\frac{1}{2}[x^{(1)}(1) + x^{(1)}(2)] & 1 \\ -\frac{1}{2}[x^{(1)}(2) + x^{(1)}(3)] & 1 \\ \vdots \\ -\frac{1}{2}[x^{(1)}(n-1) + x^{(1)}(n)] & 1 \end{bmatrix} \times \begin{bmatrix} a \\ b \end{bmatrix} \tag{4-32}$$

简化式(4-33)得

$$\boldsymbol{Y} = \boldsymbol{X}\boldsymbol{B} \tag{4-33}$$

由最小二乘原理解得

$$\boldsymbol{B} = \begin{bmatrix} a \\ b \end{bmatrix} = (\boldsymbol{X}^{\mathrm{T}}\boldsymbol{X})^{-1}(\boldsymbol{X}\boldsymbol{Y}) \tag{4-34}$$

将 a、b 代入微分方程便可得到预测模型：

$$x^{(1)}(k+1) = \left[x^{(0)}(1) - \frac{b}{a}\right]\mathrm{e}^{-ak} + \frac{b}{a}, \quad k = 1, 2, \cdots, n \tag{4-35}$$

式(4-35)为均值 GM(1,1)模型(EGM)，它是邓聚龙教授首次提出的灰色预测模型，也是目前影响最大、应用最为广泛的形式，提到 GM(1,1)模型往往指的就是 EGM。

定义 4.2.1 GM(1,1)模型中的参数 $-a$ 为发展系数，b 为灰色作用量。$-a$ 反映了 $\hat{x}^{(1)}$ 及 $\hat{x}^{(0)}$ 的发展态势。$(-\infty, -2] \cup [2, \infty)$ 是 GM(1,1)发展系数 $-a$ 的禁区。

当 $a \in (-\infty, -2] \cup [2, \infty)$ 时，均值 GM(1,1)模型失去意义。当 $-a \leqslant 0.3$ 时，均值 GM(1,1)模型可用于中长期预测；当 $0.3 < -a \leqslant 0.5$ 时，均值 GM(1,1)模型可用于短期预测，中长期预测慎用；当 $0.5 < -a \leqslant 0.8$ 时，均值 GM(1,1)模型可用于短期预测，但应十分谨慎；当 $0.8 < -a \leqslant 1$ 时，应采用残差修正均值 GM(1,1)模型。当 $-a > 1$ 时，不宜采用均值 GM(1,1)模型。

4.2.3 累减生成序列

经过累加生成算法得到的时间序列已失去其原来的物理意义和经济意义，所以经过方程求解的结果必须还原到原序列，即通过累减生成算法得到原序列。

对 n 次累加生成序列进行一次累减生成：

$$a^{(1)}[x^{(n)}(k)] = x^{(n)}(k) - x^{(n)}(k-1)$$

$$= \sum_{j=1}^{k} x^{(n-1)}(j) - \sum_{j=1}^{k} x^{(n-1)}(j-1) \tag{4-36}$$
$$= x^{(n-1)}(k)$$

同理推得

$$\begin{cases} a^{(2)}\left[x^{(n)}(k)\right] = x^{(n-2)}(k) \\ a^{(i)}\left[x^{(n)}(k)\right] = x^{(n-1)}(k) \end{cases}, \quad k = 1, 2, \cdots, n \tag{4-37}$$

式中,$a(i)$ 表示经过 i 次累减运算算子。

【例 4-3】 设有序列 $X = (5.3, 7.6, 10.4, 13.8, 18.1)$,求其一次累加生成序列、二次累加生成序列和一次累减生成序列,如表 4-3 所示。

表 4-3 $\mathbf{X}^{(0)}$ 的累加和累减生成序列

序 列	值				
$X^{(0)}$	5.3	7.6	10.4	13.8	18.1
$X^{(1)}$	5.3	12.9	23.3	37.1	55.2
$X^{(2)}$	5.3	18.2	41.5	78.6	133.8
$A^{(1)}X^{(0)}$	5.3	2.3	2.8	3.4	4.3

4.2.4 模型检验

预测模型得到的预测值必须经过统计检验才能确定其预测精度等级。模型检验一般有残差检验、关联度检验和后验差检验,本节重点介绍后验差比值来讨论灰色模型的预测精度等级。

后验差比值(C)是预测残差方差 S_e^2 与原始数据方差 S_x^2 之比,即

$$C = \frac{S_e^2}{S_x^2} \tag{4-38}$$

式中,$S_e^2 = \dfrac{1}{N}\sum_{j=1}^{N}\left[e^{(0)}(j) - \overline{e}\right]^2$,$S_x^2 = \sum_{j=1}^{N}\left[x^{(0)}(j) - \overline{x}\right]^2$;$\overline{e}$ 为预测误差均值;x 为原始数据均值。

根据 C 值的大小,可将预测精度分为四级,如表 4-4 所示。

表 4-4 精度等级

序号	等级	C
1	好	$C < 0.35$
2	合格	$0.35 \leqslant C < 0.50$
3	勉强	$0.50 \leqslant C < 0.55$
4	不合格	$C > 0.65$

【例 4-4】 需要根据表 4-5 所示的数据为依据,预测 2005—2014 年长江的污水排放量

（单位：亿吨）。

表 4-5　1995—2004 年的长江污水排放量

年份	1995	1996	1997	1998	1999	2000	2001	2002	2003	2004
污水量/亿吨	174	179	183	189	207	234	220.5	256	270	285

代码如下：

```
% chapter5/test6.m
% 建立发展系数 a 和灰作用量 b
syms a b;
c = [a b]';

% 原始数列 A
A = [174, 179, 183, 189, 207, 234, 220.5, 256, 270, 285];
n = length(A);
% 对原始数列 A 做累加得到数列 B
B = cumsum(A);
% 对数列 B 做紧邻均值生成
for i = 2:n
    C(i) = (B(i) + B(i - 1))/2;
end
C(1) = [];
% 构造数据矩阵
B = [-C;ones(1,n-1)];
Y = A; Y(1) = []; Y = Y';
% 使用最小二乘法计算 a 和 b
c = inv(B * B') * B * Y;
c = c';
a = c(1); b = c(2);
% 预测后续数据
F = []; F(1) = A(1);
for i = 2:(n + 10)
    F(i) = (A(1) - b/a)/exp(a * (i-1)) + b/a;
end
% 对数列 F 累减还原,得到预测出的数据
G = []; G(1) = A(1);
for i = 2:(n + 10)
    G(i) = F(i) - F(i-1); % 得到预测出来的数据
  end
disp('预测数据为');
G
% 模型检验

H = G(1:10);
```

```
%计算残差序列
epsilon = A - H;
%方差比C检验
disp('方差比C检验:')
C = std(epsilon, 1)/std(A, 1)
%绘制曲线图
t1 = 1995:2004;
t2 = 1995:2014;
plot(t1, A,'ro'); hold on;
plot(t2, G, 'g-');
xlabel('年份'); ylabel('污水量/亿吨');
legend('实际污水排放量 ','预测污水排放量');
title('长江污水排放量增加曲线');
grid on;
```

运行结果如图 4-5 所示。

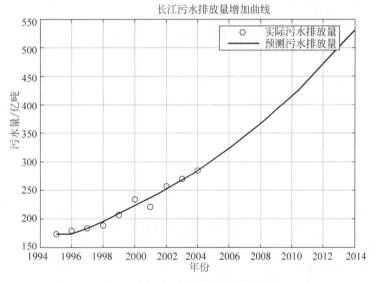

图 4-5 长江污水排放量预测曲线图

预测数据和校验结果如下。

```
预测数据为
G =
  Columns 1 through 14
174.0000   172.8090   183.9355   195.7785   208.3839   221.8010   236.0820
251.2825   267.4616   284.6825   303.0122   322.5221   343.2881   365.3912

  Columns 15 through 20
```

```
388.9175    413.9585    440.6118    468.9812    499.1772    531.3174

方差比 C 检验：
C =
    0.1870
```

4.3　灰色聚类评估

灰色聚类是根据灰色关联矩阵或灰数的白化权函数将一些观测指标或观测对象划分成若干个可定义类别的方法。一个聚类可以看成属于同一类的观测对象的集合。按聚类对象划分，灰色聚类可分为灰色关联聚类和灰色白化权函数聚类。灰色关联聚类主要用于同类因素的归并，以使复杂系统简化。通过灰色关联聚类，可以检查许多因素中是否有若干个因素大体上属于同一类，使能用这些因素的综合平均指标或其中的某一个因素来代表这若干个因素而使信息不受严重损失。在进行大面积调研之前，通过典型抽样数据的灰色关联聚类，可以减少不必要变量的收集，以节省经费。灰色白化权函数聚类需要根据拟划分的灰类和对应的聚类指标，事先设定白化权函数和不同聚类指标的权重并据以计算综合聚类系数。具体实现起来，灰色关联聚类用于同一因素的归并，减少指标个数。灰色白化权函数聚类检测观测对象属于何类。灰色白化权函数聚类分为变权聚类和定权聚类。

4.3.1　灰色变权聚类

定义 4.3.1　设有 n 个聚类对象，m 个聚类指标，s 个不同灰类，根据第 $i(i=1,2,\cdots,n)$ 个对象关于 $j(j=1,2,\cdots,m)$ 指标的观测值 $x_{ij}(i=1,2,\cdots,n;j=1,2,\cdots,m)$ 将第 i 个对象归入第 $k(k\in\{1,2,\cdots,s\})$ 个灰类，称为灰色聚类。

定义 4.3.2　将 n 个对象关于指标 j 的取值相应地分为 s 个灰类，称为 j 指标子类。j 指标 k 子类的白化权函数，记为 $f_j^k(\cdot)$。

定义 4.3.3　设 j 指标 k 子类的白化权函数 $f_j^k(\cdot)$ 为如图 4-6 所示的典型白化权函数，则称 $x_j^k(1)$、$x_j^k(2)$、$x_j^k(3)$、$x_j^k(4)$ 为 $f_j^k(\cdot)$ 的转折点。典型白化权函数记为 $f_j^k[x_j^k(1),x_j^k(2),x_j^k(3),x_j^k(4)]$。

定义 4.3.4

(1) 若白化权函数 $f_j^k(\cdot)$ 无第 1 个和第 2 个转折点 $x_j^k(1)$ 和 $x_j^k(2)$，即如图 4-7 所示，则称 $f_j^k(\cdot)$ 为下限测度白化权函数，记为 $f_j^k[-,-,x_j^k(3),x_j^k(4)]$。

(2) 若白化权函数 $f_j^k(\cdot)$ 第 2 个和第 3 个转折点 $x_j^k(2)$ 和 $x_j^k(3)$ 重合，即如图 4-8 所示，则称 $f_j^k(\cdot)$ 为适中测度白化权函数，记为 $f_j^k[x_j^k(1),x_j^k(2),-,x_j^k(4)]$。

（3）若白化权函数 $f_j^k(\cdot)$ 无第 3 个和第 4 个转折点 $x_j^k(3)$ 和 $x_j^k(4)$，即如图 4-9 所示，则称 $f_j^k(\cdot)$ 为上限测度白化权函数，记为 $f_j^k[x_j^k(1),x_j^k(2),-,-]$。

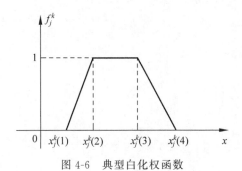

图 4-6 典型白化权函数

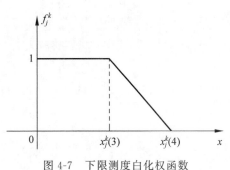

图 4-7 下限测度白化权函数

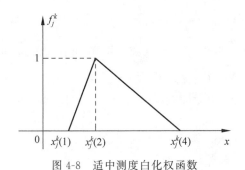

图 4-8 适中测度白化权函数

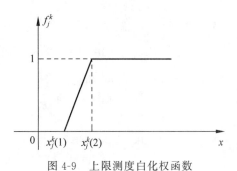

图 4-9 上限测度白化权函数

命题 4.3.1

（1）对于如图 4-6 所示的典型白化权函数有

$$f_j^k(x)=\begin{cases}0, & x\notin[x_j^k(1),x_j^k(4)]\\[2mm]\dfrac{x-x_j^k(1)}{x_j^k(2)-x_j^k(1)}, & x\in[x_j^k(1),x_j^k(2)]\\[4mm]1, & x\in[x_j^k(2),x_j^k(3)]\\[2mm]\dfrac{x_j^k(4)-x}{x_j^k(4)-x_j^k(3)}, & x\in[x_j^k(3),x_j^k(4)]\end{cases} \qquad (4\text{-}39)$$

（2）对于如图 4-7 所示的下限测度白化权函数有

$$f_j^k(x)=\begin{cases}0, & x\notin[0,x_j^k(4)]\\[2mm]1, & x\in[0,x_j^k(3)]\\[2mm]\dfrac{x_j^k(4)-x}{x_j^k(4)-x_j^k(3)}, & x\in[x_j^k(3),x_j^k(4)]\end{cases} \qquad (4\text{-}40)$$

（3）对于如图 4-8 所示的适中测度白化权函数有

$$f_j^k(x) = \begin{cases} 0, & x \notin [x_j^k(1), x_j^k(4)] \\ \dfrac{x - x_j^k(1)}{x_j^k(2) - x_j^k(1)}, & x \in [x_j^k(1), x_j^k(2)] \\ \dfrac{x_j^k(4) - x}{x_j^k(4) - x_j^k(2)}, & x \in [x_j^k(2), x_j^k(4)] \end{cases} \tag{4-41}$$

（4）对于如图 4-9 所示的上限测度白化权函数有

$$f_j^k(x) = \begin{cases} 0, & x < x_j^k(1) \\ \dfrac{x - x_j^k(1)}{x_j^k(2) - x_j^k(1)}, & x \in [x_j^k(1), x_j^k(2)] \\ 1, & x \leqslant x_j^k(2) \end{cases} \tag{4-42}$$

定义 4.3.5

（1）对于如图 4-6 所示的 j 指标 k 子类白化权函数，令 $\lambda_j^k = \dfrac{1}{2}(x_j^k(2) + x_j^k(3))$。

（2）对于如图 4-7 所示的 j 指标 k 子类白化权函数，令 $\lambda_j^k = x_j^k(3)$。

（3）对于如图 4-8 和图 4-9 所示的 j 指标 k 子类白化权函数，令 $\lambda_j^k = x_j^k(2)$ 则称为 λ_j^k 为 j 指标 k 子类临界值。

定义 4.3.6 设 λ_j^k 为 j 指标 k 子类临界值，则称

$$\eta_j^k = \frac{\lambda_j^k}{\displaystyle\sum_{j=1}^m \lambda_j^k} \tag{4-43}$$

为 j 指标 k 子类的权。

定义 4.3.7 设 x_{ij} 为对象 i 关于指标 j 的观测值，$f_j^k(\cdot)$ 为 j 指标 k 子类白化权函数，η_j^k 为 j 指标 k 子类的权，则称

$$\sigma_i^k = \sum_{j=1}^m f_j^k(x_{ij}) \cdot \eta_j^k \tag{4-44}$$

为对象 i 关于 k 灰类的灰色变权聚类系数。

定义 4.3.8

（1）称 $\sigma_i = [\sigma_i^1, \sigma_i^2, \cdots, \sigma_i^s] = \left[\displaystyle\sum_{j=1}^m f_j^1(x_{ij}) \cdot \eta_j^1, \sum_{j=1}^m f_j^2(x_{ij}) \cdot \eta_j^2, \cdots, \sum_{j=1}^m f_j^s(x_{ij}) \cdot \eta_j^s \right]$
为对象 i 的聚类系数向量。

（2）称

$$\boldsymbol{\Sigma} = [\sigma_i^k] = \begin{bmatrix} \sigma_1^1 & \sigma_1^2 & \cdots & \sigma_1^s \\ \sigma_2^1 & \sigma_2^2 & \cdots & \sigma_2^s \\ \vdots & \vdots & & \vdots \\ \sigma_n^1 & \sigma_n^2 & \cdots & \sigma_n^s \end{bmatrix} \tag{4-45}$$

为聚类系数矩阵。

定义 4.3.9 设 $\max\limits_{1\leqslant k\leqslant s}\{\sigma_i^k\}=\sigma_i^{k^*}$，则称对象 i 属于灰类 k^*。

灰色变权聚类适用于指标的意义、量纲皆相同的情形，当聚类指标的意义量纲不同，并且不同指标的样本值在数量上悬殊较大时，不宜采用灰色变权聚类。

4.3.2 灰色定权聚类

当聚类指标的意义、量纲不同且在数量上悬殊较大时，采用灰色变权聚类可能导致某些指标参与聚类的作用十分微弱。解决这一问题有两条途径：一条途径是先采用初值化算子或均值化算子将各个指标样本值化为无量纲数据，然后进行聚类。这种方式对所有聚类指标一视同仁，不能反映不同指标在聚类过程中作用的差异性。另一条途径是对各聚类指标事先赋权，本节主要讨论第二种途径方法。

定义 4.3.10 设 $x_{ij}(i=1,2,\cdots,n;j=1,2,\cdots,m)$ 为对象 i 关于指标 j 的观测值，$f_j^k(\cdot)(j=1,2,\cdots,m;k=1,2,\cdots,s)$ 为 j 指标 k 子类白化权函数，若 j 指标 k 子类的权 $\eta_j^k(j=1,2,\cdots,m;k=1,2,\cdots,s)$ 与 k 无关，即对任意的 $k_l,k_2\in\{1,2,\cdots,s\}$，总有 $\eta_j^{k_1}=\eta_j^{k_2}$，此时可将 η_j^k 的上标 k 略去，记为 $\eta_j(j=1,2,\cdots,m)$，并称

$$\sigma_i^k=\sum_{j=1}^m f_j^k(x_{ij})\eta_j \tag{4-46}$$

为对象 i 属于 k 灰类的灰色定权聚类系数。

定义 4.3.11 设 $x_{ij}(i=1,2,\cdots,n;j=1,2,\cdots,m)$ 为对象关于 i 指标 j 的观测值，$f_j^k(\cdot)(j=1,2,\cdots,m;k=1,2,\cdots,s)$ 为 j 指标 k 子类白化权函数。若对任意的 $j=1,2,\cdots,m$ 总有 $\eta_j=\dfrac{1}{m}$，则称

$$\sigma_i^k=\sum_{j=1}^m f_j^k(x_{ij})\cdot\eta_j=\frac{1}{m}\sum_{j=1}^m f_j^k(x_{ij}) \tag{4-47}$$

为对象 i 属于 k 灰类的灰色等权聚类系数。

定义 4.3.12

(1) 根据灰色定权聚类系数的值对聚类对象进行归类，称为灰色定权聚类。

(2) 根据灰色等权聚类系数的值对聚类对象进行归类，称为灰色等权聚类。

灰色定权聚类可按下列步骤进行：

第 1 步：给出 j 指标 k 子类白化权函数 $f_j^k(\cdot)(j=1,2,\cdots,m;k=1,2,\cdots,s)$。

第 2 步：确定各指标的聚类权 $\eta_j(j=1,2,\cdots,m)$。

第 3 步：从第 1 步和第 2 步得出的白化权函数 $f_j^k(\cdot)(j=1,2,\cdots,m;k=1,2,\cdots,s)$、聚类权 $\eta_j(j=1,2,\cdots,m)$ 及对象 i 关于 j 指标的观测值 $x_{ij}(i=1,2,\cdots,n;j=1,2,\cdots,m)$，计算出灰色定权聚类系数 $\sigma_i^k=\sum_{j=1}^m f_j^k(x_{ij})\cdot\eta_j$ $(i=1,2,\cdots,m;k=1,2,\cdots,s)$。

第 4 步：若 $\max\limits_{1\leqslant k\leqslant s}\{\sigma_i^k\}=\sigma_i^{k^*}$，则判定对象 i 属于灰类 k^*。

【例 4-5】 学生实验的各指标考核成绩如表 4-6 所示，建立基于灰色聚类的模型。

表 4-6 各指标考核成绩

指　　标	得　　分
预习实验报告	65
实验操作	82
安全操作	78
实验报告	73

代码如下：

```
% chapter5/test7.m
function GCM
% 基于灰色聚类模型的实验成绩评定
%  子函数为
%  floorlimit.m        下线测度白化权函数
%  moderrate.m         适中测度白化权函数
%  upperlimit.m        上线测度白化权函数

xx = input('请输入聚类对象的数值:');    % [65 82 78 73]
xw = [2 2 2 4];                              % 相对重要性权重
grey1 = [80 95;75 90;90 100;80 90];         % 灰类指标 1
grey2 = [70 85 95;65 85 90;70 85 95;70 80 90];   % 灰类指标 2
grey3 = [60 75 85;60 75 85;60 75 85;60 70 80];   % 灰类指标 3
grey4 = [50 65 75;50 65 75;50 65 75;50 60 70];   % 灰类指标 4
grey5 = [50 70;50 70;50 70;50 70];          % 灰类指标 5
xxrow = size(xx,1);                          % 聚类对象个数
xxcol = size(xx,2);                          % 每个聚类对应的指标个数
greynum = 5;                                 % 灰类指标的个数
bk = zeros(xxrow,greynum);
disp('各个指标的相对重要权重:');
disp(xw);
for k = 1:xxrow
% 灰色白化权函数
yy = zeros(xxcol,greynum);
% 灰类指标为 1 的白化权函数值
i = 1;
for r = 1:xxcol
        yy(r,i) = upperlimit(grey1(r,1),grey1(r,2),xx(k,r));
end
```

```
i = 2;                              % 灰类指标为 2 的白化权函数值
for r = 1:xxcol
    yy(r,i) = moderate(grey2(r,1),grey2(r,2),grey2(r,3),xx(k,r));
end
i = 3;                              % 灰类指标为 3 的白化权函数值
for r = 1:xxcol
    yy(r,i) = moderate(grey3(r,1),grey3(r,2),grey3(r,3),xx(k,r));
end
i = 4;                              % 灰类指标为 4 的白化权函数值
for r = 1:xxcol
    yy(r,i) = moderate(grey4(r,1),grey4(r,2),grey4(r,3),xx(k,r));
end
i = 5;                              % 灰类指标为 5 的白化权函数值
for r = 1:xxcol
    yy(r,i) = floorlimit(grey5(r,1),grey5(r,2),xx(k,r));
end
    prik = sprintf('第 %d 个对象的白化权函数值',k);
    disp(prik);
    disp(yy);
    % 求各指标的临界值
rr = zeros(xxcol,greynum);
for i = 1:xxcol
    rr(i,1) = grey1(i,2);
end
for i = 1:xxcol
    rr(i,2) = grey2(i,2);
end
for i = 1:xxcol
  rr(i,3) = grey3(i,2);
end
for i = 1:xxcol
  rr(i,4) = grey4(i,2);
end
for i = 1:xxcol
  rr(i,5) = grey5(i,2);
end
    % 各指标的灰色聚类权
zz = zeros(xxcol,greynum);
for i = 1:greynum
    rrsum = sum(rr(:,i));
        for j = 1:xxcol
        zz(j,i) = rr(j,i)/rrsum;
        end
end
    prik = sprintf('第 %d 个对象的各指标的灰色聚类权',k);
    disp(prik);
```

```
    disp(zz);
    % 求灰色聚系数
    bb = zeros(xxcol,greynum);
    bb = yy.* zz;
for i = 1:xxcol
        for j = 1:greynum
        bb(i,j) = bb(i,j) * xw(i);
        end
end
    b = zeros(1,greynum);
    for i = 1:greynum
        b(i) = sum(bb(:,i));
end
    prik = sprintf('第%d个对象的灰色聚类系数',k);
    disp(prik);
    disp(b);
    for i = 1:greynum
    bk(k,i) = b(i);
    end
end
    disp('各个对象的灰色聚类系数如下:');
    disp(bk);
    [val,index] = m  ax(bk,[],2);
    fprintf('各评价对象所属的评价灰类分别为');
for i = 1:xxrow
    if index(i) == 1  fprintf('优    ');    end
    if index(i) == 2  fprintf('良    ');    end
    if index(i) == 3  fprintf('中    ');    end
    if index(i) == 4  fprintf('及格   ');   end
    if index(i) == 5  fprintf('不及格 ');   end
end
```

运行结果如下:

```
>> GCM
请输入聚类对象的数值:[65 50 50 50]
各个指标的相对重要权重:
        2      2      2      4
第1个对象的白化权函数值
        0        0    0.3333    1.0000    0.2500
        0        0        0         0      1.0000
        0        0        0         0      1.0000
        0        0        0         0      1.0000
第1个对象的各指标的灰色聚类权
    0.2533    0.2537    0.2542    0.2549    0.2500
```

```
    0.2400    0.2537    0.2542    0.2549    0.2500
    0.2667    0.2537    0.2542    0.2549    0.2500
    0.2400    0.2388    0.2373    0.2353    0.2500
```

第1个对象的灰色聚类系数

```
    0         0         0.1695    0.5098    2.1250
```

各个对象的灰色聚类系数如下：

```
    0         0         0.1695    0.5098    2.1250
```

各评价对象所属的评价灰类分别为不及格

第5章

傅里叶变换和小波变换

在信号处理领域,傅里叶变换(Fourier Transform,FT)和小波变换(Wavelet Transform,WT)是非常重要的信号分析算法,本章将浅显易懂地介绍两种算法的理论,并用典型案例来理解它们的特点与应用。

5.1 傅里叶变换

傅里叶变换是一种线性的积分变换,它的目的是可将时域上的信号转变为频域上的信号,类似于将直角坐标系变换成极坐标系。随着域的不同,对同一个事物的了解角度也就随之改变,因此在时域中某些不好处理的问题,在频域就可以较为简单地解决。

5.1.1 傅里叶级数的频谱

1807 年在法国科学学会上法国学者 Fourier 发表了一篇论文,论文里描述运用正弦曲线来描述温度分布,论文里有个在当时具有争议性的决断:任何连续周期信号都可以由一组适当的正弦曲线组合而成。方波可以分解为无限多个正弦信号的组合,如图 5-1 所示。

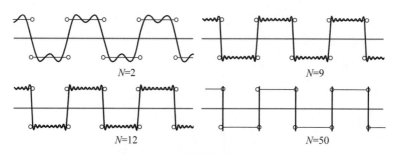

图 5-1 多个正弦波组合成方波

从图 5-1 可知,随着正弦波数量的逐渐增长,它们最终会叠加成一个标准的方波。虽然组成方波的这些信号都是正弦信号,但是这些正弦信号之间还需要满足一定的条件。考虑组成方波的正弦信号,方波可用公式(5-1)表示,其中 n 为奇数:

$$y = \frac{4}{\pi}\left(\sin(\omega t) + \frac{1}{3}(3\omega t) + \cdots + \frac{1}{n}(n\omega t) + \cdots\right) \tag{5-1}$$

这里，ω 称为基波频率，而 3ω、5ω、$n\omega$ 等均为 ω 的整数倍。这些大于 0 基波频率，且是基波频率整数倍的各次分量称为谐波。对于方波，基波的各偶数次谐波的幅值为 0。这些谐波成分组成了方波。

这里，引入"频域"的概念，我们将方波及分解的正弦波用三维立体图展示，如图 5-2 所示。图 5-2 中，最前面黑色的线就是所有正弦波叠加而成的总和，也就是越来越接近方波的那个图形，而后面依不同颜色排列而成的正弦波就是组合为方波的各个分量。这些正弦波按照频率从低到高及从前向后排列开来，而每个波的振幅满足公式(5-1)。每两个正弦波之间都还有一条直线，那并不是分割线，而是振幅为 0 的偶数谐波。

如果把第 1 个频率最低的频率分量看作"1"，就有了构建频域的最基本单元。时域的基本单元就是 1s，如果我们将一个角频率为 ω 的正弦波 $\sin(\omega t)$ 看作基础，则频域的基本单元就是 ω。时域的方波信号就被投影到了频域。因为前面的方波信号的横轴为时间轴，而在频域，横轴为频率。这样，一组随时间变化的时域正弦信号被表示为了频域的一组离散点。频域每个离散点的横坐标代表一个谐波频率，而其纵坐标则代表该频率的谐波所对应的振动幅度。频域的图像称为频谱，方波的频谱图如图 5-3 所示。

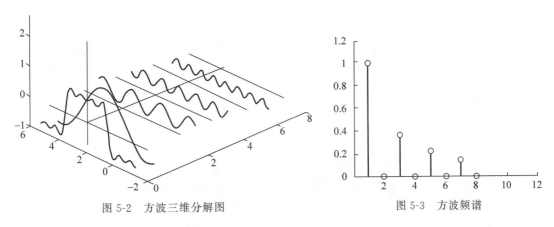

图 5-2 方波三维分解图 图 5-3 方波频谱

为了形象地理解，将时域图和频域图用三维图表示，如图 5-4 所示。从垂直频率轴且与时间相反的方向去看，就可以得到频谱图了。

5.1.2 傅里叶级数的相位谱

通过时域到频域的变换，我们得到了一个从侧面看的频谱，但是这个频谱并没有包含时域中全部的信息。因为频谱只代表每个对应的正弦波的振幅是多少，而没有提到相位。在基础正弦波 $A\sin(\omega t + \theta)$ 中，振幅、频率、相位缺一不可，不同相位决定了波的位置，所以对于频域分析，仅仅有频谱是不够的，还需要一个相位谱。回忆一下相位的概念，例如正弦波的相位，如图 5-5 所示。

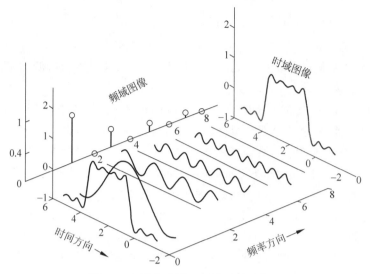

图 5-4　方波的时域和频域三维立体图

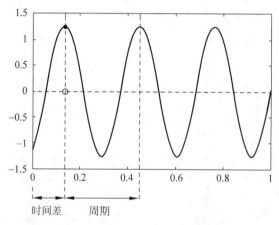

图 5-5　分解正弦波的相位

在图 5-5 中用"实心点"来标记正弦波位置,实心点是距离频率轴最近的波峰,将"实心点"投影到下平面,投影点用"空心点"来表示。当然,这些点只标注了波峰距离频率轴的距离,并不是相位。将投影得到的时间差除以所在频率的周期,就得到了相位。我们将方波分解的所有正弦波都求相位,就可以得到如图 5-6 所示的三维相位谱了。

注意,相位谱中的相位除了 0,就是 π。因为 $\sin(t+\pi)=-\sin(t)$,所以实际上相位为 π 的波只是上下翻转了而已。另外由于 $\sin(t+\pi)=\sin(t)$,所以相位差是周期的 π、3π、5π、7π 都是相同的相位。人为将相位谱的值域定义为 $(-\pi,\pi]$,所以图中的相位差均为 π。

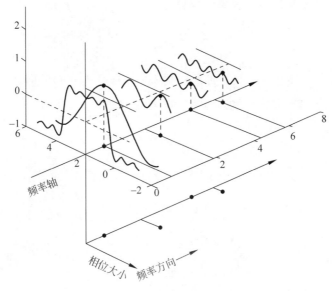

图 5-6　三维相位谱

5.1.3　傅里叶变换表示形式

傅里叶变换是把问题变得更简单,而不是变得更复杂。傅里叶变换选择了正弦波,而没有选择方波或其他波形,这是因为正弦波有个其他任何波形(恒定的直流波形除外)所不具备的特点:正弦波输入至任何线性系统,出来的还是正弦波,改变的仅仅是幅值和相位,当正弦波输入线性系统时,不会产生新的频率成分;当正弦波输入非线性系统时就会产生新的频率成分,这种新的频率成分即为谐波。

在学习自控原理时指导线性系统具备一个特点,就是多个正弦波叠加后输入一个系统,输出是所有正弦波独立输入时对应输出的叠加。也就是说,我们只要研究正弦波的输入和输出关系,就可以知道该系统对任意输入信号的响应。由此可见傅里叶的伟大之处不在于如何进行傅里叶变换,而是在于给出了"任何连续周期信号可以由一组适当的正弦曲线组合而成"这一伟大的论断。

在不同的研究领域,傅里叶变换具有多种不同的变体形式,如连续傅里叶变换和离散傅里叶变换。可以分为 4 个类别:

1.连续时间、连续频率——傅里叶变换(FT)

$$X(j\Omega) = \int_{-\infty}^{\infty} x(t) e^{-j\Omega t} dt \tag{5-2}$$

$$x(t) = \frac{1}{2\pi} \int_{-\infty}^{\infty} X(j\Omega) e^{j\Omega t} d\Omega \tag{5-3}$$

2. 连续时间、离散频率——傅里叶级数（FS）

$$X(\mathrm{j}k\Omega_0) = \frac{1}{T_0} \int_{-T_0/2}^{T_0/2} x(t) \mathrm{e}^{-\mathrm{j}k\Omega_0 t} \,\mathrm{d}t \tag{5-4}$$

$$x(t) = \sum_{k=-\infty}^{\infty} X(\mathrm{j}k\Omega_0) \mathrm{e}^{\mathrm{j}k\Omega_0 t} \tag{5-5}$$

3. 时间离散、连续频率——序列傅里叶变换（DTFT）

$$X(\mathrm{e}^{\mathrm{j}\omega}) = \sum_{n=-\infty}^{\infty} x(n) \mathrm{e}^{-\mathrm{j}\omega n} \tag{5-6}$$

$$x(n) = \frac{1}{2\pi} \int_{-\pi}^{\pi} X(\mathrm{e}^{\mathrm{j}\omega}) \mathrm{e}^{\mathrm{j}\omega n} \,\mathrm{d}\omega \tag{5-7}$$

4. 离散时间、离散频率——离散傅里叶变换（DFT）

$$X(k) = \sum_{n=0}^{N-1} x(n) \mathrm{e}^{-\mathrm{j}\frac{2\pi}{N}nk} \tag{5-8}$$

$$x(n) = \frac{1}{N} \sum_{n=0}^{N-1} X(k) \mathrm{e}^{\mathrm{j}\frac{2\pi}{N}nk} \tag{5-9}$$

注意：$x(n)$ 有个 $1/N$。

离散傅里叶变换（DFT）在频域和时域都是离散的，即计算机可以处理的，因此 DFT 是可以实际进行编程并实现的。在实际应用中通常采用快速傅里叶变换（Fast Fourier Transform，FFT）计算 DFT。由于数字信号处理的其他运算都可以由 DFT 实现，因此 FFT 算法是数字信号处理的重要基石。

5.1.4 MATLAB 的傅里叶变换函数

在 MATLAB 中有 fft、fft2 傅里叶函数进行一维和二维快速傅里叶变换，这里介绍一维的快速傅里叶函数。

1. 一维快速正傅里叶变换函数 fft

格式如下：

```
X = fft(x,N)
```

功能：采用 FFT 算法计算序列向量 x 的 N 点 DFT 变换，当 N 缺省时，fft 函数自动按 x 的长度计算 DFT。当 N 为 2 整数次幂时，fft 按基 2 算法计算。

---

2. 一维快速逆傅里叶变换函数 ifft

格式如下：

```
x = ifft(X,N)
```

功能：采用 FFT 算法计算序列向量 X 的 N 点 IDFT 变换。

3. fft 函数使用说明

1）采样频率 F_s 的确定

实际工程采用 A/D 转换对连续信号采样，要确定一个参数采样频率 F_s，采样要满足采样定理要求，即 $F_s \geqslant 2f_c$ 的采样时，这样信息不能丢失（f_c 为原始连续信号的最大截止频率），采样周期为 $T_s = 1/F_s$。

2）序列个数 L 的确定

确定了采样频率 F_s，那么信号的时域应该怎么确定呢？换句话说，将采样好的信号给计算机处理时，应该给计算机多少个。这里就出现了第 2 个参数，即序列个数 L，可由采样周期 T_s 得出时域信号的横坐标时间的变化范围，也就是 $t = (0:L-1)T_s$ 要用 DTF 可以表示这个信号时，t 的范围应该是信号的一个周期范围或整数倍周期范围，否则则会发生频谱泄露，频谱泄露就是出现了本来没有的频率分量。L 是用 $LT_s = mT$（T 为信号的最小周期，m 为正整数）来确定，通常 $m=1$。只要保证 $LT_s \geqslant T$ 就可以了，当然如果可以取整数倍就最好了。有时，L 都是取和 F_s 一样的值（频率分辨率为 1Hz）。

3）N 的确定

第 3 个参数 $N \geqslant L$，否则就会发生时域混叠，N 通常为 $2m$，有时取 $L=N$，当发生频谱泄露比较严重时，我们就可以考虑将 L 增大，这样就可以减小频谱泄露的影响。

综上，以上就是 MATLAB 相关的所有参数：采样频率 F_s，原序列长度 L，N-DFT 变换的 N，通常取值为 $F_s = 1024$，$N = 1024$，$L = 1024$，注意需满足上述条件。对于 MATLAB 的 fft 函数，其用法主要是 Y＝fft(x,N)，x 为原信号序列，Y 为 DFT 变换后的，但是会发现其变换后幅度变了而且变了很大，其频域幅值增大了 N 倍。

5.1.5 傅里叶变换的信号降噪应用

工程中的信号一般会受到噪声的干扰，从而导致在提取信号特征信息时造成误差，所以在处理信号之前应先进行降噪。一个含噪声的一维信号模型可表示为

$$S(k) = f(k) + e(k) \tag{5-10}$$

其中，$S(k)$ 为含噪信号，$f(k)$ 是有用信号，$e(k)$ 是噪声信号。这里假定噪声是高斯白噪声，频谱一般分布为整个频域。

在实际工程中 $f(k)$ 通常为低频信号或者频谱范围分布有限的信号，因此，通过离散傅里叶变换得到信号的频谱以后，可以把有用的频谱之外的噪声频谱去除，然后经过离散傅里叶逆变换就可以得到降噪的信号了。

【例 5-1】 利用傅里叶变换对含有噪声的 $f=50$Hz 正弦信号进行降噪处理。

代码如下：

```
% chapter5/test1.m
t = 0:0.001:1
r = sin(2 * pi * 50 * t)              % 频率为 50Hz 正弦信号
x = r + 0.3 * rand(size(t))           % 产生含有噪声的信号
subplot(3,1,1)
plot(t,r)                             % 显示原信号
title('原始信号')
xlabel('时间/s')
ylabel('幅值')
subplot(3,1,2)
plot(t,x)                             % 显示含噪声信号
title('含噪信号')
xlabel('时间/s')
ylabel('幅值')
y = fft(x,1024)                       % 傅里叶变换
f = 1000 * (0:512)/1024
subplot(3,1,3)
plot(f,abs(y(1:513)))                 % 频谱图
title('频谱图')
xlabel('频率/Hz')
ylabel('幅值')
```

提示: rand 函数产生由在 $(0,1)$ 均匀分布的随机数组成的数组。$f_s = 1000\,\mathrm{Hz}$,Nyquist 频率为 $f_s/2 = 500\,\mathrm{Hz}$。整个频谱图是以 Nyquist 频率为对称轴的,FFT 对信号进行谱分析,只需考察 $0\sim$Nyquist 频率范围内的幅频特性。

运行的结果如图 5-7 所示。

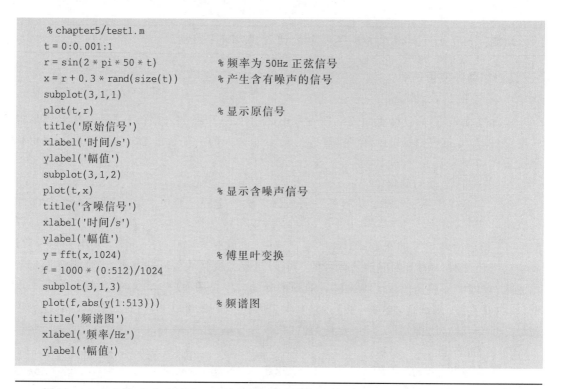

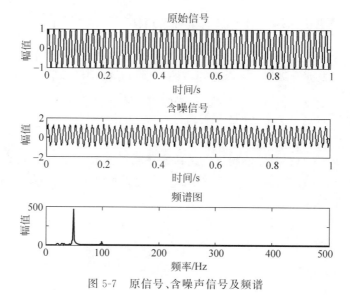

图 5-7　原信号、含噪声信号及频谱

【例5-2】 设计一个 100Hz 的低通模拟滤波器。

（1）构造一个 20Hz 正弦信号和一个 200Hz 余弦信号的混合信号。

（2）构造低通滤波器对混合信号进行滤波，并用 FFT 算法处理得到滤波后信号的频谱图。

代码如下：

```
% chapter5/test2.m
t = 0:0.001:0.5
s1 = sin(40 * pi * t)
s2 = cos(400 * pi * t)
x = s1 + s2              % 生成混合信号
figure(1)               % 分别显示正弦信号、余弦信号、混合信号
subplot(4,1,1)
plot(t,s1)
title('信号 s1')
xlabel('时间/s')
ylabel('幅值')
subplot(4,1,2)
plot(t,s2)
title('信号 s2')
xlabel('时间/s')
ylabel('幅值')
subplot(4,1,3)
plot(t,x)
title('混合信号 x')
xlabel('时间/s')
ylabel('幅值')
y = fft(x,1024)
f = 1000 * (0:512)/1024
subplot(4,1,4)
plot(f,abs(y(1:513)))
title('频谱图')
xlabel('频率/Hz')
ylabel('幅值')
```

程序运行的效果如图 5-8 所示，从频谱图中可以看出两个信号的频率值。

构造巴特沃斯低通滤波器滤除 200Hz 信号，代码如下：

```
fs = 1000;                    % 采样频率
[b a] = butter(8,0.1,'low')   % 巴特沃斯低通滤波
u = filter(b,a,x)
figure(2)
```

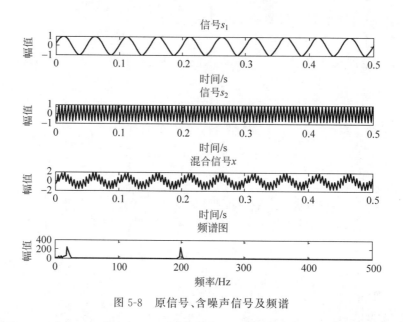

图 5-8　原信号、含噪声信号及频谱

```
subplot(2,1,1)
plot(t,u)                      % 滤波后的信号
title('滤波后的信号 x')
xlabel('时间/s')
ylabel('幅值')
y = fft(u,1024)
f = 1000 * (0:512)/1024
subplot(2,1,2)
plot(f,y(1:513))               % 频谱图
title('频谱图')
xlabel('频率/Hz')
ylabel('幅值')
```

提示：butter 函数是求 Butterworth 数字滤波器的系数，在求出系数后对信号进行滤波时用 filter 函数。

$[b, a]$＝butter(n, W_n)，根据阶数 n 和截止频率 W_n 计算 Butterworth 滤波器分子和分母系数（b 为分子系数的向量形式，a 为分母系数的向量形式），W_n 的确定跟所采样频率 F_s 有关。对于原始信号 x，设截止频率 f＝50Hz，因为 F_s＝1000Hz、W_n＝f/F_a、F_a 是分析频率、F_a＝$F_s/2$，所以 W_n＝0.1。

程序运行的效果如图 5-9 所示，从波形图和频谱图中可以看到 20Hz 信号被完好地保留了。

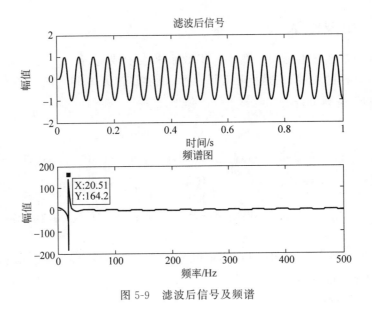

图 5-9 滤波后信号及频谱

5.2 小波变换

传统的信号理论是建立在傅里叶变换的基础上的,而傅里叶变换作为一种全局性的变化,其有一定的局限性,如不具备局部化分析能力、不能分析非平稳信号等。对于这样的非平稳信号,只知道包含哪些频率成分是不够的,还要知道各个成分出现的时间。知道信号频率随时间变化的情况,各个时刻的瞬时频率及其幅值——时频分析。

对于非平稳信号分析一个简单可行的方法就是加窗。把整个时域过程分解成无数个等长的小过程,每个小过程近似平稳,再进行傅里叶变换,这样就知道在哪个时间点上出现了什么频率了。这种方法就是短时傅里叶变换(Short-time Fourier Transform,STFT),但是如果窗太窄,窗内的信号太短,则会导致频率分析不够精准,频率分辨率差;如果窗太宽,时域上又不够精细,则会导致时间分辨率低。

1980 年数学家 Y. Meyer 偶然构造出一个真正的小波基,并与 S. Mallat 合作建立了构造小波基的统一方法多尺度分析之后,小波分析才开始蓬勃发展起来,其中比利时女数学家 I. Daubechies 撰写的《小波十讲》对小波的普及起到了重要的推动作用。小波变换是一种新的变换分析方法,它继承和发展了短时傅里叶变换局部化的思想,同时又克服了窗口大小不随频率变化等缺点,能够提供一个随频率改变的时间与频率的窗口,是进行信号时频分析和处理的理想工具。小波变换的出发点和 STFT 还是不同的。STFT 是给信号加窗,分段做 FFT,而小波直接将傅里叶变换的无限长的三角函数换成了有限长的会衰减的小波函数。这样不仅能够获取频率,还可以定位时间。

5.2.1　小波函数

小波变换的基本思想是用一簇小波函数系来表示或逼近某一信号或函数,因此,小波函数是小波分析的关键,它是指具有振荡性、能够迅速衰减到 0 的一类函数,即小波函数 $\psi(t) \in L^2(R)$ 需满足:

$$\int_{-\infty}^{+\infty} \psi(t)\mathrm{d}t = 0 \tag{5-11}$$

其中,$\psi(t)$ 为基小波函数,它可通过尺度的伸缩和时间轴上的平移构成一簇函数系:

$$\psi_{a,b}(t) = |a|^{-1/2} \psi\left(\frac{t-b}{a}\right), \quad a,b \in \mathbf{R}, a \neq 0 \tag{5-12}$$

式中,$\psi_{a,b}(t)$ 为子小波;a 为尺度因子,反映小波的周期长度;b 为平移因子,反映时间上的平移。

常用的小波函数有 Haar、Daubechies(dbN)、Mexican Hat(mexh)、Morlet 和 Meyer 共 5 种,下面分别介绍它们。

1. Haar 小波函数

Haar 小波函数是小波分析中最早用到的一个具有紧支撑的正交小波函数,也是最简单的一个小波函数,它是支撑域在 $t \in [0,1]$ 的单个矩形波。Haar 小波函数的定义如下:

$$\psi(t) = \begin{cases} 1, & 0 \leqslant t < \dfrac{1}{2} \\ -1, & \dfrac{1}{2} \leqslant t \leqslant 1 \\ 0, & \text{其他} \end{cases} \tag{5-13}$$

Haar 小波函数在时域上是不连续的,所以作为基本小波函数性能不是特别好,但它具有计算简单的优点。Haar 小波函数的时域波形和频域波形如图 5-10 所示。

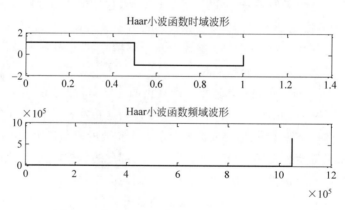

图 5-10　Haar 小波函数的时域波形和频域波形

2．Daubechies(db$N$)小波函数

Daubechies 小波函数简写为 db$N$，N 是小波的阶数。Daubechies 小波函数常用来分解和重构信号，作为滤波器使用。

小波函数 $\psi(t)$ 和尺度函数 $\phi(t)$ 中的支撑区为 $2N-1$，$\psi(t)$ 的消失矩为 N。除 $N=1$（Harr 小波函数）外，db$N$ 不具有对称性（非线性相位）。db$N$ 没有明确的表达式。db6 的时域波形和频域波形如图 5-11 所示。

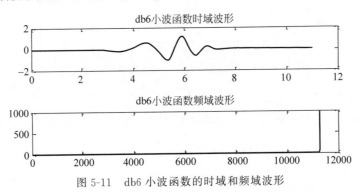

图 5-11　db6 小波函数的时域和频域波形

3．Mexihat 小波函数

Mexihat 小波函数为 Gauss 函数的二阶导数：

$$\psi(t) = (1-t^2)\,\mathrm{e}^{\frac{t^2}{2}} \tag{5-14}$$

因为它的形状像墨西哥帽的截面，所以也称为墨西哥帽函数。Mexihat 小波函数的特点是在时间域与频率域都有很好的局部化，不存在尺度函数，所以 Mexihat 小波函数不具有正交性。Mexihat 小波函数的时域波形和频域波形如图 5-12 所示。

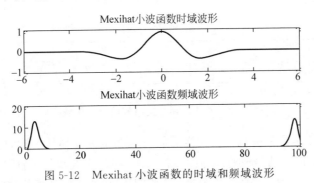

图 5-12　Mexihat 小波函数的时域和频域波形

4．Morlet 小波函数

Morlet 函数如下：

$$\psi(t) = \mathrm{e}^{-t^2/2}\,\mathrm{e}^{i\omega_0 t} \tag{5-15}$$

Morlet 小波函数没有尺度函数，而且是非正交分解。Morlet 小波函数的时域波形和频

域波形如图 5-13 所示。

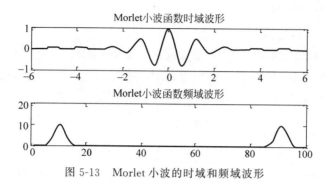

图 5-13　Morlet 小波的时域和频域波形

5. Meyer 小波函数

Meyer 小波函数与尺度函数都是在频域中进行定义的。小波函数定义如下：

$$\psi(\omega)=(2\pi)^{-\frac{1}{2}}e^{i\frac{\omega}{2}}\begin{cases}\sin\left(\dfrac{\pi}{2}v\left(\dfrac{3}{2\pi}\mid\omega\mid-1\right)\right), & \dfrac{2\pi}{3}\leqslant\mid\omega\mid\leqslant\dfrac{4\pi}{3}\\[3mm]\cos\left(\dfrac{\pi}{2}v\left(\dfrac{3}{4\pi}\mid\omega\mid-1\right)\right), & \dfrac{4\pi}{3}\leqslant\mid\omega\mid\leqslant\dfrac{8\pi}{3}\\[3mm]0, & \mid\omega\mid\notin\left[\dfrac{2\pi}{3},\dfrac{8\pi}{3}\right]\end{cases} \quad (5\text{-}16)$$

Meyer 小波函数的时域波形和频域波形如图 5-14 所示。

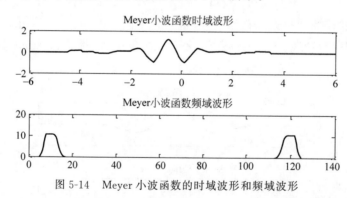

图 5-14　Meyer 小波函数的时域波形和频域波形

选择合适的小波函数是进行小波变换的前提。在实际应用研究中，应针对具体情况选择所需的小波函数；同一信号或时间序列，若选择不同的小波函数，则所得的结果往往会有所差异，有时甚至差异很大。目前，主要通过对比不同小波变换处理信号时所得的结果与理论结果的误差来判定基小波函数的好坏，并由此选定该类研究所需的小波函数。

5.2.2　小波变换理论

若 $\psi_{a,b}(t)$ 是由式(5-12)给出的子小波，对于给定的能量有限信号 $f(t)\in L^2(R)$，其连

续小波变换（Continue Wavelet Transform，CWT）为

$$W_f(a,b) = \mid a \mid^{-1/2} \int_R f(t) \bar{\psi}\left(\frac{t-b}{a}\right) \mathrm{d}t \tag{5-17}$$

式中，$W_f(a,b)$ 为小波变换系数；$f(t)$ 为一个信号或平方可积函数；a 为伸缩尺度；b 平移参数；$\bar{\psi}\left(\dfrac{x-b}{a}\right)$ 为 $\psi\left(\dfrac{x-b}{a}\right)$ 的复共轭函数。

CWT 的变换过程可分成如下 5 个步骤。

第 1 步：把小波 $\psi(t)$ 和原始信号 $f(t)$ 的开始部分进行比较。

第 2 步：计算系数 C。该系数表示该部分信号与小波的近似程度。系数 C 的值越高表示信号与小波越相似，因此系数 C 可以反映这种波形的相关程度。

第 3 步：把小波向右移，距离为 k，得到的小波函数为 $\psi(t-k)$，然后重复步骤 1 和步骤 2。

再把小波向右移，得到小波 $\psi(t-2k)$，重复步骤 1 和步骤 2。按上述步骤一直进行下去，直到信号 $f(t)$ 结束。

第 4 步：扩展小波 $\psi(t)$，例如开展一倍，得到的小波函数为 $\psi\left(\dfrac{t}{2}\right)$。

第 5 步：重复步骤 1～4。

CWT 的整个变换过程如图 5-15 所示。

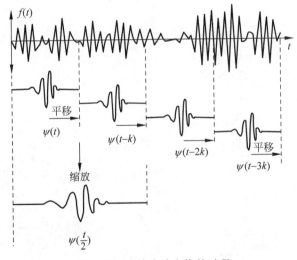

图 5-15　连续小波变换的过程

小波的伸缩尺度 a 与信号频率 ω 之间的关系可以这样来理解。伸缩尺度 a 小，表示小波比较窄，度量的是信号细节，表示频率 ω 比较高；相反，伸缩尺度 a 大，表示小波比较宽，度量的是信号的粗糙程度，表示频率 ω 比较低。

从工程中实际得到的信号数据是离散的，设函数 $f(k\Delta t)$（$k=1,2,\cdots,N$；Δt 为取样间隔），则式（5-18）的离散小波变换形式为

$$W_f(a,b) = |a|^{-1/2} \Delta t \sum_{k=1}^{N} f(k\Delta t)\bar{\psi}\left(\frac{k\Delta t - b}{a}\right) \tag{5-18}$$

由式(5-17)或式(5-18)可知小波变换的基本原理,即通过增加或减小伸缩尺度 a 来得到信号的低频或高频信息,然后分析信号的概貌或细节,实现对信号不同时间尺度和空间局部特征的分析。

5.2.3　小波分解与重构

在计算连续小波变换时,是用离散的数据进行计算的,只是所用的缩放因子和平移参数比较小而已。连续小波变换的计算量是巨大的。为了解决计算量的问题,伸缩尺度和平移参数都选择 2^j($j>0$ 的整数)的倍数。使用这样的伸缩尺度和平移参数的小波变换叫作双尺度小波变换,它是离散小波变换(Discrete Wavelet Transform,DWT)的一种形式,离散小波变换通常指的就是双尺度小波变换。

执行离散小波变换的有效方法是使用滤波器。该方法是 Mallat 在 1988 年开发的,叫作 Mallat 算法,这种方法实际上是一种信号的分解方法,在数字信号处理中称为双通道子带编码。用滤波器执行离散小波变换的概念如图 5-16 所示。图中 S 表示原始的输入信号,通过两个互补的滤波器产生 A 和 D 两个信号,A 表示信号的近似值(Approximations),D 表示信号的细节值(Detail)。在许多应用中,信号的低频部分是最重要的,而高频部分起一个"添加剂"的作用。

小波变换中,近似值 A 是由大的伸缩尺度产生的系数,表示信号的低频分量。细节值 D 是由小的伸缩尺度产生的系数,表示信号的高频分量。

在使用滤波器对真实的数字信号进行变换时,得到的数据将是原始数据的两倍。例如,如果原始信号的数据样本为 1000 个,通过滤波之后每个通道的数据均为 1000 个,总共为 2000 个。于是,根据尼奎斯特(Nyquist)采样定理就提出了降采样(Downsampling)的方法,即在每个通道中每两个样本数据取一个,得到的离散小波变换的系数(Coefficient)分别用 cD 和 cA 表示,如图 5-17 所示。

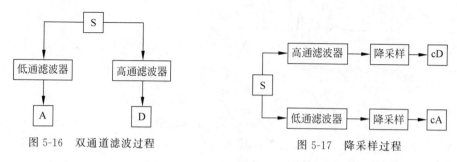

图 5-16　双通道滤波过程　　　　　图 5-17　降采样过程

离散小波变换可以被表示成由低通滤波器和高通滤波器组成的一棵树。原始信号通过这样的一对滤波器进行的分解叫作一级分解。信号的分解过程可以迭代,也就是说可进行多级分解。如果对信号的高频分量不再分解,而对低频分量连续进行分解,就可得到许多分辨率较低的低频分量,形成如图 5-18 所示的一棵比较大的树。这种树叫作小波分解树(Wavelet Decomposition Tree)。分解级数的多少取决于要被分析的数据和用户的需要。

小波重构(Wavelet Reconstruction)是把分解的系数还原成原始信号的过程,数学上叫作逆离散小波变换(Inverse Discrete Wavelet Transform,IDWT)。在使用滤波器做小波变换时包含滤波和降采样两个过程,在小波重构时要包含升采样(Upsampling)和滤波过程。小波重构的方法如图 5-19 所示。

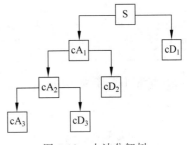

图 5-18 小波分解树

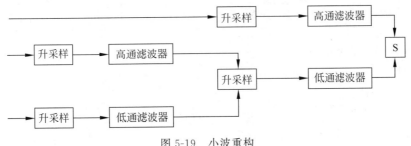

图 5-19 小波重构

在重构的过程中滤波器的选择也是一个重要的研究问题,这是关系到能否重构出满意的原始信号的问题。在信号的分解期间,降采样会引进畸变,这种畸变叫作混叠(Aliasing)。这就需要在分解和重构阶段精心选择关系紧密但不一定一致的滤波器才有可能取消这种混叠。

如果原始信号为 256 点长的超声波信号,采样频率为 25MHz。信号是利用 2.25MHz 的变频器来产生的,因此最主要的频谱分量在 2.25MHz。最后 128 个采样点对应着[6.25,12.5]频率范围的信号。这 128 个数据点的数值均很小,几乎不包含任何信息,因此扔掉这些点不会造成任何重要信息的损失。前面 64 个数据点对应着[3.12,6.25]MHz 频率范围的信号,同样幅度很小,没有携带有用的信息。很小的毛刺对应着信号中的高频噪声分量。再前面的 32 点对应着[1.5,3.1]MHz 频率范围的信号。信号最主要的能量集中在这 32 个数据点,这与所期望的是一致的。再前面的 16 点对应着[0.75,1.5]MHz 频率范围的信号,这层中的峰值可能表示信号的低频包络。再往前的采样点看起来也没有包含什么很重要的信息。于是,只需要保留第 3 层和第 4 层的系数。这也就是说,我们可以仅用 16+32=48 个数据点来表示这个 256 点长的信号,这大大降低了信号的数据量。

5.2.4 MATLAB 的小波变换函数

1. 连续小波变换函数 cwt

格式如下:

```
COEFS = cwt(x, SCALES, 'wname', 'plot')
```

功能：实现一维连续小波变换，采用'wname'小波，在正、实尺度 SCALES 下计算向量一维小波系数，加以图形显示。

2. 离散小波变换函数 dwt
格式如下：

```
[cA,cD] = dwt(x,'wname')
```

功能：使用小波'wname'对信号 x 进行单层分解，求得的近似系数存放在数组 cA 中，细节系数存放在数组 cD 中，ss＝idwt(cA,cD,'wname') 可信号重构。

3. 小波分解函数 wavedec
格式如下：

```
[C,L] = wavedec(X,N,'wname')
```

功能：利用小波'wname'对信号 X 进行多层分解；返回的近似系数和细节系数都存放在 C 中，即 C＝[cA,cD]，L 用于存放近似和各阶细节系数对应的长度。

4. 提取第 N 层近似系数函数 appcoef
格式如下：

```
aN = appcoef(C,L,'wname',N)
```

功能：利用小波'wname'从分解系数[C,L]中提取第 N 层近似系数。

5. 提取第 N 层细节系数函数 detcoef
格式如下：

```
dN = detcoef(C,L, N)
```

功能：从分解系数[C,L]中提取第 N 层细节系数。

6. 第 N 单支重构函数 wrcoef
格式如下：

```
x = wrcoef('type',C,L, 'wname',N)
```

功能：用小波分解结构[C,L]进行第 N 层单支重构,'type'='a'用于重构低频,'type'='d'用于重构高频。

7. 一维信号的小波消噪函数 wden

格式如下：

```
[XD,CXD,LXD] = wden(X,TPTR,SORH,SCAL,N,'wname')
```

功能：函数 wden 用于一维信号的自动消噪。X 为原始信号,[C,L]为信号的小波分解,N 为小波分解的层数。

TPTR='rigrsure',自适应阈值选择使用 Stein 的无偏风险估计原理。

TPTR='heursure',使用启发式阈值选择。

TPTR='sqtwolog',阈值等于 sqrt(2 * log(length(X)))。

TPTR='minimaxi',用极大极小原理选择阈值。

SORH 是软阈值或硬阈值的选择(分别对应's'和'h')。

SCAL 指所使用的阈值是否需要重新调整,包含以下 3 种：

* SCAL='one'不调整；

* SCAL='sln'根据第一层的系数进行噪声层的估计,以此来调整阈值。

* SCAL='mln'根据不同的噪声估计来调整阈值。

XD 为消噪后的信号。

[CXD,LXD]为消噪后信号的小波分解结构。

返回对信号 X 经过 N 层分解后的小波系数进行阈值处理后的消噪信号 XD 和信号 XD 的小波分解结构[CXD,LXD]。

5.2.5 小波变换在信号处理中的应用

在信号处理中,小波变换的一个思想是在时间和频率两个方面提供有效的局部化,另一个中心思想是多分辨率,即信号的分解是按照不同分辨率的细节一层一层进行的。也就是小波变换的两种作用——时频分析和多分辨率分析。本节通过两个案例来体会小波变换的作用。

【例 5-3】 利用小波变换对信号进行降噪处理。

源信号和加噪信号,代码如下：

```
% chapter5/test3.m
t = 1:1000;
f = 2 * sin(0.03 * t)
```

```
load noissin    % 加载噪声信号
n = noissin
n1 = 0.5 * randn(size(n))
e = f + n1
figure(1)
subplot(3,1,1)
plot(f)
title('源信号')
xlabel('时间/s')
ylabel('幅值')

subplot(3,1,2)
plot(n1)
title('噪声信号')
xlabel('时间/s')
ylabel('幅值')

subplot(3,1,3)
plot(e)
title('加噪后信号')
xlabel('时间/s')
ylabel('幅值')
```

提示：noissin 是 MATLAB 软件中自带噪声的正弦信号。

运行结果如图 5-20 所示。

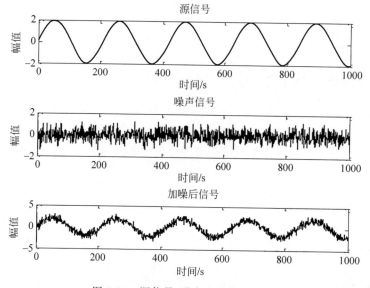

图 5-20　源信号、噪声和含噪声信号

不同阈值小波去噪,代码如下:

```
s1 = wden(e,'minimaxi','s','one',5,'db10') %用极大极小原理选择阈值
figure(1)
subplot(2,1,1)
plot(s1)
title('极大极小阈值小波降噪后的波形')
xlabel('时间/s')
ylabel('幅值')

s2 = wden(e,'heursure','s','one',5,'sym8') %使用启发式阈值选择
subplot(2,1,2)
plot(s2)
title('启发式阈值小波降噪后的波形')
xlabel('时间/s')
ylabel('幅值')
```

程序运行结果如图 5-21 所示,从图中可以看出两种阈值选择的小波变换都能很好地将噪声去除,从而恢复原信号。

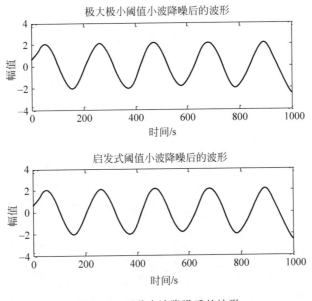

图 5-21　两种小波降噪后的波形

小波分解的近似系数和细节系数,代码如下:

```
figure(3)
[C,L] = wavedec(e,5,'db10')    % 小波 5 层分解
```

```
for i = 1:5
a = wrcoef('a',C,L,'db10',6 - i)  % 小波重构低频
subplot(5,1,i)
plot(a)
ylabel(['a',num2str(6 - i)])
end
xlabel('时间/s')
figure(4)
for i = 1:5
d = wrcoef('d',C,L,'db10',6 - i)  % 小波重构高频
subplot(5,1,i)
plot(d)
ylabel(['d',num2str(6 - i)])
end
xlabel('时间/s')
```

运行结果如图 5-22 和图 5-23 所示。

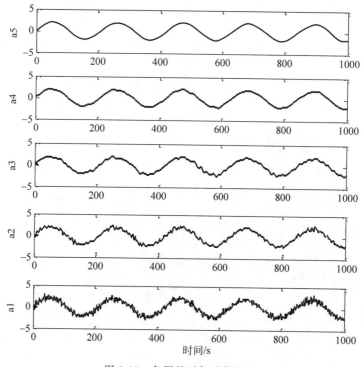

图 5-22　各层的近似系数波形

【例 5-4】　利用小波分解系数检测正弦信号的突变时间起点。

突变信号及其频谱,代码如下:

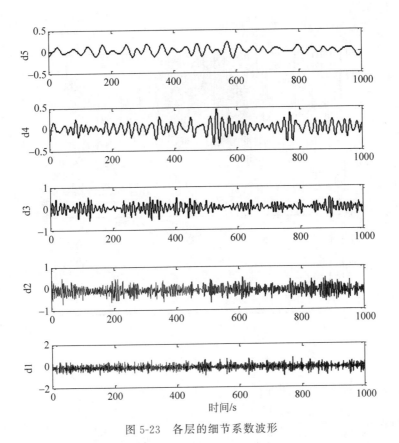

图 5-23 各层的细节系数波形

```
% chapter5/test4.m
t = 0:0.001:1
s1 = sin(40 * pi * t)
s2 = sin(400 * pi * t)
s3 = sin(40 * pi * t)
s = [s1,s2,s3]          %产生突变信号
figure(1)
subplot(2,1,1)
plot(s)
y = fft(s,1024)          %求频谱
f = 1000 * (0:512)/1024
subplot(2,1,2)
plot(f,abs(y(1:513)))
```

运行结果如图 5-24 所示。从频谱中可以显示出非突变频谱，但突变部分的频谱不明显，同时也无法分析出突变起止时间点，由此可见，对于非平稳信号，傅里叶变换无法进行分析，这时我们可借助小波变换来分析。

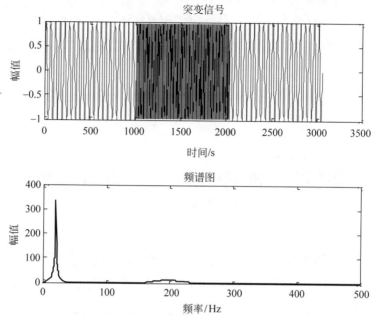

图 5-24 突变信号及其频谱

小波分解的细节系数,代码如下:

```
[c,l] = wavedec(s,7,'sym4')        % 小波分解
figure(2)
for i = 1:7                        % 用 sym4 小波分解 7 层的细节系数
    decmp = wrcoef('d',c,l,'sym4',8 - i)
    subplot(7,1,i)
    plot(decmp)
    ylabel(['d',num2str(8 - i)])
end
```

提示:symN 小波由 dbN 小波改进而来,在连续性、支集长度、滤波器长度等方面与 dbN 小波一致,但 symN 小波具有更好的对称性,即一定程度上能够减少对信号进行分析和重构时的相位失真。

程序运行结果如图 5-25 所示,从细节系数 d1 和 d2 的波形可以看出信号突变的起止点。

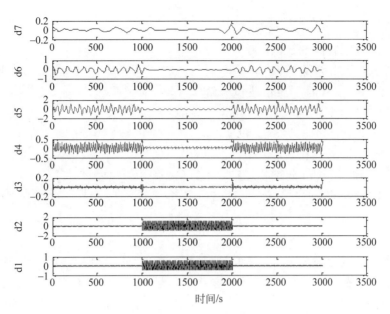

图 5-25 细节系数波形

5.3 小波包变换

9min

小波分析是一种窗口面积固定但其形状可改变的分析方法,即时间和频率窗都可改变的时频局部化分析方法,由于它在分解的过程中只对低频信号再分解,而对高频部分(信号的细节部分)不再继续分解,使它的频率分辨率随频率升高而降低。使小波变换能够很好地表征一大类以低频信息为主要成分的信号,但它不能很好地分解和表示包含大量细节信息(细小边缘或纹理)的信号,如非平稳机械振动信号、遥感图像、地震信号和生物医学信号等。

小波包变换正是对小波变换的进一步优化,在小波变换的基础上,在对每一级信号进行分解时,除了对低频子带进行进一步分解,也对高频子带进行进一步精细分解,所以对包中含大量中、高频信息的信号能够进行更好的时频局部化分析。

5.3.1 小波包变换理论

小波包分解和重构算法的数学表达式如下:

小波包分解是由 $\{d_l^{j,n}\}$ 得到

$$\begin{cases} d_k^{j+1,2n} = \sum_l h_{2l-k} d_l^{j,n} \\ d_k^{i+1,2n+1} = \sum_l g_{2l-k} d_l^{j,n} \end{cases}$$

(5-19)

小波包分解是由 $\{d_k^{j+1,2n}\}$ 和 $\{d_k^{j+1,2n+1}\}$ 得到 $\{d_l^{j,n}\}$:

$$d_l^{j,n} = \sum_k h_{l-2k} d_k^{j+1,2n} + \sum_k g_{l-2k} d_k^{j+1,2n+1} \tag{5-20}$$

其中，h、g 为滤波器系数；d 为小波包分解系数；i、t、k 为分解层数；j、n 为小波包节点号。以一个信号的 3 层小波包分解为例，如图 5-26 所示。

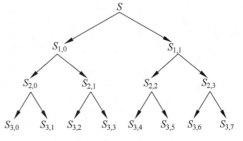

图 5-26 中，信号 S 分解为 $S_{1,0}$ 和 $S_{1,1}$，$S_{1,0}$ 进一步分解为 $S_{2,0}$ 和 $S_{2,1}$，$S_{1,1}$ 进一步分解为 $S_{2,2}$ 和 $S_{2,3}$，以此类推，逐级分解。信号 S 经过 N 层小波包分解之后可以表示：

图 5-26 信号的 3 层小波包分解

$$S = S_{N,0} + S_{N,1} + \cdots + S_{N,2^N-2} + S_{N,2^N-1} \tag{5-21}$$

对比式(5-21)的小波分解可以看出，小波包分解将每一层所有的分析频带均进行了低频和高频分解，并依次传至下一层。每一层上的信号分析频带没有交叠现象，也没有遗漏任何信号。式中 $S_{N,0}, S_{N,1}, \cdots, S_{N,2^N-1}$ 表示 S 经过 N 层小波包分解后的子频带，每个子频带信号都有自己的信号特征。对不同特性的信号，小波包可以构造出相应的"最佳"滤波器组。利用小波包对信号进行重构的优点就在于可根据需要选择全部或部分频段内的信息，而把其余频段的干扰及噪声信息清零，同时对信号进行重构，利于信息数据的挖掘处理。

小波包降噪具体步骤主要包含以下三步。

第 1 步：首先选择合适的小波基和分解层数，对信号进行小波包分解。

第 2 步：其次确定阈值和阈值函数，对分解得到的小波包系数进行量化处理。

第 3 步：小波包重构处理后的小波包系数，获得降噪后的信号。

5.3.2 小波包变换的 MATLAB 函数

1. wpdec 函数

格式如下：

```
[T,D] = wpdec(x,N,'wname',E,P)
```

功能：实现对信号 x 的一维小波包分解，返回结构 $[T,D]$（T 为树结构，D 为数据结构）。其中 wname 为小波基函数，E 为熵类型，P 是一个可选的参数，其选择根据 E 的值来决定：

E＝'shannon'或'log energy'，则 P 不用。

E＝'threshold'或'sure'，则 P 是阈值，并且必须为正数。

E＝'norm'，则 P 是指数，且有 $1 \leqslant P < 2$。

E＝'user'，则 P 是一个包含 *.m 的文件名字符串，*.m 文件是在一个输入变量 x 下用户自己的熵函数。

2. wpcoef 函数

格式如下:

```
X = wpcoef(T, N)
```

功能:提取一维小波包变换的系数,其返回与小波包树 T 结构 N 层对应的系数。

【例 5-5】 计算小波包分解的相应系数。

代码如下:

```
% chapter5/test5.m
f0 = 100; % 信号频率
fs = 500; % 采样率
Ts = 1/fs;
n = 1:1:100;
N = length(n); % 得到序列的长度
y2 = sin(2 * pi * f0 * n * Ts);
y1 = cos(6 * pi * f0 * n * Ts)
% 混合信号
y = y1 + y2 + 0.4 * randn(1, 100);
wpt = wpdec(y, 3, 'db1')
cfs = wpcoef(wpt, [2, 1])
figure(1)
plot(wpt)
figure(2)
subplot(2, 1, 1)
plot(y)
title('原始信号')
subplot(2, 1, 2)
plot(cfs)
title('小波包系数 s[2,1]')
```

运行结果如图 5-27 及图 5-28 所示。

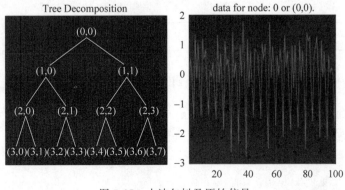

图 5-27 小波包树及原始信号

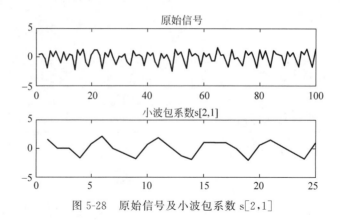

图 5-28　原始信号及小波包系数 s[2,1]

3. wpsplt 函数

格式如下：

```
[T,cA,cD] = wpsplt(T,N)
```

功能：返回节点的系数，其中，cA 为节点 N 的低频系数，cD 为节点 D 的高频系数。

4. wprcoef 函数

格式如下：

```
x = wprcoef(T,N)
```

功能：用于重构节点 N 的小波系数。

5. wprec 函数

格式如下：

```
x = wprec(T)
```

功能：用于一维小波包分解的重构。

5.3.3　小波包变换在信号处理中的应用

【**例 5-6**】　利用小波包分解法对碘钨灯管电弧数据进行处理。

数据显示代码如下：

```
% chapter5/test6.m
fid = fopen('G:\电弧数据\碘钨灯管\碘钨灯管\817.bin','r')
```

```
[a,count] = fread(fid,'int16');
e = a(500:3080)
plot(e)
```

运行结果如图 5-29 所示。

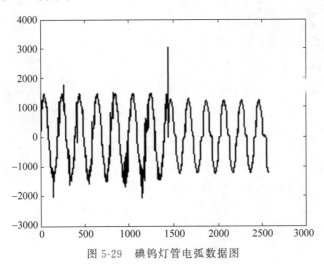

图 5-29　碘钨灯管电弧数据图

对数据进行截取处理,其中 500～2000 点为正常波形,2001～3000 点为电弧故障波形,分别求小波包,并求各系数能量。

小波包分解的近似部分,代码如下:

```
% db10 小波包进行 4 层分解
wpt = wpdec(e,4,'db6')
% 画出小波树节点的小波分解系数
c40 = wpcoef(wpt,[4 0])                    % 重建小波树系数
c41 = wpcoef(wpt,[4 1])
c42 = wpcoef(wpt,[4 2])
c43 = wpcoef(wpt,[4 3])
c44 = wpcoef(wpt,[4 4])
c45 = wpcoef(wpt,[4 5])
c46 = wpcoef(wpt,[4 6])
c47 = wpcoef(wpt,[4 7])
c48 = wpcoef(wpt,[4 8])
c49 = wpcoef(wpt,[4 9])
c410 = wpcoef(wpt,[4 10])
c411 = wpcoef(wpt,[4 11])
c412 = wpcoef(wpt,[4 12])
c413 = wpcoef(wpt,[4 13])
c414 = wpcoef(wpt,[4 14])
c415 = wpcoef(wpt,[4 15])
```

```
figure(2)
subplot(8,1,1)
plot(c40)
subplot(8,1,2)
plot(c41)
subplot(8,1,3)
plot(c42)
subplot(8,1,4)
plot(c43)
subplot(8,1,5)
plot(c44)
subplot(8,1,6)
plot(c45)
subplot(8,1,7)
plot(c46)
subplot(8,1,8)
plot(c47)
[T] = wpdec(e,4,'db6');          % 小波包分解
for i = 1:16
y = wprcoef(T,i);                % 重构所有层节点的小波包系数
E(i) = wenergy(y,i);             % 求小波包能量
end
figure(4)
bar(E)
```

运行结果如图 5-30 所示。

小波包分解的细节信号,代码如下:

```
figure(3)
subplot(8,1,1)
plot(c48)
subplot(8,1,2)
plot(c49)
subplot(8,1,3)
plot(c410)
subplot(8,1,4)
plot(c411)
subplot(8,1,5)
plot(c412)
subplot(8,1,6)
plot(c413)
subplot(8,1,7)
plot(c414)
subplot(8,1,8)
plot(c415)
```

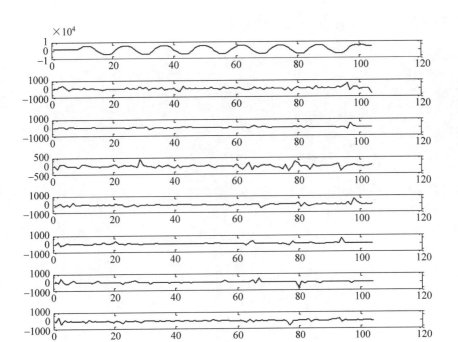

图 5-30 小波包分解的近似部分信号

运行结果如图 5-31 所示。

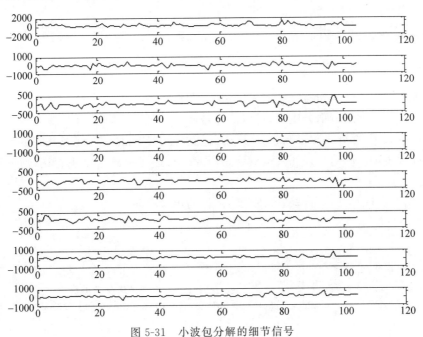

图 5-31 小波包分解的细节信号

小波包分解正常和故障能量值,代码如下:

```
[T] = wpdec(e,4,'db6');        % 小波包分解
for i = 1:16                   %
y = wprcoef(T,i);             % 重构所有层节点的小波包系数
E(i) = wenergy(y,i);          % 求小波包能量
end
figure(4)
bar(E)
```

运行结果如图 5-32 和图 5-33 所示,从能量值图可以看出,正常信号和故障信号能量值区分很明显。

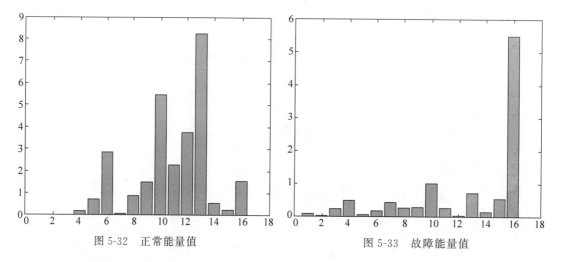

图 5-32　正常能量值　　　　　图 5-33　故障能量值

小波包在图像处理方面有广泛的应用,例如图像边缘检测等。小波包分解后得到的图像序列由近似部分和细节部分组成,近似部分是源图像对高频部分进行滤波所得的近似表示。经滤波后,近似部分去除了高频分量,因此能够检测到源图像中所检测不到的边缘。对近似图像进行边缘检测的结果和直接对原始图像进行边缘检测的结果相比,前一种方法的效果更好。

【例 5-7】 利用小波包分解法实现二维图像的边缘检测。

代码如下:

```
% chapter5/test10.m
x = imread('G:\3.jpg')
y1 = rgb2gray(x)                       % 灰度化,将彩色图像转化为黑白
x1 = double(y1) + 20 * randn(size(y1)) % 图像添加均值为 0,标准差为 10,方差为 100 的高斯白噪声
subplot(2,2,1)
image(x1)
title('加噪后图像')
```

```
T = wpdec2(x1,3,'db4')              % 二维小波包函数
A = wprcoef(T,[1,0])
subplot(2,2,2)
image(A)
title('图像近似部分 ')
by1 = edge(x1,'prewitt')            % 边缘检测函数
edge(x1,'canny',[0.04,0.1],3)
subplot(2,2,3)
imshow(by1)
title('源图像的边缘 ')
by2 = edge(A,'prewitt')
subplot(2,2,4)
imshow(by2)
title('图像近似部分的边缘 ')
```

运行结果如图 5-34 所示,从图中可以看出,经过小波包去噪后的图像边缘效果要比未去噪的图像边缘效果好很多。

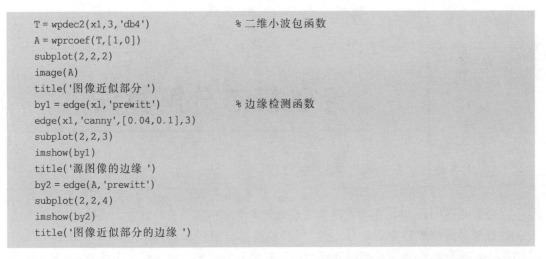

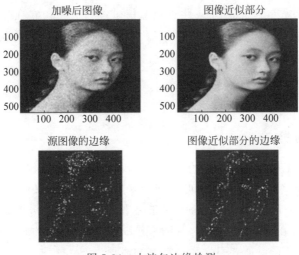

图 5-34　小波包边缘检测

第6章

经验模态分解算法

在对信号进行处理时,第5章小波变换处理非平稳的信号具有良好的效果,但存在小波基函数选择和阈值难确定等缺点。近年,经验模态分解(Empirical Mode Decomposition, EMD)由黄鄂等提出,该方法将时间序列经经验模态分解成一组本征模态函数(IMF),再经过希尔伯特变换后组合成时频幅值谱,用于表示信号的特征。由于此方法是将信号分解成本征模态函数,而不是像傅里叶变换那样把信号分解成正弦函数或余弦函数,因此,它既能对线性稳态信号进行分析,又能对非线性非稳态信号进行分析。它在分解过程中没有固定的基函数,避免了小波分析选择小波基的困难,在非平稳信号分解和重构的降噪处理方面要比小波等方法更为有效。

6.1 EMD 算法

23min

6.1.1 瞬时频率

频率是物理学和工程中经常使用的术语之一,同样在信号的分析中也有着重要的意义。在传统的谱分析中,频率指的是以傅里叶变换为基础的与时间无关的量频率或角频率,其实质是表示信号在一段时间内的总体特征。对于一般的平稳信号,传统的频域分析方法是有效的,但对于实际中存在的非平稳信号,其频率是随时间变化的,此时傅里叶频率不再适合,为了表征信号的局部特征就需要引入瞬时频率的概念。

Ville 提出的由解析信号相位求导定义的瞬时频率是到目前为止被公认的一种相对最为合理的定义,其定义过程如下。

对于给定的时间序列 $x(t)$,其解析信号 $z(t)$:

$$z(t) = x(t) + j\hat{x}(t) \tag{6-1}$$

其中瞬时振幅为

$$A(t) = \sqrt{x^2(t) + \hat{x}^2(t)} \tag{6-2}$$

瞬时相位 $\theta(t)$ 为

$$\theta(t) = \arctan \frac{\hat{x}(t)}{x(t)} \tag{6-3}$$

信号的瞬时频率为瞬时相位的导数,即

$$f(t) = \frac{1}{2\pi} \frac{\mathrm{d}\theta(t)}{\mathrm{d}t} \tag{6-4}$$

6.1.2 EMD 基本理论

为了能够使获得的瞬时频率有意义,需要一种分解方法将信号分解为单分量的形式,从而能够被瞬时频率所描述。Huang 等提出了一种新的信号分解方法,即 EMD 分解方法。EMD 算法假设对于任何信号都是由若干有限的本征模态函数 IMF 组成的,各个本征模态函数既可是线性的,也可是非线性的,各本征模态函数的局部零点数和极值点数相同,同时上下包络关于时间轴局部对称;在任何时候,一个信号都可以包含若干本征模态函数,若各模态函数之间相互混叠,就组成了复合信号。每个本征模态函数 IMF 通过如下方法得到:

首先,找到原信号 $x(t)$ 的所有极大值点,通过三次样条函数拟合出极大值包络线 $e_+(t)$,同理,找到原信号 $x(t)$ 的所有极小值点,通过三次样条函数拟合出信号的极小值包络线 $e_-(t)$。上下包络线的均值作为原信号的均值包络线 $m_1(t)$,则

$$m_1(t) = \frac{e_+(t) + e_-(t)}{2} \tag{6-5}$$

其次将原信号序列减去 $m_1(t)$ 就得到一个去掉低频的新信号 $h_1^1(t)$,即

$$h_1^1(t) = x(t) - m_1(t) \tag{6-6}$$

如果不是一个平稳信号,不满足定义的两个条件,则应重复上述过程,假定经过 k 次之后(k 一般小于 10)$h_1^k(t)$ 满足 IMF 的定义,则原信号 $x(t)$ 的一阶 IMF 分量为

$$c_1(t) = \mathrm{imf}_1(t) = h_1^k(t) \tag{6-7}$$

用原信号 $x(t)$ 减去 $c_1(t)$,得到一个去掉高频成分的新信号,则

$$r_1(t) = x(t) - c_1(t) \tag{6-8}$$

对 $r_1(t)$ 重复得到 $c_1(t)$ 的过程,得到第 2 个 IMF 分量 $c_2(t)$,如此反复进行,一直到第 n 阶 IMF 分量 $c_n(t)$ 或其余量 $r_n(t)$ 小于预设值;或当残余分量 $r_n(t)$ 是单调函数或常量时,EMD 分解过程停止。

最后,$x(t)$ 经 EMD 分解后得到

$$x(t) = \sum_{i=1}^{n} c_i(t) + r_n(t) \tag{6-9}$$

式中 $r_n(t)$ 为趋势项,代表信号的平均趋势或均值。$x(t)$ 经 EMD 分解后得到了 n 个频率从高到低的本征模态函数 IMF。不过需要说明的是,并不是说 c_n 的频率总是比 c_{n+1} 的频率高,而是指在某个局部范围内,c_n 的频率值大于 c_{n+1} 的频率值,这一点很好地印证了 EMD 局部性强的特点。

在实际情况中,上下包络的均值无法为 0,通常当满足下面的式子时,就认为包络的均值满足 IMF 的均值为 0 的条件:

$$\frac{\sum \left[h_1^{k-1}(t) - h_1^k(t) \right]^2}{\sum \left[h_1^{k-1}(t) \right]^2} \leqslant \varepsilon \tag{6-10}$$

式中, ε 称为筛分门限, 一般取值为 $0.2 \sim 0.3$。通过以上的步骤, EMD 的分解算法可以如下设计:

1) 初始化

令 $r_1(t) = x(t)$, $i = 1$, $k = 0$。

2) 获得第 n 阶的 IMF

(1) 初始化, 令 $h_1(t) = r_1(t)$。

(2) 找出 $h_k(t)$ 的所有极大值和极小值点。

(3) 通过三次样条插值函数分别对极大值点和极小值点进行拟合, 求上下包络线 $e_+(t)$ 和 $e_-(t)$。

(4) 计算上下包络均值 $m_k(t)$。

(5) $h_{k+1}(t) = h_k(t) - m_k(t)$。

(6) 判断 $\mathrm{SD} = \dfrac{\sum \left[h_k(t) - h_{k-1}(t) \right]^2}{\sum \left[h_{k-1}(t) \right]^2}$ 是否不大于给定的门限, 门限在 $0.2 \sim 0.3$ 取值, 若不大于门限, 则 $c_i(t) = h_k(t)$; 否则, 令 $k = k+1$, 转到(2)。

3) $r_{k+1}(t) = r_k(t) - c_{k+1}(t)$, 判断余量是否为单调函数或是常量

如果是, 则整个 EMD 分解过程结束, 否则继续执行。

影响 EMD 分解精度的原因主要有以下三方面:

1) 噪声的影响

由于信号噪声很容易对数据序列的某处造成较高频率的干扰, 产生模态裂解现象, 不仅影响所分解的 IMF 分量的物理意义, 而且还增加了分解的层数, 使端点误差不断积累, 因此, 为了消除由噪声引起的对 EMD 分解精度的影响, 应通过对信号进行滤波预处理。

2) 采样频率的影响

这是由于 EMD 算法是一种时域处理方法, 其分解的结果依赖于原始数据及相应的波形, 如果信号的采样频率设置不当, 就可能因为没有采集到部分极值点而造成分解误差, 从而影响 EMD 算法的分解精度, 所以在采样时应尽量使采样频率为信号频率 2 的整数次幂, 而且应该尽可能地提高采样频率, 以便获取信号所有的极值点。

3) 端点效应的影响

由于信号序列端点效应使在对信号进行 EMD 分解的筛选过程中引入了拟合误差, 且这种误差随着筛选的重复进行逐渐不断累积, 使分解产生端点摆动和虚假模态。需要信号延拓技术消除端点效应。

6.1.3 EMD 下载与应用

下载网页为 http://perso. ens-lyon. fr/patrick. flandrin/emd. html, 打开网页后会出现

下载页面，如图 6-1 所示。选择 tar.gz 文件下载，下载页面如图 6-2 所示。

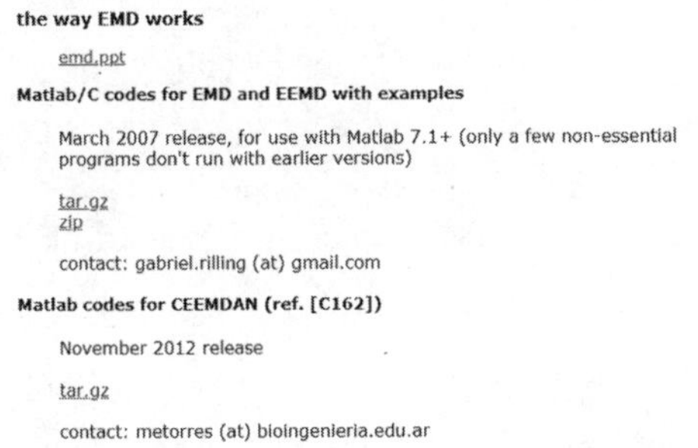

the way EMD works

emd.ppt

Matlab/C codes for EMD and EEMD with examples

March 2007 release, for use with Matlab 7.1+ (only a few non-essential programs don't run with earlier versions)

tar.gz
zip

contact: gabriel.rilling (at) gmail.com

Matlab codes for CEEMDAN (ref. [C162])

November 2012 release

tar.gz

contact: metorres (at) bioingenieria.edu.ar

新建下载任务	✕
网址：	http://perso.ens-lyon.fr/patrick.flandrin/pack_emd.tar.gz
名称：	pack_emd.tar.gz　　　　　　　53.80 KB
下载到：	C:\Users\Administrator\Desktop 剩: 9.93 GB　▾　浏览

直接打开　　下载　　取消

图 6-1　EMD 工具包下载页面 　　　　　图 6-2　下载 tar.gz 文件

将 EMD.m 文件与要编写代码的新文件 *.m 放在同一个文件夹，这样在 *.m 文件里就可以直接调用 EMD 函数了。

【例 6-1】 利用 EMD 算法对混合信号进行模态分解。

代码如下：

```
% chapter6/test1.m
f0 = 100;                      % 信号频率
fs = 500;                      % 采样率
Ts = 1/fs;
n = 1:1:100;
N = length(n);                 % 得到序列的长度
y2 = sin(2 * pi * f0 * n * Ts);
y1 = cos(4 * pi * f0 * n * Ts);
                               % 混合信号

y = y1 + y2 + 0.4 * randn(1,100);
f = fs * (0:N/2)/N;
                               % EMD 分解

imf = emd(y);
figure;
subplot(size(imf,1) + 1,2,1);
plot(n * Ts,y,'k');
grid on;
title('EMD 分解');
subplot(size(imf,1) + 1,2,2);
P2_ = abs(fft(y)/N);
P1 = P2_y_fft(1:N/2 + 1);
plot(f,P1_y_fft,'k');
grid on;
title('对应频谱');
for i = 2:size(imf,1) + 1
    subplot(size(imf,1) + 1,2,i * 2 - 1);
```

```
        plot(n * Ts, imf(i - 1, :), 'k');
        grid on;
        subplot(size(imf, 1) + 1, 2, i * 2);
        P2 = abs(fft(imf(i - 1, :)) / N);
        P1 = P2_y_fft(1:N/2 + 1);
        plot(f, P1_y_fft, 'k');
        grid on;
    end
```

运行结果如图 6-3 所示,从处理结果图可以看出:EMD 分解方法将不含噪声的仿真信号分解为 5 个子信号,这些子信号的频率与原始信号不能一一对应且 IMF1 出现了模态混叠现象。信号分解层数不可控,分解层数越多,分解的无序分量就越多,效果也就越差。如果设置 $f_s = 800$,$n = 200$,效果则有明显改善。

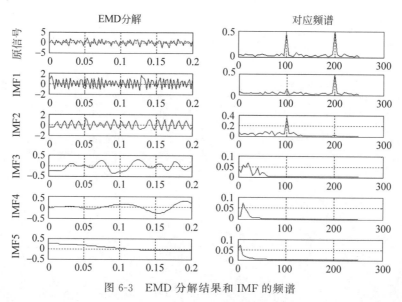

图 6-3　EMD 分解结果和 IMF 的频谱

6.2　EEMD 算法

17min

EMD 分解过程中经常存在两个问题,分别是模态混叠与端点效应,其中模态混叠是指同一个 IMF 分量当中出现了不同尺度或频率的信号,或者同一尺度或频率的信号被分解到多个不同的 IMF 分量当中,给信号识别带来了困难的现象。研究表明,引起模态混叠的因素主要包括间歇信号、脉冲干扰和噪声信号等。

Wu 和 Huang 通过研究白噪声信号的统计特征,提出了总体平均经验模态分解(Ensemble Empirical Mode Decomposition,EEMD),它在本质上是利用 EMD 算法多次对添加白噪声后的信号进行分解,取其分解的平均 IMF 来抑制噪声影响。

EEMD 算法分解步骤如下。

第 1 步：设置 EMD 算法分解的总体的平均次数 M 和白噪声信号的幅值系数 k（加入的白噪声幅值标准差与原始信号幅值标准差的比值系数），令 $m=1$。

第 2 步：对添加白噪声的信号进行 m 次 EMD 分解。

(1) 将一随机高斯白噪声 $n_m(t)$ 添加到输入信号 $x(t)$ 中，得到待处理的噪声信号 $x_m(t)$：

$$x_m(t) = x(t) + kn_m(t) \tag{6-11}$$

(2) 加噪信号 $x_m(t)$ 被 EMD 分解，得到 $d_{i,m}$。第 m 次实验分解出的第 $i(i=1,2,\cdots,N_m)$ 个 IMF 用 $d_{i,m}$ 表示，第 m 次实验得到的 IMF 的个数用 N_m 表示。

(3) 如果 $m < M$，令 $m=m+1$，返回(2)。

(4) 最终总体平均时的 IMF 的个数由 M 次实验分解出的各组 IMF 中所含模式分量个数的最小值确定。

第 3 步：计算 M 次实验的每个 IMF 的平均值。

$$\bar{d}_i = \frac{\sum\limits_{m=1}^{M} d_{i,m}}{M} \tag{6-12}$$

式中 $i=1,2,\cdots,N_m$；$m=1,2,\cdots,M$。

第 4 步：EEMD 分解得到的第 i 个 IMF 用 $\bar{d}_i$ 表示，总体平均次数 M 越大，加入的高斯白噪声的总体平均值就越趋近于 0。

【例 6-2】　利用 EEMD 算法对一段由正弦信号与间断性高频脉冲合成的混合信号进行模态分解。

代码如下：

```
% chapter6/test2.m
fs = 400;                        % 采样频率
t = 0:1/fs:1.5;                  % 时间轴
x = sin(2 * pi * 4 * t);         % 低频正弦信号
y = 0.4 * sin(2 * pi * 120 * t); % 高频正弦信号
for i = 1:length(t)              % 将高频信号处理成间断性
if mod(t(i),0.25)>0.11&&mod(t(i),0.25)<0.12
else
    y(i) = 0;
end
end
sig = x + y;                     % 信号叠加
figure('color','white')
plot(t,sig,'k')                  % 绘制混合信号
xlabel('时间')
ylabel('幅值')
```

运行结果如图 6-4 所示，生成了一段由正弦信号与间断性高频脉冲合成的混合信号。

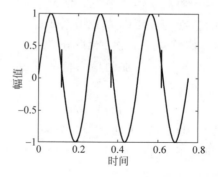

图 6-4　混合信号

对混合信号进行 EEMD 分解，代码如下：

```
allmode = eemd(sig,0.01,100);            % EEMD 分解
figure
subplot(6,2,1);
plot(t,allmode(:,1))
ylabel('原信号')
subplot(6,2,2);
P2 = abs(fft(allmode(:,1))/N);
P1 = P2(1:N/2 + 1);
plot(f,P1,'k');

subplot(6,2,3);
plot(t,allmode(:,2))
ylabel('IMF1')
subplot(6,2,4);
P2 = abs(fft(allmode(:,2))/N);
P1 = P2(1:N/2 + 1);
plot(f,P1,'k');
subplot(6,2,5);
plot(t,allmode(:,3))
ylabel('IMF2')
subplot(6,2,6);
P2 = abs(fft(allmode(:,3))/N);
P1 = P2(1:N/2 + 1);
plot(f,P1,'k');
subplot(6,2,7);
plot(t,allmode(:,4))
ylabel('IMF3')
subplot(6,2,8);
```

```
P2 = abs(fft(allmode(:,4))/N);
P1 = P2(1:N/2 + 1);
plot(f,P1,'k');
subplot(6,2,9);
plot(t,allmode(:,5))
ylabel('IMF4')
subplot(6,2,10);
P2 = abs(fft(allmode(:,5))/N);
P1 = P2(1:N/2 + 1);
plot(f,P1,'k');
subplot(6,2,11);
plot(t,allmode(:,6))
ylabel('IMF5')
xlabel('t(s)')
subplot(6,2,12);
P2 = abs(fft(allmode(:,6))/N);
P1 = P2(1:N/2 + 1);
plot(f,P1,'k');
xlabel('f(Hz)')
```

程序运行的效果如图 6-5 所示，EEMD 分解的 IMF1 和 IMF2 是含有高频的正弦间歇性信号，IMF2 可以看作 IMF1 很小的能量损失，分析高频信号时，可以将 IMF1、IMF2 叠加起来作为重构的高频信号，这样会得到更好的分析效果。IMF3 也很好地提取了信号中的低频分量。

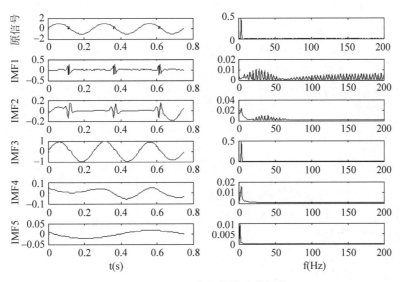

图 6-5　EEMD 分解信号及其频谱

EEMD 具有 EMD 的所有优点,这是因为它的内核完全就是 EMD。与 EMD 不同的是 EEMD 使用时有两个参数需要设置,分别是信号中添加的白噪声序列幅值系数 k 和算法执行 EMD 的总次数 M。噪声对于分解的 e 的影响(定义为输入与加噪分解后所有 IMF 和的标准差)与 M、k 有以下关系:

$$e = \frac{k}{\sqrt{m}} \tag{6-13}$$

由式(6-13)可知,k 越小,越有利于分解精度的提高,但是当 k 小到一定程度时,有可能不足以引起信号局部极值点的变化,从而不能改变信号的局部时间跨度,也就达不到多次试验应有的从尽可能多的尺度了解信号的目的。根据实践经验,建议在 $M=100$ 时,k 的取值为 $0.01\sim0.5$ 倍信号的标准差较为适宜。

EEMD 分解可以有效地将模态混叠现象进行抑制,但是,无论是 EEMD 还是 EMD 都属于递归分解方法,皆会出现端点效应及混叠现象,此时分解过程中会出现偏差。

6.3　CEEMD 算法

EEMD 算法分解出的 IMF 分量会存在人为误差,这是因为添加的白噪声未能被完全中和,以及在重构信号中残留了大量的冗余噪声,使重构信号效果不理想。Jeh 在 2010 年提出了 CEEMD 的算法,该方法原理是通过正、负白噪声的中和作用来消除残留噪声。它既能解决 EMD 分解时解决不了的模态混叠现象,又可以解决 EEMD 的白噪声残留问题带来的重建模型的误差、效率低和分解操作时间长的问题。

CEEMD 算法步骤如下:

第 1 步:一对正负形式的白噪声 ω_{kj} 和 $-\omega_{kj}$,$j=1,2,\cdots,I$,加入每个观察的时间序列 $y_k(k=1,2,\cdots,I)$,产生了 $2I$ 个序列,可以表示为 $y^i(i=1,2,\cdots,2I)$。

第 2 步:EMD 对每个时间序列信号进行分解以获得一系列本征模态函数 IMF_m^i,$m \in (1,2,\cdots,M)$,其中 M 是需要分解的本征模态函数的个数,其中第 m 个本征模态函数和第 M 个残余序列 r_M 分别表示为

$$\text{IMF}_m = \frac{1}{2I} \sum_{i=1}^{2I} \text{IMF}_m^i$$

$$r_M = y - \sum_{m=1}^{M} \text{IMF}_m^i \tag{6-14}$$

第 3 步:经 CEEMD 运算后,原始信号可以用各层分量和残差之和来表示,即

$$y = \text{IMF}_1 + \text{IMF}_2 + \cdots + \text{IMF}_M + r_M \tag{6-15}$$

无论是 EEMD 还是 CEEMD,计算量都较大,且分解依赖添加白噪声的幅值和集成的次数,如果参数选择不合适,则不仅不能抑制模态混淆,而且会出现伪分量,并且也无法保证分解所得到的分量满足 IMF 分量的定义条件。

【例 6-3】 利用 CEEMD 算法对一段由正弦信号与间断性高频脉冲合成的混合信号进行模态分解。

代码如下：

```
% chapter6/test3.m
fs = 400;                                        % 采样频率
Ts = 1/fs;
n = 1:1:300;
N = length(n);                                   % 得到序列的长度
t = n * Ts;                                       % 时间轴
f = fs * (0:N/2)/N
x = sin(2 * pi * 4 * t);                          % 低频正弦信号
y = 0.4 * sin(2 * pi * 120 * t);                  % 高频正弦信号
for i = 1:length(t)                               % 将高频信号处理成间断性
    if mod(t(i),0.25)> 0.11&&mod(t(i),0.25)< 0.12
    else
        y(i) = 0;
    end
end
sig = x + y;                                       % 信号叠加
figure('color','white')
plot(t,sig,'k')                                    % 绘制混合信号

   [imft,residt] = ceemd(sig,0.2,4,100)            % ceemd 的输入参数 sig 为信号,
figure                                             % 0.2 为阈值方差,通常 0.2~0.3
subplot(6,2,1);                                    % 4 为第一次迭代阈值,通常 4~8
plot(t,imft(:,1))                                  % 100 为整体 EMD 的试验次数
ylabel('IMF1')                                     % 白噪声乘数默认为.1 * std(sig)
subplot(6,2,2);                                    % 输出参数 imft 为本征模态函数
P2 = abs(fft(imft(:,1))/N);                         % residt 为残余物
P1 = P2(1:N/2 + 1);
plot(f,P1,'k');

subplot(6,2,3);
plot(t,imft(:,2))
ylabel('IMF2')
subplot(6,2,4);
P2 = abs(fft(imft(:,2))/N);
P1 = P2(1:N/2 + 1) ;
plot(f,P1,'k');
subplot(6,2,5);
plot(t,imft(:,3))
ylabel('IMF3')
subplot(6,2,6);
P2 = abs(fft(imft(:,3))/N);
P1 = P2(1:N/2 + 1);
plot(f,P1,'k');
subplot(6,2,7);
plot(t,imft(:,4))
ylabel('IMF4')
subplot(6,2,8);
```

```
P2 = abs(fft(imft(:,4))/N);
P1 = P2(1:N/2 + 1);
plot(f,P1,'k');
subplot(6,2,9);
plot(t,imft(:,5))
ylabel('IMF5')
subplot(6,2,10);
P2 = abs(fft(imft(:,5))/N);
P1 = P2(1:N/2 + 1);
plot(f,P1,'k');
subplot(6,2,11);
plot(t,imft(:,6))
ylabel('IMF6')
xlabel('t/s')
subplot(6,2,12);
P2 = abs(fft(imft(:,6))/N);
P1 = P2(1:N/2 + 1);
plot(f,P1,'k');
xlabel('f/Hz')
```

程序运行的效果如图 6-6 所示,分解结果发现 EEMD 和 CEEMD 都可以有效地解决模态混叠的问题,分解效果相差不大,但是对于添加进来的白噪声的残差却有很大的差别。添加的白噪声的残差可以通过原始信号和重建信号之间的差异来确定。

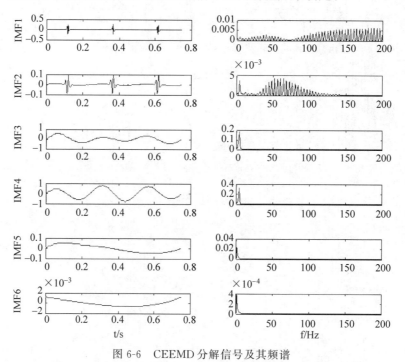

图 6-6　CEEMD 分解信号及其频谱

第 7 章

模糊逻辑控制算法

▶ 14min

模糊理论是美国加利福尼亚大学的自动控制理论专家 L. A. Zadeh(查德)教授最先提出的。1965 年他在 *Information & Control* 杂志上发表了模糊集 Fuzzy Set 一文,首次提出了模糊集合的概念。用模糊集合来描述模糊事物的概念,很快为科技工作者所接受。几十年来,模糊数学及其应用发展十分迅速。1974 年英国的 Mamdani 首先把模糊理论用于工业控制,取得了良好效果。从此模糊控制理论及模糊控制系统的应用发展很快,展示了模糊理论在控制领域内具有广阔的前景。模糊控制已成为智能控制的重要组成部分。

7.1 概述

L. A. Zadeh 提出的所谓"模糊",其意思是指客观事物彼此间的差异在中间过渡时界限不分明。例如,我们说"天气热",但气温到底多少度才算"热",显然没有明确的界限。这种概念称为模糊概念。在生产实验中,存在着大量的模糊现象。对于那些无法获得数学模型或模型粗糙复杂的、非线性的、时变的或耦合十分严重的系统,无论用经典控制,还是现代控制理论的各种算法都很难实现控制,但是,一个熟练的操作工人或技术人员,凭借自己的经验,靠眼、耳等感官的观察,经过大脑的思维判断,给出控制量,可以用手动操作达到较好的控制效果。例如,对于一个炉温控制系统,人的控制规则是,若温度高于某一设定值,操作者就减小给定量,使之降温。反之,若温度低于设定值,则加大给定量,使之升温。以上过程包含了大量的模糊概念,如"高于""低于"等,而且操作者在观察温度的偏差时,偏差越大,给定的变化也越大,即温度超出设定值越高,则给定也越大,设法使之降温越快。这里的"越高""越快"也是模糊概念,因此,操作者的观察与思维判断过程,实际上是一个模糊化及模糊计算的过程。我们把人的操作经验归纳成一系列的规则,存放在计算机中,利用模糊集理论将它定量化,使控制器模仿人的操作策略,这就是模糊控制器,用模糊控制器组成的系统就是模糊控制系统。

从广义上讲模糊控制指的是应用模糊集合理论统筹考虑控制的一种控制方式,它具有以下主要特点:

(1) 在设计系统时不需要建立被控对象的数学模型,只要求掌握现场操作人员或者有关专家的经验、知识或者操作数据。

（2）系统的稳健性强，尤其适用于非线性时变、滞后系统的控制。

（3）由工业过程的定性认识出发，较容易建立语言变量控制规则。

（4）由不同的观点出发，可以设计几个不同的指标函数，但对一个给定的系统而言，其语言控制规则是分别独立的，并且通过整个控制系统的协调，可取得总体的协调控制。

7.2 模糊集合的基本概念

具有某种特定属性的对象的全体称为集合。例如，一个停车场中的全部卡车可作为一个集合。我们所研究事物的范围，或所研究的全部对象称为论域，又称为全集合。论域中的事物称为元素。例如，论域 X 中的元素 a，记作 $a \in X$，读作 a 属于 X。论域中的一部分元素组成的集合称作子集。例如，集合 A 是由论域 X 中的一部分元素组成的，则称 A 为论域 X 上的子集，记作 $A \subseteq X$，读作 A 包含于 X。

7.2.1 普通集合

1. 普通集合的表示法

常用大写字母表示集合，用小写字母表示其中的元素，具体可用以下方法表示。

1）列举法

例如，某公司出售的计算机共有 5 种牌号，分别用 a、b、c、d、e 表示，组成一个集合 T，则可表示为

$$T = \{a, b, c, d, e\}$$

显然，列举法适用于有穷集。

2）表征法

若集合中的元素具有同一性质 p，则可表示为

$$A = \{a \mid p(a)\}$$

其中 a 为 A 的元素，$p(a)$ 为 a 具有的共同性质。如由 $10 < a < 20$ 区间的偶数组成的集合 A，则

$$A = \{a \mid a \text{ 为偶数}, 10 < a < 20\}$$

另外，还有用特征函数表示集合的方法，这将在后面讲述。

2. 集合的运算

我们仅介绍与模糊集合有关的运算。图 7-1 称为文氏图，可用来表示集合的运算。

1）集合交

设 X 和 Y 为两个集合。其中属于 X 又属于 Y 的元素组成的集合，称为 X 和 Y 的交集，记作 $X \bigcap Y$，即

$$P = X \bigcap Y \tag{7-1}$$

集合 P 称为 X 和 Y 的交集，如图 7-1(a)所示，图中两圆重叠的部分为交集 P，而两个

圆分别表示集合 X 和 Y。

【例 7-1】 已知集合

$$X = \{1,3,7,8,9\}$$
$$Y = \{2,3,4,7,8\}$$

试求 X 和 Y 的交集 P。

解：按照定义可知

$$P = X \bigcap Y = \{3,7,8\}$$

2）集合并

设 X 和 Y 为两个集合，属于 X 或属于 Y 的所有元素的集合称为并集，记作 $X \bigcup Y$，即

$$S = X \bigcup Y \tag{7-2}$$

其中 S 为 X 和 Y 的并集，如图 7-1(b)所示。

注意，在组成并集时，两集合重叠部分（重复的元素）只在并集中出现一次。

【例 7-2】 求例 7-1 中集合 X 和 Y 的并集 S。

$$S = \{1,2,3,4,7,8,9\}$$

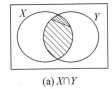 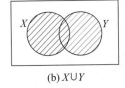 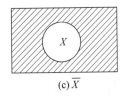

(a) $X \cap Y$　　　　(b) $X \cup Y$　　　　(c) $\overline{X}$

图 7-1　普通集合的运算

3）集合补

在论域 Y 上有集合 X，则 X 的补集 $\overline{X}$ 为

$$\overline{X} = \{x \mid x \overline{\in} X\} \tag{7-3}$$

其中 $\overline{\in}$ 表示不属于，图 7-1(c)表示补集。

4）集合的特征函数

设有集合 A，其特征函数记作 $\mu_A(x)$，属于 A 的元素的特征函数为 1，不属于 A 的元素的特征函数为 0，即

$$\mu_A(x) = \begin{cases} 1, & x \in A \\ 0, & x \overline{\in} A \end{cases} \tag{7-4}$$

5）集合的直积

有集合 A 和 B，我们定义 A 和 B 的直积为

$$A \times B = \{(a,b) \mid a \in A, b \in B\} \tag{7-5}$$

具体算法是，先在集合 A 中取一个元素 a，再在 B 中取一元素 b 把它们搭配起来，成为序偶 (a,b)，所有的序偶 (a,b) 组成的集合就是集合 A 和集合 B 的直积 $A \times B$。

【例 7-3】 设集合 $A = \{a,b\}$，集合 $B = \{1,2,3\}$，求直积 $A \times B$ 和 $B \times A$。

因为 $A \times B = \{(a,1),(a,2),(a,3),(b,1),(b,2),(b,3)\}$，$B \times A = \{(1,a),(1,b),$ $(2,a),(2,b),(3,a),(3,b)\}$，可见，$A \times B \neq B \times A$。

7.2.2 模糊集合

现在从集合的角度用特征函数来表征模糊集普通集合的特征函数只有 2 个值：1 或 0，分别表示属于或不属于某集合，而模糊集合的特征函数 $\mu_{\widetilde{A}}(x)$ 在 $[0,1]$ 区间内连续取值。例如 $\mu_{\widetilde{A}}(x)$ 可为 0.3、0.5 等。为了与普通集合相区别，将模糊集合的特征函数称为隶属函数。符号 $\widetilde{A}$ 表示模糊集合，以区别于普通集合 A。

普通集合的特征函数表示元素是否属于该集合，而模糊集合的隶属函数 $\mu_{\widetilde{A}}(x)$ 表示模糊集合中元素 x 属于模糊集的程度，或称 x 对于 A 的隶属度。隶属度越接近于 1，则 x 隶属于 A 的程度越高；$\mu_{\widetilde{A}}(x)$ 越接近 0，表示 x 属于 $\widetilde{A}$ 的程度越低。

【例 7-4】 A 表示年轻人的集合，在年龄区间 $[15,35]$ 内，可写出以下隶属函数

$$\mu_{\widetilde{A}}(x) = \begin{cases} 1, & 15 \leqslant x < 25 \\ \dfrac{1}{\left[1 + \left(\dfrac{x-25}{5}\right)^2\right]}, & x \geqslant 25 \end{cases}$$

我们研究年龄为 30 岁和 28 岁的人（$x=30$ 和 $x=28$）对于年轻人的隶属度。

解：

$$\mu_{\widetilde{A}}(30) = 0.5$$

$$\mu_{\widetilde{A}}(28) = 0.74$$

当模糊集合中的元素为有限个时，模糊集可表示为

$$A = \frac{\mu_{\widetilde{A}}(x_1)}{x_1} + \frac{\mu_{\widetilde{A}}(x_2)}{x_2} + \cdots + \frac{\mu_{\widetilde{A}}(x_n)}{x_n} \tag{7-6}$$

式(7-6)中，A 为论域 $\{x_1, x_2, \cdots, x_n\}$ 上的模糊集合。

式(7-6)还可简单地表示为

$$\widetilde{A} = (\mu_{\widetilde{A}}(x_1), \mu_{\widetilde{A}}(x_2), \cdots, \mu_{\widetilde{A}}(x_n)) \tag{7-7}$$

【例 7-5】 某 5 个人的身高分别为 170cm、16cm、175cm、180cm、178cm，他们的身高对于"高个子"的模糊概念的隶属度分别为 0.8、0.78、0.85、0.90、0.88。

解：这样 5 个人身高的模糊集合可表示为

$$\widetilde{A} = \frac{0.80}{170} + \frac{0.78}{168} + \frac{0.85}{175} + \frac{0.90}{180} + \frac{0.88}{178}$$

或

$$\widetilde{A} = (0.80, 0.78, 0.85, 0.90, 0.88)$$

当模糊集合中的元素为无穷多个时，模糊集合可表示为

$$\widetilde{A} = \int_{\widetilde{A}} \mu_{\widetilde{A}}(x)/x \tag{7-8}$$

【例 7-6】　远大于 0 的实数集合 A 的隶属函数可表示为

$$\mu_{\widetilde{A}} = \begin{cases} 0, & x \leqslant 0 \\ \dfrac{1}{1 + \dfrac{100}{x^2}}, & x > 0 \end{cases}$$

解：模糊集合 $\widetilde{A}$ 可写作

$$\widetilde{A} = \int_A \left[1 + \frac{100}{x^2} \right]^{-1} \Big/ x$$

注意，以上式(7-6)中的"$+$"号和式(7-8)的"$\int$"号，不是表示加法运算和积分运算，而是模糊集的一种记号。

7.2.3　模糊运算

模糊集合也有交、并和补的运算，下面分别说明。

1. 模糊集交

设 $\widetilde{A}$ 和 $\widetilde{B}$ 为两个模糊集，其交集 $\widetilde{C}$ 的隶属度为

$$\mu_{\widetilde{C}}(x) = \min\left[\mu_{\widetilde{A}}(x), \mu_{\widetilde{B}}(x) \right] \tag{7-9}$$

即两个模糊集的交集的隶属度取两个隶属度中较小的数，可表示为

$$\mu_{\widetilde{C}}(x) = \mu_{\widetilde{A}}(x) \wedge \mu_{\widetilde{B}}(x) \tag{7-10}$$

或用集合表示

$$\widetilde{C} = \widetilde{A} \cap \widetilde{B} \tag{7-11}$$

2. 模糊集并

设 $\widetilde{A}$ 和 $\widetilde{B}$ 为两个模糊集，其并集 $\widetilde{C}$ 的隶属度为

$$\mu_{\widetilde{C}}(x) = \max\left[\mu_{\widetilde{A}}(x), \mu_{\widetilde{B}}(x) \right] \tag{7-12}$$

即两个模糊集的并集的隶属度取两个隶属度中较大的数，可表示为

$$\mu_{\widetilde{C}}(x) = \mu_{\widetilde{A}}(x) \vee \mu_{\widetilde{B}}(x) \tag{7-13}$$

或用集合表示为

$$\widetilde{C} = \widetilde{A} \cup \widetilde{B} \tag{7-14}$$

3. 模糊集补

设 $\widetilde{A}$ 是论域 X 中的模糊集，它的补集 $\bar{\widetilde{A}}$ 为

$$\mu_{\widetilde{C}}(x) = 1 - \mu_{\widetilde{A}}(x) \tag{7-15}$$

【例 7-7】　设论域 $X = \{x_1, x_2, x_3, x_4, x_5\}$ 上有二个模糊集为

$$\widetilde{A} = \frac{0.5}{x_1} + \frac{0.3}{x_2} + \frac{0.4}{x_3} + \frac{0.2}{x_4} + \frac{0.1}{x_5}$$

$$\widetilde{B} = \frac{0.2}{x_1} + \frac{0.8}{x_2} + \frac{0.1}{x_3} + \frac{0.7}{x_4} + \frac{0.4}{x_5}$$

试求 $\widetilde{A} \cap \widetilde{B}$、$\widetilde{A} \cup \widetilde{B}$、$\bar{\widetilde{A}}$ 和 $\bar{\widetilde{B}}$。

解：令 $\widetilde{C} = \widetilde{A} \cap \widetilde{B}$ $\widetilde{D} = \widetilde{A} \cup \widetilde{B}$

则 $\widetilde{C} = \dfrac{0.5 \wedge 0.2}{x_1} + \dfrac{0.3 \wedge 0.8}{x_2} + \dfrac{0.4 \wedge 0.1}{x_3} + \dfrac{0.2 \wedge 0.7}{x_4} + \dfrac{0.1 \wedge 0.4}{x_5}$

所以

$$\widetilde{C} = \frac{0.2}{x_1} + \frac{0.3}{x_2} + \frac{0.1}{x_3} + \frac{0.2}{x_4} + \frac{0.1}{x_5}$$

$$\widetilde{D} = \frac{0.5 \vee 0.2}{x_1} + \frac{0.3 \vee 0.8}{x_2} + \frac{0.4 \vee 0.1}{x_3} + \frac{0.2 \vee 0.7}{x_4} + \frac{0.1 \vee 0.4}{x_5}$$

因此

$$\widetilde{D} = \frac{0.5}{x_1} + \frac{0.8}{x_2} + \frac{0.4}{x_3} + \frac{0.7}{x_4} + \frac{0.4}{x_5}$$

$$\bar{\widetilde{A}} = \frac{0.5}{x_1} + \frac{0.7}{x_2} + \frac{0.6}{x_3} + \frac{0.8}{x_4} + \frac{0.9}{x_5}$$

$$\bar{\widetilde{B}} = \frac{0.8}{x_1} + \frac{0.2}{x_2} + \frac{0.9}{x_3} + \frac{0.3}{x_4} + \frac{0.6}{x_5}$$

4. 模糊运算的性质

模糊运算具有以下性质：

1）交换律

$$\widetilde{A} \cap \widetilde{B} = \widetilde{B} \cap \widetilde{A}$$
$$\widetilde{A} \cup \widetilde{B} = \widetilde{B} \cup \widetilde{A} \tag{7-16}$$

2）结合律

$$\widetilde{A} \cup (\widetilde{B} \cup \widetilde{C}) = (\widetilde{A} \cup \widetilde{B}) \cup \widetilde{C}$$
$$\widetilde{A} \cap (\widetilde{B} \cap \widetilde{C}) = (\widetilde{A} \cap \widetilde{B}) \cap \widetilde{C} \tag{7-17}$$

3）分配律

$$\widetilde{A} \cup (\widetilde{B} \cap \widetilde{C}) = (\widetilde{A} \cup \widetilde{B}) \cap (\widetilde{A} \cup \widetilde{C})$$
$$\widetilde{A} \cap (\widetilde{B} \cup \widetilde{C}) = (\widetilde{A} \cap \widetilde{B}) \cup (\widetilde{A} \cap \widetilde{C}) \tag{7-18}$$

4）传递律

$$若 \widetilde{A} \subseteq \widetilde{B} \subseteq \widetilde{C} \quad 则 \quad \widetilde{A} \subseteq \widetilde{C} \tag{7-19}$$

5）幂等律

$$\widetilde{A} \cup \widetilde{A} = \widetilde{A}$$
$$\widetilde{A} \cap \widetilde{A} = \widetilde{A} \tag{7-20}$$

6）摩根律

$$\overline{\widetilde{A} \cup \widetilde{B}} = \bar{\widetilde{A}} \cap \bar{\widetilde{B}}$$

$$\overline{\widetilde{A} \cap \widetilde{B}} = \overline{\widetilde{A}} \cup \overline{\widetilde{B}} \tag{7-21}$$

7）复原律

$$\overline{\overline{\widetilde{A}}} = \widetilde{A} \tag{7-22}$$

5. λ 水平截集

设 $\widetilde{A}$ 为 $X = \{x\}$ 中的模糊集,其中隶属度大于 λ 的元素组成的集合称模糊集 $\widetilde{A}$ 的 λ 水平截集,即

$$A_\lambda = \{x \mid \mu_{\widetilde{A}}(x) \geqslant \lambda\} \tag{7-23}$$

显然,λ 水平截集 A_λ 为普通集合,它的特征函数为

$$\mu_{\widetilde{A}_\lambda}(x) = \begin{cases} 1, & \mu_{\widetilde{A}}(x) \geqslant \lambda \\ 0, & \mu_{\widetilde{A}}(x) < \lambda \end{cases} \tag{7-24}$$

【例 7-8】 已知 $X = \{3, 4, 5, 6, 7, 8\}$ 中,有一模糊子集 $\widetilde{A}$

$$\widetilde{A} = \frac{0.3}{3} + \frac{0.7}{4} + \frac{1}{5} + \frac{1}{6} + \frac{0.7}{7} + \frac{0.3}{8}$$

分别求出 $\lambda = 0.5$ 和 $\lambda = 0.8$ 的 λ 水平截集。

解:

$$A_{0.5} = \{4, 5, 6, 7\}$$
$$A_{0.8} = \{5, 6\}$$

7.2.4　隶属函数的确定

事物具有确定性现象与不确定现象,不确定现象又分为随机现象和模糊现象。从这一观点出发,数学模型可分为以下三大类:第一类是确定性数学模型,这类模型的背景对象具有确定性,换言之对象之间有必然的联系;第二类是随机性数学模型,这类模型的背景对象具有随机性,换言之对象之间具有偶然性的关系;第三类是模糊性数学模型,这类模型的背景对象及其关系均具有模糊性。

所谓确定性现象是指在一定条件下一定会出现的现象。例如,"同性电荷相互排斥""在标准大气压下,纯水加热到 100℃ 会沸腾""在恒力作用下的质点作等加速运动"等。

所谓随机性现象是指事件本身具有明确的含义,由于发生的条件不充分,使事件的发生与否表现出不确定性。例如,抛一个质地均匀且对称的硬币,结果可能是正面向上,也可能是背面向上,造成了划分的不确定。

模糊现象是指事件概念本身没有明确的外延,一个对象是否符合这个概念是难以判断的,概率论是研究和处理随机现象的数学分支,而模糊数学是研究和处理模糊现象的数学分支。随机性是因果律的一种破缺,而模糊性是排中律的一种破缺。概率论从随机性中把握广义的因果律——概率规律;模糊数学则是从模糊性中确定广义的规律——隶属规律。

概念是客观事物本质属性在人脑中的反映。由于它是反映性的,因此从表面上来看似乎隶属度是完全直观的。实际上,模糊性的根源在于客观事物差异之间存在着中间过渡,存

在着亦此亦彼的现象。隶属度的具体确定包含心理因素,但心理活动是物质的,心理量与外界刺激的物理量之间保持着严格的定律。Fuzzy 统计实验中所呈现的频率稳定性可以承担隶属度的客观意义。

1. Fuzzy 统计试验的四要素

(1) 论域 X。

(2) 试验所要处理的论域 X 的固定元素 x_0。

(3) 论域 X 的可变动的普通集合 A^*,A^* 作为 Fuzzy 集合 A^* 的可塑性边界的反映,可由此得到每次试验中 x_0 是否符合 A 所刻画的模糊概念的一个判决。

(4) 条件 S,它限制着 A^* 的变化。

2. Fuzzy 统计试验

在每次试验中,要对 x_0 是否属于 A^* 做出确定的判断,而 A^* 可以在每次试验中发生改变,但都是 X 的子集。模糊统计试验的特点是:在每次试验中,x_0 是固定的,A^* 是可变的。做 n 次实验,计算 x_0 对 Fuzzy 集 A 的隶属频率 $l_n(\widetilde{A})(x_0)$ 为 $l_n(\widetilde{A})(x_0) \overset{\triangle}{=} \dfrac{x_0 \in A^* \text{的次数}}{n}$,$\widetilde{A}(x_0) = \lim\limits_{n \to \infty} \dfrac{x_0 \in A^* \text{的次数}}{n}$ 为 x_0 对 Fuzzy 集 $\widetilde{A}$ 的隶属度。

7.2.5 常见的隶属函数

1. 三角形隶属函数

$$A(x, a, b, c) = \begin{cases} \dfrac{x-a}{b-a}, & a \leqslant x \leqslant b \\ \dfrac{b-x}{b-c}, & b \leqslant x \leqslant c \\ 0, & \text{其他} \end{cases} \tag{7-25}$$

2. 梯形隶属函数

$$A(x, a, b, c, d) = \begin{cases} \dfrac{x-a}{b-a}, & a \leqslant x \leqslant b \\ 1, & b \leqslant x \leqslant c \\ \dfrac{c-x}{c-d}, & c \leqslant x \leqslant d \\ 0, & \text{其他} \end{cases} \tag{7-26}$$

3. 高斯型隶属函数

$$A(x) = e^{-\left(\frac{x-a}{\sigma}\right)^2} \tag{7-27}$$

7.3 模糊关系的基本概念

"关系"是集合论中的一个重要概念,它是指元素之间的关联,模糊关系在模糊控制中占十分重要的地位。

7.3.1 普通关系

普通关系是用数学方法来描述普通集合中的元素之间有无关联,例如:A、B 两个学校进行乒乓球比赛,各有 3 名选手参赛,分别用 a_1、a_2、a_3 和 b_1、b_2、b_3 表示。A 学校用 C 表示,B 学校用 Z 表示。若 C 中之 a_1 与 Z 中之 b_1、b_3 对弈;a_2 与 b_2、b_3 对弈;a_3 与 b_1 对弈,这些对弈关系用记号 R 表示双方棋手之间有对弈关系,则该场比赛中的对弈关系为 $a_1 R b_1$、$a_1 R b_3$、$a_2 R b_2$、$a_2 R b_3$、$a_3 R b_1$。

以上对弈关系还可以用序偶的形式表示,即

$$R = \{(a_1, b_1), (a_1, b_3), (a_2, b_2), (a_2, b_3), (a_3, b_1)\} \tag{7-28}$$

与前面所述普通集合的直积运算相比较,可见上式中的 R 是直积 $C \times Z$ 的子集。

因此,我们可以给出普通关系的定义:集合 C 和 Z 的直积 $C \times Z$ 的一个子集 R,称作 C 到 Z 有二元关系,简称关系。

由于关系 R 也是一个集合,因此,我们可用 R 的特征函数值 1 来表示属于 R 集合的元素。对以上比赛的例子,即用 1 表示有对弈关系,用特征函数值 0 表示不属于 R 集合。于是,我们可以写出一个关系矩阵,在以上比赛例子中,双方各有 3 名棋手,则关系矩阵为 3 行3 列,行表示 C 方棋手 a_1、a_2 和 a_3;列则表示 Z 方棋手 b_1、b_2 和 b_3,关系矩阵为

$$\boldsymbol{R} = \begin{bmatrix} 1 & 0 & 1 \\ 0 & 1 & 1 \\ 1 & 0 & 0 \end{bmatrix}.$$

7.3.2 模糊关系

将普通关系的概念扩展到模糊集合中来,可定义出模糊关系。

1. 模糊关系阵

定义模糊集 $\widetilde{A}$ 和 $\widetilde{B}$ 的直积 $\widetilde{A} \times \widetilde{B}$ 的一个模糊子集 $\widetilde{R}$ 称为 $\widetilde{A}$ 到 $\widetilde{B}$ 的二元模糊关系,其序偶 (a, b) 的隶属度为 $\mu_{\widetilde{R}}(a, b)$。

模糊集的直积运算法则与普通集合的直积运算法则相同。

若论域为 n 个集合的直积,则

$$\widetilde{R} = \widetilde{A}_1 \times \widetilde{A}_2 \times \cdots \times \widetilde{A}_n \tag{7-29}$$

称为 n 元模糊关系,其隶属函数是 n 个变量的函数。

下面通过一个例子来比较普通关系和模糊关系。

【例 7-9】 学生甲、乙、丙参加艺术五项全能比赛,每项均以 20 分为满分,比赛结果如表 7-1 所示。

表 7-1　比赛结果

学生	唱歌	跳舞	乐器	小品	绘画
甲	18	14	19	13	15
乙	16	18	12	19	11
丙	19	10	15	12	18

若定 18 分以上为优,可用普通关系表示出成绩"优"。

解:令

$$A = \{甲,乙,丙\} = \{x_1, x_2, x_3\}$$

$$B = \{唱歌,跳舞,乐器,小品,绘画\} = \{y_1, y_2, y_3, y_4, y_5\}$$

用成绩"优"衡量,可写出 A 到 B 的普通关系矩阵 $\boldsymbol{R}$ 为

$$\boldsymbol{R} = \begin{bmatrix} 1 & 0 & 1 & 0 & 0 \\ 0 & 1 & 0 & 1 & 0 \\ 1 & 0 & 0 & 0 & 1 \end{bmatrix}$$

现在,我们用 20 分除各分数,得到的数值作为隶属函数值("优"的隶属函数),20 分的隶属度为 1,可求得甲、乙、丙与"成绩优"的模糊关系。

首先,将算得的隶属函数值列入,如表 7-2 所示。

表 7-2　隶属函数值

学　生	项　　目				
	y_1	y_2	y_3	y_4	y_5
x_1	0.9	0.7	0.95	0.65	0.75
x_2	0.8	0.9	0.6	0.95	0.55
x_2	0.95	0.5	0.75	0.6	0.9

于是,可立即写出模糊关系为

$$\widetilde{\boldsymbol{R}} = 0.9/(x_1,y_1) + 0.7/(x_1,y_2) + 0.95/(x_1,y_3) +$$
$$0.65/(x_1,y_4) + 0.75/(x_1,y_5) + 0.8/(x_2,y_1) + 0.9/(x_2,y_2) +$$
$$0.6/(x_2,y_3) + 0.95/(x_2,y_4) + 0.55/(x_2,y_5) + 0.95/(x_3,y_1) +$$
$$0.5/(x_3,y_2) + 0.75(x_3,y_3) + 0.6/(x_3,y_4) + 0.9/(x_3,y_5)$$

写成模糊矩阵形式为

$$\widetilde{\boldsymbol{R}} = \begin{bmatrix} 0.9 & 0.7 & 0.95 & 0.65 & 0.75 \\ 0.8 & 0.9 & 0.6 & 0.95 & 0.75 \\ 0.95 & 0.5 & 0.75 & 0.6 & 0.9 \end{bmatrix}$$

此矩阵称模糊关系矩阵,又称模糊矩阵,前面我们已说明过,普通关系表示二元素之间有无关联,而模糊关系表示二元素之间关联的程度。

2. 模糊关系矩阵的运算

1) 模糊矩阵的并

设有模糊矩阵 $\widetilde{A} = [a_{ij}]$ 和 $\widetilde{B} = [b_{ij}]$，则 $\widetilde{A}$ 和 $\widetilde{B}$ 的并为 $\widetilde{C} = [c_{ij}]$，且

$$c_{ij} = a_{ij} \vee b_{ij} \tag{7-30}$$

记作

$$\widetilde{C} = \widetilde{A} \cup \widetilde{B} \tag{7-31}$$

【例 7-10】 若模糊关系矩阵

$$\widetilde{A} = \begin{bmatrix} 0.1 & 0.3 \\ 0.8 & 0.2 \end{bmatrix} \quad \widetilde{B} = \begin{bmatrix} 0.8 & 0.5 \\ 0.3 & 0.2 \end{bmatrix}$$

求 $\widetilde{A}$ 和 $\widetilde{B}$ 的并 $\widetilde{C}$。

解：根据定义可求得

$$\widetilde{C} = \widetilde{A} \cup \widetilde{B} = \begin{bmatrix} 0.1 & 0.3 \\ 0.8 & 0.2 \end{bmatrix} \cup \begin{bmatrix} 0.8 & 0.5 \\ 0.3 & 0.2 \end{bmatrix}$$

$$= \begin{bmatrix} 0.1 \vee 0.8 & 0.3 \vee 0.5 \\ 0.8 \vee 0.3 & 0.2 \vee 0.2 \end{bmatrix} = \begin{bmatrix} 0.8 & 0.5 \\ 0.8 & 0.2 \end{bmatrix}$$

2) 模糊矩阵的交

设有模糊关系矩阵 $\widetilde{A} = [a_{ij}]$ 和 $\widetilde{B} = [b_{ij}]$，则 $\widetilde{A}$ 和 $\widetilde{B}$ 的交为 $\widetilde{C} = [c_{ij}]$ 且

$$c_{ij} = a_{ij} \wedge b_{ij} \tag{7-32a}$$

记作

$$\widetilde{C} = \widetilde{A} \cap \widetilde{B} \tag{7-32b}$$

【例 7-11】 求例 7-10 中的 $\widetilde{A}$ 和 $\widetilde{B}$ 的交 $\widetilde{C}$。

解：由定义可求得

$$\widetilde{C} = \widetilde{A} \cap \widetilde{B} = \begin{bmatrix} 0.1 & 0.3 \\ 0.8 & 0.2 \end{bmatrix} \cap \begin{bmatrix} 0.8 & 0.5 \\ 0.3 & 0.2 \end{bmatrix}$$

$$= \begin{bmatrix} 0.1 \cap 0.8 & 0.3 \cap 0.5 \\ 0.8 \cap 0.3 & 0.2 \cap 0.2 \end{bmatrix} = \begin{bmatrix} 0.1 & 0.3 \\ 0.3 & 0.2 \end{bmatrix}$$

3) 模糊矩阵的积（模糊矩阵合成运算）

设有模糊关系矩阵 $\widetilde{A} = [a_{ij}]$ 和 $\widetilde{B} = [b_{ij}]$，则 $\widetilde{A}$ 和 $\widetilde{B}$ 的积 $\widetilde{C} = [c_{ij}]$ 且

$$c_{ik} = \vee [a_{ik} \wedge b_{ki}] \tag{7-33}$$

记作

$$\widetilde{C} = \widetilde{A} \circ \widetilde{B} \tag{7-34}$$

设 R 是 $U \times V$ 上的模糊关系，S 是 $V \times W$ 上的模糊关系，则 $T = R \circ S$ 称为 R 对 S 的合成。

【例 7-12】 求例 7-10 中两个模糊关系矩阵的积。

$$\widetilde{A} \circ \widetilde{B} = \begin{bmatrix} 0.1 & 0.3 \\ 0.8 & 0.2 \end{bmatrix} \circ \begin{bmatrix} 0.8 & 0.5 \\ 0.3 & 0.2 \end{bmatrix}$$

$$= \begin{bmatrix} (0.1 \wedge 0.8) \vee (0.3 \wedge 0.3) & (0.1 \wedge 0.5) \vee (0.3 \wedge 0.2) \\ (0.8 \wedge 0.8) \vee (0.2 \wedge 0.3) & (0.8 \wedge 0.5) \vee (0.2 \wedge 0.2) \end{bmatrix}$$

$$= \begin{bmatrix} 0.3 & 0.2 \\ 0.8 & 0.5 \end{bmatrix}$$

可见,模糊关系矩阵的积的运算法则与普通矩阵的乘积求法是一致的,只是这里的"∧"号和"∨"号,分别对应普通矩阵计算中的乘号和加号。

7.3.3 模糊变换

设有两个有限集

$$X = \{x_1, x_2, \cdots, x_n\} \quad Y = \{y_1, y_2, \cdots, y_m\}$$

$\widetilde{R}$ 是 X 到 Y 的模糊关系

$$\widetilde{R} = \begin{bmatrix} r_{11} & r_{12} & \cdots & r_{1m} \\ r_{21} & r_{22} & \cdots & r_{2m} \\ \vdots & \vdots & & \vdots \\ r_{n1} & r_{n2} & \cdots & r_{nm} \end{bmatrix}$$

设 $\widetilde{A}$ 和 $\widetilde{B}$ 分别为 X 和 Y 上的模糊集

$$\widetilde{A} = (a_1, a_2, \cdots, a_n)$$

$$\widetilde{B} = (b_1, b_2, \cdots, b_m)$$

且

$$\widetilde{B} = \widetilde{A} \circ \widetilde{R} \tag{7-35}$$

则称 $\widetilde{B}$ 是 $\widetilde{A}$ 的象,$\widetilde{A}$ 是 $\widetilde{B}$ 的原象,称 $\widetilde{R}$ 是 X 到 Y 上的一个模糊变换。

【例 7-13】 已知模糊集 $\widetilde{A}$ 为论域 $X = \{x_1, x_2, x_3\}$ 上的模糊子集。$\widetilde{R}$ 是论域 X 到论域 Y 的模糊变换。求通过模糊变换 $\widetilde{R}$ 和 $\widetilde{A}$ 的象 $\widetilde{B}$。

解:

$$Y = \{y_1, y_2\}$$

$$\widetilde{A} = (0.1, 0.3, 0.5)$$

$$\widetilde{R} = \begin{bmatrix} 0.5 & 0.2 \\ 0.3 & 0.1 \\ 0.4 & 0.6 \end{bmatrix}$$

$$\widetilde{B} = \widetilde{A} \circ \widetilde{R}$$

$$= (0.1, 0.3, 0.5) \circ \begin{bmatrix} 0.5 & 0.2 \\ 0.3 & 0.1 \\ 0.4 & 0.6 \end{bmatrix}$$

$$= [(0.1 \wedge 0.5) \vee (0.3 \wedge 0.3) \vee (0.5 \wedge 0.4)$$
$$(0.1 \wedge 0.2) \vee (0.3 \wedge 0.1) \vee (0.5 \wedge 0.6)]$$
$$= (0.4, 0.5)$$

7.4　模糊推理与模糊决策

设计模糊控制器的关键一环就是模糊推理,本节先介绍模糊逻辑、模糊语言算子,最后介绍模糊推理方法。

7.4.1　模糊逻辑

数字电路和自动控制系统广泛应用二值逻辑,对于一个命题,不是"真"就是"假",二者必居其一,用数字表示则为"1"或"0",在数字电路中则为"高电平"和"低电平",以上二值逻辑在模糊集中是不能应用的。如"今天热"是一个模糊概念,不能简单地用"是"与"否"来精确地说明。

由于模糊命题 $\widetilde{A}$ 的隶属函数在 $[0,1]$ 区间内连续取值,则称为连续逻辑,或称为模糊逻辑。设命题 $\widetilde{A}$ 的真值为 x(在 $[0,1]$ 内取值),当 $x=1$ 时 A 为完全真,当 $x=0$ 时 $\widetilde{A}$ 为完全假,x 的大小表示 $\widetilde{A}$ 的真假程度。在实际运用时,往往把连续模糊逻辑进行离散等分,可作为多值逻辑来处理。

7.4.2　模糊语言算子

模糊语言用来表达一定论域的模糊集合,其任务是对人类语言进行定量化,这里我们仅讨论模糊语言算子。

模糊语言算子是指一类加强或削弱模糊语言表达程度的词,如"特别""很""相当"等,可加在其他模糊词的前面进行修饰,如"天气特别热""天气比较热"等,加在"热"前面的词就是模糊语言算子。在模糊数学方法中,将这些词定量化。

1. 语气算子

语气算子的数学描述是 $\mu_{\widetilde{A}}(x)$,加强语气的词称为集中算子,$n>1$。减弱语气的词称为散漫化算子,$n<1$。

【例 7-14】　描述"青年人"的集合

$$\mu_{\widetilde{A}}(x) = \begin{cases} 1, & 15 \leqslant x < 25 \\ \left[\dfrac{1}{1 + \left(\dfrac{x-25}{5} \right)^2} \right], & x \geqslant 25 \end{cases}$$

其中 $\widetilde{A}$ 为"青年人",已算的 28 岁和 30 岁的人对于"青年人"隶属度为

$$\mu_{\widetilde{A}}(30)=0.5 \quad \mu_{\widetilde{A}}(28)=0.74$$

现在我们加上模糊集中算子"很",取 $n=2$,则

$$\mu_{很年轻}(x)=\mu_{青年人}^2(x)=\begin{cases}1, & 15\leqslant x<25\\\left[\dfrac{1}{1+\left(\dfrac{x-25}{5}\right)^2}\right]^2, & x\geqslant 25\end{cases}$$

分别算出 28 岁和 30 岁的人对于"很年轻"的隶属度为

$$\mu_{很年轻}(28)=0.54 \quad \mu_{很年轻}(30)=0.25$$

再加上散漫化算子"较",取 $n=0.5$,则

$$\mu_{较年轻}(x)=\sqrt{\mu_{青年人}(x)}=\begin{cases}1, & 15\leqslant x<25\\\dfrac{1}{\sqrt{1+\left(\dfrac{x-25}{5}\right)^2}}, & x\geqslant 25\end{cases}$$

分别求出 28 岁和 30 岁对于"较年轻"的隶属度为

$$\mu_{较年轻}(28)=0.88 \quad \mu_{较年轻}(30)=0.71$$

由以上例子可见,隶属度函数越乘方越小,这便是模糊集中算子的作用;隶属度函数越开方越大,这就是散漫化算子的作用。

2. 模糊化算子

使肯定转化为模糊的词,称为模糊化算子,如"今天气温 30℃"是一个肯定语句,在 30℃的前面加上"大约",便成了"今天气温大约 30℃",这是模糊词,故"大约"是模糊化算子,这类算子还有"可能""大概""近似"等。

3. 判定化算子

这种算子把模糊量变成精确量,"属于""接近于"等,就是这类算子。

【例 7-15】 已知模糊矩阵

$$\widetilde{R}=\begin{bmatrix}0.2 & 0.9\\0.7 & 0.5\end{bmatrix}$$

若选取矩阵元素"属于"λ 以上者有效,就将模糊矩阵变为普通矩阵。

取 $\lambda=0.5$,显然,此处 λ 的意义与 λ 水平截集的意义相似。上例说明判定化因子"属于"将模糊量变成了精确量。

7.4.3 模糊推理

在科学论著中,最常用的推理方法是演绎推理。演绎推理往往由直言判断或条件判断语句组成。

"若 X 是 A,则 X 是 B"是一种条件判断语句,例如"若 X 是晶体管,则 X 是电子器件"。这种条件语句可记作"$A\rightarrow B$"。

1. 模糊条件推理

模糊条件语句可用模糊关系表示为

设 A 是论域 X 上的模糊子集，$\widetilde{B}$ 和 $\widetilde{C}$ 是 Y 上的模糊子集，条件推理语句为

$$\text{IF } \widetilde{A} \text{ THEN } \widetilde{B} \text{ ELSE } \widetilde{C}$$

该条件推理语句可用模糊关系表示为

$$\widetilde{\boldsymbol{R}} = (\widetilde{A} \times \widetilde{B}) \bigcup (\bar{\widetilde{A}} \times \widetilde{C})$$

上式所表示的 $\widetilde{\boldsymbol{R}}$ 中的元素可按下式求得

$$\mu_{\widetilde{R}}(x,y) = \left[\mu_{\widetilde{A}}(x) \wedge \mu_{\widetilde{B}}(y)\right] \vee \left[(1-\mu_{\widetilde{A}}(x)) \wedge \mu_{\widetilde{C}}(y)\right] \tag{7-36}$$

若条件推理语句组为

$$\text{IF } \widetilde{A}_1 \text{ AND } \widetilde{B}_1 \text{ THEN } \widetilde{C}_1$$

$$\text{IF } \widetilde{A}_2 \text{ AND } \widetilde{B}_2 \text{ THEN } \widetilde{C}_2$$

$$\text{IF } \widetilde{A}_n \text{ AND } \widetilde{B}_n \text{ THEN } \widetilde{C}_n$$

那么，模糊关系表示为

$$\widetilde{\boldsymbol{R}} = \bigcup_{i=1}^{R} (A_i \times B_i \times C_i), \quad i = 1,2,\cdots,n \tag{7-37}$$

【例 7-16】 $X = \{x_1, x_2\}, Y = \{y_1, y_2, y_3\}, Z = \{z_1, z_2, z_3\}$

$$\widetilde{A} = \frac{1}{x_1} + \frac{0.4}{x_2}, \quad \widetilde{B} = \frac{0.1}{y_1} + \frac{0.7}{y_2} + \frac{1}{y_3}, \quad \widetilde{C} = \frac{0.3}{z_1} + \frac{0.5}{z_2} + \frac{1}{z_3}$$

求 IF $\widetilde{A}$ THEN $\widetilde{B}$ ELSE $\widetilde{C}$ 所确定的模糊关系集合 $\widetilde{\boldsymbol{R}}$。

解：先确定 $\widetilde{A} \times \widetilde{B}$ 确定的模糊关系 $\widetilde{\boldsymbol{R}}_1$

$$\widetilde{\boldsymbol{R}}_1 = \widetilde{A} \circ \widetilde{B}$$

$$= \begin{bmatrix} 0.1 & 0.7 & 1 \\ 0.1 & 0.4 & 0.4 \end{bmatrix}$$

将 $\widetilde{\boldsymbol{R}}_1$ 排成列向量形式：$\widetilde{\boldsymbol{R}}_1 = [0.1 \quad 0.7 \quad 0.1 \quad 0.1 \quad 0.4 \quad 0.4]^T$，计算得到

$$\begin{bmatrix} 0.1 \\ 0.7 \\ 0.1 \\ 0.1 \\ 0.4 \\ 0.4 \end{bmatrix} \circ [0.3 \quad 0.5 \quad 1] = \begin{bmatrix} 0.1 & 0.1 & 0.1 \\ 0.3 & 0.5 & 0.7 \\ 0.3 & 0.5 & 1 \\ 0.1 & 0.1 & 0.1 \\ 0.3 & 0.4 & 0.4 \\ 0.3 & 0.4 & 0.4 \end{bmatrix}$$

2. 推理合成规则

以上条件推理语句，可用于模糊控制，根据输入给出相应的输出，当某控制器的模糊关系 $\widetilde{\boldsymbol{R}}$ 确定以后，若输入为 $\widetilde{A}_1$，则可根据推理合成，求得控制器的输出 $\widetilde{B}_1$。

设 $\widetilde{R}$ 为 $X \times Y$ 的模糊关系,$\widetilde{A}$ 是 X 上的模糊子集,则可求得相应的 $\widetilde{B}$

$$\widetilde{B} = \widetilde{A} \circ \widetilde{R} \tag{7-38}$$

7.4.4 模糊决策

模糊决策接口起到模糊控制的推断作用,并产生一个精确的或非模糊的控制作用。由模糊推理得到的模糊输出值是输出论域上的模糊子集,只有转化成精确的模糊控制量才能施加于受控对象。实行这种转化的方法叫作清晰化和去模糊化,也称作模糊决策。

模糊决策可以采用不同的方法,用不同的方法的结果也是不同的。重心法比较合理,计算有些复杂,在实时性要求较高的系统不采用这种方法,最简单的是最大隶属度法,这种方法取所有的模糊集合或者隶属函数中隶属度最大的那个值作为输出,但是这种方法未考虑其他隶属度较小值的影响,代表性不好,其经常应用于较简单的系统。下面介绍各种模糊决策方法,并以"水温适中"为例,说明不同方法,介绍重心法、系数加权平均法、隶属度限幅元素平均法。

假设"水温适中"的隶属函数为

$$\mu_{\widetilde{N}}(x_i) = \{X : 0.0/0 + 0.0/10 + 0.33/20 + 0.67/30 + 1.0/40 + 1.0/50 +$$

$$0.75/60 + 0.5/70 + 0.25/80 + 0.0/90 + 0.0/100\}$$

1. 重心法

所谓重心法就是取模糊隶属函数曲线与横坐标轴所围成面积的重心作为代表点。理论上应该计算输出范围内一系列连续点的重心,即

$$u = \frac{\int_x x \mu_{\widetilde{N}}(x)\mathrm{d}x}{\int_x \mu_{\widetilde{N}}(x)\mathrm{d}x} \tag{7-39}$$

但实际上是计算输出范围内整个采样点(若干离散值)的重心。这样,在不花太多时间的情况下,用足够小的取样间隔来提供所需要的精度,这是一种最好的折中方案。即

$$u = \sum x_i \mu_{\widetilde{N}}(x_i) / \sum \mu_{\widetilde{N}}(x_i)$$

$$= (0 \times 0.0 + 10 \times 0.0 + 20 \times 0.33 + 30 \times 0.67 + 40 \times 1.0 + 50 \times 1.0 +$$

$$60 \times 0.75 + 70 \times 0.5 + 80 \times 0.25 + 90 \times 0.0 + 100 \times 0.0)$$

$$(0.0 + 0.0 + 0.33 + 0.67 + 1.0 + 1.0 + 0.75 + 0.5 + 0.25 + 0.0 + 0.0)$$

$$= 48.2$$

在隶属函数不对称的情况下,其输出的代表值是 48.2℃。如果模糊集合中没有 48.2℃,就选取最靠近的一个温度值 50℃ 的输出。

2. 系数加权平均法

系数加权平均法的输出执行量由下式决定

$$u = \sum k_i x_i / \sum k_i \tag{7-40}$$

式(7-40)中,系数 k_i 的选择要根据实际情况而定,不同的系统就决定了系统有不同的响应特性。当该系数选择 $k_i = \mu_{\underset{\sim}{N}}(x_i)$,即取其隶属函数时,这就是重心法。在模糊逻辑控制中,可以通过选择和调整该系数来改善系统的响应特性,因而这种方法具有灵活性。

3. 隶属度限幅元素平均法

用所确定的隶属度值 α 对隶属度函数曲线进行切割,再对切割后等于该隶属度的所有元素进行平均,用这个平均值作为输出执行量,这种方法称为隶属度限幅元素平均法。

例如,当取 α 为最大隶属度值时,表示"完全隶属"关系,这时 $\alpha = 1.0$ 在"水温适中"的情况下,40℃ 和 50℃ 的隶属度是 1.0,求其平均值可得到输出代表量。

$$u = (40 + 50)/2 = 45$$

这样"完全隶属"时,其代表量为 45℃。

当 $\alpha = 0.5$ 时,表示"大概隶属"关系,切割隶属度函数曲线后,这时从 30℃ 到 70℃ 的隶属度值都包含在其中,所以求其平均值可得到输出代表量。

$$u = (30 + 40 + 50 + 60 + 70)/5 = 50$$

这样,当"大概隶属"时,其代表量为 50℃。

4. 最大隶属度法

若要做出最后的决策,可按最大值原理,选最大的 b_1 所对应的 y_1 作为最终的评判结果。

【例 7-17】 用户对某控制系统的性能进行评价的因素集为 ={超调量,调节时间,稳态精度},评语集为 Y ={很好,较好,一般,差}。

解:若对于"超调量"一项的评价是,用户有 30% 的认为很好,30% 的认为较好,20% 的认为一般,20% 的认为差,则可用模糊关系表示为

$$\underset{\sim}{\boldsymbol{R}}_1 = (0.3, 0.3, 0.2, 0.2)$$

若对于"调节时间"一项的评价是,用户有 10% 的认为很好,20% 的认为较好,50% 的认为一般,20% 的认为差,同样可以写出对"调节时间"的评价的模糊关系为

$$\underset{\sim}{\boldsymbol{R}}_2 = (0.1, 0.2, 0.5, 0.2)$$

若对于"稳态精度"一项的评价是,用户有 40% 的认为很好,40% 的认为较好,10% 的认为一般,10% 的认为差,则对"稳态精度"的评价的模糊关系为

$$\underset{\sim}{\boldsymbol{R}}_3 = (0.4, 0.4, 0.1, 0.1)$$

于是,可以写出这次性能评价的模糊关系矩阵为

$$\underset{\sim}{\boldsymbol{R}} = \begin{bmatrix} 0.3 & 0.3 & 0.2 & 0.2 & 0.2 \\ 0.1 & 0.2 & 0.5 & 0.5 & 0.2 \\ 0.4 & 0.4 & 0.1 & 0.1 & 0.1 \end{bmatrix}$$

由于各用户对于因素集中各性能指标的要求不同,可得到不同的最终结论,我们用加权模糊矩阵 $\underset{\sim}{\widetilde{\boldsymbol{A}}}$ 来表示这种不同的要求。

若用户甲要求调节过程快,其他性能的要求不高,用加权模糊集表示为

$$\widetilde{\boldsymbol{A}}_1 = (0.25, 0.5, 0.25)$$

而用户乙对稳态精度的要求较高,对超调量的要求次之,对调节时间的要求不高,于是也可以写出加权模糊集为

$$\widetilde{\boldsymbol{A}}_2 = (0.3, 0.2, 0.5)$$

注意,$\widetilde{\boldsymbol{A}}_i$ 中的加权系数之和应为 1。

可算得甲、乙两用户的决策集分别为

$$\widetilde{\boldsymbol{B}}_1 = \widetilde{\boldsymbol{A}}_1 \circ \boldsymbol{R} = (0.25, 0.5, 0.25) \circ \begin{bmatrix} 0.3 & 0.3 & 0.2 & 0.2 \\ 0.1 & 0.2 & 0.5 & 0.2 \\ 0.4 & 0.4 & 0.1 & 0.1 \end{bmatrix}$$

$$= (0.25, 0.25, 0.5, 0.2)$$

$$\widetilde{\boldsymbol{B}}_2 = \widetilde{\boldsymbol{A}}_2 \circ \boldsymbol{R} = (0.3, 0.2, 0.5) \circ \begin{bmatrix} 0.3 & 0.3 & 0.2 & 0.2 \\ 0.1 & 0.2 & 0.5 & 0.2 \\ 0.4 & 0.4 & 0.1 & 0.1 \end{bmatrix}$$

$$= (0.4, 0.4, 0.2, 0.2)$$

按照最大值原理,选择最大的隶属度所对应的评语,对用户甲,从 $\widetilde{B}_1$ 可看出第 3 个元素 (0.5) 最大,故甲对该系统性能的评价是"一般"。从 $\widetilde{B}_2$ 可看出第 1 个和第 2 个元素大,均为 0.4,故乙对系统的评价是"好"。

最大隶属度法要求隶属函数曲线一定是正规凸模糊集合(曲线只能是单峰曲线)。如果曲线是梯形平顶的,则具有最大隶属度的元素可能不止一个,这时候就要对所有取最大隶属度的元素求其平均值。

7.5　模糊控制器的基本原理与设计方法

7.5.1　模糊控制器的基本原理

模糊逻辑控制(Fuzzy Logic Control)的基本结构如图 7-2 所示,控制器由 4 个基本部分组成,即模糊化接口、知识库、推理算法、去模糊化接口。

1. 模糊化接口

模糊控制器的输入必须通过模糊化才能用于控制输出的求解,因此它实际上是模糊控制器的输入接口。它的主要作用是将真实的确定量输入并转换为一个模糊向量。对于一个模糊输入变量 e,其模糊子集通常可以做如下方式划分:

(1) $e = \{负大, 负小, 零, 正小, 正大\} = \{\mathbf{NB}, \mathbf{NS}, \mathbf{ZO}, \mathbf{PS}, \mathbf{PB}\}$。

(2) $e = \{负大, 负中, 负小, 零, 正小, 正中, 正大\} = \{\mathbf{NB}, \mathbf{NM}, \mathbf{NS}, \mathbf{ZO}, \mathbf{PS}, \mathbf{PM}, \mathbf{PB}\}$。

(3) $e = \{大, 负中, 负小, 零负, 零正, 正小, 正中, 正大\} = \{\mathbf{NB}, \mathbf{NM}, \mathbf{NS}, \mathbf{NZ}, \mathbf{PZ}, \mathbf{PS},$

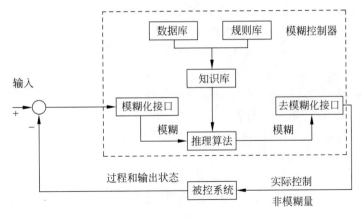

图 7-2　模糊逻辑控制系统

PM，PB｝。

　　用三角形隶属度函数表示，如图 7-3 所示。

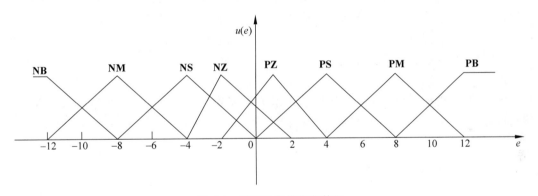

图 7-3　模糊子集模糊化等级

2．知识库

　　知识库由数据库和规则库两部分构成。

　　1）数据库

　　数据库所存放的是所有输入、输出变量的全部模糊子集的隶属度向量值（即经过论域等级离散化以后对应值的集合），若论域为连续域，则为隶属度函数。对于上述的模糊变量 e，即需要将图 7-3 存放于数据库。在规则推理的模糊关系方程的求解过程中，向推理机提供数据。

　　2）规则库

　　规则库里的模糊规则是基于专家知识或手动操作人员长期积累的经验，它是按人的直觉推理的一种语言表示形式。模糊规则通常由一系列的关系词连接而成，如 if-then、else、also、end、or 等。关系词必须经过"翻译"才能将模糊规则数值化。最常用的关系词为 if-then、also（或 or），对于多变量模糊控制系统，还有 and 等。例如，某模糊控制系统输入变

量为 e（误差）和 ec（误差变化），它们对应的语言变量为 E 和 EC，模糊子集的划分与图 7-3 相同，对于控制变量 U 可给出一组模糊规则。

R1：IF E is NB and EC is NB then U is PB

R2：IF E is NB and EC is NS then U is PM

常把 if…部分称为"前提部"，而把 then…部分称为"结论部"，其基本结构可归纳为 if A and B then C，其中 A 为论域 U 上的一个模糊子集，B 是论域 V 上的一个模糊子集。根据人工控制经验，可离线组织其控制决策表 R，R 是笛卡儿乘积集 $U \times V$ 上的一个模糊子集，则某一时刻其控制量由下式给出

$$C = (A \times B) \circ R \tag{7-41}$$

规则库是用来存放全部模糊控制规则的，在推理时为"推理机"提供控制规则。由上述可知，规则条数与模糊变量的模糊子集划分有关，划分越细，规则条数就越多，但并不代表规则库的准确度就越高，规则库的"准确性"还与专家知识的准确度有关。

3. 推理与解模糊接口

推理是模糊控制器中，根据输入模糊量，由模糊控制规则完成模糊推理来求解模糊关系方程，并获得模糊控制量的功能部分。推理结果的获得，表示模糊控制的规则推理功能已经完成，但是，至此所获得的结果仍是一个模糊向量，不能直接用来作为控制量，还必须做一次转换，求得清晰的控制量输出，即解模糊。通常把输出端具有转换功能作用的部分称为解模糊接口。

综上所述，模糊控制器实际上就是依靠计算机（或单片机）构成的，它的绝大部分功能由计算机程序来完成。随着专用模糊芯片的研究和开发，也可以由硬件逐步取代各组成单元的软件功能。

7.5.2 模糊控制器的设计步骤

模糊控制器最简单的实现方法是将一系列模糊控制规则离线转化为一个查询表（又称为控制表），存储在计算机中供在线控制时使用。这种模糊控制器结构简单，使用方便，是最基本的一种形式。本节以单变量二维模糊控制器为例，介绍这种形式的模糊控制器的设计步骤，其设计思想是设计其他模糊控制器的基础，具体设计步骤如下。

1. 模糊控制器的结构

单变量二维模糊控制器是最常见的结构形式。

2. 定义输入和输出模糊集

例如，对误差 e、误差变化 ec 及控制量 u 的模糊集及其论域定义如下：

（1）e、ec 和 u 的模糊集均为{**NB,NM,NS,Z,PS,PM,PB**}。

（2）e、ec 的论域均为$\{-3,-2,-1,0,1,2,3\}$。

（3）u 的论域为$\{-3.5,-3,-1.5,0,1,3,3,5\}$。

3. 定义输入和输出隶属函数

模糊变量误差 e、误差变化 ec 及控制量 u 的模糊集和论域确定后，需对模糊语言变量

确定隶属函数,即所谓对模糊变量赋值,也就是确定论域内元素对模糊语言变量的隶属度。

4. 建立模糊控制规则

根据人的直觉思维推理,由系统输出的误差及误差的变化趋势来消除系统误差的模糊控制规则。模糊控制规则语句构成了描述众多被控过程的模糊模型。例如,卫星的姿态与作用的关系、飞机或舰船航向与舵偏角的关系,以及工业锅炉中的压力与加热的关系等。因此,在条件语句中,误差 e、误差变化 ec 及控制量 u 对于不同的被控对象有着不同的意义。

5. 建立模糊控制表

上述描写的模糊控制规则可采用模糊规则表 7-3 来描述,共 49 条模糊规则,各个模糊语句之间是或的关系,由第 1 条语句所确定的控制规则可以计算出 u_1。同理,可以由其余各条语句分别求出控制量 $u_2, \cdots, u_{49}$,则控制量为模糊集合 u,可表示为

$$u = u_1 + u_2 + \cdots + u_{49}$$ (7-42)

模糊规则表如表 7-3 所示。

表 7-3　模糊规则表

u		e						
		NB	NM	NS	ZO	PS	PM	PB
ec	NB	PB	PB	PM	PM	PS	ZO	ZO
	NM	PB	PB	PM	PS	PS	ZO	NS
	NS	PM	PM	PM	PS	ZO	NS	NS
	ZO	PM	PM	PS	ZO	NS	NM	NM
	PS	PS	PS	ZO	NS	NS	NM	NM
	PM	PS	ZO	NS	NM	NM	NM	NB
	PB	ZO	ZO	NM	NM	NM	NB	NB

6. 模糊推理

模糊推理是模糊控制的核心,它利用某种模糊推理算法和模糊规则进行推理,得出最终的控制量。

7. 反模糊化

反模糊化也称为模糊决策,通过模糊推理得到的结果是一个模糊集合,但在实际模糊控制中,必须有一个确定值才能控制或驱动执行机构。将模糊推理结果转化为精确值的过程称为反模糊化。反模糊化方法的选择与隶属度函数形状的选择、推理方法的选择相关。

7.6　模糊控制系统的工作原理

7.6.1　单输入和单输出模糊控制器的设计

以水位的模糊控制为例,如图 7-4 所示,设有一个水箱,通过调节阀可向内注水和向外抽水。设计一个模糊控制器,通过调节阀门将水位稳定在固定点附近。按照日常的操作经

验可以得到如下基本的控制规则：

（1）若水位高于 O 点,则向外排水,差值越大,排水就越快。

（2）若水位低于 O 点,则向内注水,差值越大,注水就越快。

根据上述经验,可按下列步骤设计一维模糊控制器。

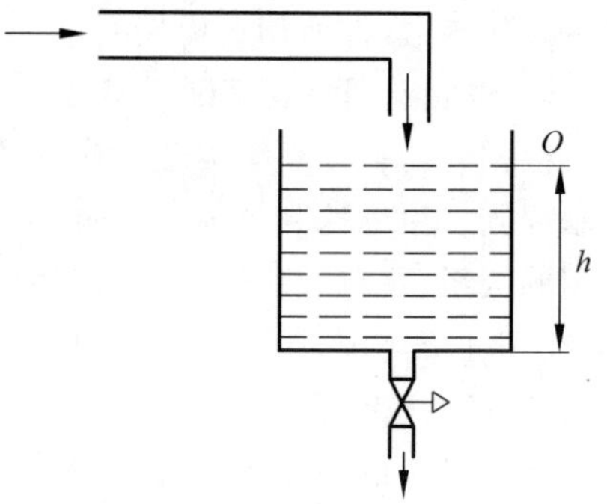

1. 确定观测量和控制量

定义理想液位 O 点的水位,实际测得的水位高度为 h,选择液位差

$$e = \Delta h = h_0 - h$$

将当前水位对于 O 点的偏差 e 作为观测量。

图 7-4　水箱液位控制

2. 输入量和输出量的模糊化

将偏差 e 分为 5 级,分别为负大（**NB**）、负小（**NS**）、零（**O**）、正小（**PS**）和正大（**PB**）,并根据偏差 e 的变化范围分为 7 个等级,分别为 -3、-2、-1、0、$+1$、$+2$ 和 $+3$,从而得到水位变化模糊表,如表 7-4 所示。

表 7-4　水位变化 e 划分表

隶属度		变化等级						
		-3	-2	-1	0	1	2	3
模糊集	**PB**	0	0	0	0	0	0.5	1
	PS	0	0	0	0	1	0.5	0
	O	0	0	0.5	1	0.5	0	0
	NS	0	0.5	1	0	0	0	0
	NB	1	0.5	0	0	0	0	0

控制量 u 为调节阀门开度的变化,将其分为 5 级：负大（**NB**）、负小（**NS**）、零（**O**）、正小（**PS**）和正大（**PB**）,并根据 u 的变化范围分为 9 个等级：-4、-3、-2、-1、0、$+1$、$+2$、$+3$ 和 $+4$,从而得到控制量模糊划分表,如表 7-5 所示。

表 7-5　控制量 u 变化划分表

隶属度		变化等级								
		-4	-3	-2	-1	0	1	2	3	4
模糊集	**PB**	0	0	0	0	0	0	0	0.5	1
	PS	0	0	0	0	0	0.5	1	0	0
	O	0	0	0	0.5	1	0.5	0	0	0
	NS	0	0.5	1	0.5	0	0	0	0	0
	NB	1	0.5	0	0	0	0	0	0	0

3．模糊规则的描述

根据日常的经验,设计以下模糊规则。

(1) Rule1：若 e 为负大,则 u 为负大。

(2) Rule2：若 e 为负小,则 u 为负小。

(3) Rule3：若 e 为 0,则 u 为 0。

(4) Rule4：若 e 为正小,则 u 为正小。

(5) Rule5：若 e 为正大,则 u 为正大。

上述规则可采用 if A then B 的形式描述。

(1) Rule1：if $e = \mathbf{NB}$,then $u = \mathbf{NB}$。

(2) Rule2：if $e = \mathbf{NS}$,then $u = \mathbf{NS}$。

(3) Rule3：if $e = \mathbf{O}$,then $u = \mathbf{O}$。

(4) Rule4：if $e = \mathbf{PS}$,then $u = \mathbf{PS}$。

(5) Rule5：if $e = \mathbf{PB}$,then $u = \mathbf{PB}$。

根据上述经验规则,可得模糊控制表,如表 7-6 所示。

表 7-6　模糊控制规则表

若(if)	$\mathbf{NB}_e$	$\mathbf{NS}_e$	$\mathbf{O}_e$	$\mathbf{PS}_e$	$\mathbf{PB}_e$
则(then)	$\mathbf{NB}_u$	$\mathbf{NS}_u$	$\mathbf{O}_u$	$\mathbf{PS}_u$	$\mathbf{PB}_u$

4．求模糊关系

模糊控制规则是一个多条语句,它可以表示为 $U \times V$ 上的模糊子集,即模糊关系 $\mathbf{R}$,$\mathbf{R} = (\mathbf{NB}_e \times \mathbf{NB}_u) \bigcup (\mathbf{NS}_e \times \mathbf{NS}_u) \bigcup (\mathbf{O}_e \times \mathbf{O}_u) \bigcup (\mathbf{PS}_e \times \mathbf{PS}_u) \bigcup (\mathbf{PB}_e \times \mathbf{PB}_u)$ 其中规则内的模糊集运算取交集,规则间的模糊集运算取并集。

$$\mathbf{NB}_e \times \mathbf{NB}_u = \begin{bmatrix} 1 \\ 0.5 \\ 0 \\ 0 \\ 0 \\ 0 \\ 0 \end{bmatrix} \times \begin{bmatrix} 1 & 0.5 & 0 & 0 & 0 & 0 & 0 & 0 & 0 \end{bmatrix}$$

$$= \begin{bmatrix} 1.0 & 0.5 & 0 & 0 & 0 & 0 & 0 & 0 & 0 \\ 0.5 & 0.5 & 0 & 0 & 0 & 0 & 0 & 0 & 0 \\ 0 & 0 & 0 & 0 & 0 & 0 & 0 & 0 & 0 \\ 0 & 0 & 0 & 0 & 0 & 0 & 0 & 0 & 0 \\ 0 & 0 & 0 & 0 & 0 & 0 & 0 & 0 & 0 \\ 0 & 0 & 0 & 0 & 0 & 0 & 0 & 0 & 0 \\ 0 & 0 & 0 & 0 & 0 & 0 & 0 & 0 & 0 \end{bmatrix}$$

$$\mathbf{NS}_e \times \mathbf{NS}_u = \begin{bmatrix} 0 \\ 0.5 \\ 1 \\ 0 \\ 0 \\ 0 \\ 0 \end{bmatrix} \times \begin{bmatrix} 0 & 0.5 & 1 & 0.5 & 0 & 0 & 0 & 0 & 0 \end{bmatrix}$$

$$= \begin{bmatrix} 0 & 0 & 0 & 0 & 0 & 0 & 0 & 0 & 0 \\ 0 & 0.5 & 0.5 & 0.5 & 0 & 0 & 0 & 0 & 0 \\ 0 & 0.5 & 1.0 & 0.5 & 0 & 0 & 0 & 0 & 0 \\ 0 & 0 & 0 & 0 & 0 & 0 & 0 & 0 & 0 \\ 0 & 0 & 0 & 0 & 0 & 0 & 0 & 0 & 0 \\ 0 & 0 & 0 & 0 & 0 & 0 & 0 & 0 & 0 \\ 0 & 0 & 0 & 0 & 0 & 0 & 0 & 0 & 0 \end{bmatrix}$$

$$\mathbf{O}_e \times \mathbf{O}_u = \begin{bmatrix} 0 \\ 0 \\ 0.5 \\ 1.0 \\ 0.5 \\ 0 \\ 0 \end{bmatrix} \begin{bmatrix} 0 & 0 & 0 & 0.5 & 1 & 0.5 & 0 & 0 & 0 \end{bmatrix}$$

$$= \begin{bmatrix} 0 & 0 & 0 & 0 & 0 & 0 & 0 & 0 & 0 \\ 0 & 0 & 0 & 0 & 0 & 0 & 0 & 0 & 0 \\ 0 & 0 & 0 & 0.5 & 0.5 & 0.5 & 0 & 0 & 0 \\ 0 & 0 & 0 & 0.5 & 1 & 0.5 & 0 & 0 & 0 \\ 0 & 0 & 0 & 0.5 & 0.5 & 0.5 & 0 & 0 & 0 \\ 0 & 0 & 0 & 0 & 0 & 0 & 0 & 0 & 0 \\ 0 & 0 & 0 & 0 & 0 & 0 & 0 & 0 & 0 \end{bmatrix}$$

$$\mathbf{PS}_e \times \mathbf{PS}_u = \begin{bmatrix} 0 \\ 0 \\ 0 \\ 0 \\ 1.0 \\ 0.5 \\ 0 \end{bmatrix} \times \begin{bmatrix} 0 & 0 & 0 & 0 & 0 & 0.5 & 1.0 & 0.5 & 0 \end{bmatrix}$$

$$
=\begin{bmatrix}
0 & 0 & 0 & 0 & 0 & 0 & 0 & 0 & 0 \\
0 & 0 & 0 & 0 & 0 & 0 & 0 & 0 & 0 \\
0 & 0 & 0 & 0 & 0 & 0 & 0 & 0 & 0 \\
0 & 0 & 0 & 0 & 0 & 0 & 0 & 0 & 0 \\
0 & 0 & 0 & 0 & 0 & 0.5 & 1.0 & 0.5 & 0 \\
0 & 0 & 0 & 0 & 0 & 0.5 & 0.5 & 0.5 & 0 \\
0 & 0 & 0 & 0 & 0 & 0 & 0 & 0 & 0
\end{bmatrix}
$$

$$
\mathbf{PB}_e \times \mathbf{PB}_u =
\begin{bmatrix}
0 \\ 0 \\ 0 \\ 0 \\ 0 \\ 0.5 \\ 1.0
\end{bmatrix}
\times
\begin{bmatrix} 0 & 0 & 0 & 0 & 0 & 0 & 0 & 0.5 & 1.0 \end{bmatrix}
$$

$$
=\begin{bmatrix}
0 & 0 & 0 & 0 & 0 & 0 & 0 & 0 & 0 \\
0 & 0 & 0 & 0 & 0 & 0 & 0 & 0 & 0 \\
0 & 0 & 0 & 0 & 0 & 0 & 0 & 0 & 0 \\
0 & 0 & 0 & 0 & 0 & 0 & 0 & 0 & 0 \\
0 & 0 & 0 & 0 & 0 & 0 & 0 & 0 & 0 \\
0 & 0 & 0 & 0 & 0 & 0 & 0 & 0.5 & 0.5 \\
0 & 0 & 0 & 0 & 0 & 0 & 0 & 0.5 & 1.0
\end{bmatrix}
$$

由以上 5 个模糊矩阵求并集(隶属函数的最大值),得

$$
\mathbf{R}=\begin{bmatrix}
1.0 & 0.5 & 0 & 0 & 0 & 0 & 0 & 0 & 0 \\
0.5 & 0.5 & 0.5 & 0.5 & 0 & 0 & 0 & 0 & 0 \\
0 & 0.5 & 1.0 & 0.5 & 0.5 & 0.5 & 0 & 0 & 0 \\
0 & 0 & 0 & 0.5 & 1.0 & 0.5 & 0 & 0 & 0 \\
0 & 0 & 0 & 0.5 & 0.5 & 0.5 & 1.0 & 0.5 & 0 \\
0 & 0 & 0 & 0 & 0 & 0.5 & 0.5 & 0.5 & 0.5 \\
0 & 0 & 0 & 0 & 0 & 0 & 0 & 0.5 & 0.5
\end{bmatrix}
$$

5. 模糊决策

模糊控制器的输出为误差向量和模糊关系的合成,即

$$
u = e \circ \mathbf{R}
$$

当误差 e 为 **NB** 时,$e=\begin{bmatrix} 1.0 & 0.5 & 0 & 0 & 0 & 0 & 0 \end{bmatrix}$,控制器输出为

$$u = e \circ R = \begin{bmatrix} 1 & 0.5 & 0 & 0 & 0 & 0 & 0 \end{bmatrix} \circ \begin{bmatrix} 1.0 & 0.5 & 0 & 0 & 0 & 0 & 0 & 0 & 0 \\ 0.5 & 0.5 & 0.5 & 0.5 & 0 & 0 & 0 & 0 & 0 \\ 0 & 0.5 & 1.0 & 0.5 & 0.5 & 0.5 & 0 & 0 & 0 \\ 0 & 0 & 0 & 0.5 & 1.0 & 0.5 & 0 & 0 & 0 \\ 0 & 0 & 0 & 0.5 & 0.5 & 0.5 & 1.0 & 0.5 & 0 \\ 0 & 0 & 0 & 0 & 0 & 0.5 & 0.5 & 0.5 & 0.5 \\ 0 & 0 & 0 & 0 & 0 & 0 & 0 & 0.5 & 1.0 \end{bmatrix}$$

$$= \begin{bmatrix} 1 & 0.5 & 0.5 & 0.5 & 0 & 0 & 0 & 0 & 0 \end{bmatrix}$$

6. 控制量的反模糊化

由模糊决策可知,当误差为负大时,实际液位远高于理想液位,$e = \mathbf{NB}$,控制器的输出为一模糊向量,可表示为

$$u = \frac{1}{-4} + \frac{0.5}{-3} + \frac{0.5}{-2} + \frac{0.5}{-1} + \frac{0}{0} + \frac{0}{+1} + \frac{0}{+2} + \frac{0}{+3} + \frac{0}{+4}$$

如果按照"隶属度最大原则"进行反模糊化,选择控制量为 $u = -4$,即阀门的开度应小一些,以便减少进水量。

【例 7-18】 设计水箱液位模糊控制的 MATLAB 仿真程序,取 flag=1 可得到模糊系统的规则库并可实现模糊控制的动态仿真。

代码如下:

```
% chapter7/test1.m
clear all;
close all;
a = newfis('fuzz_tank');
a = addvar(a,'input','e',[-3,3]);                 % Parameter e
a = addmf(a,'input',1,'NB','zmf',[-3,-1]);
a = addmf(a,'input',1,'NS','trimf',[-3,-1,1]);
a = addmf(a,'input',1,'Z','trimf',[-2,0,2]);
a = addmf(a,'input',1,'PS','trimf',[-1,1,3]);
a = addmf(a,'input',1,'PB','smf',[1,3]);

a = addvar(a,'output','u',[-4,4]);                 % Parameter u
a = addmf(a,'output',1,'NB','zmf',[-4,-1]);
a = addmf(a,'output',1,'NS','trimf',[-4,-2,1]);
a = addmf(a,'output',1,'Z','trimf',[-2,0,2]);
a = addmf(a,'output',1,'PS','trimf',[-1,2,4]);
a = addmf(a,'output',1,'PB','smf',[1,4]);

rulelist = [1 1 1 1;                               % Edit rule base
            2 2 1 1;
            3 3 1 1;
            4 4 1 1;
            5 5 1 1];

a = addrule(a,rulelist);
```

```
a1 = setfis(a,'DefuzzMethod','mom');      % Defuzzy
writefis(a1,'tank');                      % Save to fuzzy file "tank.fis"
a2 = readfis('tank');

figure(1);
plotfis(a2);
figure(2);
plotmf(a,'input',1);
figure(3);
plotmf(a,'output',1);

flag = 1;
if flag == 1
    showrule(a)                           % Show fuzzy rule base
    ruleview('tank');                     % Dynamic Simulation
end
disp('---------------------------------------------------------- ');
disp('       fuzzy controller table:e = [ - 3, + 3],u = [ - 4, + 4]        ');
disp('---------------------------------------------------------- ');

for i = 1:1:7
    e(i) = i - 4;
    Ulist(i) = evalfis([e(i)],a2);
end
Ulist = round(Ulist)

e = - 3;                                  % Error
u = evalfis([e],a2)                       % Using fuzzy inference
```

程序运行的效果如图 7-5 所示。

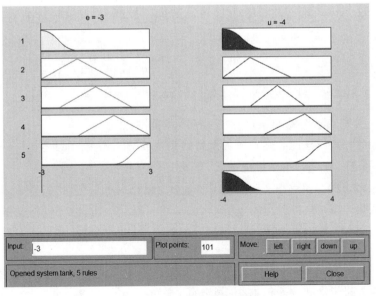

图 7-5　动态仿真模糊系统

模糊控制响应表如表 7-7 所示。取偏差 $e=-3,u=-4$。

表 7-7　模糊控制响应表

e	-3	-2	-1	0	1	2	3
u	-4	-2	-2	0	1	2	4

7.6.2　双输入和单输出模糊控制器

1. 模糊控制器结构

双输入和单输出控制器原理如图 7-6 所示。在实际应用中，人们一般用系统输出的偏差 E 和算出的偏差变化率 EC 作为输入信息，而把控制量的变化作为控制器的输出量，这样就确定了模糊控制器的结构。其中 K_e 和 K_c 表示量化因子，K_u 表示比例因子。

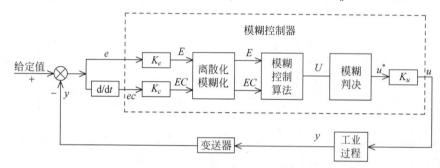

图 7-6　双输入和单输出模糊控制系统

2. 精确量的模糊化

系统中的偏差和偏差变化率的实际范围叫作这些变量的基本论域。由于事先对被控制对象的了解不够，开始时只能大致地估定它们的范围。设偏差的基本论域为 $[-x,x]$，偏差和偏差变化所取的 Fuzzy 集的论域为 $(-n,-n+1,\cdots,0,\cdots,n-1,n)$，那么量化因子 K_c 和 K_e 可由下式 u 确定

$$K_e=\frac{n}{x_e},\quad K_c=\frac{n}{x_c} \tag{7-43}$$

式中 x_e 和 x_c 分别表示偏差和偏差变化率的实际范围。

在实际中的一般做法是：首先把观测到的偏差 E 的变化范围设定为 $[-6,+6]$ 变化的连续量，然后将这一连续的精确量离散化，即将其分为几挡。每一挡对应一个 Fuzzy 集，而后进行 Fuzzy 化处理。如果在实际中，精确 x 的变化范围不是在 $[-6,+6]$，而是在 $[a,b]$，则可以通过变化式（7-44）将在 $[a,b]$ 间变化的变量 x 转化为 $[-6,+6]$ 的变量 y：

$$y=\frac{12}{b-a}\left(x-\frac{a+b}{2}\right) \tag{7-44}$$

为了把控制规则中偏差 e 所对应的语言变量 E 表示成模糊集 E，常把它分为 8 个挡级，形成 8 个模糊子集来反映偏差的大小，其中有

（1）**NL**(Negative Large)＝负大，**PL**(Positive Large)＝正大。

（2）**NM**(Negative Medium)＝负中，**PM**(Positive Medium)＝正中。

（3）**NS**(Negative Small)＝负小，**PS**(Positive Small)＝正小。

（4）**NO**(Negative0)＝负零，**PO**(Positive 0)＝正零。

论域 X 中的偏差从属于 8 个模糊子集，各个子集的隶属度如表 7-8 所示。

表 7-8　偏差 E 的隶属度

模糊集		E												
		−6	−5	−4	−3	−2	−1	−0	+0	1	2	3	4	5	6
$E1$	**NL**	1.0	0.8	0.4	0.1	0	0	0	0	0	0	0	0	0	0
$E2$	**NM**	0.2	0.7	1	0.7	0.2	0	0	0	0	0	0	0	0	0
$E3$	**NS**	0	0	0.1	0.5	1	0.8	0.3	0	0	0	0	0	0	0
$E4$	**NO**	0	0	0	0	0.1	0.6	1.0	0	0	0	0	0	0	0
$E5$	**PO**	0	0	0	0	0	0	0	1.0	0.6	0.1	0	0	0	0
$E6$	**PS**	0	0	0	0	0	0	0	0.3	0.8	1.0	0.5	0.1	0	0
$E7$	**PM**	0	0	0	0	0	0	0	0	0.2	0.7	1.0	0.7	0.2
$E8$	**PL**	0	0	0	0	0	0	0	0	0	0.1	0.4	0.8	1.0

有关偏差化率 $e=\mathrm{d}e/\mathrm{d}t$ 的语言变量 EC，一般把它分为 7 个挡级，形成 7 个模糊子集，来反映偏差变化率的大小。其中有

$$\textbf{NL}＝负大 \qquad \textbf{PL}＝正大$$

$$\textbf{NM}＝负中 \qquad \textbf{PM}＝正中$$

$$\textbf{NS}＝负小 \qquad \textbf{PS}＝正小$$

$$\textbf{O}＝零$$

论域中 Y 的偏差变化值属于这 7 个模糊子集，$C1$（负大）、$C2$（负中）、$C3$（负小）、$C4$（零）、$C5$（正小）、$C6$（正中）、$C7$（正大）的各元素的隶属度如表 7-9 所示。

表 7-9　偏差变化率 EC 的隶属度

模糊集		EC											
		−6	−5	−4	−3	−2	−1	0	1	2	3	4	5	6
$C1$	**NL**	1.0	0.8	0.4	0.1	0	0	0	0	0	0	0	0	0
$C2$	**NM**	0.2	0.7	1	0.7	0.2	0	0	0	0	0	0	0	0
$C3$	**NS**	0	0	0.1	0.7	1.0	0.9	0	0	0	0	0	0	0
$C4$	**O**	0	0	0	0	0	0.5	1.0	0.5	0	0	0	0	0
$C5$	**PS**	0	0	0	0	0	0	0	0.9	1.0	0.7	0.2	0	0
$C6$	**PM**	0	0	0	0	0	0	0	0	0.2	0.7	1.0	0.7	0.2
$C7$	**PL**	0	0	0	0	0	0	0	0	0.2	0.1	0.4	0.8	1.0

对于控制（模糊决策）的语言变量 U，一般也把它分为 7 个挡级，形成 7 个模糊子集，其中有

$$NL = 负大 \quad PL = 正大$$

$$NM = 负中 \quad PM = 正中$$

$$NS = 负小 \quad PS = 正小$$

$$O = 零$$

论域 Z 中的控制判决输出值属于这 7 个模糊子集 $U1$(负大)、$U2$(负中)、$U3$(负小)、$U4$(零)、$U5$(正小)、$U6$(正中)、$U7$(正大)的各个元素隶属度如表 7-10 所示。

表 7-10　控制量 U 的隶属度

模糊集		U											
		−6	−5	−4	−3	−2	−1	0	1	2	3	4	5	6
$U1$	**NL**	1.0	0.8	0.4	0.1	0	0	0	0	0	0	0	0	0
$U2$	**NM**	0.2	0.7	1.0	0.7	0.2	0	0	0	0	0	0	0	0
$U3$	**NS**	0	0.1	0.4	0.8	1.0	0.4	0	0	0	0	0	0	0
$U4$	***O***	0	0	0	0	0	0.5	1.0	0.5	0	0	0	0	0
$U5$	**PS**	0	0	0	0	0	0	0	0.9	1.0	0.7	1.0	0	0
$U6$	**PM**	0	0	0	0	0	0	0	0	0.2	0.7	0.2	0.7	0.2
$U7$	**PL**	0	0	0	0	0	0	0	0	0	0.1	0.4	0.8	1.0

在实际工作中，需要注意下述几个问题：

(1) 对于具体的系统来讲，偏差 e 和偏差变化率 e 并不一定在 $[-6,+6]$ 变化，可以利用式(7-44)将它们转算到区间 $[-6,+6]$ 上来。

(2) 工作过程中检测到的偏差 e 与计算出的偏差变化率 e 是个连续变化的量。为了推理、合成及模糊运算的需要，可将它们离散化为 $[-6,+6]$ 区间内的有限个数值。对于连续变化的量偏差 e 和偏差变化率 e，如果它们不是整数，按四舍五入的办法把它们化为整数。

(3) 模糊控制规则的构成，对于双输入和单输出的模糊控制器，其控制规则可写成下列形式：

$$\text{if } \widetilde{E} = \widetilde{E}_i \text{ and } \widetilde{EC} = \widetilde{EC}_j; \quad \text{then } \widetilde{U} = \widetilde{U}_{ij}(i = 1, 2, \cdots, n)$$

其中，$\widetilde{E}_i$、$\widetilde{EC}_j$、$\widetilde{U}_{ij}$ 是分别定义在 X、Y、Z 上的模糊集，这些 Fuzzy 集条件语句可归纳为一个 Fuzzy 关系 R，即

$$\widetilde{R} = \bigcup_{ij} (\widetilde{E}_i \times \widetilde{EC}_j) \times \widetilde{U}_{ij} \tag{7-45}$$

实践表明，操作者对一个工业过程的经验可总结为一系列推理语言规则，例如

$$\text{if } \widetilde{E} = \mathbf{NL} \text{ and } \widetilde{EC} = \mathbf{PL} \text{ then } \widetilde{U} = \mathbf{PL}$$

$$\text{if } \widetilde{E} = \mathbf{PS} \text{ and } \widetilde{EC} = \mathbf{PL} \text{ then } \widetilde{U} = \mathbf{NL}$$

$$\vdots$$

$$\text{if } \widetilde{E} = \mathbf{PM} \text{ and } \widetilde{EC} = \mathbf{NS} \text{ then } \widetilde{U} = \mathbf{NS}$$

我们可以将上述一系列推理语言规则(共 52 条)用表 7-11 的形式表示出来。这个表实际上是控制规则的模糊条件语句的综合表达形式。它被称为模糊控制状态表,其确定方法如下。

例如偏差为负的情况,当偏差 E 为负大(**NL**),偏差变化率 EC 为负或零时,为尽快消除偏差,应当使控制量 $\tilde{u}$ 增加得快,所以控制量的变化取正大(**PL**),一旦偏差变化率为正,偏差有减小的趋势,可以取较小的控制量 $\tilde{u}$,例如,当偏差变化为 **PS**(正小)或 **PM**(正中)时,可以不改变控制量,仍取 **PL**。当偏差减小为 **NM**(负中)时,控制量才变为 **PM**(正中),以此类推,模糊规则如表 7-11 所示。

表 7-11　工业模糊规则表

EC	E							
	NL	**NM**	**NS**	**NO**	**PO**	**PS**	**PM**	**PL**
NL	×	×	PL	PL	PL	PL	NM	NL
NM	PM	PS	PS	PM	PM	PM	NM	NL
NS	PL	PM	PS	PS	PS	PS	NM	NL
O	PL	PM	PS	0	0	NS	NM	NL
PS	PL	PM	NS	NS	NS	NS	NM	NL
PM	PL	PM	NM	NM	NS	NS	NS	NM
PL	PL	PM	NL	NL	NL	NL	×	×

说明,符号"×"表示不可能出现的情况,称为死区。

根据每一条推理规则,都可以求出相应的模糊关系,如 $\tilde{R}_1,\tilde{R}_2,\cdots,\tilde{R}_n$,因此整个系统的总控制规则所对应的模糊关系 $\tilde{R}$ 为

$$\tilde{R} = \tilde{R}_1 \vee \tilde{R}_2 \vee \cdots \vee \tilde{R}_n = \bigvee_{i=1}^{n} \tilde{R}_i \tag{7-46}$$

3. 输出信息的 Fuzzy 判决

有了 $\tilde{R}$ 以后,就可以根据上述所取的 $\widetilde{E}=\{-6,-5,\cdots,+5,+6\}$ 和 $\widetilde{EC}=\{-6,-5,\cdots,+5,+6\}$ 的整量化值,根据 Fuzzy 推理合成规则运算,得出相应的控制量变化的模糊集 $\widetilde{U}$ 为

$$\widetilde{U} = (\widetilde{E} \times \widetilde{EC}) \circ R \tag{7-47}$$

即

$$\mu_{\widetilde{U}}(z) = \vee \mu_{\widetilde{R}}(x,y,z) \wedge [\mu_{\widetilde{E}}(x) \wedge \mu_{\widetilde{EC}}(y)] \tag{7-48}$$

上述模糊控制的输出 $\widetilde{U}$ 是一个 Fuzzy 子集,它是反映控制语言的不同取值的一种组合,但实际上被控对象只能够接受一个控制量,因此需要将 Fuzzy 集合变换到精确的控制量(去模糊化),我们可用模糊判决,即按加权平均法、隶属度最大法或中位方法等原则,求出相应的控制量。

此外,每次采样经模糊控制算法给出的控制量(精确量)还不能直接控制对象,还必须将其转换到为控制对象所能接受的基本论域(实际范围)中去。

输出控制量的比例因子由下式确定:

$$K_u = \frac{y_u}{m} \qquad\qquad (7\text{-}49)$$

式中,y_u 表示模糊控制器输出变量(控制量)的基本论域(实际范围)。设其为 $[-y_n, +y_n]$,m 表示控制量所取的模糊子集的论域,即 $[-m, -m+1, \cdots, 0, 1, \cdots, m-1, m]$。

由于控制量的基本论域为一连续的实数域,所以,从控制量的模糊集论域到基本论域的变换。可以利用式(7-50)计算,即

$$u = K_u * u^* \qquad\qquad (7\text{-}50)$$

式中,u^* 为控制量的模糊集所判决得到的确切的控制量,u 为实际控制量,K_u 为比例因子。

7.6.3 MATLAB 模糊控制工具箱及应用

MATLAB 模糊控制工具箱为模糊控制器的设计提供了一种非常便捷的途径,通过它我们不需要进行复杂的模糊化、模糊推理及反模糊化运算,只需设定相应参数就可以很快得到所需要的控制器,而且修改也非常方便。下面将根据模糊控制器的设计步骤,一步步利用 MATLAB 工具箱设计模糊控制器。

设计一个模糊控制系统,控制加热炉的炉温,控制目标是 200℃,温度控制的范围是 $(-100℃, +100℃)$,误差变化率是 $(-50℃/T, 50℃/T)$,$T = 10\text{s}$,为控制周期,被控对象的数学模型为二阶惯性系统,传递函数如下:

$$G(s) = 50/((20s+1)(2s+1))$$

要求设计一个模糊控制器,控制误差和误差变化率的模糊子集不小于 7 个。控制量的模糊子集也不少于 7 个。

1. 模糊控制工具箱使用

首先,在 MATLAB 的命令行窗口(Command Window)中输入 fuzzy,按 Enter 键就会出来这样一个窗口,如图 7-7 所示。

在如图 7-7 所示的控制窗口进行模糊控制器的设计。

2. 确定模糊控制器结构

根据具体的系统确定输入量、输出量。这里可以选取标准的二维控制结构,也可以选择增加输入(Add Variable)实现双入单出控制结构。

3. 定义隶属度函数

输入为实际输出与理论输出之差 e 和偏差变化率 de。输出为炉温 u。模糊控制器为两输入和一输出。输入和输出均分为 7 个模糊子集,均为 $\{NB, NM, NS, ZO, PS, PM, PB\}$。$e$ 的论域为 $[-100\ 100]$,de 的论域为 $[-50\ 50]$,u 的论域为 $[-100\ 100]$。

1) e 的隶属度取值范围和隶属度函数类型

MF1 = 'NB' : 'gaussmf', $[-20\ -100]$

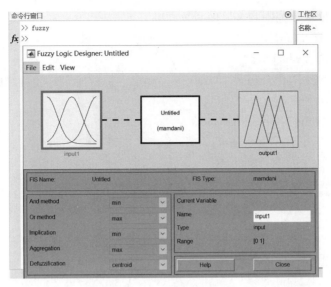

图 7-7　fuzzy 控制窗口

MF2＝'NM'：'trimf'，$[-100\ -60\ -20]$

MF3＝'NS'：'trimf'，$[-60\ -30\ 0]$

MF4＝'ZO'：'trimf'，$[-20\ 0\ 20]$

MF5＝'PS'：'trimf'，$[0\ 30\ 60]$

MF6＝'PM'：'trimf'，$[20\ 60\ 100]$

MF7＝'PB'：'gaussmf'，$[20\ 100]$

输入 e 的隶属度函数如图 7-8 所示。

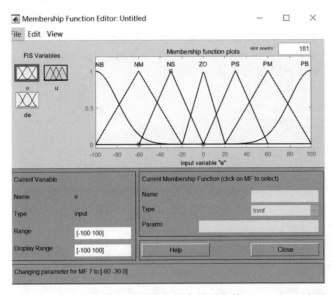

图 7-8　输入 e 的隶属度函数

2）de 的隶属度取值范围和隶属度函数类型

MF1='NB':'gaussmf',[7.078 −50]

MF2='NM':'trimf',[−50 −30 −10]

MF3='NS':'trimf',[−30 −15 0]

MF4='ZO':'trimf',[−10 0 10]

MF5='PS':'trimf',[0 15 30]

MF6='PM':'trimf',[10 30 50]

MF7='PB':'gaussmf',[7.09 50]

输入 de 的隶属度函数如图 7-9 所示。

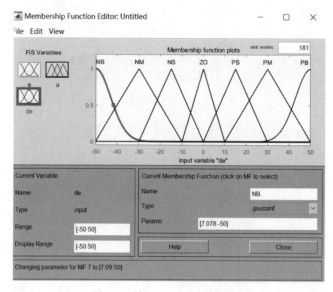

图 7-9　输入 de 的隶属度函数

3）u 的隶属度取值范围和隶属度函数类型

MF1='NB':'gaussmf',[10 −100]

MF2='NM':'trimf',[−100 −66 −33]

MF3='NS':'trimf',[−60 −35 −10]

MF4='ZO':'trimf',[−20 0 20]

MF5='PS':'trimf',[10 35 60]

MF6='PM':'trimf',[33.33 66.67 100]

MF7='PB':'gaussmf',[−10 100]

输出 u 的隶属度函数如图 7-10 所示。

模糊推理决策算法设计：根据模糊控制规则进行模糊推理，并决策出模糊输出量。

4．建立模糊控制表

建立的模糊控制表如表 7-12 所示，模糊工具箱建立的模糊规则如图 7-11 所示。

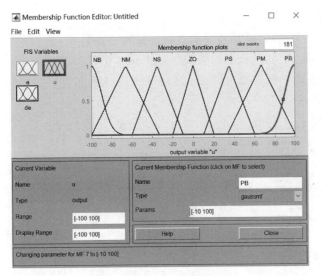

图 7-10 输出 u 的隶属度函数

表 7-12 模糊控制表

u		e						
		NB	NM	NS	ZO	PS	PM	PB
	NB	NB	NB	NM	NM	NS	NS	ZO
	NM	NB	NM	NM	NS	NS	ZO	PS
	NS	NM	NM	NS	NS	ZO	PS	PS
ec	ZO	PM	NS	NS	ZO	PS	PS	PM
	PS	NS	NS	ZO	PS	PS	PM	PM
	PM	NS	ZO	PS	PS	PM	PM	PB
	PB	ZO	PS	PM	PM	PM	PB	PB

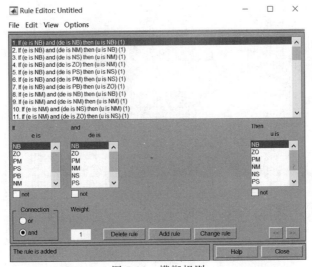

图 7-11 模糊规则

5. 模糊量的清晰化

模糊量清晰化即去模糊,就是将模糊的输出量变为具体值,去模糊的方法有很多种,这里采用中心法去模糊。模糊系统总的输出实际上是 4 个规则推理结果的并集,需要进行清晰化,这样才可以得到精确的推理结果,模糊规则浏览器和特性曲面如图 7-12 和图 7-13 所示。

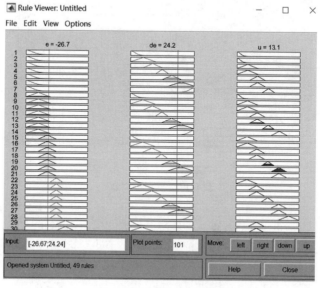

图 7-12　模糊规则浏览器

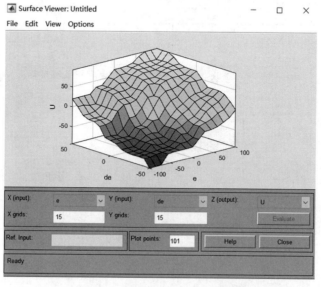

图 7-13　系统输入/输出特性曲面

最后,可以通过 file-export-workspace 将推理结果导出到工作区,供后面的 Simulink
调用。

6．搭建 Simulink 模型

首先搭建 Simulink 模型,如图 7-14 所示。

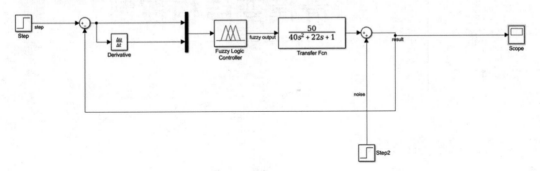

图 7-14　Simulink 模型

然后双击示波器,单击上方的 run 按钮,运行后的波形图如图 7-15 所示。

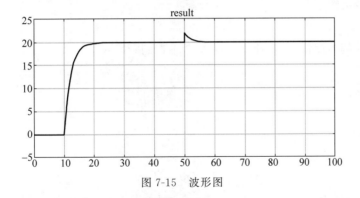

图 7-15　波形图

可以看到在控制器的控制下,在干扰的作用下,经过一段时间又回到了平衡。

第 8 章

滑模变结构控制

12min

8.1 变结构控制系统

本节将对变结构控制的任务、模型、综合要求等一般问题进行较详细讨论,并对变结构控制系统的特性进行初步介绍。

先讨论线性系统

$$\dot{x} = Ax + Bu, \quad y = Cx \tag{8-1}$$

我们有 3 种基本控制,即 3 种反馈规律,3 种控制策略:

1. 状态反馈

$$u = Kx \tag{8-2}$$

2. 输出反馈

$$u = Ky \tag{8-3}$$

3. 动态反馈

$$
\begin{aligned}
u &= Kw \\
w &= Hz + Ly \\
\dot{z} &= Fz + Gy
\end{aligned} \tag{8-4}
$$

这 3 种策略使闭路系统的动态特性是良好的,如具有给定的极点集合,以及某品质指标最优等,这就是线性控制理论的核心问题。

再谈一些非线性系统:

$$\dot{x} = f(x, u) \tag{8-5}$$

或简单些的模型:

$$\dot{x} = A(x) + B(x)a, \quad y = C(x) \tag{8-6}$$

状态反馈的任务是寻求控制策略 $u = u(x)$,使闭路系统 $\dot{x} = f(x, u(t))$,全面渐近稳定,或使某品质指标达到最优等。

同样地,可以提出输出反馈问题(此时 $u = u(y)$)和动态反馈问题(此时 $u = u(\omega)$)。

动态补偿器的方程为

$$\omega = \omega(z, y) \tag{8-7}$$
$$\dot{z} = D(z, y)$$

但是由于非线性系统可以有各种模型,如最一般的模型(8-5),特殊些的模型(8-6),还有其他更简单的非线性模型,如继电系统的模型:

$$\dot{x} = Ax + b\,\mathrm{sgn}s, \quad s = c^{\mathrm{T}}x \tag{8-8}$$

相应地,反馈及动态补偿器也有多种形式的模型,非线性控制系统模型是多种多样的,远远不像线性系统那样,模型比较单一并且可以确定。和上述非线性系统理论中的情况完全一样,当研究非线性系统的变结构控制时,也会遇到模型问题。变结构控制系统本身就是一个非线性系统。

今后将对每种模型加以研究。这是因为系统模型越简单,虽然它概括的系统比较少,但可以越深入具体的结果,而系统越一般,可以得到的结果就越少而且不具体。

8.1.1 变结构控制

如果存在一个(或几个)切换函数,当系统的状态达到切换函数值时,系统则从一个结构自动转换成另一个确定的结构,这种系统称为变结构系统。什么是系统的结构也需要先定义。系统的一种模型,即由某一组数学方程所描述的模型,称为系统的一种结构,系统有几种不同结构,就是说它有几种不同数学表达式的模型。

变结构控制系统选择并确定了控制规律后,得到的闭路系统是一个变结构控制系统,这样定义的变结构控制系统也是比较宽泛的,不属于本书讲解的范围,目前也未形成系统的理论。

下面给出目前大家公认的、已得到系统发展的变结构控制系统的定义。更确切地说,作为一种综合方法,要定义的是系统的变结构控制。

有一非线性控制系统:

$$\dot{x} = f(x, u, t) \tag{8-9}$$
$$x \in \mathbf{R}^n, \quad u \in \mathbf{R}^m, \quad t \in \mathbf{R}$$

需要确定切换函数向量 $s(x)$,$s \in \mathbf{R}^m$,具有的维数一般情况下等于控制的维数,并且寻求变结构控制

$$u_i(x) = \begin{cases} u_i^+(x), & S_i(x) > 0 \\ u_i^-(x), & S_i(x) < 0 \end{cases} \tag{8-10}$$

这里变结构体现在 $u^+(x) \neq u^-(x)$ 使切换面 $s_i(x) = 0$ 以外的相轨迹线,将于有限时间内到达切换面;切换面是滑动模态区,且滑动运动渐近稳定,动态品质良好。

显然,这样设计出来的变结构控制使闭路系统全局渐近稳定,而且动态品质良好。由于这里利用了滑动模型,所以又常称为变结构滑动模态控制。

现在作进一步的分析。设 u 是标量控制。

1. 到达条件

即系统

$$\dot{x} = f(x, u^+(x), t) \tag{8-11}$$

的解(位于 $s(x) > 0$ 一侧)将趋近于 $s(x) = 0$ 表示的切换面,而且在有限时间内到切换面,s 是标量函数。

换句话说,初始条件为 (t_0, x_0) 是式(8-11)的解

$$x^+(t) = x^+(t, x_0, t_0), \quad s(x_0) > 0$$

当 t 从 t_0 增大时满足

$$\dot{s}(x^+(t)) < 0$$

且存在正数 τ,使当 $t = \tau$ 时

$$s(x^+(\tau, x_0, t_0)) = 0$$

类似地,对于

$$\dot{x} = f(x, u^-(x), t)$$

的解

$$x^-(t) = x^-(t, x_0, t_0), \quad s(x_0) < 0$$

有

$$\dot{s}(x^-(t)) > 0$$

且也存在某正数 τ',使

$$s(x^-(\tau', x_0, t_0)) = 0$$

上述到达条件可简单地表示为

$$\begin{cases} \dot{s} < -\varepsilon, & s > 0 \\ \dot{s} > +\varepsilon, & s < 0 \end{cases}$$

或者

$$s\dot{s} < -\delta$$

其中 ε 及 δ 均为任意小的正数。或简单地像一般文献中那样表示为

$$\begin{cases} \dot{s} < 0, & s > 0 \\ \dot{s} > 0, & s < 0 \end{cases}$$

或者

$$s\dot{s} < 0$$

此外,有时到达条件还可以表示为

$$\begin{cases} \dot{s} < 0, & s \geqslant 0 \\ \dot{s} > 0, & s \leqslant 0 \end{cases}$$

2. 滑动模态渐近稳定且有良好动态品质

为了确定滑动模态的稳定性并研究其动态品质,就需要建立其运动微分方程,对于非线性系统,这是一个比较复杂且困难的问题。

$$\dot{x} = f(x, u, t)$$
$$s(x) = 0 \tag{8-12}$$

还有一种等效控制的描述。对于滑动运动来讲,它恒满足

$$s(x(t)) = 0, \quad \dot{s}(x(t)) = 0$$

展开第二式

$$\dot{s} = \frac{\partial}{\partial x}s(x) \cdot \dot{x} = \frac{\partial}{\partial x}s(x) \cdot f(x,u,t) = 0 \tag{8-13}$$

其中

$$\frac{\partial}{\partial x}s(x) = \left[\frac{\partial}{\partial x_1}s, \frac{\partial}{\partial x_2}s, \cdots, \frac{\partial}{\partial x_n}s\right]$$

从式(8-13)中解出 $u(x)$,记为 $u_e(x)$。

这能够保证滑动模运动存在,即强迫系统(8-9)的运动是沿着切换面而运动所需要的控制力,常称为滑动模态的等效控制。

因此滑动模态的运动微分方程可表示为

$$\dot{x} = f(x, u_i(x), t) \tag{8-14}$$

以后我们将看到,这两种一般表达式(8-12)与式(8-14)尚能进一步简化,得到易于研究的形式。系统(8-12)或式(8-14)的解具有良好的动态品质。

8.1.2　变结构控制系统的品质

现在可以看出来,变结构控制系统中的过程,是由两部分组成的,即由两个阶段运动组成的,如图 8-1 所示。第一阶段是正常运动,它全部位于切换面之外,或有限次穿越切换面,如图 8-1 所示的 $x_0 A$ 段,第二段是滑动模态,完全位于切换面上的滑动模态区之内,如图 8-1 所示的 AO 段。

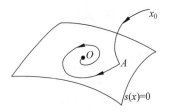

图 8-1　变结构控制示意图

过渡过程的品质,决定了这两段运动的品质。因为我们尚不能一次性地改善整个运动过程的品质,因而不得不分别要求两段运动各自具有自己的高品质。

此外,分开来看每一段运动的品质均与所选切换函数 $s(x)$ 及控制函数 $u^+(x)$ 及 $u^-(x)$ 有关。这是一个复杂问题,我们进行一些局部研究。这里指的是:选择 $u^{\pm}(x)$ 使接近过程,即正常运动段的品质得到提高,选择 $s(x)$ 使滑动模态的运动品质得到保证和改善。

滑动模态的品质问题。如果能够建立起滑动模态的运动微分方程,就可以研究它的品质问题了,我们建立的滑动模态微分方程是线性系统,系数是待选的。选择系数以改善线性系统的品质这是一个经典问题。

现在讨论正常运动段的品质问题。正常运动段是趋向切换面并直接到达它的那段运动。能够趋近切换面并到达它是由到达条件决定的。

$$\dot{s} < 0, \quad s > 0; \quad \dot{s} > 0, \quad s < 0$$

但此条件丝毫也反映不出运动是如何趋近切换面的,而正常运动的品质正是要求此趋近过程良好,例如快速。因此,可以提出并发展趋近律的概念和公式,来保证正常运动的品

质,可以设计出各种各样的趋近律。

1. 等速趋近律

$$\dot{s} = -\varepsilon\,\mathrm{sgn}s, \quad \varepsilon > 0 \tag{8-15}$$

2. 指数趋近律

$$s = -\varepsilon\,\mathrm{sgn}s - ks, \quad \varepsilon > 0, k > 0 \tag{8-16}$$

3. 幂次趋近律

$$s = -k\mid s\mid^a \mathrm{sgn}s, \quad k > 0, 1 > \alpha > 0 \tag{8-17}$$

特别地,取 $\alpha = \dfrac{1}{2}$

$$\dot{s} = -k\sqrt{\mid s\mid}\,\mathrm{sgn}s, \quad k > 0 \tag{8-18}$$

4. 一般趋近律

$$\dot{s} = -\varepsilon\,\mathrm{sgn}s - f(s)$$
$$f(0) = 0, \quad sf(s) > 0, \quad s \neq 0 \tag{8-19}$$

这些趋近律的特点,下面分别加以解释。

1) 等速趋近规律

趋近速度为 ε。如果 ε 甚小,则趋近速度很慢,即正常运动是慢速的,调节过程太慢;反之,如果 ε 较大,则到达切换面时,系统具有较大速度,这样将引起较大的抖动。故对于这种最简单的趋近规律,虽然我们可以容易地求得控制 $u^{\pm}(x)$,且本身也比较简单,但运动的品质有时不够好。

2) 按指数趋近规律

从 $\dot{s} = -\varepsilon - ks$,当 $s > 0$,可解出 $s(t) = -\dfrac{\varepsilon}{k} + \left(s_0 - \dfrac{\varepsilon}{k}\right)\mathrm{e}^{-kt}$。

由此可以看出 t 充分大时趋近比按指数规律还要快。为了减小抖动,可以减少到达 $s(x) = 0$ 的速度 $\dot{s} = -\varepsilon$,即减小 ε 而增大 k 可以加速趋近速度。

指数趋近规律比等速趋近规律要复杂些,这在求控制时就会显示出来,但却能大大改善 $s(x) = 0$ 的正常运动:趋近过程变快,引起的抖动却可以大大削弱。

3) 幂次趋近律

考虑趋近律

$$s = ks^{\alpha}, \quad k > 0, a > 0, s = s_0 > 0$$

进行积分,得

$$s^{1-a} = -(1-\alpha)kt + s_0^{1-a}$$

s 由 s_0 逐渐减小到零,到达时间为

$$t = s_0^{1-a}/(1-\alpha)k$$

有限时间到达得到保证。

一般趋近规律,当 ε 及函数 $f(s)$ 取不同值时,可以得到以上各种趋近规律。

对以上趋近规律,若 S 为向量

$$\boldsymbol{S} = [S_1, S_2, \cdots, S_m]^{\mathrm{T}}$$

则 $\boldsymbol{\varepsilon}$ 为对角阵

$$\boldsymbol{\varepsilon} = \mathrm{diag} \left| \varepsilon_1, \cdots, \int_m \right|, \quad \varepsilon_i > 0$$

sgn$\boldsymbol{s}$ 为向量

$$\mathrm{sgn}\boldsymbol{s} = |\mathrm{sgn}s_1, \cdots, \mathrm{sgn}s_m|^{\mathrm{T}}$$

$\boldsymbol{k}$ 是对角阵

$$\boldsymbol{k} = \mathrm{diag}[k_1, k_2, \cdots, k_m], \quad k_i > v$$

$f(\boldsymbol{s})$ 为向量函数

$$f(\boldsymbol{s}) = [f_1(s_1), f_2(s_2), \cdots, f_m(s_m)]^{\mathrm{T}}$$

$$|s|^{\alpha}\mathrm{sgn}\boldsymbol{s} = [s_1|^{\alpha}\mathrm{sgn}s_1, \cdots, |s_m|^{\alpha}\mathrm{sgn}s_m]^{\mathrm{T}}$$

还有其他形式的到达条件的数学表达式,我们以后再指出。

总之,我们有两种到达条件。

(1) 对趋近不加刻画的趋近到达: $s_i \dot{s} < 0, i = 1, 2, \cdots, m$。

(2) 按规定趋近律的趋近到达: $\dot{s} = -\varepsilon_i \mathrm{sgn}s_j - f_i(s), i = 1, 2, \cdots, m$。

8.1.3 变结构系统的数学模型

非线性系统不管从其特性来看,还是从控制的综合来看都是十分复杂的。即便是模型及其数学表达式,也是如此。模型过于一般,虽然它可以包括更多的非线性控制系统,但研究起来困难很大,也不易于获得深入的结果、分析方法、综合方法、系统的特性等。模型越简单,它的特殊性就越大,但是作为补偿,我们却可以得到更多的结果。不像线性系统,只有一个模型,如多输入多输出系统

$$\dot{x} = \boldsymbol{A}x + \boldsymbol{B}u, \quad y = \boldsymbol{C}x$$
$$x \in \mathbf{R}^n, \quad u \in \mathbf{R}^m, \quad y \in \mathbf{R}^t \tag{8-20}$$

或单输入单输出系统

$$\dot{x} = \boldsymbol{A}x + \boldsymbol{b}u, \quad y = \boldsymbol{c}^{\mathrm{T}}x$$
$$x \in \mathbf{R}^n, \quad u \in \mathbf{R}^t, \quad y \in \mathbf{R}^t \tag{8-21}$$

最一般的非线性控制系统的数学模型为

$$\dot{x} = f(\boldsymbol{x}, \boldsymbol{u}, t), \quad y = g(\boldsymbol{x}, t) \tag{8-22}$$

采用变结构控制,要表述系统的特点,还应补充一个切换函数 $s(\boldsymbol{x})$ 或切换面组:

$$s(y) = 0 \tag{8-23}$$

在系统(8-22)与式(8-23)中,分别有

$$\boldsymbol{u} \in \mathbf{R}^m, \quad \boldsymbol{x} \in \mathbf{R}^m, \quad y \in \mathbf{R}^l, \quad s \in \mathbf{R}^m, \quad t \in \mathbf{R}^t$$

如果用状态反馈,则代替式(8-15)应有

$$s(\boldsymbol{x}) = 0 \tag{8-24}$$

系统(8-22)与式(8-23)也是过于一般化的模型。

在本节之初,我们已给出了 6 种系统的模型,这是被控对象的数学模型。作为变结构系统的模型,还应指出切换函数 $s(x)$ 的模型、控制模式或控制的切换模式。

下面我们分别加以讨论,切换模式将在后文专门研究。先看切换函数的几种模型。

1. 线性模型

对象及切换函数都是线性的,其数学表达式为

$$\dot{x} = Ax + bu$$
$$s = c^T x \tag{8-25}$$

其中 A 为 $n \times n$ 矩阵,b 及 c 为 n 维向量。我们要求向量 c 及控制是变结构的

$$u = \begin{cases} u^+(x), & s > 0 \\ u^-(x), & s < 0 \end{cases} \tag{8-26}$$

使闭路系统全局渐近稳定。

高阶线性系统是另一种线性模型

$$x^{(n)} = a_1 x^{n-1} + \cdots + a_0 x + bu$$
$$s = c_1 x + c_2 \dot{x} + \cdots + c_{n-1} x^{n-2} + x^{n-1} \tag{8-27}$$

因为线性系统已有比较成熟的理论及综合方法,采用变结构控制这种复杂的非线性控制器,除非有其他方面的巨大优越性,否则是不容易被接受的。

事实正是如此。20 世纪 50 年代,变结构控制理论被提出来之后,并没有引起全世界控制界的普遍重视,其原因正是上面所讲述的,但是人们逐渐发现了变结构控制的一个突出优点,那就是滑动模态可以具有对系统摄动不确定性及干扰的"完全自适应性",当然也同时发现了它的重大缺陷:抖振的存在。所以近些年来,变结构控制作为一种普遍的综合方法,又开始受到世界范围的重视,开始了新的发展阶段。

2. 线性对象

二次型切换函数

$$\dot{x} = Ax + bu$$
$$s = x_1 c^T x \tag{8-28}$$

二次型 $x_1 c^T x$ 是一特殊二次型。这种系统的模型是 20 世纪 50 年代发展起来的,早期得到系统地研究,系统的模型也是高阶方程:

$$x^{(n)} = a_0 x^{n-1} + a_1 x^{n-2} + \cdots + a_n x + bu$$
$$s = x(c_1 x + c_2 \dot{x} + \cdots + c_{n-1} x^{(n-2)} + x^{(n-1)}) \tag{8-29}$$

这种形式的切换面在很多场合仍然被应用。

3. 非线性对象

线性切换函数

$$\dot{x} = A(x) + b(x)u$$
$$s = c^T x, \quad x = [x_1, x_2, \cdots, x_n]^T \tag{8-30}$$

或者相应的高阶表达式表示的模型:

$$x^{(n)} = f(x, \dot{x}, \cdots, x^{(n-1)}) + \beta(x)\boldsymbol{u}$$

$$s = \boldsymbol{c}^{\mathrm{T}}\boldsymbol{x}, \quad \boldsymbol{x} = [x, \dot{x}, \cdots, x^{(n-1)}]^{\mathrm{T}} \tag{8-31}$$

机器人、飞机、太空飞行器等都属这类系统。应该说,正是由于需要对这些十分复杂的对象进行控制,所以对变结构控制的近代发展起到了推动的作用。

以上列举的 3 种情况都是单输入的,与标量函数相应的还有多输入情况,$\boldsymbol{u}$ 是 m 维控制向量:

$$\begin{cases} \dot{x} = \boldsymbol{A}\boldsymbol{x} + \boldsymbol{B}\boldsymbol{u}, \quad s = \boldsymbol{C}\boldsymbol{x} \\ \dot{x} = \boldsymbol{A}\boldsymbol{x} + \boldsymbol{B}\boldsymbol{u}, \quad s_i = x_i \boldsymbol{c}_i^{\mathrm{T}}\boldsymbol{x}, \quad i = 1, 2, \cdots, m \\ \dot{x} = \boldsymbol{A}(x) + \boldsymbol{B}(x)\boldsymbol{u}, \quad s = \boldsymbol{C}\boldsymbol{x} \end{cases} \tag{8-32}$$

多输入系统的变结构控制,比较单输入控制来讲,出现了一个比较复杂的新问题。这个问题的实质是多输入的各个控制是以什么样的方式起到控制作用的,称为控制的切换模式。

8.1.4　变结构控制的特点

本节将简要地概括变结构控制作为一个学科分支的基本特点。

（1）结构控制是控制系统的一种综合方法。设有控制系统

$$\dot{x} = \boldsymbol{A}(x) + \boldsymbol{B}(x)\boldsymbol{u} \tag{8-33}$$

我们的任务是设计反馈 $u(x)$,但限定 $u(x)$ 是变结构的,它能将系统的运动引导到一个超面 $S: \boldsymbol{c}^{\mathrm{T}}\boldsymbol{x} = 0$,或一个流形 $s(x) = 0$ 上。选择 $s(x) = 0$,使其上的运动是渐近稳定的。到目前为止,可以说已建立起系统的理论和可以得到变结构系统的实用的综合步骤。

（2）变结构系统的滑动模态具有完全自适应性,这成为变结构系统的最突出的优点,成为它得到重视的主要原因。任一实际系统中都有一些不确定的参数,变化参数、数学描述也总具有不准确性,还受到外部环境的扰动。特别地,系统中某些特别复杂的部分,完全可以把它们视为对系统的摄动,从而建立起一个简单的线性模型,但受到一种摄动系统。对摄动来讲,它可能复杂:如果包括很多项、数学表达式复杂、甚至不确定等,但是,由于可以构造变结构控制,使这样的摄动对滑动模态完全不发生影响,即使滑动模态对摄动具有"完全自适应性"。这样,就可以解决十分复杂的系统镇定问题,这就是变结构控制系统的主要独特之处。

（3）结构控制系统已被用来解决复杂的控制问题。这些问题包括:理想运动的跟踪问题、理想模型的跟踪问题、模型跟踪的自适应控制问题、不确定系统的控制问题等。这些问题以后再讲述。采用趋近律后,非滑动模态运动也具有对摄动的自适应性。

（4）变结构控制已开始被用来解决实际问题,在机器人控制、飞机自适应控制、卫星姿态控制、电机控制、电力系统控制等方面都有研究成果。

（5）变结构控制中存在的问题。目前变结构控制理论尚存在问题,突出的问题是抖动问题。正像我们已经指出的,理论上滑动模态是光滑的,但实际上不可避免的惯性使在滑动模态上叠加了一个自振,这常常是有害的。大大削弱或消除自振是一个重要问题,这个问题

目前已有一初步结果。

8.2 开关控制与滑模变结构控制

滑模变结构控制与通常的开关（On-Off）控制及按某种条件或指标作逻辑转换的控制（例如一种超驰控制）等是完全不同的。它有开关的切换动作，也有逻辑判断的功能，这些动作和功能在系统的整个动态过程中都在进行，不断地改变系统的结构。其目的是使系统运动达到和保持一种预定的滑动模态。可以说，滑模变结构控制是一种具有预定滑动模态的开关控制。

8.2.1 开关控制

如图 8-2 所示，定值温度控制系统是一种最简单的开关控制系统。其中，控制对象（炉温等）是一个具有自衡的稳定对象，这种对象的传递函数 $G(s)$ 常可写为

$$G(s) = \frac{k}{s^n + \sum_{i=1}^{n} a_i s^{i-1}} \tag{8-34}$$

式中，所有的极点都是负实数。

设温度定值为 γ，开关切换法则为

$$u = \begin{cases} m > 0, & y < r \\ 0, & y > r \end{cases} \tag{8-35}$$

这种控制系统也可用如图 8-3 所示的闭环系统来表示，其中引入了一个具有开关特性的非线性环节。

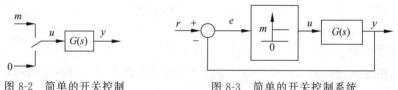

图 8-2　简单的开关控制　　　　图 8-3　简单的开关控制系统

此时开关的控制法则是

$$u = \begin{cases} m > 0, & e > 0 \\ 0, & e < 0 \end{cases} \tag{8-36}$$

上述的开关切换并不改变系统的结构。例如，设

$$G(s) = \frac{1}{s^2 + 3s + 2} = \frac{Y(s)}{U(s)} \tag{8-37}$$

控制对象的微分方程可表示为

$$y^{(2)} + 3y^{(1)} + 2y = u \tag{8-38}$$

令系统的误差 $e = r - y$，则误差的微分方程为（r 是常数）

$$e^{(2)} = -3e^{(1)} - 2e + 2r - u \tag{8-39}$$

再设状态变量 $x_1 = e$，$x_2 = \mathrm{d}x_1/\mathrm{d}t = \mathrm{d}e/\mathrm{d}t$，状态空间表达式为

$$\begin{cases} \dfrac{\mathrm{d}x_1}{\mathrm{d}t} = x_2 \\[2mm] \dfrac{\mathrm{d}x_2}{\mathrm{d}t} = -2x_1 - 3x_2 + 2r - u \\[2mm] e = x_1 \end{cases} \tag{8-40}$$

其中，控制由式(8-36)决定，再设

$$v = 2r - u = \begin{cases} 2r - m > 0, & e > 0 \\ 2r, & e < 0 \end{cases} \tag{8-41}$$

对于开关的两种状态，系统的平衡点分别是

$$x_e = -\boldsymbol{A}^{-1} \begin{bmatrix} 0 \\ v \end{bmatrix} \tag{8-42}$$

式中，v 由式(8-41)给出，且

$$\boldsymbol{A} = \begin{bmatrix} 0 & 1 \\ -2 & -3 \end{bmatrix}$$

式(8-40)中的状态方程可以求解，其解为

$$\boldsymbol{x}(t) = \boldsymbol{S}(t)x(0) + \int_0^t S(t-\tau)bv\,\mathrm{d}t \tag{8-43}$$

式中

$$\boldsymbol{S}(t) = \mathrm{e}^{\boldsymbol{A}t} = \begin{bmatrix} 2\mathrm{e}^{-t} - \mathrm{e}^{-2t} & \mathrm{e}^{-t} - \mathrm{e}^{-2t} \\ -2\mathrm{e}^{-t} + 2\mathrm{e}^{-2t} & -\mathrm{e}^{-t} + 2\mathrm{e}^{-2t} \end{bmatrix}$$

$$\boldsymbol{b} = \begin{bmatrix} 0 \\ 1 \end{bmatrix}$$

$v = $ 常数 $2r$ 或 $2r - m$。

因此

$$\boldsymbol{x}(t) = \begin{bmatrix} 2\mathrm{e}^{-t} - \mathrm{e}^{-2t} & \mathrm{e}^{-t} - \mathrm{e}^{-2t} \\ -2\mathrm{e}^{-t} + 2\mathrm{e}^{-2t} & -\mathrm{e}^{-t} + 2\mathrm{e}^{-2t} \end{bmatrix} \begin{bmatrix} x_1(0) \\ x_2(0) \end{bmatrix} +$$

$$\begin{bmatrix} 0.5 - \mathrm{e}^{-t} + 0.5\mathrm{e}^{-2t} \\ \mathrm{e}^{-t} - \mathrm{e}^{-2t} \end{bmatrix} v$$

或

$$\begin{cases} x_1(t) = [2x_1(0) + x_2(0) - 1]\mathrm{e}^{-t} - [x_1(0) + x_2(0) - 0.5v]\mathrm{e}^{-2t} + 0.5v \\ x_2(t) = -[2x_1(0) + x_2(0) - v]\mathrm{e}^{-t} + [2x_1(0) + 2x_2(0) - v]\mathrm{e}^{-2t} \end{cases}$$

简写为

$$
\begin{cases}
x_1(t) = p_1 e^{-t} + p_2 e^{-2t} + p_3 \\
x_2(t) = p_4 e^{-t} + p_5 e^{-2t}
\end{cases}
\tag{8-44}
$$

式中，p_1、p_2、p_3、p_4、p_5 均为常数。

当 $p_1 p_5 - p_4 p_2 \neq 0$ 时，可消去式(8-44)中的时间 t，得到状态轨迹方程式：

$$
[(x_1 - p_3) p_5 - x_2 p_4]^2 = -[(x_1 - p_3) p_5 + x_2 p_1](p_1 p_5 - p_4 p_2)
\tag{8-45}
$$

显然，这是抛物线方程。

现在再考虑如图 8-4 所示的更一般的开关控制，设

$$
\frac{dx}{dt} = Ax + bu
\tag{8-46}
$$

开关动作表示为

$$
u(t) = M \operatorname{sgn} f(x)
\tag{8-47}
$$

其中，sgn 表示符号函数，M 是一个常数值，$f(x)$ 称为"开关函数"或"切换函数"，由下式确定：

$$
f(x) = -k_1 x_1 - k_2 x_2 - \cdots - k_n x_n = -kx
\tag{8-48}
$$

其中

$$
k = [k_1, k_2, \cdots, k_n]
$$

于是方程式(8-46)可变成

$$
\frac{dx}{dt} = Ax + bM \operatorname{sgn}(kx)
\tag{8-49}
$$

设

$$
A = \begin{bmatrix} 0 & 1 \\ 0 & -1 \end{bmatrix} \quad b = \begin{bmatrix} 0 \\ 1 \end{bmatrix}
$$

并取开关切换函数 $f(x) = -k_1 x_1 - k_2 x_2$，则

$$
\begin{cases}
\dfrac{dx_1}{dt} = x_2 \\
\dfrac{dx_2}{dt} = -x_2 + M \operatorname{sgn}(kx)
\end{cases}
\tag{8-50}
$$

两式相除可得

$$
\frac{dx_2}{dx_1} = -1 + \frac{(\pm M)}{x_2}
\tag{8-51}
$$

对于 $+M$ 和 $-M$，两组状态轨迹如图 8-5 所示。

由图 8-5 可知，在开关线的两边状态轨迹是不同的(形状相同而方向不同)。图中的曲线 $ABCD$ 是该闭环系统的一个运动轨迹，它显然是渐近稳定的。这样的开关系统可以认为是变结构系统。

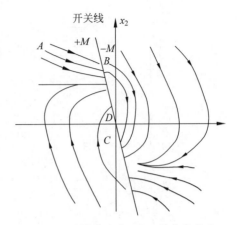

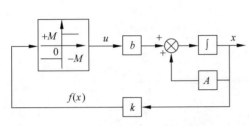

图 8-4　较一般的开关控制系统

图 8-5　系统表达式(8-50)的状态轨迹

8.2.2　变结构系统中的滑动模态

由上述两个例子可知,并非所有的开关系统都是变结构系统,然而,许多开关系统的确具有变结构的特点,而且能在很大程度上改善系统的动态品质。为了进一步弄清变结构系统与具有变结构特点的开关系统的区别,再看下面的一个例子。

设有一个负反馈二阶不稳定系统的状态方程为

$$\frac{\mathrm{d}x_1}{\mathrm{d}t} = x_2 \tag{8-52}$$

$$\frac{\mathrm{d}x_2}{\mathrm{d}t} = -a_1 x_1 \tag{8-53}$$

式中,$a_1 > 0$,x_1 为给定值 r 与输出 y 之差。此系统的相轨迹为椭圆(如图 8-6(a)和图 8-6(b)所示)。当系统用正反馈时,状态方程为

$$\frac{\mathrm{d}x_1}{\mathrm{d}t} = x_2 \tag{8-54}$$

$$\frac{\mathrm{d}x_2}{\mathrm{d}t} = +a_1 x_1 \tag{8-55}$$

其相轨迹是双曲线型(鞍点,如图 8-6(c)和图 8-6(d)所示)。

显然,该两个系统都不是渐近稳定的。如果将相平面分为 4 个区,如图 8-6(e)所示,则

Ⅰ 区：$x_1 > 0$,　$x_2 + \sqrt{a_1}\,x_1 > 0$

Ⅱ 区：$x_1 < 0$,　$x_2 + \sqrt{a_1}\,x_1 > 0$

Ⅲ 区：$x_1 < 0$,　$x_2 + \sqrt{a_1}\,x_1 < 0$

Ⅳ 区：$x_1 > 0$,　$x_2 + \sqrt{a_1}\,x_1 < 0$

此 4 个区以直线 $x_1 = 0$ 及 $x_2 + \sqrt{a_1}\,x_1 = 0$ 为界,而直线 $x_2 + \sqrt{a_1}\,x_1 = 0$ 选为双曲线轨

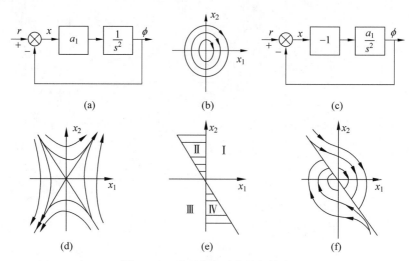

图 8-6   二阶不稳定系统的相轨迹

迹,如图 8-6(d)所示,唯一的一条渐近稳定线。在本例中,$\sqrt{a_1}$ 是此线的斜率。将此系统设计成如图 8-7 所示的开关控制,即在Ⅰ、Ⅲ区采用负反馈,相轨迹为椭圆;在Ⅱ、Ⅳ区采用正反馈,相轨迹为双曲线,如图 8-6(f)所示。这样,整个反馈系统是变结构的。此时,若系统的初始点在Ⅰ区或

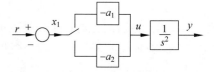

图 8-7   一种变结构的开关控制

Ⅲ区,则其瞬变响应是非周期渐近稳定过程;若其初始点在Ⅱ区或Ⅳ区,则其响应为具有一次超调的稳定过程。

在此例中,实际上有两条开关线:一条是相平面的垂直轴,$x_1=0$;另一条则是双曲型结构的渐近稳定线,$x_2+\sqrt{a_1}\,x_1=0$。一般地,第二条开关线的斜率 $\sqrt{a_1}$ 可以改选为 c,亦即 $x_2+cx_1=0$。按上述方法将相平面分成 4 个区,如图 8-8(a)所示。

Ⅰ 区:$x_1>0$, $x_2+cx_1>0$

Ⅱ 区:$x_1<0$, $x_2+cx_1>0$

Ⅲ 区:$x_1<0$, $x_2+cx_1<0$

Ⅳ 区:$x_1>0$, $x_2+cx_1<0$

若取 $c>\sqrt{a_1}$,据上面的分析,可以很容易地发现,开关变结构控制使闭环系统的相轨迹如图 8-8(b)所示,其响应曲线呈衰减振荡。

现在来仔细考虑 $0<c<\sqrt{a_1}$ 的情况,此时系统将进入一种特殊的状态,即所谓的 VSS 的"滑模"(Sliding Mode)方式:结构变换开关将以极高的频率来回切换,而状态的运动点则以极小的幅度在一开关线 $x_2+cx_1=0$ 上下穿行,如图 8-8(d)所示。此时控制系统的表达为

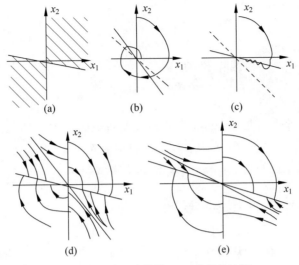

图 8-8　一种二阶滑模 VSS 的相轨迹图

$$\begin{cases} \dfrac{\mathrm{d}x_1}{\mathrm{d}t} = x_2 \\ \dfrac{\mathrm{d}x_2}{\mathrm{d}t} = -u \end{cases} \tag{8-56}$$

$$x_1 = r - y = e$$

$$u = \begin{cases} a_1, & x_1 q(x) > 0 \\ -a_1, & x_1 q(x) < 0 \end{cases} \tag{8-57}$$

式中

$$q(x) = x_2 + c x_1$$

此处称

$$s(x) = x_1 q(x) = x_1 (x_2 + c x_1) \tag{8-58}$$

为切换函数,而称

$$s(x) = x_1 (x_2 + c x_1) = 0 \tag{8-59}$$

为切换线(切换面)。

从严格的数学观点看,上述情况下,系统在切换线 $s=0$ 上的运动是未被定义的。对此暂时作如下解释。

在实际系统中,假设系统结构切换开关具有足够小的时间延迟 $\tau > 0$,从直观上可以看出,这将使状态运动点在切换线 $s=0$ 附近作椭圆小弧及双曲小弧的交替高频小振荡,其在相平面上的运动正如图 8-8(c)所示。当 $\tau \to 0$ 时,运动点将以无穷小的振幅及无穷高的频率沿开关切换线 $s=0$ 渐近至原点。故此时系统的运动可以定义为

$$x_2 + c x_1 = 0 \tag{8-60}$$

或者

$$\frac{\mathrm{d}x_1}{\mathrm{d}t} + cx_1 = 0 \tag{8-61}$$

方程式(8-61)所表示的运动起始于初始点,当达到切换线 $q=0$ 的最初时刻以后,就沿 $q=0$ 运动。这就是一个二阶 VSS 的滑模运动。实际上,式(8-61)规定的是一种"平均运动"。

滑模运动具有一个非常重要的性质:它与控制对象的参数 a_1 的变化及扰动无关。在本例中,它只与所选的滑模参数 c 有关。因为控制对象参数 a_1 的变化及扰动在一定范围内只改变椭圆及双曲线轨迹的形状,与切换线 $q=0$ 的斜率 c 无关。

8.3　滑动模态及其数学表达

带有滑动模态的变结构控制叫作滑模变结构控制。通过开关的切换,改变系统在状态空间中的切换面 $s(x)=0$ 两边的结构。开关切换的法则称为控制策略,它保证系统具有滑动模态。此时,分别把 $s=s(x)$ 及 $s(x)=0$ 叫作切换函数及切换面。

8.3.1　滑动模态

由上例的二阶变结构控制系统可知,开关线 $q=x_2+cx_1=0$ 及 $q=x_2+\sqrt{a_1}\,x_1=0$, $c<\sqrt{a_1}$,两者的性质是不同的,其不同之处在于:系统的运动点到达直线 $q=x_2+\sqrt{a_1}\,x_1=0$ 附近时,是穿越此直线而过的,而运动点到达直线 $q=x_2+cx_1=0$ 附近时,是从直线两边趋向此直线的。直线 $q=x_2+cx_1=0$ 具有一种"强迫"或者"吸引"运动点沿此直线运动的能力。

现在来考虑一般的情况,在系统

$$\frac{\mathrm{d}x}{\mathrm{d}t} = f(x), \quad x \in \mathbf{R}^n \tag{8-62}$$

的状态空间中,有一个超曲面 $s(x)=s(x_1,x_2,\cdots,x_n)=0$。

此超曲面将状态空间分成上下两部分,如图 8-9 所示,$s>0$ 及 $s<0$。在切换面上的点有 3 种情况:

通常点——系统运动点 RP(Representative Point)运动到切换面 $s=0$ 附近时穿越此点而过,如图 8-9 中的点 A 所示;

起始点——系统运动点 RP 到达切换面 $s=0$ 附近时,向切换面的该点的两边离开,如图 8-9 中的点 B 所示;

终止点——系统运动点 RP 到达切换面 $s=0$ 附近时,从切换面的两边趋向于该点,如图 8-9 中的

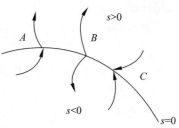

图 8-9　切换面上的 3 种点的特性

点 C 所示。

在滑模变结构控制中,通常点及起始点无多大意义,而终止点却有特殊的含义,因为如果在切换面上某一区域内所有的点都是终止点,则一旦运动点 RP 趋近于该区域时,就被"吸引"在该区域内运动。此时,就称在切换面 $s=0$ 上所有点都是终止点的区域为"滑动模态"区,或简称为"滑模"区。系统在滑模区中的运动就叫作"滑模运动"。

注意,并非切换面(切换线)所含的所有开关面(开关线)都是滑模面(线),例如上述的二阶变结构系统,其切换函数是 $s(x)=x_1(x_2+cx_1)$,切换线为 $s(x)=x_1(x_2+cx_1)=0$,它包含两条开关线 $x_1=0$ 及 $x_2+cx_1=0$,显然只有 $x_2+cx_1=0$ 是滑模线,因为由图 8-6 可知直线 $s=0$ 上的点都是通常点,而直线 $x_2+cx_1=0$ 上的点都是终止点。

8.3.2　滑动模态的数学表达

按照滑动模态区上的点都必须是终止点这一要求,当运动点 RP 到达切换面 $s(x)=0$ 附近时,必有

$$\lim_{s\to 0^+}\frac{\mathrm{d}s}{\mathrm{d}t}\leqslant 0 \text{ 及 } \lim_{s\to 0^-}\frac{\mathrm{d}s}{\mathrm{d}t}\geqslant 0 \tag{8-63}$$

或者

$$\lim_{x\to 0^+}\frac{\mathrm{d}s}{\mathrm{d}t}\leqslant 0 \text{ 及 } \lim_{s\to 0^-}\frac{\mathrm{d}s}{\mathrm{d}t} \tag{8-64}$$

式(8-64)也可以写作

$$\lim_{s\to 0}\frac{\mathrm{d}s}{\mathrm{d}t}\leqslant 0 \tag{8-65}$$

等效的还有

$$\lim_{s\to 0}\frac{\mathrm{d}}{\mathrm{d}t}s^2\leqslant 0 \tag{8-66}$$

不等式(8-66)对系统提出了一个形如

$$v(x_1,x_2,\cdots,x_n)=[s(x_1,x_2,\cdots,x_n)]^2 \tag{8-67}$$

的里亚普诺夫函数的必要条件。由于在切换面邻域内函数式(8-67)是正定义的,而式(8-66)中 s^2 的导数是负半定义的,换言之,在 $s=0$ 附近 v 是一个非增函数,因此,如果满足条件式(8-66),则定义函数式(8-67)是系统的一个条件里亚普诺夫函数。系统本身也就稳定于条件 $s=0$。

8.4　菲力普夫理论

已经指出滑动模态具有一个极重要的且很有用的性质,就是它对系统参数及外部扰动的不变性。VSS 理论的实质主要是保证滑动模态的存在性。为此,根据菲力普夫(FiHipov)理论,对滑动模态作更严格的考虑,并且还需对系统的滑模运动做出定义。

8.4.1 滑动模态的存在条件

设一般系统的微分方程为

$$\frac{\mathrm{d}x_i}{\mathrm{d}t} = f_1(x_1, x_2, \cdots, x_n, t), \quad i = 1, 2, \cdots, n \tag{8-68}$$

假设式(8-68)的右函数在 n 维状态空间中某个超曲面 $s(x) = s(x_1, x_2, \cdots, x_n) = 0$ 上是不连续的,而且当运动点 RP 从超曲面两边任一边趋近 $s(x) = 0$ 时,函数 $f_i(x_1, x_2, \cdots, x_n)$ 的左、右极限均存在:

$$\lim_{s \to 0^-} f_i(x_1, x_2, \cdots, x_n, t) = f_i^-(x_1, x_2, \cdots, x_n, t) \tag{8-69}$$

$$\lim_{s \to 0^+} f_i(x_1, x_2, \cdots, x_n, t) = f_i^+(x_1, x_2, \cdots, x_n, t) \tag{8-70}$$

通常,$f_i^-(x_1, x_2, \cdots, x_n, t) \neq f_i^+(x_1, x_2, \cdots, x_n, i)$, $(i = 1, 2, \cdots, n)$。

函数 $s(x)$ 沿系统表达式(8-68)轨迹的导数是

$$\frac{\mathrm{d}s}{\mathrm{d}t} = \sum_{i=1}^{n} \frac{\partial s}{\partial x_i} \frac{\mathrm{d}x_i}{\mathrm{d}t} = \sum_{i=1}^{n} \frac{\partial s}{\partial x_i} f_i = (\mathrm{grad}\,s)\boldsymbol{f} \tag{8-71}$$

式中,$\boldsymbol{f}$ 是一个元素为函数 $f_1, f_2, \cdots, f_n$ 的 n 维列向量(状态速度向量);$\mathrm{grad}\,s$ 是超曲面 $s = 0$ 的梯度向量,它是行向量,代表超曲面 $s = 0$ 的法线方向。

切换面上点的 7 种情况如图 8-10 所示。

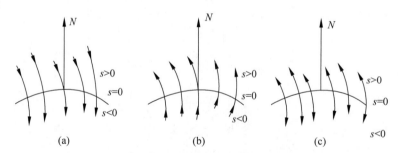

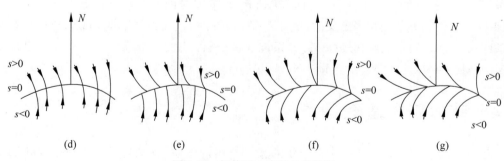

图 8-10　切换面上点的 7 种情况

按照式(8-68)~式(8-70),下面的极限存在

$$\lim_{s \to 0^-} \frac{\mathrm{d}s}{\mathrm{d}t} = (\mathrm{grad}s)f^- \tag{8-72}$$

$$\lim_{s \to 0^+} \frac{\mathrm{d}s}{\mathrm{d}t} = (\mathrm{grad}s)f^+ \tag{8-73}$$

式中,f^- 及 f^+ 分别是元素 f_i^- 及 f_i^+ $(i=1,2,\cdots,n)$ 的 n 维函数向量。

如图 8-10 中所示的 7 种情况可分别用下面的 7 个式子来表示:

$$\lim_{s \to 0^+} \frac{\mathrm{d}s}{\mathrm{d}t} > 0 < \lim_{s \to 0^-} \frac{\mathrm{d}s}{\mathrm{d}t} \tag{8-74}$$

$$\lim_{s \to 0^+} \frac{\mathrm{d}s}{\mathrm{d}t} < 0 > \lim_{s \to 0^-} \frac{\mathrm{d}s}{\mathrm{d}t} \tag{8-75}$$

$$\lim_{s \to 0^+} \frac{\mathrm{d}s}{\mathrm{d}t} > 0 > \lim_{s \to 0^-} \frac{\mathrm{d}s}{\mathrm{d}t} \tag{8-76}$$

$$\lim_{s \to 0^+} \frac{\mathrm{d}s}{\mathrm{d}t} < 0 < \lim_{s \to 0^-} \frac{\mathrm{d}s}{\mathrm{d}t} \tag{8-77}$$

$$\lim_{s \to 0^+} \frac{\mathrm{d}s}{\mathrm{d}t} = 0 < \lim_{s \to 0^-} \frac{\mathrm{d}s}{\mathrm{d}t} \tag{8-78}$$

$$\lim_{s \to 0^+} \frac{\mathrm{d}s}{\mathrm{d}t} < 0 = \lim_{s \to 0^-} \frac{\mathrm{d}s}{\mathrm{d}t} \tag{8-79}$$

$$\lim_{s \to 0^+} \frac{\mathrm{d}s}{\mathrm{d}t} = 0 = \lim_{s \to 0^-} \frac{\mathrm{d}s}{\mathrm{d}t} \tag{8-80}$$

式(8-74)及式(8-75)是通常点的表达式,式(8-76)是起始点的表达式,式(8-77)~式(8-80)是终止点的表达式。最后的 4 个式子可合并为式(8-64)。

8.4.2 关于菲力普夫理论的说明

设有定常系统

$$\begin{cases} \dfrac{\mathrm{d}x}{\mathrm{d}t} = f(x,u), & x \in R^*, u \in \mathbf{R} \\ y = h(x), & y \in \mathbf{R} \end{cases} \tag{8-81}$$

其中,u 是控制(输入)变量。作为一个开关系统,要求找出控制 u 对时间的函数 $u(t)$,使输出是 $y^*(t)$ 或者满足一定的指标要求。如果能对系统施加状态反馈 $u=u(t)$,使系统成为

$$\frac{\mathrm{d}x}{\mathrm{d}t} = f(x,u(x)), \quad y = h(x) \tag{8-82}$$

寻找反馈律 $u=u(x)$,使输出符合一定的要求或者使系统满足控制指标的要求。例如对一类仿射系统

$$\begin{cases} \dfrac{\mathrm{d}x}{\mathrm{d}t} = f(x) + g(x)u, & x \in \mathbf{R}^n, \quad u \in \mathbf{R} \\ y = h(x), & y \in \mathbf{R} \end{cases} \tag{8-83}$$

令 $u = u(x)$，则

$$\frac{\mathrm{d}x}{\mathrm{d}t} = f(x) + g(x)u(x) = f^*(x) \tag{8-84}$$

在控制系统的几何结构理论中，经常使用 $u = \alpha(x) + \beta(x)v$，改造式(8-83)，使其成为容易处理的线性系统

$$\begin{cases} \dfrac{\mathrm{d}z}{\mathrm{d}t} = Az + bv, & z \in \mathbf{R}^n, \quad v \in \mathbf{R} \\ y = \mathrm{d}z, & y \in \mathbf{R} \end{cases} \tag{8-85}$$

然后对该系统的新控制量 v 施加状态反馈 $v = v(z)$，以获得要求的控制指标。

对于线性定常系统

$$\begin{cases} \dfrac{\mathrm{d}x}{\mathrm{d}t} = Ax + bu, & x \in \mathbf{R}^n, \quad u \in \mathbf{R} \\ y = cx, & y \in \mathbf{R} \end{cases}$$

$$\tag{8-86}$$

通常采用线性反馈 $u = kx$ 构成闭环系统。这在线性控制系统理论中有详细的论述。

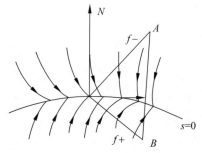

1. 菲力普夫理论的几何解释

在常规的控制系统中，系统本身是连续的，反馈控制量也都是状态的连续函数，系统的微分方

图 8-11　菲力普夫理论的几何解释

程在整个状态空间中均有定义，在这里对此都称为连续性控制，如图 8-11 所示。

现在来对上述系统施行非连续控制，设

$$\begin{cases} \dfrac{\mathrm{d}x}{\mathrm{d}t} = f(x) + g(x)u, & x \in \mathbf{R}^n, \quad u \in \mathbf{R} \\ y = h(x) & y \in \mathbf{R} \end{cases} \tag{8-87}$$

令

$$u = \begin{cases} u^+(x), & s(x) > 0 \\ u^-(x), & s(x) < 0 \end{cases}$$

则

$$f^*(x) = \begin{cases} f(x) + g(x)u^+ = f^{*+}(x), & s(x) > 0 \\ f(x) + g(x)u^- = f^{*-}(x), & s(x) < 0 \end{cases}$$

其中，$f^{*+}(x)$ 及 $f^{*-}(x)$ 都是连续函数，且 $f^{*+}(x) \neq f^{*-}(x)$；$s(x)$ 是切换函数，$s(x) = s(x_1, x_2, \cdots, x_n) = 0$ 是切换超曲面，如图 8-11 所示。

如果系统沿 $s(x) = 0$ 运动，则在 $s(x) = 0$ 任一点 x 上的切向向量为 $f^*(x)$，而函数 $s =$

$s(x)$的梯度是

$$\text{grad}s = \text{grad}s(x) = \frac{\partial s(x)}{\partial x} \tag{8-88}$$

梯度向量

$$[\text{grad}s] = \left[\frac{\partial s}{\partial x_1} \quad \frac{\partial s}{\partial x_2} \quad \cdots \quad \frac{\partial s}{\partial x_n}\right]$$

是切换面$s(x)=0$在点x处的法向向量,故

$$[\text{grad}s]f^*(x) = 0 \tag{8-89}$$

又设

$$\lim_{s \to 0^+} f^*(x) = f^{*+}(x), \quad \lim_{s \to 0^-} f^*(x) = f^{*+}(x) \tag{8-90}$$

此时x为终止点,则

$$[\text{grad}s]f^{*+}(x) < 0, \quad [\text{grad}s]f^*(x) > 0 \tag{8-91}$$

取$0 \leqslant \mu \leqslant 1$,由图8-11可知$f^{*-} + r = f^{*+}$,或$r = f^{*+} - f^{*-}$,则

$$\begin{aligned} f^* &= f^{*-} + \mu r = f^{*-} + \mu(f^{*+} - f^{*-}) \\ &= f^{*-} + \mu f^{v+} - \mu f = \mu f^+ + (1-\mu)f'^- \end{aligned} \tag{8-92}$$

由于式(8-88)成立,有

$$\mu[\text{grad}s]f^{*+} + (1-\mu)[\text{grad}s]f^{*-} = 0 \tag{8-93}$$

解出

$$\mu = \frac{[\text{grad}s(x)]f^{*-}(x)}{[\text{grad}s(x)](f^{*-}(x) - f^{*+}(x))} \tag{8-94}$$

于是,在终止点区系统的运动方程可定义为

$$\begin{cases} \dfrac{\mathrm{d}x}{\mathrm{d}t} = \mu f^{*+}(x) + (1-\mu)f^{*-}(x) \\ s(x) = 0 \end{cases} \tag{8-95}$$

2. μ 值的估计

在$s(x)=0$的终止区实施非连续控制,系统的实际运动是系统运动点 RP 在沿切换面$s(x)=0$上下来回穿行,频率很高,幅度很小。系统的这种运动在极限情况下就可以用方程式(8-95)来表示。对于一个实际的系统,μ的值可以用下述的方法来估计,如图8-12所示。

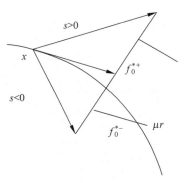

图 8-12　μ 值的估计

在图8-12中,假设Δt^+及Δt^-分别是系统处于$s>0$及$s<0$的时间间隔。因为Δt^+及Δt^-都很小,所以状态向量的增量为

$$\Delta x = \Delta t^+ f^{*+} + \Delta t^- f^{*-} \tag{8-96}$$

令 $\Delta t = \Delta t^+ + \Delta t^-$，则有

$$\frac{\Delta x}{\Delta t} = \frac{\Delta t^+}{\Delta t} f^* + \left(1 - \frac{\Delta t^+}{\Delta t}\right) f^{*-} \tag{8-97}$$

与式(8-95)比较可知

$$\mu = \lim_{x \to 0} \frac{\Delta t^+}{\Delta t} \tag{8-98}$$

其中，Δt^+ 及 Δt^- 可以由实际系统的运动测量出来，计算 Δt，即可按式(8-98)得 μ 的估计值。

【例 8-1】 一个简单的滑模控制实例。

考虑如下对象：

$$J\ddot{\theta}(t) = u(t) + d(t)$$

其中，J 为转动惯量；$\theta(t)$ 为角度；$u(t)$ 为控制输入；$d(t)$ 为外加干扰，$|d(t)| \leqslant D$。

设计滑模函数为

$$s(t) = ce(t) + \dot{e}(t)$$

其中，c 必须满足 Hurwitz 条件，即 $c > 0$。

跟踪误差及其导数为

$$e(t) = \theta(t) - \theta_d(t), \quad \dot{e}(t) = \dot{\theta}(t) - \dot{\theta}_d(t)$$

其中，$d(t)$ 为理想的角度信号。

定义 Lyapunov 函数为

$$V = \frac{1}{2}s^2$$

则

$$\dot{s}(t) = c\dot{e}(t) + \ddot{e}(t) = c\dot{e}(t) + \ddot{\theta}(t) - \ddot{\theta}_d(t)$$
$$= c\dot{e}(t) + \frac{1}{J}(u + d(t)) - \ddot{\theta}_d(t)$$

且

$$s\dot{s} = s\left(c\dot{e} + \frac{1}{J}(u + d(t)) - \ddot{\theta}_d\right)$$

为了保证 $s\dot{s} < 0$，将滑模控制律设计为

$$u(t) = J(-c\dot{e} + \ddot{\theta}_d - \eta\,\mathrm{sgn}(s)) - D\,\mathrm{sgn}(s)$$

则

$$\dot{V} = s\dot{s} = s\left(c\dot{e} + (-c\dot{e} + \ddot{\theta}_d - \eta\,\mathrm{sgn}(s)) - \frac{1}{J}D\,\mathrm{sgn}(s) + \frac{1}{J}d(t) - \ddot{\theta}_d\right)$$
$$= s\left(-\eta\,\mathrm{sgn}(s) - \frac{1}{J}D\,\mathrm{sgn}(s) + \frac{1}{J}d(t)\right)$$

$$= -\eta \mid s \mid - s\, \frac{1}{J} D \operatorname{sgn}(s) + \frac{1}{J} s d(t)$$

$$= -\eta \mid s \mid - \frac{1}{J} D \mid s \mid + \frac{1}{J} s d(t) \leqslant -\eta \mid s \mid \leqslant 0$$

当 $\dot{V} \equiv 0$ 时，$s \equiv 0$，根据 LaSalle 不变性原理，闭环系统渐进稳定，当 $t \to \infty$ 时，$s \to 0$，且 s 收敛速度取决于 η。从空置率的表达式可知，当干扰 $d(t)$ 较大时，为了保证稳健性，必须保证足够大的干扰上界，而较大的上界 D 会造成抖振。

被控对象取 $J\ddot{\theta}(t) = u(t) + d(t)$，$J = 10$，取角度指令为 $\theta_d(t) = \sin t$，对象的初始状态为 $[0.55, 1.1]$，取 $c = 0.55$，采用控制器 $u(t) = J(-c\dot{e} + \ddot{\theta}_d - \eta \operatorname{sgn}(s)) - D \operatorname{sgn}(s)$，仿真结果如图 8-13～图 8-15 所示。

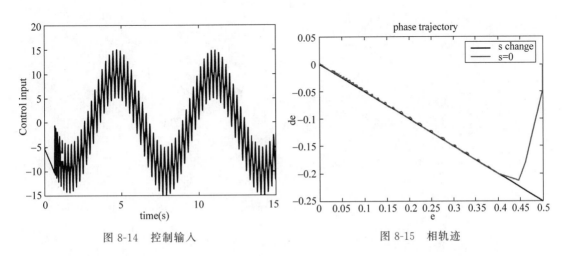

图 8-13 位置和速度跟踪

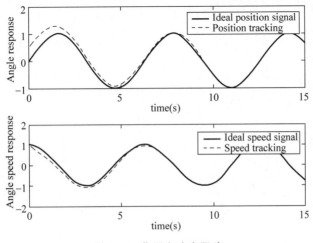

图 8-14 控制输入

图 8-15 相轨迹

1. Simulink 主程序

Simulink 主程序如图 8-16 所示。

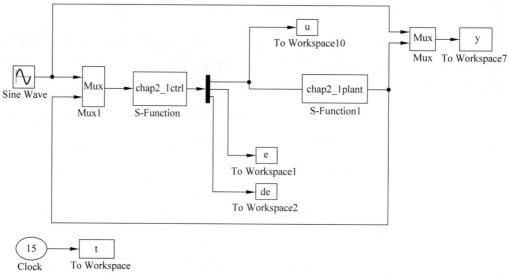

图 8-16　Simulink 主程序

2. 控制器 S 函数

代码如下：

```
% chapter8/test2
function [sys,x0,str,ts] = spacemodel(t,x,u,flag)
switch flag,
case 0,
    [sys,x0,str,ts] = mdlInitializeSizes;
case 3,
    sys = mdlOutputs(t,x,u);
case {2,4,9}
    sys = [];
otherwise
    error(['Unhandled flag = ',num2str(flag)]);
end
function [sys,x0,str,ts] = mdlInitializeSizes
sizes = simsizes;
sizes.NumContStates  = 0;
sizes.NumDiscStates  = 0;
sizes.NumOutputs     = 3;
sizes.NumInputs      = 3;
sizes.DirFeedthrough = 1;
sizes.NumSampleTimes = 0;
```

```
sys = simsizes(sizes);
x0  = [];
str = [];
ts  = [];
function sys = mdlOutputs(t, x, u)
thd = u(1);
dthd = cos(t);
ddthd = - sin(t);

th = u(2);
dth = u(3);

c = 0.5;
e = th - thd;
J = 10;
xite = 0.5;
ut = j * ( - c * de + ddthd - xite * sgn(s));
sys(1) = ut;
sys(2) = e;
sys(3) = de;
```

3. 被控对象 S 函数

代码如下:

```
% chapter8/test3
function [sys, x0, str, ts] = s_function(t, x, u, flag)
switch flag,
case 0,
    [sys, x0, str, ts] = mdlInitializeSizes;
case 1,
    sys = mdlDerivatives(t, x, u);
case 3,
    sys = mdlOutputs(t, x, u);
case {2, 4, 9 }
    sys = [];
otherwise
    error(['Unhandled flag = ', num2str(flag)]);
end
function [sys, x0, str, ts] = mdlInitializeSizes
sizes = simsizes;
sizes.NumContStates  = 2;
sizes.NumDiscStates  = 0;
sizes.NumOutputs     = 2;
sizes.NumInputs      = 1;
sizes.DirFeedthrough = 0;
```

```
sizes.NumSampleTimes = 0;
sys = simsizes(sizes);
x0 = [0.5 1.0];
str = [];
ts = [];
function sys = mdlDerivatives(t,x,u)
J = 10;
sys(1) = x(2);
sys(2) = 1/J * u;
function sys = mdlOutputs(t,x,u)
sys(1) = x(1);
sys(2) = x(2);
```

4. 作图程序

代码如下：

```
% chapter8/test4
close all;

figure(1);
subplot(211);
plot(t,y(:,1),'k',t,y(:,2),'r:','linewidth',2);
legend('Ideal position signal','Position tracking');
xlabel('time(s)');ylabel('Angle response');
subplot(212);
plot(t,cos(t),'k',t,y(:,3),'r:','linewidth',2);
legend('Ideal speed signal','Speed tracking');
xlabel('time(s)');ylabel('Angle speed response');

figure(2);
plot(t,u(:,1),'k','linewidth',0.01);
xlabel('time(s)');ylabel('Control input');

c = 0.5;
figure(3);
plot(e,de,'r',e,-c.*e,'k','linewidth',2);
xlabel('e');ylabel('de');
legend('s change','s = 0');
title('phase trajectory');
```

8.5 等效控制及滑模运动

按照菲力普夫理论，描述系统在滑动模态上的运动微分方程式(8-95)实质上是对滑模运动的一种极限情况下的定义。在这个意义下，在系统处于滑模运动时，有 $s(x)=0$，

$\mathrm{d}s(x)/\mathrm{d}t = 0$。在实际系统中,这种情况是无法用连续控制实现的。当采用滑模变结构的非连续性控制时,也只有在"理想开关"(无时间滞后及无空间滞后)的作用下才能实现,然而,对于现实的"非理想开关"(有时间迟后及空间迟后)可以设想成一种"等效"的平均控制,以帮助对处于滑模运动情况下的系统运动进行分析。

8.5.1　等效控制

设系统的状态方程为

$$\frac{\mathrm{d}x}{\mathrm{d}t} = f(x, u, t), \quad x \in \mathbf{R}^n, \quad u \in \mathbf{R} \tag{8-99}$$

如果实现了滑模控制,则系统已进入滑动模态区,此时 $\mathrm{d}s/\mathrm{d}t = 0$,则

$$\frac{\mathrm{d}s}{\mathrm{d}t} = \frac{\partial s}{\partial x}\frac{\mathrm{d}x}{\mathrm{d}t} = 0 \tag{8-100}$$

或

$$\frac{\partial}{\partial x}f(x, u, t) = 0 \tag{8-101}$$

式(8-101)是一个代数方程,对 u 的解(若存在)

$$u^* = u^*(x) \tag{8-102}$$

称为系统在滑模区的等效控制。例如有线性系统

$$\frac{\mathrm{d}x}{\mathrm{d}t} = Ax + bu, \quad x \in \mathbf{R}^n, u \in \mathbf{R} \tag{8-103}$$

取切换函数

$$s(x) = cx = c_n x_n + c_{n-1} x_{n-1} + \cdots + c_1 x_1 \tag{8-104}$$

控制策略选为

$$u = \begin{cases} u^+(x), & s(x) > 0 \\ u^-(x), & s(x) < 0 \end{cases} \tag{8-105}$$

使式(8-66)成立。设系统进入滑动模态后的等效控制 u^*,则

$$\frac{\mathrm{d}x}{\mathrm{d}t} = Ax + bu^* \tag{8-106}$$

所以有

$$\frac{\mathrm{d}s}{\mathrm{d}t} = c\frac{\mathrm{d}x}{\mathrm{d}t} = c\quad Ax + bu^* = 0 \tag{8-107}$$

若矩阵 $[cb]$ 满秩,解出

$$u^* = -[cb]^{-1}cAx \tag{8-108}$$

8.5.2　滑模运动

有了等效控制后,就很容易写出滑模运动方程。将等效控制 $u^*(x)$ 代入方程式(8-99),即可得

$$\frac{\mathrm{d}x}{\mathrm{d}t} = f(x, u^*(x), t) \tag{8-109}$$

$$s(x) = 0$$

对于上面的线性系统,就有

$$\begin{cases} \dfrac{\mathrm{d}x}{\mathrm{d}t} = [\boldsymbol{I} - b[c \quad b]^{-1}c]Ax \\ s = cx = 0 \end{cases} \tag{8-110}$$

式(8-110)中,$\boldsymbol{I}$ 是单位阵。

滑模运动方程式(8-109)及式(8-110)都是联立方程,它们分别表示非线性单输入系统及线性单输入系统的滑模运动。由于系统的状态变量受到一个切换面 $s(x)=0$ 的约束,因此 n 种状态变量中只有 $n-1$ 个是独立的,所以,式(8-99)~式(8-102)实际上只有 $n-1$ 个微分方程是独立的(为 $n-1$ 维流形)。

具体的切换函数 $s(x)$ 将在以后各节的滑模变结构控制设计中确定。一般而言,$s(x)$ 可以是任意的实系数的单值连续函数。如果 $s(x)$ 可以分解为实系数单值连续函数的乘积,如

$$s(x) = g_1(x)g_2(x) \tag{8-110}$$

其中,$g_1(x)$、$g_2(x)$ 都是实系数单值连续函数,则必须检查开关面 $g_1(x)=0$ 及 $g_2(x)$ 哪一个上面的点都是终止点。

滑模运动是系统沿切换面 $s(x)=0$ 上的运动,此时满足 $s=0$ 及 $\mathrm{d}s/\mathrm{d}t=0$,如图 8-17(a)所示,同时切换开关必须是理想开关,这是一种理想的极限情况。现实的情况是,系统的运动点 RP 沿 $s=0$ 上下穿行,如图 8-17(b)、图 8-17(c)和图 8-17(d)所示。

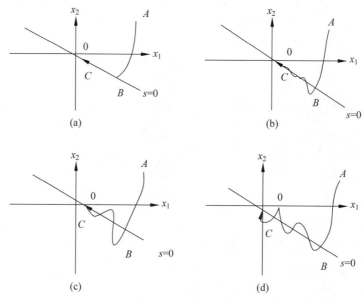

图 8-17　4 种滑模运动

对于无时间滞后及空间滞后的理想开关,当系统运动点 RP 到达 $s=0$ 时 $\mathrm{d}s/\mathrm{d}t \neq 0$,则系统的运动点 RP 将在 $s=0$ 附近以极高的频率及极小的幅度迅速沿 $s=0$ 趋向于平衡点 $x(0)$,如图 8-16(b)所示。

对于有时间滞后的切换开关,系统运动点 RP 将在 $s=0$ 附近作衰减振荡,如图 8-17(c)所示,这种衰减振荡是 VSS 的一种特有的"颤振"(或称"抖振气""喘振")现象。

如果切换开关有空间滞后,则系统运动点 RP 将在 $s=0$ 附近等幅颤振。空间滞后越大,颤振幅度也越大,如图 8-17(d)所示。

【例 8-2】 为了保证滑模到达条件成立,即 $s(x,t) \cdot \dot{s}(x,t) \leqslant -\eta|s|,(\eta>0)$,设计切换控制如下:

$$u_{\mathrm{sw}} = \frac{1}{b}K\operatorname{sgn}(s)$$

其中,$K=D+\eta$。

滑模控制律由等效控制项和切换控制项组成,即

$$u = u_{\mathrm{eq}} + u_{\mathrm{sw}}$$

$$\dot{s}(x,t) = \sum_{i=1}^{n-1} c_i e^{(i)} + x_{\mathrm{d}}^{(n)} - f(x,t) - bu(t) - d(t)$$

将两式代入得

$$\dot{s}(x,t) = \sum_{i=1}^{n-1} c_i e^{(i)} + x_{\mathrm{d}}^{(n)} - f(x,t) - b\Big(\frac{1}{b}\Big(\sum_{i=1}^{n-1} c_i e^{(i)} + x_{\mathrm{d}}^{(n)} - f(x,t)\Big) +$$

$$\frac{1}{b}K\operatorname{sgn}(s)\Big) - d(t)$$

$$= -K\operatorname{sgn}(s) - d(t)$$

则

$$s\dot{s} = s(-K\operatorname{sgn}(s)) - sd(t) = -\eta|s| \leqslant 0$$

取 Lyapunov 函数为 $V=\frac{1}{2}s^2$,则 $\dot{V}=s\dot{s} \leqslant 0$,当 $\dot{V}\equiv 0$ 时,$s\equiv 0$,根据 LaSalle 不变性原理,闭环系统渐进稳定,$t\to\infty$ 时,$s\to 0$。

考虑如下对象:

$$\ddot{x} = -25\dot{x} + 133u(t) + d(t)$$

则有 $f(x,t) = -25\dot{x}$,$b=133$,取 $d(t)=50\sin(t)$,$\eta=0.10$,理想位置指令为 $x_d = \sin(2\pi t)$,取 $c=25$,$D=50$,采用控制律式 $u = u_{\mathrm{eq}} + u_{\mathrm{sw}}$,仿真结果如图 8-18 和图 8-19 所示。

仿真程序:

1. Simulink 主程序

Simulink 主程序如图 8-20 所示。

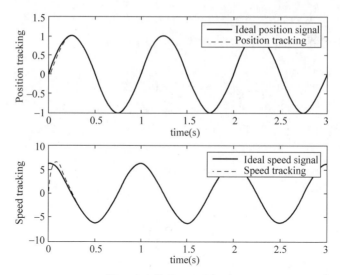

图 8-18 位置及速度跟踪

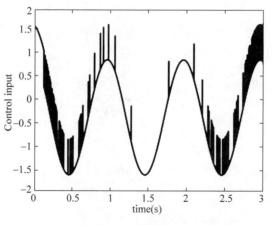

图 8-19 控制输入

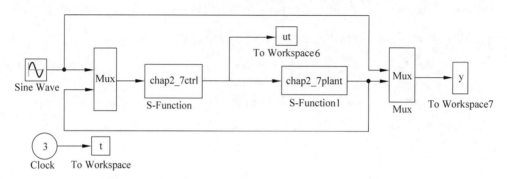

图 8-20 Simulink 主程序

2. 控制器 S 函数

代码如下：

```
% chapter8/test6
function [sys, x0, str, ts] = s_function(t, x, u, flag)
switch flag,
case 0,
    [sys, x0, str, ts] = mdlInitializeSizes;
case 3,
    sys = mdlOutputs(t, x, u);
case {2, 4, 9 }
    sys = [];
otherwise
    error(['Unhandled flag = ', num2str(flag)]);
end
function [sys, x0, str, ts] = mdlInitializeSizes
sizes = simsizes;
sizes.NumContStates  = 0;
sizes.NumDiscStates  = 0;
sizes.NumOutputs     = 1;
sizes.NumInputs      = 3;
sizes.DirFeedthrough = 1;
sizes.NumSampleTimes = 0;
sys = simsizes(sizes);
x0 = [];
str = [];
ts = [];
function sys = mdlOutputs(t, x, u)
xd = u(1);
dxd = 2 * pi * cos(2 * pi * t);
ddxd = - (2 * pi)^2 * sin(2 * pi * t);
x = u(2); dx = u(3);
e = xd - x;
de = dxd - dx;

c = 25;
s = c * e + de;

f = - 25 * dx;
b = 133;

ueq = 1/b * (c * de + ddxd - f);
D = 50;
xite = 0.10;
```

```
K = D + xite;
usw = 1/b * K * sgn(s);

ut = ueq + usw;

sys(1) = ut;
```

3. 被控对象 S 函数

代码如下:

```
% chapter8/test7
function [sys,x0,str,ts] = s_function(t,x,u,flag)
switch flag,
case 0,
    [sys,x0,str,ts] = mdlInitializeSizes;
case 1,
    sys = mdlDerivatives(t,x,u);
case 3,
    sys = mdlOutputs(t,x,u);
case {2, 4, 9 }
    sys = [];
otherwise
    error(['Unhandled flag = ',num2str(flag)]);
end
function [sys,x0,str,ts] = mdlInitializeSizes
sizes = simsizes;
sizes.NumContStates  = 2;
sizes.NumDiscStates  = 0;
sizes.NumOutputs     = 2;
sizes.NumInputs      = 1;
sizes.DirFeedthrough = 0;
sizes.NumSampleTimes = 0;
sys = simsizes(sizes);
x0 = [0,0];
str = [];
ts = [];
function sys = mdlDerivatives(t,x,u)
dt = 50 * sin(t);
sys(1) = x(2);
sys(2) = - 25 * x(2) + 133 * u + dt;
function sys = mdlOutputs(t,x,u)
sys(1) = x(1);
sys(2) = x(2);
```

4. 作图程序

代码如下:

```
% chapter8/test8
close all;

figure(1);
subplot(211);
plot(t,y(:,1),'k',t,y(:,2),'r:','linewidth',2);
legend('Ideal position signal','Position tracking');
xlabel('time(s)');ylabel('Position tracking');
subplot(212);
plot(t,2 * pi * cos(2 * pi * t),'k',t,y(:,3),'r:','linewidth',2);
legend('Ideal speed signal','Speed tracking');
xlabel('time(s)');ylabel('Speed tracking');

figure(2);
plot(t,ut(:,1),'r','linewidth',2);
xlabel('time(s)');ylabel('Control input');
```

8.6　滑模变结构控制的基本问题

设有一个系统

$$\begin{cases} \dfrac{\mathrm{d}x}{\mathrm{d}t} = f(x,u,t), & x \in \mathbf{R}^n, u \in \mathbf{R}^m, t \in \mathbf{R} \\ y = (x), & y \in \mathbf{R}^L, n \geqslant m \geqslant L \end{cases} \tag{8-111}$$

确定一个切换函数向量

$$s = s(x), \quad s \in \mathbf{R}^m \tag{8-112}$$

求解控制函数

$$u_i = \begin{cases} u_i^+(x), & s_i(x) > 0 \\ u_i^-(x), & s_i(x) < 0 \end{cases} \tag{8-113}$$

其中，$u_i^+(x) \neq u_i^-(x)(i=1,2,\cdots,m)$，使

(1) 滑动模态存在。

(2) 满足可达性条件：在切换面 $s_i(x)=0(i=1,2,\cdots,m)$ 以外的状态点都将于有限时内到达切换面。

(3) 滑模运动的稳定性。

(4) VSS 的动态品质。

上面的(1)、(2)、(3)项是 VSS 的 3 个基本问题。满足该 3 个条件的控制叫作滑模变结构控制，由此而构成的控制系统就叫作滑模变结构控制系统。实现这种控制的策略、算法、控制器等统称为滑模变结构控制器。

8.6.1 滑动模态的存在性

式(8-66)为一般的滑模存在性的条件,但在实际应用时,常常将式(8-66)的等号去掉,写成

$$\lim_{s \to 0} \frac{ds}{dt} < 0 \tag{8-114}$$

因为 $s(ds/dt)=0$ 运动点 RP 正好在滑模面上,然而,实际上此时的连续控制 $u(x)$ 并不存在。换言之,按照式(8-76)只能分别找出连续控制 $u^+(x)$ 及 $u^-(x)$,而找不出一个统一的实际的连续控制 $u(x)$,使运动点 RP 连续地沿 $s=0$ 运动。当然,可以按下述的方法采用适当的趋近律(例如指数趋近律),使系统运动点 RP 在无限接近 $s=0$ 时 $ds/dt=0$。

8.6.2 滑动模态的可达性及广义滑模

如果系统的初始点 $x(0)$ 不在 $s=0$ 附近,而是在状态空间的任意位置,此时要求系统的运动必须趋向于切换面 $s=0$,即必须满足可达性条件,否则系统无法启动滑模运动。对于 VSS 的各种滑模控制策略的可达性条件将在以后详细讨论,在这里,一般地可以把式(8-66)的极限符号去掉,变成

$$s \frac{ds}{dt} \leqslant 0 \tag{8-115}$$

此式表示状态空间中的任意点必须有向切换面 $s=0$ 靠近(或无限地靠近)的趋势。称式(8-115)为"广义滑动模态"的存在条件。系统在此条件下的运动方式,叫作"广义滑模"运动。显然,如果系统满足广义滑模条件,则必然同时满足滑模存在性及可达性条件。

现在来讲解广义滑模运动的情况。设有一个任意的滑模变结构系统

$$\frac{dx}{dt} = f(x, u), \quad x \in \mathbf{R}^n, u \in \mathbf{R} \tag{8-116}$$

$$u(x) = \begin{cases} u^+(x), & s(x) > 0 \\ u^-(x), & s(x) < 0 \end{cases} \tag{8-117}$$

假设函数 $u(x)$、$u^-(x)$、$f(x, u^+(x))$ 及 $f(x, u^-(x))$ 均连续,而且 $u^+(x) \neq u^-(x)$,则在 n 维状态空间,系统在满足广义滑模条件下的运动情况如下,如图 8-21 所示。

(1) 当 $s>0$,系统运动点 $A_1(x_1, x_2, \cdots, x_n)$ 的运动方程为

$$\frac{dx}{dt} = f(x, u^+(x)) = g^+(x) \tag{8-118}$$

如果 A_1 并非式(8-118)的平衡点,因 $s(ds/dt) < 0$,故 $ds/dt < 0$,则点 A_1 必然由 $s>0$ 向 $s=0$ 的某个方向运动。若在运动途中不遇到其他的

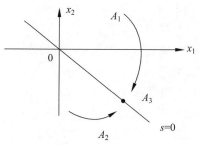

图 8-21　广义滑模的意义

平衡点,则运动将继续沿 s 值减小的方向进行,直至 $s=0$。

(2) 当 $s<0$,系统运动点 $A_2(x_1,x_2,\cdots,x_n)$ 的运动方程为

$$\frac{\mathrm{d}x}{\mathrm{d}t}=f(x,u^-(x))=g^-(x) \tag{8-119}$$

同样,如果 A_2 不是式(8-119)的平衡点,由于此时 $\mathrm{d}s/\mathrm{d}t>0$,则点 A_2 必然由 $s<0$ 向 $s=0$ 的某个方向运动。若在运动途中不遇到其他的平衡点,则运动也将继续沿 s 值增加的方向直至 $s=0$。

(3) 如果 $s=0$,系统运动点开始于点 $A_3(x_1,x_2,\cdots,x_n)$,或者系统运动已经到达滑动模态区,则根据菲力普夫理论,系统运动的微分方程成为

$$\frac{\mathrm{d}x}{\mathrm{d}t}=g_0^+\frac{[\mathrm{grad}s]g_0^-}{[\mathrm{grad}s](g_0^--g_0^+)}-g_0^-\frac{[\mathrm{grad}s]g_0^+}{[\mathrm{grad}s](g_0^--g_0^+)} \tag{8-120}$$

式中,$g_0^+=\lim\limits_{s\to 0^+}g^+(x)$,$g_0^-=\lim\limits_{s\to 0^-}g^-(x)$。

此时,系统沿切换面 $s=0$ 上的滑动模态区上滑行。

(4) 若系统的运动点开始时无论在 A_1、A_2 还是 A_3,运动过程中遇到了稳定平衡点,则系统的运动将停留在该平衡点上,不再继续运动。

(5) 若系统的运动点开始时(无论 A_1、A_2 还是 A_3)不在平衡点,而在运动的过程中遇到了不稳定的平衡点,则系统将继续上面的(1)、(2)、(3)项的情况。

8.6.3　滑模运动的稳定性

系统运动进入滑动模态区以后,就开始滑模运动。对通常的反馈控制系统而言,都希望滑模运动是渐近稳定的。对于具体的控制系统,滑模运动的稳定性问题将在以后各节讨论。这里仅就一般系统的滑模运动稳定性提出一种原则上的分析方法,便于以后使用。

设有滑模变结构控制系统

$$\frac{\mathrm{d}x}{\mathrm{d}t}=f(x,u),\quad x\in\mathbf{R}^*,u\in\mathbf{R} \tag{8-121}$$

$$u=\begin{cases}u^+(x),&s(x)>0\\u^-(x),&s(x)<0\end{cases} \tag{8-122}$$

其中,$s=s(x)$ 为切换函数,$s=0$ 为切换超曲面,而且,开关的切换法则满足广义滑模条件 $s(\mathrm{d}s/\mathrm{d}t)\leqslant 0$,或者满足滑模存在性条件 $\lim\limits_{s\to 0}(\mathrm{d}s/\mathrm{d}t)\leqslant 0$。按照菲力普夫理论,可以写出式(8-95)的滑模运动方程式,其中

$$f^{*+}(x)=f^+(x)=f(x,u^+(x))$$
$$f^{*-}(x)=f^-(x)=f(x,u^-(x)) \tag{8-123}$$

如果切换面 $s(x)=0$ 包含系统表达式(8-121)的一个稳定平衡点 $x=0$,且滑模运动方程式(8-95)在 $x=0$ 附近渐近稳定,则系统在滑动模态下的运动是渐近稳定的(稳定于 $s=0$)。

实际上可以利用等效控制的概念来求得滑模运动方程。假设滑模运动的等效控制为

$u^*(x)$，则滑模运动方程可写作

$$\frac{\mathrm{d}x}{\mathrm{d}t} = f(x, u^*(x)) = f^*(x) \quad x \in R_n \tag{8-124}$$

$$s(x) = 0 \tag{8-125}$$

为了使滑模运动通过原点，尚需令

$$s(0, 0, \cdots, 0) = 0$$

由于一个约束条件式(8-125)的存在，上列微分方程只有 $n-1$ 个是独立的，因此式(8-124)及式(8-125)的联合仅可得 $n-1$ 个独立的微分方程。

$$\frac{\mathrm{d}x_i}{\mathrm{d}t} = g_i(x_1, x_2, \cdots, x_{n-1}) \tag{8-126}$$

如果微分方程式(8-126)中的状态变量 x_i 是以偏差形式写出的，而且 $x_i = 0 (i = 1, 2, \cdots, n-1)$ 是式(8-126)的一个平衡点，则有

$$g_i(0, 0, \cdots, 0) = 0$$

将 $g_i(x_1, x_2, \cdots, x_{n-1})$ 在原点附近展开成泰勒级数：

$$\frac{\mathrm{d}x_i}{\mathrm{d}t} = \sum_{j=1}^{n-1} a_{ij} + G_i(x_1, x_2, \cdots, x_{n-1}), \quad i = 1, 2, \cdots, n-1 \tag{8-127}$$

其中，G_i 只含有二次及二次以上的项。根据庞克莱-里亚普诺夫第一近似定理，当

$$\boldsymbol{A} = \begin{bmatrix} a_{11} & a_{12} & \cdots & a_{1(n-1)} \\ a_{21} & a_{22} & \cdots & a_{2(n-1)} \\ \vdots & \vdots & & \vdots \\ a_{(n-1)1} & a_{(n-1)2} & \cdots & a_{(n-1)(n-1)} \end{bmatrix} \tag{8-128}$$

为 $(n-1) \times (n-1)$ 的满秩矩阵时，如果 $\boldsymbol{A}$ 的特征根都具有负实部，则方程式(8-126)的原点是渐近稳定的。

由此，只要适当地选定切换函数 $s(x) = s(x_1, x_2, \cdots, x_n)$，满足

$$\lim_{s \to 0} \frac{\mathrm{d}s}{\mathrm{d}t} = 0 \tag{8-129}$$

$$s(0, 0, \cdots, 0) = 0 \tag{8-130}$$

然后取微分方程式(8-129)的泰勒一级线性近似式(8-127)，求出 $a_{ij}(i, j = 1, 2, \cdots, n-1)$，即可确定滑动模态渐近稳定的必要条件。

至于对一个系统的具体的控制问题，滑模运动稳定性的分析将有助于切换函数 $s(x)$ 及其参数的选定，而且在对系统进行滑模变结构控制设计时，尚须考虑滑模运动的动态品质。

8.7 滑模变结构控制系统的动态品质

滑模变结构控制系统的运动由两部分组成：第一部分是系统在连续控制 $u^+(x)$，$s(x) > 0$，或者 $u^-(x)$，$s(x) < 0$ 的正常运动，它在状态空间中的运动轨迹全部位于切换面

以外,或者有限地穿过切换面;第二部分是系统在切换面附近并且沿切换面 $s(x)=0$ 的滑模运动。

8.7.1 正常运动段

按照滑模变结构原理,正常运动段必须满足滑动模态的可达性条件。在 8.6.2 节中,已经提到保证滑模可达性的条件,其中之一可以采用广义滑模,$s(\mathrm{d}s/\mathrm{d}t)<0$,因为广义滑模条件的成立必然同时保证了滑模的存在性及可达性。注意,滑模可达性条件仅实现了在状态空间任意位置的运动点 RP 必然于有限时间内到达切换面的要求。至于在这段时间内,对运动点的具体轨迹未作任何规定,为了改善这段运动的动态品质,在一定程度上,可以用规定"趋近律"的办法来加以控制。广义滑模的条件下,可按需要规定一些趋近律。

1. 等速趋近律

$$\frac{\mathrm{d}s}{\mathrm{d}t}=-\varepsilon\,\mathrm{sgn}s,\quad \varepsilon>0 \tag{8-131}$$

其中,常数 ε 表示系统的运动点 RP 趋近切换面 $s=0$ 的速率。ε 小,趋近速度慢;ε 大,趋近速度快。ε 称为趋近速率常数。显然,式(8-131)满足广义滑模条件,且很容易解出:

$$s(t)=\begin{cases}-t,& s>0\\ +t,& s<0\end{cases}$$

2. 指数趋近律

$$\frac{\mathrm{d}s}{\mathrm{d}t}=-\varepsilon\,\mathrm{sgn}s-ks,\quad \varepsilon>0,k>0 \tag{8-132}$$

该式也满足广义滑模条件,而且:

当 $s>0$ 时,$\mathrm{d}s/\mathrm{d}t=-\varepsilon-ks$ 解出

$$s(t)=-\frac{\varepsilon}{k}+\left(s_0+\frac{\varepsilon}{k}\right)\mathrm{e}^{-kt} \tag{8-133}$$

当 $s<0$ 时,$\mathrm{d}s/\mathrm{d}t=+\varepsilon-ks$,解出

$$s(t)=+\frac{\varepsilon}{k}+\left(s_0-\frac{\varepsilon}{k}\right)\mathrm{e}^{-kt} \tag{8-134}$$

其中,s_0 是系统初始状态时($t=0$)切换函数 $s(x(t))$ 的值。

3. 幂次趋近律

$$\frac{\mathrm{d}s}{\mathrm{d}t}=-k\mid s\mid^{\alpha}\mathrm{sgn}s,\quad k>0,1>\alpha>0 \tag{8-135}$$

此时,仍保持广义滑模条件 $s(\mathrm{d}s/\mathrm{d}t)<0$。

若取 $\alpha=0.5$,$\mathrm{d}s/\mathrm{d}t=-k\sqrt{|s|}\,\mathrm{sgn}s$,积分后,可得 $s^{1-a}=-(1-\alpha)kt+s_0^{1-a}$,$s_0$ 是 s 的初始值。此时,s 由 s_0 逐渐减小到零,到达时间为

$$t=s_0^{1-\alpha}/(1-\alpha)k \tag{8-136}$$

而且,到达 $s=0$ 时,$|\mathrm{d}s/\mathrm{d}t|=0$。

4. 一般趋近律

$$\frac{\mathrm{d}s}{\mathrm{d}t} = -\varepsilon\,\mathrm{sgn}s - f(s) \tag{8-137}$$

其中，$f(0)=0$；当 $s \neq 0$ 时，$sf(s)>0$，此时仍维持广义滑模条件 $s(\mathrm{d}s/\mathrm{d}t)<0$。当式(8-137)中函数 $f(s)$ 不同时，可获得上列各种趋近律。

如果系统是多输入的，例如

$$\frac{\mathrm{d}x}{\mathrm{d}t} = f(x,u) \quad x \in \mathbf{R}^n, u \in \mathbf{R}^m \tag{8-138}$$

$$u_j = \begin{cases} u_j^+(x) & s_j(x)>0 \\ u_j^-(x) & s_j(x)<0 \end{cases}, \quad j=1,2,\cdots,m \tag{8-139}$$

$$\boldsymbol{s}(x) = [s_1(x) \quad s_2(x) \quad \cdots \quad s_m(x)]^\mathrm{T} \tag{8-140}$$

则对于上列各种趋近律有

$$\boldsymbol{\varepsilon} = \mathrm{diag}[\varepsilon_1, \varepsilon_2, \cdots, \varepsilon_m], \quad \varepsilon_i > 0 \tag{8-141}$$

$$\mathrm{sgn}\boldsymbol{s} = [\mathrm{sgn}s_1 \quad \mathrm{sgn}s_2 \quad \cdots \quad \mathrm{sgn}s_m]^\mathrm{T} \tag{8-142}$$

$$\boldsymbol{K} = \mathrm{diag}[k_1, k_2, \cdots, k_m], \quad k_i > 0 \tag{8-143}$$

$$\boldsymbol{f}(s) = [f_1(s) \quad f_2(s) \quad \cdots \quad f_m(s)]^\mathrm{T} \tag{8-144}$$

$$|s|^a\mathrm{sgn}\boldsymbol{s} = [|s_1|^a\mathrm{sgn}s_1 \cdots |s_m|^m\mathrm{sgn}s_m]^\mathrm{T} \tag{8-145}$$

$$1 > \alpha_i > 0, \quad i=1,2,\cdots,m$$

注意，此时 $\boldsymbol{s}(x)$ 是 m 维函数向量；符号 $\mathrm{diag}[\cdots]$ 表示对角矩阵。

【例 8-3】 基于趋近律的滑模稳健控制。

考虑如下被控对象：

$$\ddot{\theta}(t) = -f(\theta,t) + bu(t) + d(t)$$

其中，$f(\theta,t)$ 和 b 已知，且 $b>0$；$d(t)$ 为外部干扰。

滑模设计函数为

$$s(t) = ce(t) + \dot{e}(t)$$

其中，$c>0$ 满足 Hurwitz 条件。

误差及其导数为

$$e(t) = \theta_\mathrm{d} - \theta(t), \quad \dot{e}(t) = \dot{\theta}_\mathrm{d} - \dot{\theta}(t)$$

其中，θ_d 为理想角度信号。

于是

$$\dot{s}(t) = c\dot{e}(t) + \ddot{e}(t) = c(\dot{\theta}_\mathrm{d} - \dot{\theta}(t)) + (\ddot{\theta}_\mathrm{d} - \ddot{\theta}(t))$$

$$= c(\dot{\theta}_\mathrm{d} - \dot{\theta}(t)) + (\ddot{\theta}_\mathrm{d} + f - bu - d)$$

采用指数趋近律,有

$$\dot{s} = -\varepsilon \operatorname{sgn} s - ks \quad \varepsilon > 0, k > 0$$

由前面可得

$$c(\dot{\theta}_d - \dot{\theta}) + (\ddot{\theta}_d + f - bu - d) = -\varepsilon \operatorname{sgn} s - ks$$

则滑模控制律为

$$u(t) = \frac{1}{b}(\varepsilon \operatorname{sgn} s + ks + c(\dot{\theta}_d - \dot{\theta}) + \ddot{\theta}_d + f - d)$$

显然,由于干扰 d 未知,上述控制律无法实现。为了解决这一问题采用干扰的界来设计控制律。

设计滑模控制律为

$$u(t) = \frac{1}{b}(\varepsilon \operatorname{sgn} s + ks + c(\dot{\theta}_d - \dot{\theta}) + \ddot{\theta}_d + f - d_c)$$

其中, d_c 为待设计的与干扰 d 的界相关的正实数。

由前面得

$$\dot{s}(t) = -\varepsilon \operatorname{sgn} s - ks + d_c - d$$

通过选取 d_c 来保证控制系统稳定,即满足滑模到达条件。假设

$$d_L \leqslant d(t) \leqslant d_U$$

其中 d_L 和 d_U 为干扰的界。

为了保证 $s\dot{s} < 0$, d 选取的原则如下:

(1) 当 $s(t) > 0$ 时, $\dot{s}(t) = -\varepsilon - ks + d_c - d$,为了保证 $\dot{s}(t) < 0$,取 $d_c = d_L$。

(2) 当 $s(t) < 0$ 时, $\dot{s}(t) = \varepsilon - ks + d_c - d$,为了保证 $\dot{s}(t) > 0$,取 $d_c = d_U$。

取 $d_1 = \dfrac{d_U - d_L}{2}$, $d_2 = \dfrac{d_U + d_L}{2}$,则可设计满足上述两个条件的 d_c 为

$$d_c = d_2 - d_1 \operatorname{sgn} s$$

取 Lyapunov 函数 $V = \dfrac{1}{2}s^2$,根据指数趋近律的收敛性可知,当 $t \to \infty$、$s \to 0$ 且指数收敛时,则 $e \to 0$、$\dot{e} \to 0$ 且指数收敛。

考虑如下对象:

$$\ddot{\theta}(t) = -f(\theta, t) + bu(t) + d(t)$$

其中, $f(\theta, t) = 25\dot{\theta}$, $b = 133$, $d(t) = 10\sin(\pi t)$。

取理想的角度指令为 $\theta_d = \sin t$,被控对象初始状态为 $[-0.16, 0.16]$,采用控制律式 $u(t) = \dfrac{1}{b}(\varepsilon \operatorname{sgn} s + ks + c(\dot{\theta}_d - \dot{\theta}) + \ddot{\theta}_d + f - d_c)$,取 $c = 15$, $\varepsilon = 0$, $k = 10$,仿真结果如图 8-22～图 8-24 所示。

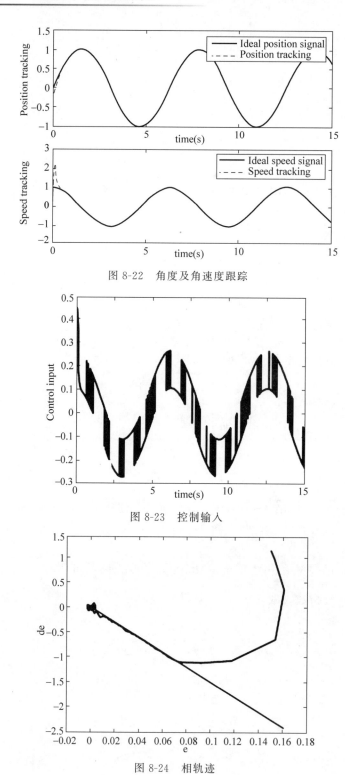

图 8-22　角度及角速度跟踪

图 8-23　控制输入

图 8-24　相轨迹

仿真程序：

1. Simulink 主程序

Simulink 主程序如图 8-25 所示。

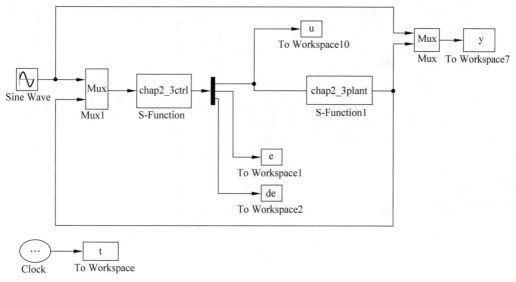

图 8-25 Simulink 主程序

2. 控制器 S 函数

代码如下：

```
% chapter8/test10
function [sys,x0,str,ts] = spacemodel(t,x,u,flag)
switch flag,
case 0,
    [sys,x0,str,ts] = mdlInitializeSizes;
case 3,
    sys = mdlOutputs(t,x,u);
case {2,4,9}
    sys = [];
otherwise
    error(['Unhandled flag = ',num2str(flag)]);
end
function [sys,x0,str,ts] = mdlInitializeSizes
sizes = simsizes;
sizes.NumContStates  = 0;
sizes.NumDiscStates  = 0;
sizes.NumOutputs     = 3;
sizes.NumInputs      = 3;
sizes.DirFeedthrough = 1;
```

```
sizes.NumSampleTimes = 0;
sys = simsizes(sizes);
x0  = [];
str = [];
ts  = [];
function sys = mdlOutputs(t,x,u)
r = u(1);
dr = cos(t);
ddr = - sin(t);

th = u(2);
dth = u(3);

c = 15;
e = r - th;
de = dr - dth;
s = c * e + de;

fx = 25 * dth;
b = 133;
dL = - 10; dU = 10;
d1 = (dU - dL)/2;
d2 = (dU + dL)/2;
dc = d2 - d1 * sgn(s);

epc = 0.5; k = 10;
ut = 1/b * (epc * sgn(s) + k * s + c * de + ddr + fx - dc);

sys(1) = ut;
sys(2) = e;
sys(3) = de;
```

3. 被控对象 S 函数

代码如下:

```
% chapter8/test11
function [sys,x0,str,ts] = s_function(t,x,u,flag)
switch flag,
case 0,
    [sys,x0,str,ts] = mdlInitializeSizes;
case 1,
    sys = mdlDerivatives(t,x,u);
case 3,
    sys = mdlOutputs(t,x,u);
case {2, 4, 9 }
```

```
        sys = [];
    otherwise
        error(['Unhandled flag = ',num2str(flag)]);
    end
    function [sys,x0,str,ts] = mdlInitializeSizes
    sizes = simsizes;
    sizes.NumContStates  = 2;
    sizes.NumDiscStates  = 0;
    sizes.NumOutputs     = 2;
    sizes.NumInputs      = 1;
    sizes.DirFeedthrough = 0;
    sizes.NumSampleTimes = 0;
    sys = simsizes(sizes);
    x0 = [-0.15 -0.15];
    str = [];
    ts = [];
    function sys = mdlDerivatives(t,x,u)
    sys(1) = x(2);
    sys(2) = -25*x(2) + 133*u + 10*sin(pi*t);
    function sys = mdlOutputs(t,x,u)
    sys(1) = x(1);
    sys(2) = x(2);
```

4. 作图程序

代码如下：

```
% chapter8/test12
close all;

figure(1);
subplot(211);
plot(t,y(:,1),'k',t,y(:,2),'r:','linewidth',2);
legend('Ideal position signal','Position tracking');
xlabel('time(s)');ylabel('Position tracking');
subplot(212);
plot(t,cos(t),'k',t,y(:,3),'r:','linewidth',2);
legend('Ideal speed signal','Speed tracking');
xlabel('time(s)');ylabel('Speed tracking');


figure(2);
plot(t,u(:,1),'k','linewidth',2);
xlabel('time(s)');ylabel('Control input');

c = 15;
```

```
figure(3);
plot(e,de,'k',e, − c'. * e,'r','linewidth',2);
xlabel('e');ylabel('de');
```

8.7.2 滑模运动段

对于滑模运动段系统的运动,实际上也由两部分构成。一部分是系统运动点 RP 在切换面 $s=0$ 附近上下穿行,该部分运动的产生是由于系统运动点 RP 到达切换面时 $ds/dt \neq 0$ 或者切换开关具有时间或空间滞后。另一部分是系统沿滑动模态的极限运动。8.5.2 节已经提到这部分的运动微分方程可以根据菲力普夫理论进行分析,而且实际上它相当于同时满足条件 $s=0$ 及 $ds/dt=0$。于是可以利用等效控制来求得该微分方程。有时也称它为滑模变结构控制系统在滑动模态附近的平均运动方程。这种平均运动方程描述了系统在滑动模态下的主要的动态特性。通常希望这个动态特性既是渐近稳定的,又具有优良的动态品质。

【例 8-4】 设有二阶线性系统

$$\frac{dx_1}{dt} = 2x_1 + x_2 + u \tag{8-146}$$

$$\frac{dx_2}{dt} = x_1 + 3x_2 + 2u \tag{8-147}$$

$$\boldsymbol{A} = \begin{bmatrix} 2 & 1 \\ 1 & 3 \end{bmatrix} \quad \boldsymbol{b} = \begin{bmatrix} 1 \\ 2 \end{bmatrix}$$

取切换函数为 $s=2x_1+x_2$,即 $\boldsymbol{c} = \begin{bmatrix} 2 & 1 \end{bmatrix}$ 等效控制为

$$u^* = -\begin{bmatrix} c & b \end{bmatrix}^{-1} \boldsymbol{cAx} = -\frac{1}{4} \begin{bmatrix} 2 & 1 \end{bmatrix} \begin{bmatrix} 2 & 1 \\ 1 & 3 \end{bmatrix} \begin{bmatrix} x_1 \\ x_2 \end{bmatrix}$$

$$= -\frac{5}{4}x_1 - \frac{5}{4}x_2$$

滑模动的微分方程为

$$\frac{dx_1}{dt} = \frac{3}{4}x_1 - \frac{1}{4}x_2 \tag{8-148}$$

$$\frac{dx_2}{dt} = -\frac{3}{2}x_1 + \frac{1}{2}x_2 \tag{8-149}$$

$$s = 2x_1 + x_2 = 0 \tag{8-150}$$

式(8-148)~式(8-150)并非是独立的。可以取滑模运动方程为

$$\frac{dx_1}{dt} = 0.75x_1 - 0.25x_2$$

$$2x_1 + x_2 = 0$$

或者

$$\frac{\mathrm{d}x_2}{\mathrm{d}t} = -1.5x_1 + 0.5x_2$$

$$2x_1 + x_2 = 0$$

此时,滑模运动的动态品质由 $s(x_1,x_2) = 2x_1 + x_2$ 可知

$$s(0,0) = 0$$

【例 8-5】 设有非线性系统的状态方程

$$\frac{\mathrm{d}x_1}{\mathrm{d}t} = x_1^2 + x_1x_2 + x_2u \tag{8-151}$$

$$\frac{\mathrm{d}x_2}{\mathrm{d}t} = 2x_1^2 + x_2^2 \tag{8-152}$$

1. 取线性切换函数

$$s(x) = 3x_1 + 2x_2$$

$$\frac{\mathrm{d}s}{\mathrm{d}t} = 3\frac{\mathrm{d}x_1}{\mathrm{d}t} + 2\frac{\mathrm{d}x_2}{\mathrm{d}t} = 3x_1^2 + 3x_1x_2 + 3x_2u + 4x_1^2 + 2x_2^2 = 0$$

设 $x_2 \neq 0$,解得等效控制

$$u^*(x) = -\frac{1}{3x_2}(3x_1^2 + 3x_1x_2 + 4x_1^2 + 2x_2^2)$$

代入原状态方程,有

$$\frac{\mathrm{d}x_1}{\mathrm{d}t} = -\frac{4}{3}x_1^2 - \frac{2}{3}x_2^2$$

$$\frac{\mathrm{d}x_2}{\mathrm{d}t} = 2x_1^2 + x_2^2$$

$$s = 3x_1 + 2x_2 = 0$$

显然,这 3 个方程并非都是独立的,可取

$$\frac{\mathrm{d}x_1}{\mathrm{d}t} = -\frac{4}{3}x_1^2 - \frac{2}{3}x_2^2$$

$$3x_1 + 2x_2 = 0$$

或者

$$\frac{\mathrm{d}x_2}{\mathrm{d}t} = 2x_1^2 + x_2^2$$

$$3x_1 + 2x_2 = 0$$

作为滑模运动方程,此时仍有 $s(0,0) = 0$。

2. 取非线性切换函数

$$s(x) = 3x_1^2 + 2x_2$$

$$\frac{\mathrm{d}s}{\mathrm{d}t} = 6x_1\frac{\mathrm{d}x_1}{\mathrm{d}t} + 2\frac{\mathrm{d}x_2}{\mathrm{d}t} = 6x_1^3 + 6x_1^2x_2 + 6x_1x_2u + 4x_1^2 + 2x_2^2 = 0$$

设 $x_1 \neq 0, x_2 \neq 0$，解得等效控制

$$u^*(x) = -\frac{1}{6x_1 x_2}(6x_1^3 + 6x_1^2 x_2 + 4x_1^2 + 2x_2^2)$$

代入原状态方程，有

$$\frac{\mathrm{d}x_1}{\mathrm{d}t} = -\frac{2}{3}x_1 - \frac{x_2^2}{3x_1}$$

$$\frac{\mathrm{d}x_2}{\mathrm{d}t} = 2x_1^2 + x_2^2$$

$$s = 3x_1^2 + 2x_2 = 0$$

这 3 个方程仍不是独立的，故可取

$$\frac{\mathrm{d}x_1}{\mathrm{d}t} = -\frac{2}{3}x_1 - \frac{x_2^2}{3x_1}$$

$$3x_1^2 + 2x_2 = 0$$

或者

$$\frac{\mathrm{d}x_2}{\mathrm{d}t} = 2x_1^2 + x_2^2$$

$$3x_1^2 + 2x_2 = 0$$

作为滑模运动方程，且 $s(0,0) = 0$。设一般的单输入系统

$$\frac{\mathrm{d}x}{\mathrm{d}t} = f(x, u), \quad x \in \mathbf{R}^n, u \in \mathbf{R} \tag{8-153}$$

$$s = s(x) \tag{8-154}$$

$$s(0) = 0 \tag{8-155}$$

其中，$s(x) = s(x_1, x_2, \cdots, x_n)$ 及 $f(x, u) = f(x_1, x_2, \cdots, x_n, u)$ 都是平滑函数

$$f(x, u) = \begin{bmatrix} f_1(x, u) & f_2(x, u) & \cdots & f_n(x, u) \end{bmatrix}^\mathrm{T}$$

令

$$\lim_{s \to 0} s\frac{\mathrm{d}s}{\mathrm{d}t} = 0 \tag{8-156}$$

$$\frac{\mathrm{d}s}{\mathrm{d}t} = \frac{\partial s}{\partial x}\frac{\mathrm{d}x}{\mathrm{d}t} = \frac{\partial s}{\partial x_1}f_1(x, u) + \frac{\partial s}{\partial x_2}f_2(x, u) + \cdots + \frac{\mathrm{d}}{\partial x_n}f_n(x, u) = p(x, u) = 0$$

如果可解出 $u, u = u^*(x) = u^*(x_1, x_2, \cdots, x_n)$ 也是平滑函数，则代入式(8-153)，并由式(8-156)得

$$\frac{\mathrm{d}x}{\mathrm{d}t} = f(x, u^*(x)) = f^*(x_1, x_2, \cdots, x_n) \tag{8-157}$$

$$s(x_1, x_2, \cdots, x_n) = 0 \tag{8-158}$$

按式(8-158)对任一状态变量(例如对 x_n)求解，得

$$x_n = s^*(x_1, x_2, \cdots, x_{n-1}) \tag{8-159}$$

代入式(8-159)得

$$\frac{\mathrm{d}x_i}{\mathrm{d}t} = f_i^*(x_1, x_2, \cdots, x_{n-1}, s^*(x_1, x_2, \cdots, x_{n-1}))$$

$$= f_i^*(x_1, x_2, \cdots, x_{n-1}), \quad i = 1, 2, \cdots, n-1 \tag{8-160}$$

$$\frac{\mathrm{d}x_n}{\mathrm{d}t} = f_i^*(x_1, x_2, \cdots, x_{n-1}) \tag{8-161}$$

根据式(8-159)有

$$\frac{\mathrm{d}x_n}{\mathrm{d}t} = \frac{\partial s^*}{\partial x_1} \frac{\mathrm{d}x_1}{\mathrm{d}t} + \cdots + \frac{\partial^*}{\partial x_{n-1}} \frac{\mathrm{d}x_{n-1}}{\mathrm{d}t} = \frac{\partial s^*}{\partial x_1} f_1^* + \cdots + \frac{\partial s^*}{\partial x_{n-1}} f_{n-1}^* \tag{8-162}$$

即得

$$f_n^*(x_1, x_2, \cdots, x_{n-1}) = \frac{\partial s^*}{\partial x_1} f_1^* + \cdots + \frac{\partial s^*}{\partial x_{n-1}} f_{n-1}^* \tag{8-163}$$

所以,函数 f_n^* 是 f_1^*、f_2^*、f_{n-1}^* 的线性组合。注意,当 $s(x)$ 是非线性函数时,$\partial s^*/\partial x_i$ ($i=1,2,\cdots,n-1$)为平滑函数,而当 $s(x)$ 是线性函数时,$\partial s^*/\partial x_i$ ($i=1,2,\cdots,n-1$)为常数。显然,滑模运动的动态品质(包括渐近稳定性)取决于切换函数 $s(x)$ 及其参数的选择。

8.8 滑模变结构控制的基本方法

按照 8.5 节提出的基本问题及 8.6 节讨论的滑模运动的动态品质,对于给定的滑模变结构控制系统式(8-111)、式(8-123)及式(8-124)给出控制 u_i^+、u_i^- 和选定切换函数 $s_i(x)$ 及其参数。

8.8.1 滑模变结构的基本控制策略

在实行滑模变结构控制策略时,基本上有下述方法:

1. **常值切换控制**

$$M_i = \begin{cases} k_i^+, & s_i(x) > 0 \\ k_i^-, & s_i(x) < 0 \end{cases} \tag{8-164}$$

或者写成

$$u_i = k_i' + k_i'' \mathrm{sgn} s_i(x)$$
$$k_i' = 0.5(k_i^+ + k_i^-) \quad k_i'' = 0.5(k_i^+ - k_i^-) \tag{8-165}$$

其中,k_i^+ 及 k_i^- 均为实数,$i=1,2,\cdots,m$。

2. **函数切换控制**

$$u_i = \begin{cases} u_i^+(x), & s_i(x) > 0 \\ u_i^-(x), & s_i(x) < 0 \end{cases} \tag{8-166}$$

或者写成

$$
\begin{cases}
u_t - u'_i(x) + u''_i(x)\mathrm{sgn}s_i(x) \\
u'_i(x) = 0.5(u_i^+(x) + u_i^-(x)) \\
u''_i(x) = 0.5(u_i^+(x) - u_i^-(x))
\end{cases} \tag{8-167}
$$

上面两种方法一般都采用广义滑模条件和一定的趋近律实现。

3. 比例切换控制

$$
u_j = \phi_{ij}x_i \tag{8-168}
$$

$$
\psi_{ij} = \begin{cases}
\alpha_{ij}, & x_i s_j(x) > 0 \\
\beta_{ij}, & x_i s_j(x) < 0
\end{cases}
$$

其中,α_{ij} 及 β_{ij} 都是实数。这种控制策略一般遵循滑模存在性条件 $\lim\limits_{s \to 0}s(\mathrm{d}s/\mathrm{d}t) < 0$,滑模可达性则另作保证。当然,也可用广义滑模。

滑模变结构系统除了上面所讲述的 3 种基本控制策略外,还有其他的一些控制策略,这里暂不叙述,留待以后讨论。

8.8.2 滑模变结构控制的基本结构

以下列单输入系统

$$
\frac{\mathrm{d}x}{\mathrm{d}t} = f(x) + g(x)u, \quad x \in \mathbf{R}^n, u \in \mathbf{R} \tag{8-169}
$$

为例,绘出上面 3 种控制策略下的系统结构图,如图 8-26～图 8-29 所示。

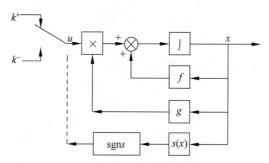

图 8-26 滑模变结构控制系统基本结构图

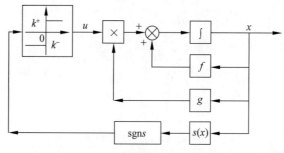

图 8-27 常值切换 VSS

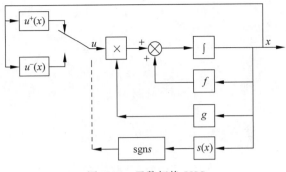

图 8-28　函数切换 VSS

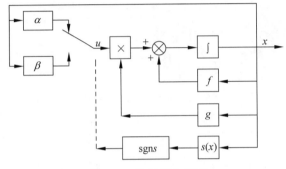

图 8-29　比例切换 VSS

8.9　基于低通滤波器的滑模控制

8.9.1　系统描述

考虑如下不确定系统：

$$J\ddot{\theta} = \tau - d(t) \tag{8-170}$$

其中，J 为转动惯量；τ 为控制输入；$d(t)$ 为干扰。

8.9.2　滑模控制器设计

基于低通滤波的滑模控制器的控制系统结构如图 8-30 所示。

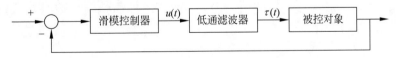

图 8-30　基于低通滤波的滑模控制器控制系统结构

如图 8-30 所示，$u(t)$ 为虚拟控制输入；$\tau(t)$ 为实际控制输入。为了降低滑模控制器产生的抖振，设计如下低通滤波器：

$$Q(s) = \frac{\lambda}{s + \lambda} \tag{8-171}$$

其中，$\lambda > 0$。

由图 8-30 可得

$$\dot{\tau} + \lambda \tau = \lambda u \tag{8-172}$$

其中，$\lambda > 0$。

由式(8-170)可得 $\tau = J\ddot{\theta} + d(t)$，代入式(8-172)，可得

$$J\dddot{\theta} + \dot{d} + \lambda(j\ddot{\theta} + d) = \lambda u \tag{8-173}$$

即

$$J\dddot{\theta} = \lambda u - \dot{d} - \lambda(J\ddot{\theta} + d) \tag{8-174}$$

假设理想角度指令为 $\theta_d(t)$，角度跟踪误差为

$$e(t) = \theta(t) - \theta_d(t) \tag{8-175}$$

设计滑模函数如下：

其中，$\lambda_1 > 0$、$\lambda_2 > 0$，λ_1 和 λ_2 的取值需要满足 Hurwitz 条件。

于是

$$
\begin{aligned}
J\dot{s}(t) &= J(\dddot{e} + \lambda_1 \ddot{e} + \lambda_2 \dot{e}) \\
&= J\dddot{\theta} + J(-\dddot{\theta}_d + \lambda_1 \ddot{e} + \lambda_2 \dot{e}) \\
&= \lambda u - \dot{d} - \lambda(J\ddot{\theta} + d) + J(-\dddot{\theta}_d + \lambda_1 \ddot{e} + \lambda_2 \dot{e})
\end{aligned} \tag{8-176}
$$

将 Lyapunov 函数定义为

$$V = \frac{1}{2} J s^2 \tag{8-177}$$

则

$$
\begin{aligned}
\dot{V} &= J s \dot{s} = s(\lambda u - \dot{d} - \lambda(J\ddot{\theta} + d) + J(-\dddot{\theta}_d + \lambda_1 \ddot{e} + \lambda_2 \dot{e})) \\
&= s(\lambda u - \dot{d} - \lambda d - \lambda J\ddot{\theta} + J(-\dddot{\theta}_d + \lambda_1 \ddot{e} + \lambda_2 \dot{e}))
\end{aligned} \tag{8-178}
$$

设计滑模控制律为

$$u = -\frac{1}{\lambda}(-\lambda J\ddot{\theta} + J(-\dddot{\theta}_d + \lambda_1 \ddot{e} + \lambda_2 \dot{e}) + \eta \operatorname{sgn}(s)) \tag{8-179}$$

其中，$\eta > |\dot{d} + \lambda d|$。

取 $\eta = |\dot{d} + \lambda d| + \eta_0$，$\eta_0 > 0$，根据 LaSalle 不变性原理，取 $\dot{V} \equiv 0$ 时，$s \equiv 0$，则 $t \to \infty$ 时，$s \to 0$，从而 $e \to 0$，$\dot{e} \to 0$。

于是

$$
\begin{aligned}
\dot{V} &= s(-\eta \operatorname{sgn}(s) - \dot{d} - \lambda d) = -s(\dot{d} + \lambda d) - \eta s \operatorname{sgn}(s) \\
&= -s(\dot{d} + \lambda d) - \eta |s| \leqslant -\eta_0 |s| \leqslant 0
\end{aligned} \tag{8-180}
$$

该控制律的不足之处是需要加速度信号。

8.9.3　仿真实例

被控对象为

$$j\ddot{\theta} = \tau - d(t) \tag{8-181}$$

其中,$J = \dfrac{1}{133}$,$d(t) = 10\sin(t)$。

理想角度指令为 $\theta_d = \sin(t)$,对象初始状态为 $[0.5 \quad 0]^T$。取 $\lambda = 25$,$\lambda_1 = 30$,$\lambda_2 = 50$,$\eta = 50$。采用控制律式(8-179),仿真结果如图 8-31～图 8-33 所示。

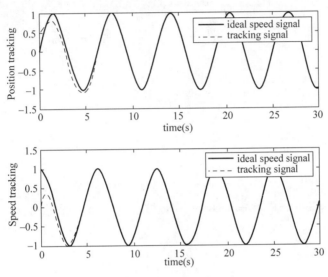

图 8-31　角度和角速度跟踪

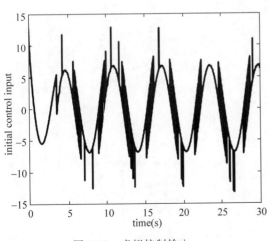

图 8-32　虚拟控制输入 u

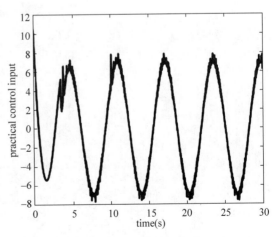

图 8-33　实际控制输入 τ

仿真 Simulink 模型：

1. 主程序

Simulink 主程序如图 8-34 所示。

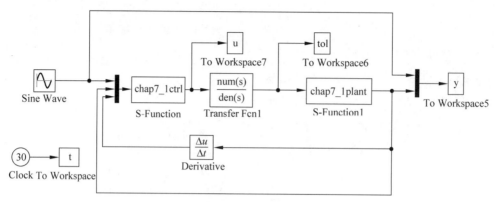

图 8-34　Simulink 模型建立

2. 控制器 S 函数

代码如下：

```
% chapter8/test14
function [sys,x0,str,ts] = spacemodel(t,x,u,flag)
switch flag,
case 0,
    [sys,x0,str,ts]=mdlInitializeSizes;
case 3,
    sys=mdlOutputs(t,x,u);
case {2,4,9}
    sys=[];
otherwise
    error(['Unhandled flag = ',num2str(flag)]);
end
function [sys,x0,str,ts]=mdlInitializeSizes
sizes = simsizes;
sizes.NumContStates  = 0;
sizes.NumDiscStates  = 0;
sizes.NumOutputs     = 1;
sizes.NumInputs      = 5;
sizes.DirFeedthrough = 1;
sizes.NumSampleTimes = 1;
sys = simsizes(sizes);
x0  = [];
str = [];
ts  = [0 0];
```

```
function sys = mdlOutputs(t,x,u)
tol = u(1);
th = u(2);
d_th = u(3);
dd_th = u(5);

J = 10;
thd = sin(t);
d_thd = cos(t);
dd_thd = - sin(t);
ddd_thd = - cos(t);
e = th - thd;
de = d_th - d_thd;
dde = dd_th - dd_thd;

n1 = 30;n2 = 30;
n = 25;
s = dde + n1 * de + n2 * e;

xite = 80;    % dot(d) + n * dmax,dmax = 3
ut = - 1/n * ( - n * J * dd_th + J * ( - ddd_thd + n1 * dde + n2 * de) + xite * sgn(s));

sys(1) = ut;
```

3. 被控对象 S 函数
代码如下：

```
% chapter8/test15
function [sys,x0,str,ts] = spacemodel(t,x,u,flag)
switch flag,
case 0,
    [sys,x0,str,ts] = mdlInitializeSizes;
case 1,
    sys = mdlDerivatives(t,x,u);
case 3,
    sys = mdlOutputs(t,x,u);
case {2,4,9}
    sys = [];
otherwise
    error(['Unhandled flag = ',num2str(flag)]);
end
function [sys,x0,str,ts] = mdlInitializeSizes
sizes = simsizes;
sizes.NumContStates  = 2;
sizes.NumDiscStates  = 0;
```

```
sizes.NumOutputs      = 2;
sizes.NumInputs       = 1;
sizes.DirFeedthrough  = 1;
sizes.NumSampleTimes  = 1;   % At least one sample time is needed
sys = simsizes(sizes);
x0  = [0.5;0];
str = [];
ts  = [0 0];
function sys = mdlDerivatives(t,x,u)    % Time - varying model
J = 10;
ut = u(1);
d = 3.0 * sin(t);
sys(1) = x(2);
sys(2) = 1/J * (ut - d);
function sys = mdlOutputs(t,x,u)
sys(1) = x(1);
sys(2) = x(2);
```

4. 作图程序

代码如下：

```
% chapter8.test16
close all;

figure(1);
subplot(211);
plot(t,y(:,1),'k',t,y(:,2),'r:','linewidth',2);
xlabel('time(s)');ylabel('Position tracking');
legend('ideal speed signal','tracking signal');

subplot(212);
plot(t,cos(t),'k',t,y(:,3),'r:','linewidth',2);
xlabel('time(s)');ylabel('Speed tracking');
legend('ideal speed signal','tracking signal');

figure(2);
plot(t,u,'k','linewidth',2);
xlabel('time(s)');ylabel('initial control input');

figure(3);
plot(t,tol,'k','linewidth',2);
xlabel('time(s)');ylabel('practical control input');
```

第 9 章

神经网络基本理论

9.1 生物神经网络

9.1.1 生物神经元的结构

神经元的形态不尽相同,功能也有一定差异,但从组成结构来看,各种神经元是有共性的。图 9-1 给出一个典型神经元的基本结构,它由细胞体、树突和轴突等组成。

1. 细胞体

细胞体由细胞核、细胞质和细胞膜构成,细胞核占据细胞体的很大一部分,进行着呼吸和新陈代谢等许多生化过程。细胞质是进行新陈代谢的主要场所。细胞膜是防止细胞外物质自由进入细胞的屏障,保证了细胞内环境的相对稳定。同时由于细胞膜对不同离子具有不同的通透性,膜内外存在着的离子浓度差使细胞能够与周围环境发生物质和能量的交换,完成特定的生理功能。

2. 树突

细胞体向外延伸出许多突起,其中大部分较短的群集在细胞体附近形成灌木丛状,这些突起称为树突。神经元靠树突起感受作用,接受来自其他神经元所传递的信号。

3. 轴突

细胞体的最长一条突起称为轴突,用来传出细胞体产生的输出电化学信号。轴突也称神经纤维,其末端处长出的细的分支称为轴突末梢或神经末梢,它可以向四面八方传出神经信号。

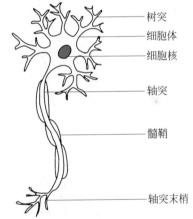

图 9-1 生物神经元简化示意图

9.1.2 生物神经元的信息处理机理

细胞膜内外离子浓度差造成膜内外的电位差,称为膜电位。当神经元在无神经信号输入时,膜电位为−70mV(内负外正)左右,称为静息电位,此时细胞膜的状态称为极化状态,神经元的状态称为静息状态。当神经元受到外界刺激时,神经元兴奋,膜电位从静息电位向正偏移,称为去极化。如果膜电位从静息电位向负偏移,称为超极化,此时神经元的状态为抑制状态。

神经元细胞膜的去极化和超极化程度反映了神经元的兴奋和抑制的强烈程度。在某一给定时刻,神经元总是处于静息、兴奋和抑制 3 种状态之一。

1. 信息的产生

神经元间信息的产生、传递和处理是一种电化学活动。在外界刺激下,当神经元的兴奋程度超过某个限度,也就是细胞膜去极化程度越过了某个阈值电位时,神经元被激发而输出神经脉冲,又称为神经冲动。

神经信息产生的具体经过如下。

1)冲动脉冲的产生

当膜电位去极化程度超过阈值电位(−55mV)时,该抑制细胞变成活性细胞,其膜电位将进一步自发地急速升高。在 1ms 内,膜电位将比静息膜电位高出 100mV 左右,此后又急速下降,回到静息值。如图 9-2 所示,兴奋过程产生了一个宽度为 1ms、振幅为 100mV 的冲动脉冲。

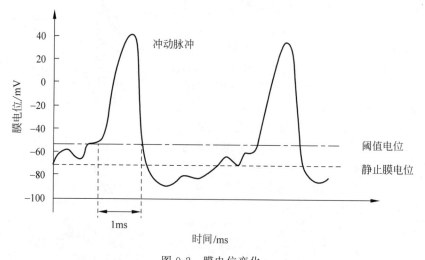

图 9-2 膜电位变化

2)不应期

当细胞体产生冲动脉冲并回到静息状态后的数毫秒内时,即使受到很强的刺激,也不会立刻产生兴奋,这段时间称为不应期。

3)冲动脉冲的再次产生

不应期结束后,若细胞受到刺激并使膜电位超过阈值电位,则可再次产生兴奋性电脉冲。

神经信息产生的特点如下:

（1）神经元产生的信息是具有电脉冲形式的神经冲动。

（2）各脉冲的宽度和幅度相同,而脉冲的间隔是随机变化的。

（3）某神经元的输入脉冲密度越大,其兴奋程度越高,在单位时间内产生的脉冲串的平均频率也就越高。

2. 信息的传递与接收

神经元的每一条神经末梢可以与其他神经元形成功能性接触,其接触部位称为突触,如图 9-3 所示,它相当于神经元之间的输入/输出接口。功能性接触并不一定是永久性接触,它可根据神经元之间信息传递的需要而形成,因此神经网络具有很好的可塑性。

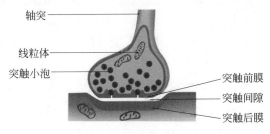

图 9-3　突触结构示意图

每个神经元约有 $10^3 \sim 10^5$ 个突触,神经元之间以突触连接而形成神经网络,突触的结构如图 9-3 所示。其中突触前是指第 1 个神经元的轴突末梢部分,突触后是指第 2 个神经元的树突或细胞体等受体表面。突触在轴突末梢与其他神经元的受体表面相接触的地方有 $15 \sim 50\text{mm}$ 的间隙,称为突触间隙。

对于一个生物神经元,树突是信号的输入端,突触是输入/输出接口,细胞体则相当于一个微型处理器,它对各种输入信号进行整合,并在一定条件下触发,产生输出信号。输出信号沿轴突传至神经末梢,并通过突触传向其他神经元的树突。

1）信息传递的过程

神经脉冲信号的传递是通过神经递质实现的。当前一个神经元发放脉冲并传到其轴突末端时,由于电脉冲的刺激,这种化学物质从突触前膜释放出,经突触间隙的液体扩散并在突触后膜与特殊受体相结合。这就改变了后膜的离子通透性,使膜电位发生变化,从而产生电生理反应。

显然,这种传递过程是需要时间的。神经递质从脉冲信号到达突触前膜再到突触后膜电位发生变化,有 $0.2 \sim 1\text{ms}$ 的时间延迟,称为突触延迟。这段延迟是化学递质分泌、向突触间隙扩散、到达突触后膜并在那里发生作用的时间总和。

2）信息传递的极性

受体的性质决定了信息传递的极性是兴奋的还是抑制的。兴奋性突触的后膜电位随递质与受体结合数量的增加而向正电位方向变化(去极化)。抑制性突触的后膜电位随递质与受体结合数量的增加而向负电位方向变化(超极化)。

当突触前膜释放的兴奋性递质使突触后膜的去极化电位超过了阈值电位时,后一个神经元便有了神经脉冲输出。通过这种方式,前一神经元的信息就传递给了后一神经元,其具体过程如图 9-4 所示。

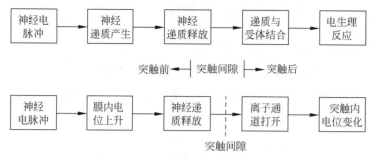

图 9-4   突触信息传递过程

3. 信息的整合

神经元对信息的接收和传递都是通过突触进行的。单个神经元可与其他上千个神经元轴突末梢形成突触连接,接收从各个轴突传来的脉冲输入。不同性质的外界刺激将改变神经元之间的突触联系(膜电位变化的方向与大小)。从突触信息传递的角度看,突触联系表现为放大倍数(突触连接强度)和极性的变化。各神经元间的突触连接强度和极性的调整可归纳为空间整合与时间整合,这使人脑具有存储信息和学习的功能。

1)空间整合

在同一时刻各种刺激所引起的膜电位变化大致等于各单独刺激引起的膜电位变化的代数和,这种现象称为空间整合。

2)时间整合

各输入脉冲抵达神经元的先后时间有所不同,由一个脉冲引起的突触后膜电位也将在一定时间内产生持续影响,这种现象称为时间整合。

9.1.3   生物神经网络的信息处理

在此以视觉为例说明生物神经网络的信息处理过程。人的视觉过程是:首先物体在视网膜上成像,然后视网膜发出神经脉冲并经视神经传递到大脑皮层。

如图 9-5 所示,视网膜神经细胞分为 3 个层次。外界光线进入眼球后,最外层视网膜的锥体细胞和杆体细胞将光信号转化为神经反应电信号,然后进入第二层的双极细胞等。通常一个锥体细胞连接一个双极细胞,而几个杆体细胞才连接一个双极细胞。第三层的神经节细胞与双极细胞连接,负责传

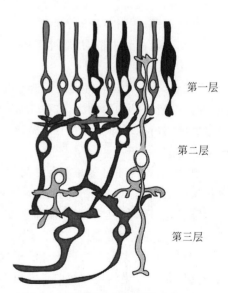

图 9-5   视网膜神经细胞的分层结构

递神经反应电位。神经节细胞的轴突形成视神经纤维,汇集于视神经乳头处,成为视神经。

如图9-6所示,视觉系统的信息处理是分级的。从视网膜(Retina)出发,经过低级的V1区提取边缘特征,到V2区的即时形状或目标局部,再到高层的整个目标(如判定为一张人脸),以及到更高层的PFC(前额叶皮层)进行分类判断等。也就是说高层的特征是低层特征的组合,从低层到高层的特征表达越来越抽象和概念化,即越来越能表现语义或者意图。

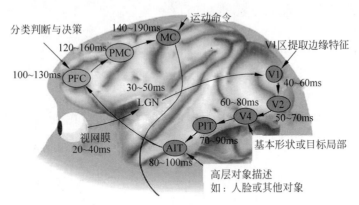

图 9-6 视觉处理系统

由上述过程可见,生物神经网络的信息处理的一般特征有以下3点。

1. 大量神经细胞同时工作

神经元之间突触的连接方式和连接强度不同并且具有可塑性,这使神经网络在宏观上呈现出千变万化的复杂的信息处理能力。生物神经网络的功能不是单个神经元信息处理功能的简单叠加,同样的机能是在大脑皮层的不同区域以串行和并行的方式进行处理的。

2. 分布处理

机能的特殊组成部分是在许许多多特殊的地点进行处理的,但这并不意味着各区域之间相互孤立无关。事实上,整个大脑皮层甚至整个神经系统都是与某一机能有关系的,只是一定区域与某一机能具有更为密切的关系。

3. 多数神经细胞是以层次结构的形式组织起来的

不同层之间的神经细胞以多种方式相互连接,同层内的神经细胞也存在相互作用。另一方面,不同功能区的层组织结构存在差别。

9.2 人工神经元的数学建模

人工神经网络是基于生物神经元网络机制提出的一种计算结构,是生物神经网络的某种模拟、简化和抽象。神经元是这一网络的"节点",即"处理单元"。

9.2.1 M-P模型

目前人们提出的神经元模型已有很多,最早被提出且影响最大的是1943年心理学家

McCulloch 和数学家 W. Pitts 提出的 M-P 模型。

1. M-P 模型建立的假设条件

M-P 模型的建立基于以下几点抽象与简化:

(1) 每个神经元都是一个多输入和单输出的信息处理单元。

(2) 神经元输入分为兴奋性输入和抑制性输入两种类型。

(3) 神经元具有空间整合特性和阈值特性。

(4) 神经元输入与输出间有固定的时滞,主要取决于突触延搁。

(5) 忽略时间整合作用和不应期。

(6) 神经元本身是非时变的,即其突触时延和突触强度均为常数。

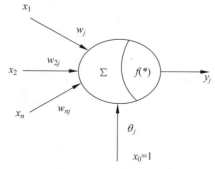

图 9-7　人工神经元结构

2. M-P 模型的信息处理

如图 9-7 所示,M-P 模型结构是一个多输入、单输出的非线性元件,其 I/O 关系可推述为

$$I_j = \sum_{i=1}^{n} \omega_i x_i - \theta_j \tag{9-1}$$

$$y_j = f(I_j) \tag{9-2}$$

式(9-1)中,x_i 为从其他神经元传来的输入信号,表示从神经元 i 到神经元 j 的连接权值;θ_j 为阈值;$f(\cdot)$ 称为激励函数或转移函数;y_j 表示神经元 j 的输出信号。

作为一种最基本的神经元数学模型,M-P 模型包括了加权、求和与激励(转移)三部分功能。

1) 加权

输入信号向量 $x_i(i=1,2,\cdots,n)$,同时输入神经元模拟了生物神经元的许多激励输入,对于 M-P 模型而言,x_i 取值均为 0 或 1。加权系数 ω_{ij} 模拟了生物神经元具有不同的突触性质和突触强度,其正负模拟了生物神经元中突触的兴奋和抑制,其大小则代表了突触的不同连接强度。

2) 求和

$\sum\limits_{i=1}^{n} \omega_{ij} x_i$ 相应于生物神经元的膜电位,实现了对全部输入信号的空间整合(这里忽略了时间整合作用)。神经元激活与否取决于某一阈值电平,即只有当其输入总和超过阈值时,神经元才被激活而产生脉冲,否则神经元不会产生输出信号。θ_j 实现了阈值电平的模拟。

3) 激励

激励函数 $f(\cdot)$ 表征了输出与输入之间的对应关系,一般而言这种函数是非线性的。对于 M-P 模型而言,神经元只有兴奋和抑制两种状态,因此神经元信号输出只有 0、1 两种状态,即激励函数 $f(\cdot)$ 应为单向阈值型函数。

3. M-P 模型的改进

当考虑突触时延特性时,可对标准 M-P 模型进行改进:

$$y_j = f(I_j)$$

$$= f\left(\sum_{i=1}^n \omega_{ij} x_i (t - \tau_{ij}) - \theta_j\right) \tag{9-3}$$

$$= \begin{cases} 0, & \omega_{ij} x_i (t - \tau_{ij}) - \theta_j \leqslant 0 \\ 1, & \omega_{ij} x_i (t - \tau_{ij}) - \theta_j > 0 \end{cases}$$

其中,τ_{ij} 表示相当于 t 时刻的突触时延。延时 M-P 模型考虑了突触时延特性,所有神经元具有相同的、恒定的工作节律,工作节律取决于突触时延 τ_{ij}。神经元突触的时延 τ_{ij} 为常数,权系数 ω_{ij} 也为常数,即

$$\omega_{ij} = \begin{cases} 0, & 为抑制性输入时 \\ 1, & 为兴奋性输入时 \end{cases} \tag{9-4}$$

上述模型称为延时 M-P 模型。延时 M-P 模型仍没有考虑生物神经元的时间整合作用和突触传递的不应期,M-P 模型的进一步改进可从这两方面进行考虑,同时也可考虑权系数 ω_{ij} 在 $0\sim1$ 连续可变。

虽然 M-P 模型无法实现生物神经元的空间、时间的交叉叠加性,但它在人工神经网络研究中具有基础性的地位与作用。

M-P 模型是所有人工神经元中第 1 个被建立起来的模型,它在多个方面显示出生物神经元所具有的基本特性。M-P 模型在人工神经网络研究中具有基础性的地位与作用。

9.2.2　常用的神经元数学模型

其他的一些神经元的数学模型的主要区别在于采用了不同的激励函数,这些函数反映了神经元的输出与其激活状态之间的关系,不同的关系使神经元具有不同的信息处理特性。常用的激励函数有阈值型函数、分段线性函数和 Sigmoid 型函数等。

1. 阈值型函数

$$f(x) = \begin{cases} 1, & x \geqslant 0 \\ 0, & x < 0 \end{cases} \tag{9-5}$$

阈值函数通常称为硬极限函数。单极性阈值函数如图 9-8(a)所示,M-P 模型便是采用这种激励方式的函数。此外,符号函数 $\mathrm{sgn}(x)$ 也常作为神经元的激励函数,称作双极性阈值函数,如图 9-8(b)所示。

2. 分段线性函数

$$f(x) = \begin{cases} 1, & x \geqslant +1 \\ x, & -1 < x < +1 \\ -1, & x \leqslant -1 \end{cases} \tag{9-6}$$

如图 9-9 所示,该函数在 $[-1, +1]$ 线性区内的斜率是一致的。

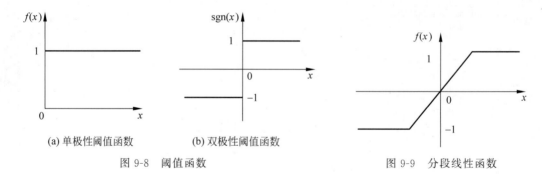

(a) 单极性阈值函数 (b) 双极性阈值函数

图 9-8 阈值函数   图 9-9 分段线性函数

3．Sigmoid 型函数

$$f(x) = \frac{1}{1+e^{-\alpha x}}, \quad \alpha > 0 \tag{9-7}$$

其中，α 为 Sigmoid 函数的斜率参数，通过改变参数 α，会获取不同斜率的 Sigmoid 型函数。

由图 9-10 可见：

（1）Sigmoid 函数是可微的。

（2）当斜率参数接近无穷大时，此函数可转化为简单的阈值函数，但 Sigmoid 函数对应 0～1 的一个连续区域，而阈值函数对应的只是 0 和 1 两个点。

（3）图中 Sigmoid 函数值均大于 0，称为单极性 Sigmoid 函数，或非对称 Sigmoid 函数。

（4）双极性 Sigmoid 函数，也称为双曲正切函数或对称 Sigmoid 函数，其表达式为

$$f(x) = \frac{1-e^{-\alpha x}}{1+e^{-\alpha x}} \tag{9-8}$$

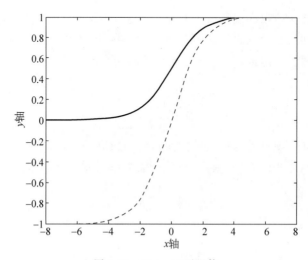

图 9-10 Sigmoid 型函数

4. 概率型函数

概率型函数的输入与输出之间的关系是不确定的。概率型神经元模型的输入与输出信号采用 0 与 1 的二值离散信息,它用一个随机函数来描述其输出状态为 1 或 0 的概率。设神经元的输入总和为 x,则输出信号为 y 的概率分布律为

$$\begin{cases} P(y=1) = \dfrac{1}{1+\mathrm{e}^{(-x/T)}} \\ P(y=0) = 1 - \dfrac{1}{1+\mathrm{e}^{(-x/T)}} \end{cases} \tag{9-9}$$

式(9-9)中,T 称为温度参数。由于该状态分布律与热力学中的玻耳兹曼(Boltzmann)分布类似,因此采用这种概率型激励函数的神经元模型称为热力学模型。这种神经元模型输入与输出信号采用 0 与 1 的二值离散信息,它是把神经元的动作以概率状态变化的规律模型化。

5. 高斯型函数

高斯函数(钟形函数)是正态分布的密度函数,在自然科学、社会科学等领域处处都有高斯函数的身影。高斯函数是可微的,分一维和高维。高斯函数是极为重要的一类激活函数,常用于径向基函数神经网络(RBF 网络)中。

一维和二维高斯函数如图 9-11 所示,其表达式为

$$f(x) = \mathrm{e}^{-\frac{(x-\mu)^2}{2\sigma^2}} \tag{9-10}$$

$$f(x) = \mathrm{e}^{-\frac{(x_1-\mu_1)^{\mathrm{T}}(\eta_2-\mu_2)}{2\sigma_j^2}} \tag{9-11}$$

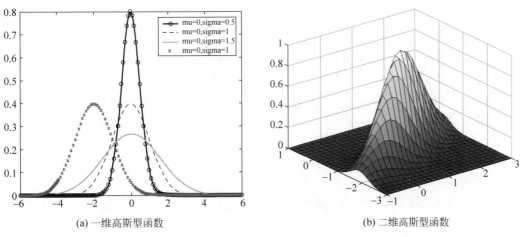

(a) 一维高斯型函数　　　　(b) 二维高斯型函数

图 9-11　高斯型函数

上述五类非线性函数有的可微,有的不可微,但都具有共同的两个显著特征:突变性和饱和性。利用它可模拟神经细胞在兴奋过程中所产生的神经冲动及疲劳等性能。

9.3　人工神经网络的结构建模

人工神经元实现了生物神经元的抽象、简化与模拟,它是人工神经网络的基本处理单元。大量神经元互联后构成庞大的神经网络才能实现对复杂信息的处理与存储,并表现出各种优越的特性。

根据网络互联的拓扑结构和网络内部的信息流向,可以对人工神经网络的模型进行分类。

9.3.1　网络拓扑类型

神经网络的拓扑结构主要指它的连接方式。将神经元抽象为一个节点,神经网络则是节点间的有向连接,根据连接方式的不同大体可分为层状结构和网状结构两大类。

1. 层状结构

如图 9-12(a)所示,层状结构的神经网络可分为输入层、隐含层与输出层。各层顺序相连,信号单向传递。

1) 输入层

输入层各神经元接收外界输入信息,并传递给中间层(隐含层)神经元。

2) 隐含层

隐含层介于输入层与输出层中间,可设计为一层或多层。作为神经网络的内部信息处理层,它主要负责信息变换并传递到输出层各神经元。

3) 输出层

输出层各神经元负责输出神经网络的信息处理结果。

进一步细分,层状结构神经网络有 3 种典型的结合方式:

(1) 单纯层状结构,如图 9-12(a)所示。神经元分层排列,各层神经元接收前一层输入并输出到下一层,层内神经元自身及神经元之间没有连接。

(2) 输出层到输入层有连接的层状结构,如图 9-12(b)所示。输出层有信号反馈到输入层,因此输入层既可接收输入,也能进行信息处理。

(3) 层内互联的层状结构,如图 9-12(c)所示。隐含层神经元存在互联现象,因此具有侧向作用,通过控制周边激活神经元的个数,可实现神经元的自组织。

2. 网状结构

网状结构神经网络的任何两个神经元之间都可能双向连接。如图 9-13 所示,根据节点互联程度进一步细分,网状结构神经网络有 3 种典型的结合方式。

1) 全互联网状结构

网络中的每个节点均与所有其他节点连接,如图 9-13(a)所示。

2) 局部互联网状结构

网络中的每个节点只与其邻近的节点有连接,如图 9-13(b)所示。

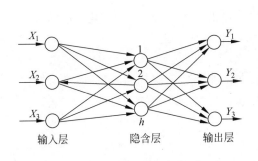

(a) 单纯型层状结构

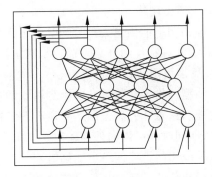

(b) 输出层到输入层有连接的层状结构

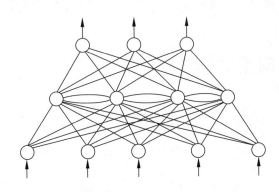

(c) 层内有连接的层状结构

图 9-12　层次型网络结构示意图

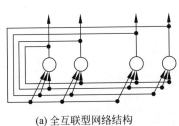

(a) 全互联型网络结构

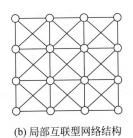

(b) 局部互联型网络结构

图 9-13　网状结构神经网络示意图

3）稀疏网状结构

网络中的节点只与少数相距较远的节点相连。

9.3.2　网络信息流向类型

神经网络的信息流向类型主要指它的内部信息的传递方向,根据神经网络内部信息的传递方向可分为前馈型网络和反馈型网络两大类。

1. 前馈型网络

前馈型网络的信息处理方向是由输入层到输出层逐层前向传递,某一层的输出是下一层的输入,不存在反馈环路。前馈型网络可以很容易地串联起来并以此建立多层前馈网络。

2. 反馈型网络

反馈型网络存在信号从输出到输入的反向传播。输出层到输入层有连接,存在信号的反向传播。这意味着反馈网络中所有节点都具有信息处理功能,而且每个节点既可从外界接收输入,同时又可以向外界输出。

实际应用的神经网络可能同时兼有其中一种或几种形式。从拓扑结构看,层次网络中可能出现局部的互连。从信息流向看,前馈网络中可能出现局部反馈。进一步细分,神经网络模型通常有前馈层次型、输入/输出有反馈的前馈层次型、前馈层内互连型、反馈全互连型和反馈局部互连型。

9.4 人工神经网络的学习

人工神经网络的学习本质上是对可变权值的动态调整。具体的权值调整方法称为学习规则,详细算法将在后续章节中讲解。目前人工神经网络的学习方法有多种,按有无教师来分类,可分为无教师学习、有教师学习和强化学习等几大类。

1. 有教师学习

有教师学习,也称为监督学习。如图 9-14 所示,教师输出为输入信号 p 的期望输出 t,误差信号为神经网络实际输出与期望输出之差。神经网络的参数根据训练向量和反馈的误差信号进行逐步、反复调整,神经网络可实现教师功能的模仿。多层感知器的误差反传给学习算法,即有监督学习典范之一。

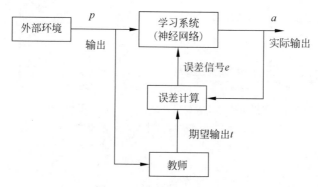

图 9-14　有教师学习方式

2. 无教师学习

无教师学习,也称为无监督学习,又称为自组织学习。如图 9-15 所示,该模式中没有教师信号,没有任何范例可供学习参考。无教师学习只要求提供输入,学习是根据输入的信息、特有的网络结构和学习规则来调节自身的参数或结构(这是一种自学习、自组织的过程)。网络的输出由学习过程自行产生,它将反映输入信息的某种固有特性(如聚类或某种统计上的分布特征)。竞争性学习规则是无教师学习典范之一。

无教师学习的主要作用有:

1) 聚类

聚类是在没有任何先验知识的前提下进行特征抽取,发现原始样本的分布与特性并归并到各自模式类。

2) 数据压缩与简化

输入数据经无监督学习后维数减少,而信息损失则可以不大。这使我们可用较小的空间或较简单的方法来解决问题。

3. 强化学习

强化学习从动物学习、参数扰动自适应控制等理论发展而来,也称为再励学习或评价学习。如图 9-16 所示,强化学习的学习目标是动态地调整参数,以达到强化信号最大的作用。这是一个试探评价过程:学习系统选择一个动作作用于环境,环境接受该动作后状态发生变化,同时产生一个强化信号(奖或惩)反馈给学习系统,学习系统便根据强化信号和环境当前状态再选择下一个动作。选择的原则是使受到正强化(奖)的概率增大。

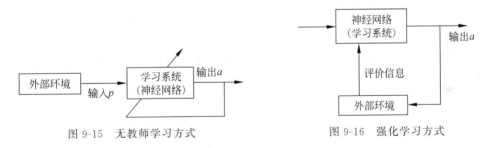

图 9-15　无教师学习方式　　　　图 9-16　强化学习方式

强化学习不同于监督学习。强化信号是由环境提供的对学习系统产生动作好坏的一种评价,而不是告诉学习系统如何去产生正确的动作。由于外部环境提供了很少的信息,学习系统必须靠自身的经历进行学习,在"行动-评价"的环境中获得知识、改进行动方案,进而适应环境。在强化学习系统中需要某种"随机单元"使学习系统在可能的动作空间中进行搜索并发现正确的动作。

9.5　神经网络及其分类

本节从二分类神经网络开始讲起。它将输入数据分为两类,这种分类方法的用途实际上比人们预期的用途还要多。例如一些典型的应用包括垃圾邮件过滤(垃圾邮件和正常邮件)和借贷核准(批准或拒绝)等。

对于二分类问题,设置一个输出节点就足够了,这是因为可以用输出值将输入数据进行分类,输出值要么大于、要么小于某一个阈值。例如,如果采用 Sigmoid 函数作为输出层节点的激活函数,则可以依据输出值是否大于 0.5 来对数据进行分类。因为 Sigmoid 函数在 0~1,所以可以用中间值进行分类。一个简单的二分类示例如图 9-17 所示。

考虑图 9-17 中的二分类问题。对于给定的坐标 (x,y),下面将使用该二分类模型来确定数据所归属的类别。本例中,给定的训练数据格式如图 9-18 所示。前面两个数字分别表示 x 和 y 的坐标,后面的符号代表数据的类别。由于要使用该数据进行监督学习,所以它包含了输入和正确输出。

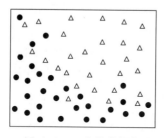

图 9-17 二分类数据点

图 9-18 二分类监督学习的训练数据

现在来构建一个神经网络。输入节点的个数要等于输入参数的个数。因为本例的输入包含两个参数,所以该神经网络就采用两个输入节点。如前所述,因为它是用二分类实现的,所以只需一个输出节点。另外,将采用 Sigmoid 函数作为激活函数,以及包含 4 个节点的单隐藏层,如图 9-19 展示了该神经网络。

当使用给定的训练数据训练该神经网络时,能够得到想要的两个分类,然而,问题是该神经网络的输出数值是 0~1,而给定的正确输出是符号形式的"△"和"●",这样无法计算误差,需要把符号转换为数值。下面用 Sigmoid 函数的最大值和最小值分别表示这两个类别,即

$$\text{Class} \quad \triangle \rightarrow 1$$
$$\text{Class} \quad \bullet \rightarrow 0$$

改变类别符号后的训练数据如图 9-20 所示。

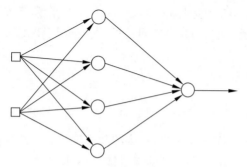

图 9-19 二分类的单隐藏层神经网络

图 9-20 将图像类别转换成数字后的训练数据

图 9-20 是用来训练神经网络的训练数据。二分类神经网络的学习步骤如下,其中采用交叉熵函数作为代价函数,并且采用 Sigmoid 函数作为隐藏层和输出层节点的激活函数。

（1）二分类神经网络的输出层只有一个节点，采用 Sigmoid 函数作为激活函数。

（2）用 Sigmoid 函数的最大值和最小值将训练数据的类别转换为数值形式，即

$$\text{Class} \quad \triangle \to 1$$
$$\text{Class} \quad \bullet \to 0$$

（3）用适当的值初始化神经网络的权重。

（4）将训练数据{输入和正确输出}中的"输入"输入神经网络中，并且获得模型输出。比较正确输出与模型输出，计算二者之间的误差向量 $\boldsymbol{E}$，然后计算输出节点的增量 δ，即

$$\boldsymbol{E} = D - Y$$
$$\delta = E$$

（5）将输出层节点的增量进行反向传播，以便计算下一个隐藏层（左侧）节点的增量，即

$$E^{(k)} = \boldsymbol{W}^{\mathrm{T}} \delta$$
$$\delta^{(k)} = \varphi(V^{(k)}) E^{(k)}$$

（6）重复第（5）步，直至计算到输入层右侧的那一个隐藏层为止。

（7）根据下式的学习规则调整权重值，即

$$\Delta w_{ij} = \alpha \delta_i x_j$$
$$w_{ij} \leftarrow w_{ij} + \Delta w_{ij}$$

（8）将所有的训练数据点重复第（4）～（7）步。

（9）重复第（4）～（8）步，直至神经网络得到合适的训练为止。

虽然以上步骤较多，看起来过程比较复杂，但是它基本上与反向传播过程是一样的。

9.6　BP 神经网络

9.6.1　BP 神经网络结构

典型的 BP 神经网络结构如图 9-21 所示，它是一个包含输入层、隐含层和输出层的网络结构。另外，为了保证图 9-21 是多层神经网络，这里定义 $M \geqslant 2$。

输入层的作用是负责接收来自外界的信息，并传递给下一层神经元。

隐含层是网络结构的中间部分，它的主要作用是对信息进行处理和变换，根据实际问题的需求，中间层可以设计为单隐含层或多隐含层结构。

输出层是网络结构的最后一层，输出层神经元的传递函数特性决定了整个网络的输

22min

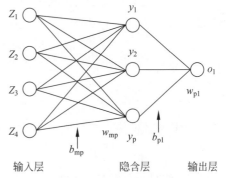

17min

图 9-21　BP 神经网络结构

出特性。

9.6.2　BP 神经网络算法原理

以一个具有 $M-1$ 个隐含层的 $1-S^1-\cdots-S^{M-1}-S^M$ 的 BP 神经网络为例,对 BP 神经网络算法进行说明。

1. 前向传播

神经网络的净输入为

$$n_i^m = \sum_{j=1}^{s^{n-1}} w_{i,j}^m y_i^{m-1} + b_i^m, \quad m = 1, 2, \cdots, M(M \geqslant 2) \tag{9-12}$$

式(9-12)中,i 表示第 i 个神经元,n_i^m 表示网络第 m 层第 i 个神经元的权值与偏置值的净输入和。M 代表神经网络的层数。

在神经网络中,第 m 层的输出为

$$y^m = f^m(n^m) \tag{9-13}$$

式(9-13)中,m 代表神经网络中的某一层,f^m 代表该层的传递函数。

由式(9-13)可知,当 $m=1$ 时,y^1 代表第 1 层神经元的输出信息,其输入信息由输入层决定,所以 y^1 可表示

$$y^1 = f^1(W^1 x + b^1) \tag{9-14}$$

此时,BP 神经网络的输出就是网络最后一层神经元的输出,即

$$y = y^M \tag{9-15}$$

2. 反向传播

1) 误差函数

BP 神经网络算法使用的误差函数是均方误差函数,以算法的输入和对应的理想或期望输出作为样本的集合为

$$\{x_1, t_1\}, \{x_2, t_2\}, \cdots, \{x_R, t_k\} \tag{9-16}$$

式(9-16)中,x_R 代表神经网络的输入,t_k 为理想或期望的目标输出。

每个输入样本都会将神经网络的实际输出与期望输出相比较。算法将会计算新的神经网络参数以使均方误差最小化,可表示为

$$f(z) = E[e^2] = E[(t-y)^2] \tag{9-17}$$

式(9-17)中,$E[\ ]$ 表示期望值,z 是神经网络权值和偏置值的向量,表示为

$$z = \begin{bmatrix} w \\ b \end{bmatrix} \tag{9-18}$$

如果 BP 神经网络有多个输出,则式(9-17)写成一般形式可表示为

$$\boldsymbol{F}(\boldsymbol{z}) = E[\boldsymbol{e}^\mathrm{T} \boldsymbol{e}] = E[(t-y)^\mathrm{T}(t-y)] \tag{9-19}$$

若用 $\hat{\boldsymbol{F}}(\boldsymbol{z})$ 近似计算均方误差,则式(9-19)可表示为

$$\hat{\boldsymbol{F}}(\boldsymbol{z}) = (t(k) - y(k))^\mathrm{T}(t(k) - y(k)) = \boldsymbol{e}^\mathrm{T}(k)\boldsymbol{e}(k) \tag{9-20}$$

式(9-20)中均方误差的期望值被第 k 次迭代误差值替代。

2）权值修正方法

近似均方误差的梯度下降方法为

$$w_{i,j}^m(k+1) = w_{i,j}^m(k) - \eta \frac{\partial \hat{F}}{\partial w_{i,j}^m} \tag{9-21}$$

$$b_i^m(k+1) = b_i^m(k) - \eta \frac{\partial \hat{F}}{\partial b_i^m} \tag{9-22}$$

式中，η 代表学习速率。

计算到此，已经得到了权值与截距值的更新方法。

3）链式法则

要求误差函数的最小值，通常使用梯度下降法，也就是对函数进行求偏导，在算法中对偏导数的求解需要用到链式法则。假设有一个函数 f，它仅是变量 n 的函数，如果求 f 关于第 3 个变量 w 的导数，则使用链式法则可表述为

$$\frac{\mathrm{d}f(n(w))}{\mathrm{d}w} = \frac{\mathrm{d}f(n)}{\mathrm{d}n} \times \frac{\mathrm{d}n(w)}{\mathrm{d}w} \tag{9-23}$$

4）偏导数的化简

下面用链式法则对式(9-21)和式(9-22)中的偏导数进行化简。

$$\frac{\mathrm{d}n(w)}{\mathrm{d}w} \times \frac{\partial \hat{F}}{\partial w_i^m} = \frac{\partial \hat{F}}{\partial n_j^m} \times \frac{\partial n_i^m}{\partial u_{i,j}^m} \tag{9-24}$$

$$\frac{\partial \hat{F}}{\partial b_i^m} = \frac{\partial \hat{F}}{\partial n_i^m} \times \frac{\partial n_i^m}{\partial b_i''} \tag{9-25}$$

由于每一层神经网络的输入是它的权值和偏置值的显函数，因此式(9-24)和式(9-25)中的第二项均可计算出来。

由式(9-12)可知

$$\frac{\partial n_i'''}{\partial w_{i,j}^m} = y_j^{n-1}, \quad \frac{\partial n_i^m}{\partial b_i^m} = 1 \tag{9-26}$$

若定义

$$s_i^m = \frac{\partial \hat{F}}{\partial n_i^m} \tag{9-27}$$

式中，s_i^m 表示敏感性。

根据式(9-26)和式(9-27)，可将式(9-24)和式(9-25)分别简化为

$$\frac{\partial \hat{F}}{\partial w_{i,j}^m} = s_{i,j}^m y_j''^{-1} \tag{9-28}$$

$$\frac{\partial \hat{F}}{\partial b_i^m} = s_i^n \tag{9-29}$$

5）敏感性的反向传播

根据式(9-27)，可知敏感性 s_i^m 的定义为 $\overline{F}$ 对神经网络第 m 层的净输入的第 i 个元素变化的敏感性。

敏感性的递推关系需要使用雅可比矩阵。

当计算矩阵中的一个表达式时，要考虑 i 和 j 元素，如式(9-30)所示。

$$\frac{\partial n_i^m}{\partial n_j^{m-1}} = \frac{\partial \left(\sum_{i=1}^{s-1} w_i^m y_i^{m-1} + b_i^m \right)}{\partial n_j^{m-1}} = w_{i,j}^m (f^{m-1})' f(n_i^{m-1}) \tag{9-30}$$

在式(9-30)中

$$(f^{m-1})'(n_j^{m-1}) = \frac{\partial f^{m-1}(n_f^{m-1})}{\partial n_j^{m-1}} \tag{9-31}$$

同时，由式(9-31)可以将雅可比矩阵简写为

$$\frac{\partial n^m}{\partial n^m} = W^{\mu'} (F^{m-1})'(n^{m-1}) \tag{9-32}$$

在式(9-32)中

$$(F^{m-1})(n^{m-1}) = \begin{bmatrix} (f^{m-1})'(n_1^{m+1}) & 0 & \cdots & 0 \\ 0 & (f^{m-1})'(n_2^{m-1}) & 0 & \vdots \\ \vdots & \vdots & \ddots & 0 \\ 0 & 0 & \cdots & (f^{m-1})'(n_s^{m-1}) \end{bmatrix} \tag{9-33}$$

由式(9-32)和式(9-33)，可以得到敏感性矩阵形式的递推关系式为

$$s^{m-1} = \frac{\partial \hat{F}}{\partial n^m} = \left(\frac{\partial n^{m'}}{\partial n^{m-1}} \right)^{\mathrm{T}} \frac{\partial \hat{F}}{\partial n^m} = (F^{m-1})'(n^{m-1})(W^m)^{\mathrm{T}} s^m \tag{9-34}$$

式(9-34)中

$$s^m \equiv \frac{\partial \hat{F}}{\partial n^m} = \begin{bmatrix} \dfrac{\partial \hat{F}}{\partial n_1^m} \\[2mm] \dfrac{\partial \hat{F}}{\partial n_2^m} \\[2mm] \vdots \\[2mm] \dfrac{\partial \hat{F}}{\partial n_s^m} \end{bmatrix} \tag{9-35}$$

由式(9-35)可以看出敏感性从最后一层通过神经网络可以反向传播到第一层，如式(9-36)所示。这也是 BP 神经网络得名"反向传播算法"的原因。

$$s^M \to s^{M-1} \to \cdots \to s^2 \to s \tag{9-36}$$

另外，式(9-35)表明 BP 算法要进行反向传播，必须先要计算递推关系式(9-37)的起始点，即计算神经网络最后一层 s^M 的值。

$$s_i^M = \frac{\partial \hat{F}}{\partial n_i^M} = \frac{\partial (\boldsymbol{t} - \boldsymbol{y})^{\mathrm{T}}(\boldsymbol{t} - \boldsymbol{y})}{\partial n_i^M} = -2(t_i - y_i)\frac{\partial y_i}{\partial n_i^M} \tag{9-37}$$

由于

$$\frac{\partial y_i}{\partial n_i^M} = \frac{\partial y_1^M}{\partial n_i^M} = \frac{\partial f^M(n_i^M)}{\partial n_i^M} = (f^M)'(n_i^M) \tag{9-38}$$

由式(9-39)，可以将式(9-38)改写为

$$s_i^M = -2(t_i - y_i)(f^M)'(n_i^M) \tag{9-39}$$

式(9-39)可以用矩阵形式表示为

$$\boldsymbol{s}^M = -2(\boldsymbol{F}^M)'(\boldsymbol{n}^M)(\boldsymbol{t} - \boldsymbol{y}) \tag{9-40}$$

6）权值更新

BP 神经网络算法中权值及偏置值的近似梯度下降法为

$$w_i^m(k+1) = w_{i,j}^w(k) - \eta s_i^m y_j^{m-1} \tag{9-41}$$

$$b_i^{m'}(k+1) = b_i^m(k) - \eta s_i^m \tag{9-42}$$

如果用矩阵形式表示，则可写为

$$\boldsymbol{W}^m(k+1) = \boldsymbol{W}^m(k) - \eta s^m (y^{m-1})^r \tag{9-43}$$

$$\boldsymbol{b}^m(k+1) = \boldsymbol{b}^m(k) - \eta s^n \tag{9-44}$$

BP 神经网络算法主要分三步对前向传播值、反向传播值和权值与偏置值进行计算。

1）计算神经网络前向传播值

$$n^m = \boldsymbol{W}^m y^{m-1} + \boldsymbol{b}^m, \quad m = 1, 2, \cdots, M(M > 2) \tag{9-45}$$

$$y^m = f^m(n^m) \tag{9-46}$$

$$y = y^M \tag{9-47}$$

2）计算神经网络敏感性的反向传播值

$$\boldsymbol{s}^M = -2(F^M)'(n^M)(\boldsymbol{t} - \boldsymbol{y}) \tag{9-48}$$

$$s^{m-1} = (F^{m-1})'(n^{m-1})(\boldsymbol{W}^m)^{\mathrm{T}} s^m, \quad m = M, \cdots, 2, 1(M > 2) \tag{9-49}$$

3）使用近似梯度下降法更新权值和偏置值

$$\boldsymbol{W}^m(k+1) = \boldsymbol{W}^{m'}(k) - \eta s^m (\boldsymbol{y}^{m-1})^{\mathrm{T}} \tag{9-50}$$

$$\boldsymbol{b}^m(k+1) = \boldsymbol{b}^m(k) - \eta s^m \tag{9-51}$$

9.6.3　反向传播实例

假设有一个神经网络，如图 9-21 所示。建立一个 3 层的 BP 神经网络，其中隐含层的传递函数为对数 S 型函数，输出层的函数为线性函数 purelin，用此网络来逼近函数 $g(x) = 1 + \sin\left(\frac{\pi}{4}(x_1 + x_2)\right)$，$-1 \leqslant x \leqslant 1$。

解：

1. 确定要解决的问题

用图 9-22 所示的神经网络来逼近函数

$$g(x) = 1 + \sin\left(\frac{\pi}{4}(x_1 + x_2)\right), \quad -1 \leqslant x \leqslant 1$$

训练数据可以通过 $g(x)$ 得到

$$x_1 + x_2 = [-2, -1, 0, 1, 2]$$

$$g(x) = \left[0, 1 - \frac{\sqrt{2}}{2}, 1, 1 + \frac{\sqrt{2}}{2}, 2\right]$$

对于神经网络的权值与偏置值的初始值设定，通常选择较小的随机值，给出权值和偏置值的初始值。

$$\boldsymbol{W}^1(0) = \begin{bmatrix} -0.27 & -0.41 \\ -0.21 & -0.30 \end{bmatrix}, \quad \boldsymbol{b}^1(0) = \begin{bmatrix} -0.48 \\ -0.13 \end{bmatrix}$$

$$\boldsymbol{W}^2(0) = [0.09 \ -0.17], \quad \boldsymbol{b}^2(0) = [0.48]$$

对于初始输入，如果设定

$$\boldsymbol{x} = \begin{bmatrix} -1 \\ -1 \end{bmatrix}$$

则隐含层的输出为

$$\boldsymbol{y}^1 = \log\text{sig}(W^1 x + b^1) = \log\text{sig}\left(\begin{bmatrix} -0.27 & -0.41 \\ -0.21 & -0.30 \end{bmatrix}\begin{bmatrix} -1 \\ -1 \end{bmatrix} + \begin{bmatrix} -0.48 \\ -0.13 \end{bmatrix}\right)$$

$$= \log\text{sig}\left(\begin{bmatrix} 0.20 \\ 0.38 \end{bmatrix}\right) = \begin{bmatrix} \dfrac{1}{1 + e^{0.20}} \\ \dfrac{1}{1 + e^{0.38}} \end{bmatrix}$$

$$= \begin{bmatrix} 0.4502 \\ 0.4061 \end{bmatrix}$$

输出层的输出为

$$\boldsymbol{y}^2 = \text{purelin}(w^2 y^1 + b^2) = \text{purelin}\left([0.09 \quad -0.17]\begin{bmatrix} 0.4502 \\ 0.4061 \end{bmatrix} + [0.48]\right) = [0.4515]$$

神经网络误差为

$$e = t - y^2 = g(-2) - y^2 = \left(1 + \sin\left(-\frac{\pi}{2}\right)\right) - 0.4515 = -0.4515$$

2. 计算反向传播敏感性值

在开始反向传播前，需要先求传递函数的导数 $(f^1)'(n)$ 和 $(f^2)'(n)$ 隐含层为

$$(f^1)'(n) = \frac{\mathrm{d}}{\mathrm{d}n}\left(\frac{1}{1 + e^{-n}}\right) = \frac{e^{-n}}{(1 + e^{-n})^2} = \left(1 - \frac{1}{1 + e^{-n}}\right)\left(\frac{1}{1 + e^{-\mu}}\right) = (1 - y^1)(y^1)$$

输出层为

$$(f^2)(n) = \frac{\mathrm{d}}{\mathrm{d}n}(n) = 1$$

反向传播的起点在输出层,可得

$$\boldsymbol{s}^2 = -2(F^2)'(n^2)(t-y)$$
$$= -2[(f^2)'(n^2)](0.4515) = -2[1](-0.4515) = 0.90$$

由于隐含层的敏感性由输出层的敏感性反向传播得到,因此由式(9-38)可求出:

$$\boldsymbol{s}^1 = (F^1)'(n^1)(\boldsymbol{W}^2)^{\mathrm{T}}\boldsymbol{s}^2$$
$$= \begin{bmatrix} (1-y_1^1)(y_1^1) & 0 \\ 0 & (1-y_2^1)(y_2^1) \end{bmatrix} \begin{bmatrix} 0.09 \\ -0.17 \end{bmatrix} [0.9030]$$
$$= \begin{bmatrix} (1-0.4502)(0.4502) & 0 \\ 0 & (1-0.4061)(0.4061) \end{bmatrix} \begin{bmatrix} 0.081 \\ -0.153 \end{bmatrix}$$
$$= \begin{bmatrix} 0.0201 \\ -0.0370 \end{bmatrix}$$

3. 对权值进行更新

这里可以将学习率设定为 $\eta = 0.1$。

输出层到隐含层的权值更新由式(9-49)和式(9-50)可求出:

$$\boldsymbol{W}^2(1) = \boldsymbol{W}^2(0) - \eta\boldsymbol{s}^2(\boldsymbol{Y}^1)^{\mathrm{T}} = [0.09 - 0.17] - 0.1[0.9030][0.4502 \quad 0.4061]$$
$$= [0.0493 - 0.2067]$$

$$\boldsymbol{b}^2(1) = \boldsymbol{b}^2(0) - \eta\boldsymbol{s}^2 = [0.48] - 0.1[0.9030] = [0.3890]$$

隐含层到输入层的权值更新为

$$\boldsymbol{W}^1(1) = \boldsymbol{W}^1(0) - \eta\boldsymbol{s}^1(\boldsymbol{y})^{\mathrm{T}} = \begin{bmatrix} -0.27 & -0.41 \\ -0.21 & -0.30 \end{bmatrix} - 0.1 \begin{bmatrix} 0.0201 \\ -0.0367 \end{bmatrix} [-1 \quad -1]$$

$$= \begin{bmatrix} -0.2680 & -0.4080 \\ -0.2137 & -0.3037 \end{bmatrix}$$

$$\boldsymbol{b}^1(1) = \boldsymbol{b}^1(0) - \eta\boldsymbol{s}^1 = \begin{bmatrix} -0.48 \\ -0.13 \end{bmatrix} - 0.1 \begin{bmatrix} 0.020 \\ -0.037 \end{bmatrix} = \begin{bmatrix} -0.4820 \\ -0.1263 \end{bmatrix}$$

这就是 BP 算法的第一次迭代。下一步可以选择另一个输入 x,使用更新过的权值与截距项来执行算法的第二次迭代过程。迭代过程一直照此方法进行下去,直到神经网络输出与目标函数之差达到某一可接受的水平。

9.7 BP 算法的不足与改进

9.7.1 BP 算法的不足

BP 算法理论上具有依据可靠、推导过程严谨、精度较高、通用性较好等优点,但随着应用范围的逐渐扩大,BP 神经网络也暴露出越来越多的不足。下面简单介绍 BP 算法中存在的一些不足。

1. 局部极小化问题

BP 神经网络是一种全局逼近的算法,当要解决一个复杂的非线性化函数时,神经网络的权值将会逐步调整,但算法将会极易陷入局部极值的陷阱。BP 神经网络对初始的神经网络权值非常敏感,当以不同的神经网络权值进行初始化神经网络时,其往往会收敛到不同的局部极小值,从而造成训练的失败。

2. 收敛性问题

BP 神经网络算法权值更新采用梯度下降法。当它需要优化一个非常复杂的函数时,往往极易出现锯齿波现象,这会使算法变得非常低效。在优化复杂函数时,它必然会在神经元输出接近 0 或 1 的情况下,出现部分平坦区。在这些平坦区中,权值的改变将会变得非常微小,训练过程也会接近停顿,这也是 BP 神经网络算法收敛速度较慢的原因。

3. 神经网络层数的选择问题

在使用 BP 神经网络算法解决实际问题的过程中,如果选用较少的网络层数,则优点是神经网络结构简单,训练时间较短,但缺点是网络层数太少,这样会导致误差较大、精度较低,甚至会造成神经网络无法进行正常训练。如果选用较多的神经网络层数,则可以降低神经网络误差,提高精度,但缺点是神经网络变得相对复杂,而且训练时间会增加。

4. 过拟合问题

过拟合是指学习时选择的模型所包含的参数过多,即样本数量很大,以至于出现这一模型对已知数据预测得很好,但对未知数据预测得很差的现象。BP 神经网络过拟合的本质就是在训练样本中表现得过于优越,而在验证数据集及测试数据集中表现得不佳。过拟合现象通常不是由于学习的过于精确而造成的。

除了上述缺点外,标准 BP 算法还存在 BP 神经网络结构选择没有统一的标准问题,应用实例与网络规模的矛盾问题,BP 神经网络预测能力和网络训练能力的矛盾问题等。

9.7.2 BP 算法的改进

9.7.1 节已经讨论了 BP 算法的一些缺点,下面介绍针对这些缺点的一些改进算法。主要包括动量 BP 算法、拟牛顿法和 L-M 算法。

1. 动量 BP 算法

在标准 BP 算法中,由式(9-43)和式(9-44)可知,权值和截距项的更新按照梯度下降算法为

$$\boldsymbol{W}^m(k+1) = \boldsymbol{W}^m(k) - \eta \boldsymbol{s}^m (\boldsymbol{y}^{\mu-1})^{\mathrm{T}}$$

$$\boldsymbol{b}^m(k+1) = \boldsymbol{b}^m(k) - \eta \boldsymbol{s}^m \tag{9-52}$$

动量 BP 算法就是在梯度下降算法的基础上加入动量因子 $\alpha(0 < \alpha < 1)$,则有

$$\Delta \boldsymbol{W}^m(k+1) = \alpha \Delta \boldsymbol{W}^m(k) + (1-\alpha)\eta \boldsymbol{s}^m (\boldsymbol{y}^{\omega-1})^{\mathrm{T}} \tag{9-53}$$

$$\boldsymbol{W}^m(k+1) = \boldsymbol{W}^{m'}(k) + \Delta \boldsymbol{W}^m(k+1) \tag{9-54}$$

$$\Delta \boldsymbol{b}^{m}(k+1) = \alpha \Delta \boldsymbol{b}^{m}(k) + (1-\alpha)\eta \boldsymbol{s}^{m} \tag{9-55}$$

$$\boldsymbol{b}^{m}(k+1) = \boldsymbol{b}^{m}(k) + \Delta \boldsymbol{b}^{m}(k+1) \tag{9-56}$$

动量 BP 算法主要通过上一次的修正结果来影响本次的修正量。特别要注意的是,当前一次的修正量过大时,式(9-53)和式(9-55)的第二项的符号取与上一次的修正量相反的符号,从而使本次的修正量减小,起到减小振荡的作用;当前一次的修正量过小时,式(9-53)和式(9-55)的第二项的符号取与上一次修正量相同的符号,从而使本次的修正量增大,起到加速修正的作用。该算法的中心思想是在统一梯度方向上对修正量进行修正。

在动量 BP 算法中,当加入一个动量因子时,不会因为采用了较大的学习率而造成学习过程的发散。当修正量过大或者过小时,动量 BP 算法总是可以使修正量减小或者增大,以此来保证修正的方向向着收敛的方向进行。同时,因为动量因子能加速同一梯度方向的收敛性,所以动量 BP 算法既能保证收敛性,也能加速收敛速度,从而缩短学习时间。因此,采用动量 BP 算法既可以保证 BP 神经网络加快收敛,又可以避免陷入局部极值的问题。

2. 自适应 BP 神经网络算法

在标准 BP 神经网络算法和动量 BP 算法中,学习率是一个在整个训练过程中保持固定不变的常数。学习算法的性能对于学习率的选择非常敏感。如果学习率选得太小,则收敛速度会变慢,训练时间会变长;学习率选得太大,则有可能造成修正过头,导致系统振荡、不稳定甚至发散。自适应学习算法在训练过程中使学习率沿着误差曲面进行动态修正。

自适应 BP 神经网络算法在训练过程中,学习率可以根据局部误差曲面做出动态调整,所以它既能使算法稳定,同时又能使学习步长尽量大,加快收敛速度。当误差逐渐减小并趋向于目标值时,证明修正方向正确,可以增加步长,此时乘以因子 a 使学习率增加,而当误差超过预设值时,说明修正过头,应减小步长,此时乘以因子 b,使学习率减小,同时舍弃误差增大的上一步的修正值,如式(9-57)所示。

$$\eta(k+1) = \begin{cases} a\eta(k) & E(k+1) < E(k), \quad a > 1 \\ bn(k) & E(k+1) > E(k), \quad 0 < b < 1 \end{cases} \tag{9-57}$$

3. 拟牛顿法

拟牛顿法是一种基于牛顿法的 BP 神经网络的改进算法。要了解拟牛顿法,先得了解牛顿法。牛顿法是一种基于二阶泰勒级数的快速优化算法,它的基本方法为

$$z(k+1) = z(k) - A^{-1}(k)g(k) \tag{9-58}$$

式(9-58)中,$z(k)$ 表示的是第 k 次迭代各层之间的连接权向量和截距向量。

$g(k)$ 表示的是第 k 次迭代的神经网络输出误差对各权值的梯度向量,可表示为

$$\boldsymbol{g}(k) = \frac{\partial F}{\partial \boldsymbol{z}(k)} \tag{9-59}$$

$A(k)$ 为误差性能函数在当前权值下的二阶导数 Hessian 矩阵,可表示为

$$\boldsymbol{A}(k) = \nabla^{(2)} F(z)\big|_{z=x(t)} \tag{9-60}$$

牛顿法通常比梯度变化法的收敛速度快,但是对于前馈神经网络计算 Hessian 矩阵是非常复杂的。拟牛顿法也被称为正切法,优点是它基于牛顿法不需要求二阶导数,在算法中的 Hessian 矩阵用其近似值进行修正,修正值代表了梯度的函数。

4. L-M 算法

L-M 算法的本质与拟牛顿法一样,都是为了避免 Hessian 矩阵而设计的,当算法以近似二阶训练速率修正时,可不用计算 Hessian 矩阵。当误差性能函数具有平方和误差的形式时,可以将 Hessian 矩阵近似地表示为

$$H = J^{\mathrm{T}} J \tag{9-61}$$

计算梯度的表达式为

$$g = J^{\mathrm{T}} e \tag{9-62}$$

式(9-61)中,H 是神经网络误差函数对权值和截距的一阶导数的雅可比矩阵,式(9-62)中 e 代表神经网络的误差向量。雅可比矩阵与 Hessian 矩阵相比计算要简单得多。它可以通过标准的前馈神经网络技术进行修正计算。

L-M 算法与牛顿法类似,它可以用近似 Hessian 矩阵方式进行修正,具体的表达式可以写成

$$z(k+1) = z(k) - [J^{\mathrm{T}} J + \mu I]^{-1} J e \tag{9-63}$$

式(9-63)中,z 表示与 $J^{\mathrm{T}} J$ 矩阵相同维度的全 L 矩阵。当系数 $\mu = 0$ 时,式(9-63)就可以认为是牛顿法;当系数 μ 的值非常大时,式(9-63)变为步长较小的梯度下降法。当系数 μ 值非常小时,相当于高斯牛顿法。在使用 L-M 算法时,先设置一个比较小的 μ 值,当发现目标函数值增大时,先将 μ 增大,使用梯度下降法快速寻找合适的步长,然后将 μ 减小,使用牛顿法进行寻找。牛顿法逼近最小误差时的速度更快,更精确,因此尽可能地使算法接近于牛顿法,在每一步成功地将误差减小时,使 μ 减小。若在进行了几次迭代后,在误差仍然增加的情况下,则将 μ 增加。L-M 算法的目标是保证每一步迭代的误差总是减小的。L-M 算法主要是针对中等规模的神经网络而提出的算法,在实际应用中非常有效。

9.8 BP 网络的 MATLAB 仿真实例

9.8.1 BP 神经网络的 MATLAB 工具箱

MATLAB 神经网络工具箱提供了 BP 网络分析和设计函数,如表 9-1 所示。在 MATLAB 的命令行中利用 help 命令可得到相关函数的详细介绍。

表 9-1 MATLAB 中 BP 神经网络的重要函数和基本功能

函　数　名	功　　能
newff()	生成一个前馈 BP 网络
tansig()	双曲正切 S 型(Tan-Sigmoid)传递函数
logsig()	对数 S 型(Log-Sigmoid)传递函数
purelin()	纯线性函数
learngd()	基于梯度下降法的学习函数
learngdm()	梯度下降动量学习函数
traingd()	梯度下降 BP 训练函数

1. BP 网络函数 newff

格式如下：

```
net = newff(PR, [S1 S2 - SN1], {TF1 TF2 - TFN1}, BTF, BLF, PF);
```

功能：建立一个前向 BP 网络。

2. Tan-Sigmoid 激活函数 tansig

格式如下：

```
A = tansig(N, FP)
info = logsig(code)
```

功能：双曲正切 S 型传递函数。N 为 Q 个 S 维的输入列向量；FP 为功能结构参数；A 为函数返回值，位于区间 $(-1, 1)$。

3. Log-Sigmoid 激活函数 logsig

格式如下：

```
A = logsig(N, FP)
info = logsig(code)
```

功能：S 型的对数函数。N 为 Q 个 S 维的输入列向量；FP 为功能结构参数；A 为函数返回值，位于区间 $(0, 1)$。

4. 梯度下降权值/阈值学习函数 learngd

格式如下：

```
[dW, LS] = learngd(W, P, Z, N, A, T, E, gW, gA, D, LP, LS)
[db, LS] = learngd(b, ones(1, Q), Z, N, A, T, E, gW, gA, D, LP, LS)
info = learngd(code)
```

功能：通过神经元的输入和误差，以及权值和阈值的学习速率，来计算权值或者阈值的变化率。

5. 梯度下降动量学习函数 learngdm

格式如下：

```
[dW, LS] = learngdm(W, P, Z, N, A, T, E, gW, gA, D, LP, LS)
[db, LS] = learngdm(b, ones(1, Q), Z, N, A, T, E, gW, gA, D, LP, LS)
info = learngdm(code)
```

功能：利用神经元的输入和误差、权值和阈值的学习速率和动量常数，来计算权值或阈值的变化率。

6. 梯度下降 BP 算法函数 traingd

格式如下：

```
[net, TR] = traingd(NET, TR, trainV, valV, testV)
info = traingd('info')
```

功能：traingd 有 7 个训练参数：epochs、show、goal、time、min_grad、max_fail 和 lr。这里 lr 为学习速率。训练状态将每隔 show 次显示一次。其他参数决定训练什么时候结束。如果训练次数超过 epochs，性能函数低于 goal，梯度值低于 min grad 或者训练时间超过 time，训练就会结束。

9.8.2 BP 网络仿真实例

【例 9-1】 设计 BP 网络实现对非线性函数 $f(x) = \sin(\pi/4x)$ 的逼近。

1. 建立 BP 神经网络

应用 newff() 函数建立 BP 网络结构，隐含层神经元数目 n 可以改变，暂设为 $n=3$。输出层有一个神经元。选择隐含层和输出层神经元传递函数分别为 tansig 函数和 purelin 函数，网络训练的算法采用 Levenberg-Marquardt 算法 trainlm，代码如下：

```
n = 3;
net = newff(minmax(p), [n, 1], {'tansig' 'purelin'}, 'trainlm');
```

对于未经训练初始网络，可以应用 sim() 函数观察网络输出，代码如下：

```
y1 = sim(net, p);
plot(p, t, '-', p, y1, ':')
legend('原函数 f(x)', '未训练网络的输出')
```

神经网络的输出曲线与原函数的比较如图 9-22 所示。newff() 函数初始化网络时，权值/阈值是随机的，而且运行的结果也时有不同。

2. 训练 BP 神经网络

应用 trainlm 函数进行训练，将网络训练时间设置为 50，将训练精度设置为 0.01，其余参数使用缺省值，代码如下：

```
net. trainParam. epochs = 50 ;
net. trainParam. goal = 0. 01 ;
```

训练 5 步达到了性能要求 0.01,结果如下:

```
TRAINLM, Epoch 0/50, MSE 0.452166/0.01 , Gradient 46. 9434/1e - 010
TRAINLM, Epoch 5/50, MSE 0.00783094/0.01, Gradient 11. 4114/1e - 010
TRAINLM, Performance goal met.
```

3. 网络测试

图 9-23 给出了对训练好的神经网络仿真结果与原函数、未训练网络仿真结果的比较。可以看出,训练后的 BP 神经网络对非线性函数的逼近取得了较好的效果。

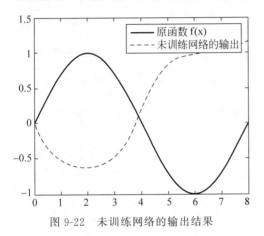

图 9-22　未训练网络的输出结果

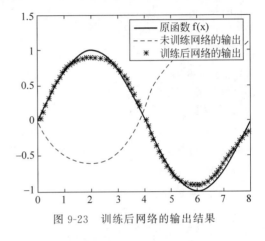

图 9-23　训练后网络的输出结果

代码如下:

```
% chapter9/test1.m
k = 1;
p = [0:.1:8];
t = sin(k * pi/4 * p);
n = 3;
net = newff(minmax(p),[n,1], {'tansig' 'purelin'}, 'trainlm');
y1 = sim(net,p);
plot(p,t,'-',p,y1,':')
legend('原函数 f(x)','未训练网络的输出')
net. trainParam.epochs = 50 ;
net. trainParam.goal  = 0.01 ;
net = train(net , p, t);
y2 = sim(net, p);
figure;
plot(p, t,'-', p , y1 ,':',p , y2 , ' * ')
legend('原函数 f(x)', '未训练网络的输出',训练后网络的输出')
```

这里讨论非线性逼近能力和隐含层神经元的关系。图 9-24 和图 9-25 给出了当隐含层神经元数目分别取 $n=3$ 和 $n=6$ 时对非线性函数 $f(x)=\sin(2\pi/4x)$ 的逼近效果。显然,

函数 $f(x) = \sin(2\pi/4x)$ 相对于 $f(x) = \sin(\pi/4x)$ 非线性程度高。

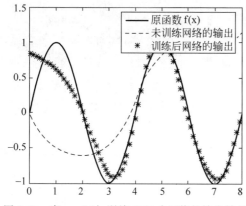 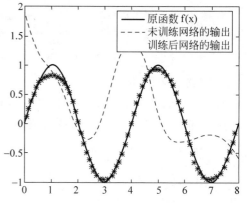

图 9-24　当 $n=3$ 时，训练 5000 步网络的输出结果　　图 9-25　当 $n=6$ 时，训练 5000 步网络的输出结果

当 $n=3$ 时，网络训练 5000 步尚未达到 0.01 的精度要求，神经网络的逼近情况如图 9-24 所示。图 9-25 给出了当 $n=6$ 时，训练 5000 步，网络的输出结果。

由此可见，隐含层神经元的数目对于网络逼近效果有一定影响。网络非线性程度越高，对于 BP 网络的要求就越高。一般来讲，隐含层神经元数目越多，则 BP 网络逼近非线性函数的能力就越强。

9.9　径向基神经网络

 17min

9.9.1　正规化 RBF 网络

正规化网络隐单元的个数与训练样本的个数相同。图 9-26 中正规化网络的输入层有 M 个神经元，其中任一神经元用 m 表示；若训练样本有 N 个，则隐含层有 N 个神经元，任一神经元用 i 表示，由 $\phi_i(\cdot)$ 表示第 i 个隐节点的激活函数；输出层有 J 个神经元，其中任一神经元用 j 表示。隐含层与输出层连接权值用 $w_{ij}(i=1,2,\cdots,N; j=1,2,\cdots,J)$ 表示。

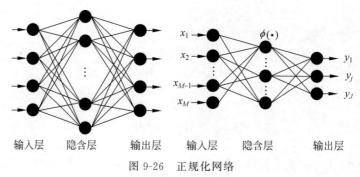

图 9-26　正规化网络

隐含层节点激活函数为径向基函数,对于 n 维空间的一个中心点它具有径向对称性。若神经元的输入离该中心点越远,则神经元的激活程度就越低,隐节点的这个特性常被称为"局部特性"。

径向基函数 $\phi(\cdot)$ 可取多种形式,式(9-64)~式(9-66)给出了几种常见函数,$\delta>0$ 称为该基函数的扩展常数或宽度。δ 越小,则径向基函数的扩展宽度就越小,其选择性也越强。

1. 高斯函数

$$\phi(u)=\mathrm{e}^{-\frac{u^2}{\delta^2}} \tag{9-64}$$

2. 反射 Sigmoid 函数

$$\phi(u)=\frac{1}{1+\mathrm{e}^{\frac{u^2}{\delta^2}}} \tag{9-65}$$

3. 逆多二次函数

$$\phi(u)=\frac{1}{(u^2+\delta^2)^{\frac{1}{2}}} \tag{9-66}$$

设训练样本集 $\boldsymbol{X}=[X_1,X_2,\cdots,X_k,\cdots,X_N]^{\mathrm{T}}$,任一训练样本 $\boldsymbol{X}_k=[x_{k1},x_{k2},\cdots,x_{km},\cdots,x_{kM}]$,其中 $(k=1,2,\cdots,N)$,对应的实际输出为 $\boldsymbol{Y}_k=[y_{k1},y_{k2},\cdots,y_{kj},\cdots,y_{kJ}]$,其中 $k=[1,2,\cdots,N]$。

当 RBF 网络输入训练样本为 X_k 时,网络第 j 个输出神经元的实际输出为

$$y_k(X_k)=\sum_{i=1}^{N}w_{ij}\phi_{ki}(\parallel x_{ki}-c_i\parallel),\quad j=1,2,\cdots,J \tag{9-67}$$

其中,c_i 表示网络中第 i 个隐节点的数据中心值,$\phi_{ki}(\parallel x_{ki}-c_i\parallel)$ 表示该节点的输出。输出层节点激活函数为线性函数,它完成隐含层节点输出加权。一般而言,基函数非线性形式对网络性能影响不大,函数中心的选取才是影响网络性能的关键。由式(9-67)可见,只要隐单元足够多,它就可以逼近任意 M 元连续函数。换言之,对任一未知的非线性函数,总存在一组权值使 RBF 网络对该函数的逼近效果最好。

9.9.2　广义 RBF 网络

正规化网络的训练样本 X_K 与基函数 $\phi_k(\cdot)$ 是一一对应的。当 N 很大时隐含层节点增多,计算量将大得惊人,在求解网络的权值时容易产生病态问题。为解决这一问题可以用 Galerkin 方法来减少隐含层神经元的个数,如图 9-27 所示。广义网络的输入层有 M 个神经元,其中任一神经元用 m 表示;假设训练样本有 N 个,隐含层有 $I(I<N)$ 个神经元,任一神经元用 i 表示,第 i 个隐单元的激励输出为基函数 $\phi(X,c_i)$,

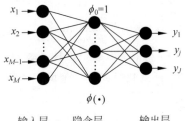

图 9-27　广义网络

其中，$c_i = (c_{i1}, c_{i2}, \cdots, c_{im}, \cdots, c_{iM})$为基函数的中心；输出层有 J 个神经元，其中任一神经元用 j 表示。隐含层与输出层连接权值 $w_{ij}(i = 1, 2, \cdots, N, j = 1, 2, \cdots, J)$ 表示。

图 9-28 中，输出单元还设置了阈值 b，其做法是令隐含层的一个神经元 G_0 的输出 ϕ_0 恒为"1"，而令输出单元与其相连的权值为 $w_{0j}(j = 1, 2, \cdots, J)$，这样 b 可表示为 $b = w_{0j} \times \phi_0$。设置了阈值参数 b 的目的是补偿样本平均值与目标平均值间的差别。

当网络输入训练样本为 X_k 时，网络第 j 个输出神经元的实际输出为

$$y_{kj}(X_k) = w_{0j} + \sum_{i=1}^{N} w_{ij}\phi(X_k, c_i), \quad j = 1, 2, \cdots, J \tag{9-68}$$

广义 RBF 网络与正规化 RBF 网络的不同在于：

(1) 径向基函数的个数 M 与样本的个数 N 不相等，且 M 常常远小于 N。

(2) 径向基函数的中心不再限制在数据点上，而是由训练算法确定。

(3) 各径向基函数的扩展常数不再统一，其值由训练算法确定。

(4) 输出函数的线性中包含阈值参数，用于补偿基函数在样本集的平均值与目标值的平均值之间的差别。

9.10 径向基网络的 MATLAB 仿真实例

 31min

9.10.1 RBF 网络的 MATLAB 工具箱

因为径向基网络设计函数 newrbe 和 newrb 在创建径向基网络的过程中以不同的方式完成了权值和阈值的选取和修正，所以径向基网络没有专门的训练和学习函数，下面分别予以说明。

MATLAB 神经网络工具箱提供的与算法相关的径向基神经网络的工具函数如表 9-2 所示。在 MATLAB 的命令行窗口中输入 help radbasis，便可得到与径向基神经网络相关的函数。进一步利用 help 命令又可以得到相关函数的详细介绍。

表 9-2 径向基网络的重要函数和基本功能

函 数 名	功　能
newrb()	新建一个径向基神经网络
newrbe()	新建一个严格的径向基神经网络
newgrnn()	新建一个广义回归径向基神经网络
newpnn()	新建一个概率径向基神经网络

下面将对表 9-2 中工具函数的使用进行说明。

1. 正规化径向基神经网络函数 newrbe

格式如下：

```
net = newrbe(P, T, SPREAD);
```

功能：建立一个正规化径向基神经网络。

说明：P 为输入向量；T 为目标向量；SPREAD 为径向基函数的扩展常数，其缺省时值为 1。

newrbe 用来精确设计 RBF 网络。精确是指该函数产生的网络对于训练样本数据达到 0 误差。隐含层神经元个数与 P 中输入向量的个数相等（正规化网络），隐含层神经元阈值取 0.8632/SPREAD。显然，当输入向量的个数过多时，生成的网络过于庞大，实时性变差。实际上更有效的设计是用 newrb() 函数。

2. 径向基神经网络函数 newrb

格式如下：

```
net = newrb(P, T, GOAL, SPREAD, MN, DF);
```

功能：建立一个径向基神经网络。

说明：P 为输入向量；T 为目标向量；GOAL 为均方误差，默认值为 0；SPREAD 为径向基函数的扩展常数，默认值为 1；MN 为神经元的最大数目；DF 为两次显示之间所添加的神经元数目。

newrb 函数用迭代方法设计 RBF 网络。当以 newrb 创建径向基网络时，开始是没有径向基神经元的。每迭代一次就增加一个神经元，直到平方和误差下降到目标误差以下或神经元个数达到最大值时停止。迭代设计的具体步骤如下：

(1) 以所有的输入样本对网络进行仿真。

(2) 找到误差最大的一个输入样本。

(3) 增加一个径向基神经元：其权值等于该样本输入向量的转置，spread 的选择与 newrbe 一样，阈值的选择为 $b=[-1\mathrm{b}(0.5)]^{1/2}/\mathrm{spread}$。

(4) 以径向基神经元输出的点积作为线性网络层神经元的输入，重新设计线性网络层，使其误差最小。

(5) 当均方误差未达到规定的误差性能指标且神经元的数目未达到规定的上限值时，重复以上步骤，直至网络的均方误差达到规定的误差性能指标或神经元的数目达到规定的上限值时为止。

可以看出：创建径向基网络时，newrb 是逐渐增加径向基神经元的数目的，所以可以获得比 newrbe 更小规模的径向基网络。

3. 广义回归径向基神经网络函数 newgrnn

格式如下：

```
net = newgrnn(P,T,SPREAD);
```

功能：建立一个广义回归径向基神经网络。

说明：各参数含义见 newrb。

4. 概率径向基神经网络函数 newpnn

格式如下：

```
net = newpnn(P, T,SPREAD);
```

功能：建立一个概率径向基神经网络。

说明：各参数含义见 newrb。

9.10.2　仿真实例

【**例 9-2**】　今有以下的输入/输出样本：输入向量为[−1　1]区间上等间隔的数组成的向量 P，相应的期望值向量为 T。试设计 RBF 网络实现满足这 21 个数据点的输入/输出关系的函数逼近。以输出向量为横坐标，以期望值为纵坐标，绘制训练样本的数据点如图 9-28(a)所示。预先设定均方差幅度 eg 为 0.02，扩展系数 sc 为 1。应用 newb() 函数可以快速构建一个径向基神经网络，该网络将自动根据输入向量和期望值进行调整，从而完成函数逼近。对于样本输入，RBF 网络实际输出与样本期望输出如图 9-28(b)所示。

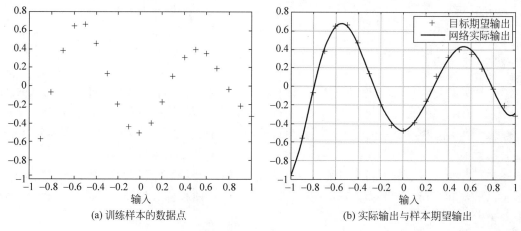

(a) 训练样本的数据点　　　　　(b) 实际输出与样本期望输出

图 9-28　RBF 网络函数逼近示意图

代码如下：

```
% chapter9/test2.m
P = -1:0.1:1;
```

```
T = [ - 0.9602 - 0.5700 - 0.0729 0.3771 0.6405 0.6600 0.4609 0.1336 - 0.2013 - 0.4344 - 0.5000
    - 0.3930 - 0.1647 0.0988 0.3072 0.3960 0.3449 0.1816 - 0.0312 - 0.2189 - 0.3201];
eg = 0.02; sc = 1;
net = newrb(P, T, eg, sc);
figure;
plot(P, T, ' + ');
xlabel('输入');
X = - 1 : 0.01 : 1; Y = sim(net, X);
hold on;
plot(X, Y);
hold off;
legend ('目标期望输出', '网络实际输出');
grid on;
```

上述 RBF 网络设计中合理地选择扩展系数 sc 的值很重要。sc 默认值为 1.0，图 9-29 给出了不同 sc 值对逼近效果的影响。

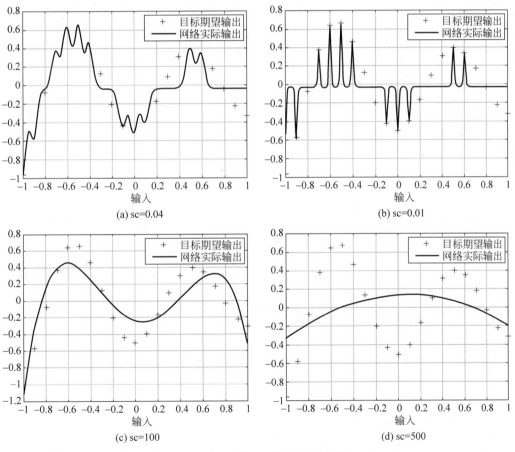

图 9-29　扩展系数 sc 对逼近效果的影响

如果 sc 的值很小，径向基函数之间欠交叠，为达到误差要求，则需要网络节点数目很多，图 9-29(a)与图 9-29(b)显示了逼近的"过适性"。sc 的值越大，其输出结果越光滑，但太大的 sc 值会导致数值计算上的困难。若在设计网络时出现"Rank deficient"警告，应考虑减小 sc 的值，重新进行设计。sc 值越大，径向基函数的交叠越多，这意味着每个神经元基本相同了。一般情况下，扩展系数值应大于输入向量之间的最小距离、小于最大距离。

第 10 章

支持向量机

对于神经网络算法中的高维问题、局部极值和训练时间较长等问题可以被支持向量机（Support Vector Machine，SVM）方法解决，同时 SVM 算法在解决小样本问题时具有很强的优势。所谓支持向量机，顾名思义，分为两部分了解：①什么是支持向量，简单来讲，就是支持或者支撑平面上把两类类别划分开来的超平面的向量点；②这里的"机"是什么意思。"机（Machine，机器）"便是一个算法。在机器学习领域，常把一些算法看作一个机器，如分类机，而支持向量机本身便是一种监督式学习的方法，它广泛地应用于统计分类及回归分析中。

10.1 统计学习理论基础

统计学习理论是一种针对小样本数据预测的经典理论，其对经验风险最小化原则、经验风险与期望风险的关系、结构风险最小化原则等相关理论都已做了系统的研究。由于支持向量机是建立在统计学习理论基础上的具体实现，所以介绍一下与支持向量机相关的一些概念。

10.1.1 机器学习

假设系统输入一个变量 x，对应的输出变量为 y，并认为两者之间服从某种未知的联合分布 $F(x,y)$，则机器学习问题就是依据已观测到的 k 个独立同分布样本数据 $\{x_1, y_1\}$，$\{x_2, y_2\}, \cdots, \{x_k, y_k\}$，从一组预测函数集中 $\{f(x, \omega)\}$ 找出一个最佳的函数 $f(x, \omega_0)$，对输入与输出之间的依赖关系进行评估，使如下的期望风险最小化：

$$R(\omega) = \int L(y, f(x, \omega)) \mathrm{d}F(x, y) \tag{10-1}$$

其中，$L(y, f(x, \omega))$ 称为损失函数，ω 为函数的广义参数；对于两类模式识别问题，$y_k \in \{1, -1\}$。

10.1.2 经验风险最小化原则

式(10-1)是一种理想的期望风险计算方法，只有建立在样本数趋于无穷多的情况下才适用,而实际情况是,我们只能够掌握有限的观测样本信息,也就无法通过式(10-1)计算得到预测函数对应的期望风险值。一般用基于经验的风险最小化(ERM)原则

$$R_{\mathrm{emp}}(\omega) = \frac{1}{l} \sum_{i=1}^{l} L(y_i, f(x_i, \omega))$$ (10-2)

来作为期望风险的估计。采用经验风险最小化原则具有一定的局限性:一方面,当观测样本数据不够充分时很有可能得不到合理的预测函数;另一方面,当系统学习器设计得不够合理时,同样会导致模型丧失推广能力,因此,在样本数目有限的情况下,经验风险最小并不一定意味着预测函数的期望风险最小。对于二分类问题,指示函数集中的所有函数经验风险与实际风险之间以至少 $1-\varphi$ 的概率满足以下关系:

$$R(\omega) \leqslant R_{\mathrm{emp}}(\omega) + \sqrt{\frac{h(\ln 2l/h) + 1 - \ln(\varphi/4)}{l}}$$ (10-3)

式(10-3)中,$R(\omega)$ 代表函数的实际风险,$R_{\mathrm{emp}}(\omega)$ 代表函数的经验风险,h 代表函数集的 VC 维,l 代表样本数。所谓 VC 维,即指的是对于一个函数集,如果存在 h 个样本能够被函数集中的函数按所有可能的 2^h 种形式分开,则称函数集能够将 h 个样本打散,并将 h 称为该函数集的 VC 维(Vapnik-Chervonenkis Dimension),若对于任意数目的样本都有函数集能将它们打散,则函数集的 VC 维是无穷大的。图 10-1 中,二维平面中的直线可将任意给定的 4 个点按所有可能的 2^3 种方式划分,由 VC 维理论可得该二维平面中直线(分类函数)的 VC 维是 3。

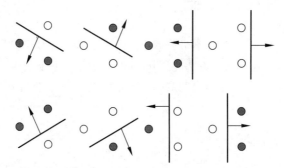

图 10-1 平面上 3 点被有向直线任意划分的方式

式(10-3)可简化为

$$R(\omega) \leqslant R_{\mathrm{emp}}(\omega) + \phi(l/h)$$ (10-4)

其中 $\phi(l/h)$ 称作置信范围,其随 l/h 的变化趋势如图 10-2 所示。

10.1.3 结构风险最小化原则

仅用基于经验风险最小化原则代替实际风险的做法是不合理的,特别是当样本数较少时,误差会相对较大。为了尽可能地降低用经验风险代替实际风险时的误差,统计学理论提供了一种解决方案:先将函数集拆分为一个函数子集序列,并将拆分出来的函数子集按照

其 VC 维的大小排列,在每个子集中综合考虑置信范围和经验风险的值,使得到的实际风险最小,即结构风险最小化原则(Structural Risk Minimization,SRM)。

通过设计某种函数集的结构,使其中的函数子集都能使经验风险最小化,然后从这些函数子集中找到置信范围最小的子集所对应的经验风险最小的函数,以此实现结构风险最小化的目的,原理如图 10-3 所示。

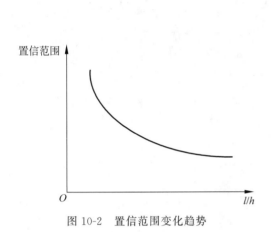
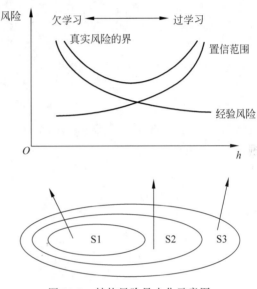

图 10-2　置信范围变化趋势　　　　图 10-3　结构风险最小化示意图

10.2　支持向量机

10.2.1　最优超平面

24min

支持向量机的主要目的是不仅能将各类样本点正确划分类型(经验风险最小),而且要使各类样本点之间的间距最大(置信范围最小),如图 10-4 所示,用 Vapnik 最大边际化原则,也将线性超平面与所有训练样本点之间垂直距离的最小值最大化,可表示为

$$\text{Min}(\| x - x_i \| : x \in \mathbf{R}^N, \omega \cdot x + b, i = 1, 2, \cdots, l) \tag{10-5}$$

实际求解最大分类间隔的过程也就是对式(10-5)中参数 ω 和 b 的寻优过程,可表示为

$$\underset{\omega,b}{\text{Max Min}} (\| x - x_i \| : x \in \mathbf{R}^N, \omega \cdot x + b, i = 1, 2, \cdots, k) \tag{10-6}$$

对应最大分类间隔的分类线称为最优分类线,当推广到高维空间时,最优分类线就成为最优划分超平面(简称最优超平面),并将如图 10-4 所示的 X1、X2、X3 样本点称为支持向量。可见,能够对最大间隔和最优超平面起到决定性作用的只是训练样本集中的少数支持向量,而非支持向量则不起作用。

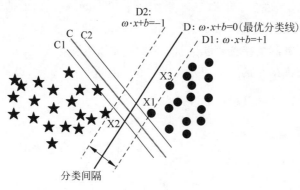

图 10-4　最优划分超平面示意图

19min

10.2.2　线性支持向量机

1. 线性可分情况

对于如图 10-4 所示的二分类问题,当采用线性判别函数能够将样本进行准确划分时,可设其分类超平面 D 的方程为

$$\omega \cdot x + b = 0 \tag{10-7}$$

经恒等变形后,两条边界分类线 D1 和 D2 的方程为

$$\omega \cdot x + b = \pm 1 \tag{10-8}$$

且满足

$$\begin{cases} \omega \cdot x_1 + b = +1 \\ \omega \cdot x_2 + b = -1 \end{cases} \tag{10-9}$$

则有

$$\omega \cdot (x_1 - x_2) = 2 \tag{10-10}$$

进一步地,可得

$$\frac{\omega}{\parallel \omega \parallel} \cdot (x_1 - x_2) = \frac{2}{\parallel \omega \parallel} \tag{10-11}$$

求最大分类间隔便可简化为求 $\parallel \omega \parallel$、$\parallel \omega \parallel^2$ 或 $\frac{1}{2} \parallel \omega \parallel^2$ 的最小值。同时,要准确划分样本,还必须满足:

$$y_k(\omega \cdot x) + b \geqslant 1, \quad k = 0,1,2,\cdots,n \tag{10-12}$$

于是,原问题可转化为求解如下二次凸优化的问题:

$$\begin{cases} \min \dfrac{1}{2} \parallel \omega \parallel^2 \\ y_k(\omega \cdot x_k) + b \geqslant 1, \quad k = 0,1,2,\cdots,n \end{cases} \tag{10-13}$$

再应用拉格朗日乘子,并考虑 Karush-Kuhn-Tucker 条件,优化问题的解还必须满足:

$$a_k(y_k((x \cdot x_k) + b) - 1) = 0, \quad k = 0,1,2,\cdots,n \tag{10-14}$$

求解可得最优超平面决策函数为

$$f(x) = \mathrm{sgn}((\omega^* \cdot x_k) + b^*)$$

$$= \mathrm{sgn}\left(\sum_{k=1}^{n} a_k^* y_k (x \cdot x_k) + b^*\right) \tag{10-15}$$

2．线性不可分情况

如图 10-5 所示，当样本点不能被线性划分时，可引入一个松弛变量 $\varepsilon_k \geqslant 0$，二次凸规划问题变为

$$\begin{cases} \min \dfrac{1}{2} \| \omega \|^2 + C \sum_k \varepsilon_k \\ y_k (\omega \cdot x_k) + b \geqslant 1 - \varepsilon_k, \quad k = 0, 1, 2, \cdots, n \end{cases} \tag{10-16}$$

其中参数 C 为惩罚系数，表示在样本错分率与分类间隔之间的折中。当 ε_k 等于 0 时，上式就变为了线性可分情况。

10.2.3　非线性支持向量机

支持向量机可将一个在低维特征空间无法线性分类的问题通过非线性映射转化到高维的特征空间，再应用线性支持向量机的方法进行分类，这也是其最主要的作用。如图 10-6 所示，即为一个在二维空间无法线性分类的样本空间，通过非线性映射 φ，转化到高维空间后线性划分的直观示意图。

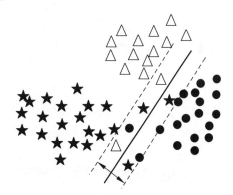

图 10-5　线性不可分情况
下的软间隔分类超平面

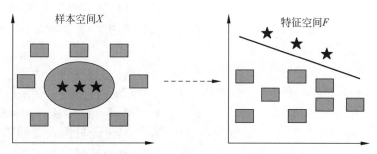

图 10-6　样本空间到特征空间的非线性映射

非线性支持向量机的决策函数可表示为

$$f(x) = \mathrm{sgn}((\omega^* \cdot \varphi(x)) + b^*)$$

$$= \mathrm{sgn}\left(\left(\sum_{k=1}^{n} a_k^* y_k \varphi(x) \cdot \varphi(x_k)\right) + b^*\right) \tag{10-17}$$

为避免采用 φ 的显式表达式，必须借助 Mercer 定理。通过核的使用，可将数据隐式表

达为特征空间,并在其中训练一个线性学习机成为可能。一般常用的核函数有以下几种类型。

(1) 线性核函数:$K(x,x_i)=x \cdot x_i$。

(2) 多项式核函数:$K(x,x_i)=[\gamma(x_j \cdot x_i)+k]^n, \gamma \geqslant 0, k \geqslant 0$。

(3) 径向基核函数(RBF):$K(x,x_i)=\exp\left(-\dfrac{\|x-x_i\|}{\sigma^2}\right)$。

(4) Sigmoid 核函数:$K(x,x_i)=\tanh(v(xx_i)+c), v>0, c<0$。

设非线性映射 φ 的表达式为

$$\varphi(x)=(\sqrt{\lambda_1}\phi_1(x), \sqrt{\lambda_2}\phi_2(x), \cdots, \sqrt{\lambda_k}\phi_k(x), \cdots) \tag{10-18}$$

则有

$$K(x,y)=\sum_i \lambda_i \phi_i(x)\phi_i(y)=\varphi(x) \cdot \varphi(y) \tag{10-19}$$

这样,式(10-17)就可化简为

$$f(x)=\mathrm{sgn}\left(\sum_{k=1}^n a_k^* y_k K(x \cdot x_k)+b^*\right) \tag{10-20}$$

可见,借助 Mercer 定理能够有效避免非线性映射的显式表达,再应用线性支持向量机的方法,即可解决非线性支持向量机问题。

10.3 LIBSVM 软件包简介

LIBSVM 是由台湾大学林智仁(Chih-Jen Lin)博士等开发设计的一个操作简单、易于使用、快速有效的通用 SVM 软件包,可以解决分类问题(包括 C-SVC、n-SVC)、回归问题(包括 e-SVR、n-SVR)及分布估计(one-class-SVM)等问题,提供了线性、多项式、径向基和 S 型函数 4 种常用的核函数供选择,可以有效地解决多类问题、交叉验证选择参数、对不平衡样本加权、多类问题的概率估计等。

LIBSVM 是一个开源的软件包,需要者都可以免费地从作者的个人主页 http://www.csie.ntu.edu.tw/~cjlin/处获得。不仅提供了 LIBSVM 的 C++语言的算法源代码,还提供了 Python、Java、R、MATLAB、Perl、Ruby、LabVIEW 及 C♯.net 等各种语言的接口,可以方便地在 Windows 或 UNIX 平台下使用,也便于科研工作者根据自己的需要进行改进(譬如设计使用符合自己特定问题所需要的核函数等)。另外还提供了 Windows 平台下的可视化操作工具 SVM-toy,并且在进行模型参数选择时可以绘制出交叉验证精度的等高线图。

10.3.1 LIBSVM 使用的数据格式

LIBSVM 工具包中 heart_scale 可用记事本打开,打开后可以看到 SVM 的输入数据格式为一行一条记录数据,如:

+1 1:0.708333 2:1 3:1 4:−0.320755 5:−0.105023 6:−1 7:1 8:−0.419847 9:−1
10:−0.225806 12:1 13:−1

格式如下：

```
[label] [index1]:[value1] [index2]:[value2] …
[label] [index1]:[value1] [index2]:[value2] …
```

其中，label：对于分类来讲，[label]是整型数据，表示类别（支持多分类）。对于回归来讲，[label]是任意实数（浮点数），表示目标值。index：（索引）是从 1 开始的整型数据，必须升序排列。value：是描述属性值的，值是实数。

每一行都是如上的结构，格式的含义是一个数据序列，分别是 value1、value2、…，它们的顺序由 index 分别指定，这一个数据序列的分类结果就是 label。value1 相当数组中的元素，而 index 相当于数组 $x[n]$ 的 n，它相当于数据的不同特征或属性。例如两个点：(0,3) 跟(5,8)分别在 label(class)1 和 2，那就会写成

$$1\ 1:0\ 2:3$$
$$2\ 1:5\ 2:8$$

同理，空间中的三维坐标就等于有三组属性。这种数据格式最大的好处就是可以使用稀疏矩阵或者有些数据的属性可以有缺失。

10.3.2 LIBSVM 使用的函数

LIBSVM 常使用的函数有以下 3 种，下面分别对它们的使用方法、各参数的意义及设置方法做一个简单介绍。

1. 数据归一化函数 svm-scale

数据归一化是指将特征值从一个大范围映射到[0,1]或者[−1,1]，如果原始值都是正数，则建议选择映射到[0,1]；如果原始值有正数也有负数，则建议映射到[−1,1]。具体情况需要具体分析。映射到[0,1]的实现是：

$$\text{new\_value} = \frac{\text{value} - \text{min\_value}}{\text{max\_value} - \text{min\_value}} \tag{10-21}$$

这样就能实现从原来的范围映射到[0,1]。

svm-scale 格式如下：

```
svmscale [−l lower] [−u upper] [−y y_lower y_upper] [−s save_filename]
[−r restore_filename] filename
```

功能：将输入数据归一化。（缺省值：lower=−1,upper=1,没有对 y 进行缩放）
函数参数说明。

-l：数据下限标记；lower：缩放后数据下限；

-u：数据上限标记；upper：缩放后数据上限；

-y：是否对目标值同时进行缩放；

y_lower 为下限值，

y_upper 为上限值；

（回归需要对目标进行缩放，因此该参数可以设定为-y -1 1 ）

-s save_filename：表示将缩放的规则保存为文件 save_filename；

-r restore_filename：表示将缩放规则文件 restore_filename 载入后按此缩放；

filename：待缩放的数据文件（要求满足前面所述的格式）。

缩放规则文件可以用文本浏览器打开，打开后可看到其格式为

```
y
lower upper min max x
lower upper
index1 min1 max1
index2 min2 max2
```

其中的 lower 与 upper 与使用时所设置的 lower 与 upper 含义相同；

index 表示特征序号；

min 表示转换前该特征的最小值；

max 表示转换前该特征的最大值。

数据集的缩放结果在此情况下通过 DOS 窗口输出，当然也可以通过 DOS 的文件重定向符号"＞"将结果另存为指定的文件。

如果数据文件已经满足了 SVM 的格式要求，则在 Windows 平台下，可以直接调用 libsvm\Windows\svm-scale.exe 文件进行归一化操作。具体步骤是在 cmd 命令行中进入 svm-scale.exe 所在文件夹，然后运行 svm-scale 实现归一化，命令如下：

```
G:\libsvm\Windows > svm - scale - 1 0 - u 1 train.txt > train - to - one.txt
```

该文件中的参数可用于最后面对目标值的反归一化，反归一化的公式为

$$\text{fangui\_value} = \frac{(\text{value} - \text{lower}) \times (\text{max} - \text{min})}{(\text{upper} - \text{lower}) + \text{lower}} \tag{10-22}$$

其中 value 为归一化后的值，其他参数与前面介绍的相同。

建议将训练数据集与测试数据集放在同一个文本文件中一起归一化，然后将归一化结果分成训练集和测试集。

2. 数据集训练函数 svmtrain

格式如下：

```
svmtrain [options] training_set_file [model_file]
```

功能：实现对训练数据集的训练,获得 SVM 模型。

函数参数说明：

options(操作参数)：可用的选项,即表示的含义如下。

-s svm 类型：设置 SVM 类型,默认值为 0,可选类型有

0—C-SVC

1—n-SVC

2—one-class-SVM

3—e-SVR

4—n-SVR

-t 核函数类型：设置核函数类型,默认值为 2,可选类型有

0—线性核：u' * v

1—多项式核：$(g * u' * v + coef\ 0) degree$

2—RBF 核：e(u v 2) g -

3—sigmoid 核：$tanh(g * u' * v + coef\ 0)$

-d degree：核函数中的 degree 设置,默认值为 3;

-g g：设置核函数中的 g,默认值为 1/k;

-r coef 0：设置核函数中的 coef 0,默认值为 0;

-c cost：设置 C-SVC、e -SVR、n -SVR 中从惩罚系数 C,默认值为 1;

-n n：设置 n -SVC、one-class-SVM 与 n -SVR 中参数 n,默认值 0.5;

-p e：设置 n -SVR 的损失函数中的 e,默认值为 0.1;

-m cachesize：设置 cache 内存大小,以 MB 为单位,默认值为 40;

-e e：设置终止准则中的可容忍偏差,默认值为 0.001;

-h shrinking：是否使用启发式,可选值为 0 或 1,默认值为 1;

-b 概率估计：是否计算 SVC 或 SVR 的概率估计,可选值 0 或 1,默认值为 0;

-wi weight：对各类样本的惩罚系数 C 加权,默认值为 1;

-v n：n 折交叉验证模式。

其中-g 选项中的 k 是指输入数据中的属性数。操作参数 -v 随机地将数据剖分为 n 部分并计算交叉检验准确度和均方根误差。以上这些参数设置可以按照 SVM 的类型和核函数所支持的参数进行任意组合,如果设置的参数在函数或 SVM 类型中没有也不会产生影响,程序不会接收该参数；如果应有的参数设置不正确,参数将采用默认值。

training_set_file 是要进行训练的数据集；

model_file 是训练结束后产生的模型文件,该参数如果不设置将采用默认的文件名,也可以设置成自己惯用的文件名。

例如：svmtrain -s 0 -c 1000 -t 1 -g 1 -r 1 -d 3 data_file,说明是训练一个由多项式核

(u'v+1)^3 和 C=1000 组成的分类器。

3. 预测函数 svmpredict

格式如下：

```
svmpredict [options] test_file model_file output_file
```

功能：根据训练获得的模型，对数据集合进行预测。

函数参数说明。

options(操作参数)。

-b probability_estimates：是否需要进行概率估计预测，可选值为 0 或者 1，默认值为 0；

model_file 是由 svmtrain 产生的模型文件；

test_file 是要进行预测的数据文件；

output_file 是 svmpredict 的输出文件，表示预测的结果值。

10.3.3　LIBSVM 使用

LIBSVM 使用的一般步骤如下。

步骤 1：按照 LIBSVM 软件包所要求的格式准备数据集。

步骤 2：对数据进行简单的缩放操作。

步骤 3：考虑选用 RBF 核函数。

步骤 4：采用交叉验证和梯度搜索选择最佳参数 C 与 g。

步骤 5：采用最佳参数 C 与 g 对整个训练集进行训练以便获取支持向量机模型。

步骤 6：利用获取的模型进行测试与预测。

【**例 10-1**】　利用 SVM 算法对意大利葡萄酒种类识别。

首先登录数据集官网：http://archive.ics.uci.edu/ml/index.php，页面如图 10-7 所示。

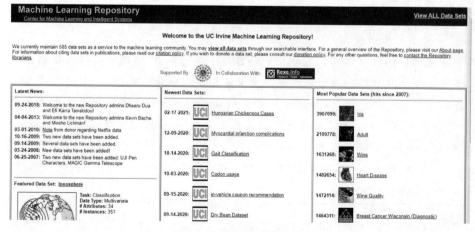

图 10-7　UCI 数据集界面

选择页面右侧 Wine 数据,如图 10-8 的箭头所示,单击 Wine 图标,显示页面如图 10-9 所示。

图 10-8 数据集 Wine

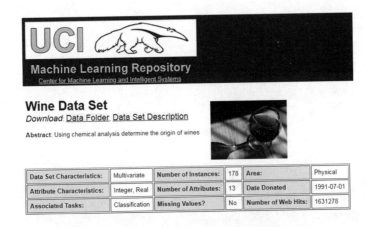

图 10-9 数据集 Wine 的数据下载界面

数据集详情页面的表中数据显示该数据集的数据量为 178,属性数为 13。单击 Data Folder 进入下载页面便可下载相关数据。

利用 SVM 算法对数据文件 chapter_WineClass.mat 的每个样本进行正确分类,并检验 SVM 分类的准确度。

代码如下:

```
% 载入测试数据 wine,其中包含的数据为 classnumber = 3 和 wine:178×13 的矩阵,wine_labels:
178×1 的列向量
load chapter_WineClass.mat;
```

```
% 选定训练集和测试集,将第一类的 1～30,第二类的 60～95,第三类的 131～153 作为训练集
train_wine = [wine(1:30, :);wine(60:95, :);wine(131:153, :)];
% 相应的训练集的标签也要分离出来
train_wine_labels =
[wine_labels(1:30);wine_labels(60:95);wine_labels(131:153)];
% 将第一类的 31～59,第二类的 96～130,第三类的 154～178 作为测试集
test_wine = [wine(31:59, :);wine(96:130, :);wine(154:178, :)];
% 相应的测试集的标签也要分离出来
test_wine_labels =
[wine_labels(31:59);wine_labels(96:130);wine_labels(154:178)];

%% 数据预处理
% 数据预处理,将训练集和测试集归一化到[0,1]区间
[mtrain, ntrain] = size(train_wine);
[mtest, ntest] = size(test_wine);

dataset = [train_wine;test_wine];
% mapminmax 为 MATLAB 自带的归一化函数
[dataset_scale, ps] = mapminmax(dataset', 0, 1);
dataset_scale = dataset_scale';

train_wine = dataset_scale(1:mtrain, :);
test_wine = dataset_scale( (mtrain + 1):(mtrain + mtest), : );
%% SVM 网络训练
tic;
model = svmtrain(train_wine_labels, train_wine, '-c 2 -g 1');
toc;
%% SVM 网络预测
tic;
[predict_label, accuracy,dec_value1] = svmpredict(test_wine_labels,
test_wine, model);
toc;
% 测试集的实际分类和预测分类图
% 通过图可以看出只有一个测试样本是被错分的
figure;
hold on;
plot(test_wine_labels, 'o');
plot(predict_label, 'r * ');
xlabel('测试集样本', 'FontSize', 12);
ylabel('类别标签', 'FontSize', 12);
legend('实际测试集分类', '预测测试集分类');
title('测试集的实际分类和预测分类图', 'FontSize', 12);
grid on;
```

运行结果如下:

```
optimization finished, #iter = 46
nu = 0.209059
obj = -15.592942, rho = -0.187650
nSV = 20, nBSV = 7
Total nSV = 41
时间已过 0.002628s
Accuracy = 98.8764% (88/89) (classification)
时间已过 0.001588s
```

测试集的实际分类和预测分类效果如图 10-10 所示。

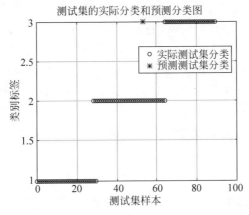

图 10-10　测试集的实际分类和预测分类效果

第 11 章

智能优化算法

粒子群算法也称为粒子群优化算法（Particle Swarm Optimization，PSO），是近年来发展起来的一种新的进化算法（Evolutionary Algorithm，EA）。PSO 算法属于进化算法的一种，和模拟退火算法相似，也是从随机解出发，通过迭代寻找最优解。它也是通过适应度来评价解的品质，但比遗传算法规则更为简单，没有遗传算法的"交叉"和"变异"操作，它通过追随当前搜索到的最优值来寻找全局最优。这种算法以其实现容易、精度高、收敛快等优点引起了学术界的重视，并且在解决实际问题中展示了其优越性。粒子群算法是一种并行算法。

11.1 粒子群概述

 34min

粒子群优化算法是一种进化计算技术，是由 Eberhart 博士和 Kennedy 博士发明的一种新的全局优化进化算法，源于对鸟群捕食的行为研究。PSO 同遗传算法类似，是一种基于迭代的优化工具。系统初始化为一组随机解，通过迭代搜寻最优值。同遗传算法比较，PSO 的优势在于简单和容易实现，并且没有许多参数需要调整。粒子群算法实现容易、收敛快、精度高，目前已广泛应用于函数优化、神经网络训练、模糊系统控制，以及其他遗传算法的应用领域。

11.1.1 粒子群算法的基本原理

粒子群算法具有进化计算和群体智能的特点。与其他进化算法类似，粒子群算法也是通过个体间的协作和竞争，实现复杂空间中最优解的搜索。

在粒子群算法中，每个优化问题的解被看作搜索空间的一只鸟，即"粒子"。算法开始时，首先生成初始解，即在可行解空间中随机初始化 m 粒子组成的种群 $Z = \{Z_1, Z_2, \cdots, Z_m\}$，其中每个粒子所处的位置 $Z_i = \{z_{i1}, z_{i2}, \cdots, z_{in}\}$ 都表示问题的一个解，并且根据目标函数计算并搜索新解。在每次迭代中，粒子将跟踪两个"极值"来更新自己，一个是粒子本身搜索到的最好解 p_{id}，这个极值就是个体极值。另一个是整个种群目前搜索到的最优解 p_{gd}，这个极值即全局极值。此外，每个粒子都有一个速度 $V_i =$

$\{v_{i1},v_{i2},\cdots,v_{in}\}$,当两个最优解都找到后,每个粒子根据式(11-1)来更新自己的速度:

$$\begin{cases} v_{id} = wv_{id}(t) + \eta_1 \mathrm{rand}()[p_{id} - z_{id}(t)] + \eta_2 \mathrm{rand}()[p_{gd} - z_{id}(t)] \\ z_{id}(t+1) = z_{id}(t) + v_{id}(t+1) \end{cases} \quad (11\text{-}1)$$

其中,$z_{id}(t+1)$表示第i个粒子在$t+1$次迭代中第d维上的速度;w为惯性权重,η_1、η_2为加速常数,$\mathrm{rand}()$为$0\sim1$的随机数。此外,为使粒子速度不至于过大,可设置速度上限,即当$v_{id}(t+1) > v_{\max}$时,$v_{id}(t+1) = v_{\max}$;$v_{id}(t+1) < -v_{\max}$时,$v_{id}(t+1) = -v_{\max}$。

11.1.2　全局与局部模式

Kennedy 等在对鸟群见食的观察过程中发现,每只鸟并不总能看到鸟群中其他所有鸟的位置及运动方向,而往往只看到相邻鸟的位置和运动模式。粒子的轨迹只受自身的认知和邻近的粒子状态的影响,而不是被所有粒子的状态所影响,粒子除了追随自身极值p_{id}外,不追随全局p_{gd},而是追随邻近粒子当中的局部极值p_{nd}。在该模式中,每个粒子需要记录自己及其邻近粒子的最优值,而不需要记录整个群体的最优值。此时,速度更新过程可用式(11-2)表示。

$$v_{id}(t+1) = wv_{id}(t) + \eta_1 \mathrm{rand}()(p_{id} - z_{id}(t)) \eta_2$$
$$\mathrm{rand}()(p_{nd} - z_{id}(t)) \quad (11\text{-}2)$$

全局模式具有较快的收敛速度,但是鲁棒性较差。相反,局部模式具有较高的鲁棒性而收敛速度相对较慢,因此在运用粒子算法解决不同的优化问题时,应针对具体情况采用相应的模式。

11.1.3　粒子群的算法建模

粒子群优化算法源自对鸟群捕食行为的研究:一群鸟在区域中随机搜索食物,所有鸟知道自己当前位置离食物有多远,那么搜索的最简单有效的策略就是搜寻目前离食物最近的鸟的周围区域。粒子群算法利用这种模型得到启示并应用于解决优化问题。在粒子群算法中,每个优化问题的潜在解都是搜索空间中的一只鸟,称为粒子。所有的粒子都有一个由被优化的函数决定的适应度值,每个粒子还有一个速度决定它们飞翔的方向和距离,然后,粒子就追随当前的最优粒子在解空间中搜索。

粒子群算法首先在给定的解空间中随机初始化粒子群,待优化问题的变量数决定了解空间的维数。每个粒子有了初始位置与初始速度,然后通过迭代寻优。在每次迭代中,每个粒子通过跟踪两个“极值”来更新自己在解空间中的空间位置与飞行速度:一个极值就是单个粒子本身在迭代过程中找到的最优解粒子,这个粒子称为个体极值;另一个极值是种群所有粒子在迭代过程中所找到的最优解粒子,这个粒子是全局极值。上述方法叫作全局粒子群算法。如果不用种群所有粒子而只用其中一部分作为该粒子的邻近粒子,那么在所有邻近粒子中的极值就是局部极值,该方法称为局部粒子群算法。

11.1.4　粒子群的特点

粒子群算法在本质上是一种随机搜索算法,它是一种新兴的智能优化技术。该算法能以较大概率收敛于全局最优解。实践证明,它适合在动态、多目标优化环境中寻优,与传统优化算法相比,具有较快的计算速度和更好的全局搜索能力。

(1)粒子群算法是基于群智能理论的优化算法,通过群体中粒子间的合作与竞争产生的群体智能指导优化搜索。与其他算法相比,粒子群算法是一种高效的并行搜索算法。

(2)粒子群算法与遗传算法都随机初始化种群,使用适应值来评价个体的优劣程度和进行一定的随机搜索,但粒子群算法根据自己的速度来决定搜索,没有遗传算法的交叉与变异。与进化算法相比,粒子群算法保留了基本种群的全局搜索策略,但是其采用的速度-位移模型操作简单,避免了复杂的遗传操作。

(3)每个粒子在算法结束时仍保持其个体极值,即粒子群算法除了可以找到问题的最优解外,还会得到若干较好的次优解,因此将粒子群算法用于调度和决策问题,可以给出多种有意义的方案。

(4)粒子群算法特有的记忆使其可以动态地跟踪当前的搜索情况并调整其搜索策略。另外,粒子群算法对种群的大小不敏感,即使种群数目下降,其性能下降也不是很大。

11.1.5　粒子群算法与其他进化算法的异同

粒子群算法与其他进化智能算法相比,既有相同点,也有不同点。

1. 相同点

粒子群算法与其他进化算法(如遗传算法和蚁群算法)有许多相似之处:

(1)粒子群算法和其他进化算法都基于"种群"概念,用于表示一组解空间中的个体集合。它们都随机初始化种群,使用适应度值来评价个体,而且都根据适应度值进行一定的随机搜索,并且不能保证一定能找到最优解。

(2)种群进化过程中通过子代与父代进行竞争,如果子代具有更好的适应度值,则子代将替换父代,因此都具有一定的选择机制。

(3)算法都具有并行性,即搜索过程是从一个解集合开始的,而不是从单个个体开始的,不容易陷入局部极小值,并且这种并行性易于在并行计算机上实现,提高算法的性能和效率。

2. 不同点

粒子群算法与其他进化算法的区别:

(1)粒子群算法在进化过程中同时记忆位置和速度信息,而遗传算法和蚁群算法通常只记忆位置信息。

(2)粒子群算法的信息通信机制与其他进化算法不同。遗传算法中染色体互相通过交叉等操作进行通信,蚁群算法中每只蚂蚁以蚁群全体构成的信息素轨迹作为通信机制,因此整个种群比较均匀地向最优区域移动。在全局模式的粒子群算法中,只有全局最优粒子提供信息给其他的粒子,整个搜索更新过程是跟随当前最优解的过程,因此所有的粒子很可能更快地收敛于最优解。

11.2 粒子群算法

11.2.1 基本原理

假设在一个 D 维的目标搜索空间中,由 N 个粒子组成一个群落,其中第 i 个粒子表示为一个 D 维的向量:

$$\boldsymbol{X}_i = (x_{i1}, x_{i2}, \cdots, x_{iD}), \quad i = 1, 2, \cdots, N \tag{11-3}$$

第 i 个粒子的"飞行"速度也是一个 D 维向量,记为

$$\boldsymbol{V}_i = (v_{i1}, v_{i2}, \cdots, v_{iD}), \quad i = 1, 2, \cdots, N \tag{11-4}$$

第 i 个粒子的迄今为止搜索到的最优位置称为个体极值,记为

$$p_{\text{best}} = (p_{i1}, p_{i2}, \cdots, p_{iD}), \quad i = 1, 2, \cdots, N \tag{11-5}$$

整个粒子群迄今为止搜索到的最优位置为全局极值,记为

$$g_{\text{best}} = (g_1, g_2, \cdots, g_D) \tag{11-6}$$

在找到这两个最优值时,粒子根据式(11-7)及式(11-8)来更新自己的速度和位置:

$$v_{ij}(t+1) = w v_{ij}(t) + c_1 r_1(t)[p_{ij}(t) - x_{ij}(t)] + c_2 r_2(t)[p_{gi}(t) - x_{ij}(t)] \tag{11-7}$$

$$x_{ij}(t+1) = x_{ij}(t) + v_{ij}(t+1) \tag{11-8}$$

其中,c_1 和 c_2 为学习因子,也称为加速常数;r_1 和 r_2 为[0,1]的均匀随机数,$i=1,2,\cdots,D,V_{ij}$ 为粒子的速度,$v_{ij} \in [-v_{\max}, v_{\max}]$,$V_{\max}$ 为常数,由用户设定来限制粒子的速度。r_1 和 r_2 是介于 0 和 1 之间的随机数,增加了粒子飞行的随机性。作与知识共享的群体历史经验,代表粒子有向群体或邻域历史最佳位置逼近的趋势。从粒子的更新公式可看出,粒子的移动方向由三部分决定:第一部分为"惯性",反映了粒子有维持自己先前速度的趋势。第二部分反映了粒子对自身历史经验的记忆或回忆,代表粒子有向自身历史最佳位置逼近的趋势。第三部分反映了粒子间协同合作与知识共享的群体经验,代表粒子有向群体或邻域历史最佳位置逼近的趋势。

11.2.2 算法构成要素

基本粒子群算法的构成要素主要包括以下 3 方面。

1. 粒子群编码方法

基本粒子群算法使用固定长度的二进制符号串来表示群体中的个体,其等位基因是由二值符号集{0,1}所组成的。初始群体中各个个体的基因值可用均匀分布的随机数来生成。

2. 个体适应度评价

通过确定局部最优迭代达到全局最优收敛,得出结果。

3. 基本粒子群算法的运行参数

基本粒子群算法有下述 7 个运行参数需要提前设定:

1）r

粒子群算法的种子数。对粒子群算法中种子数值可以随机生成也可以固定为一个初始的数值，要求能涵盖目标函数的范围。

2）m

粒子群群体大小，即群体中所含个体的数量，一般取为 $20 \sim 100$。在变量比较多的时候可以取 100 以上。

3）max_d

一般为最大的迭代次数，此迭代次数应满足最小的误差的要求。粒子群算法的最大迭代次数，也是终止条件数。

4）r_1 和 r_2

两个在 $[0,1]$ 变化的加速度权重系数，此系数随机产生。

5）c_1 和 c_2

加速常数，取随机 2 左右的值。

6）w

产生惯性权重。

7）v_k 和 x_k

一个粒子的速度和位移数值，用粒子群算法迭代出每一组数值。

11.2.3 算法的基参数设置

PSO 算法的一个最大的优点是不需要调节太多的参数，但是算法中少数几个参数却直接影响着算法的性能和收敛性。

PSO 参数包括群体规模 m、微粒子长度 l、微粒范围 $[-x_{\max}, x_{\max}]$、微粒最大 $v_{\max}$、惯性权重 w、加速常数 c_1 和 c_2。

群体规模 m 一般取 $20 \sim 40$。试验表明，对于大多数问题来讲，30 个微粒就可以取得好的结果，不过对于比较难的问题或者特殊类别的问题，微粒数目可以取到 100 或 200。微粒数目越多，算法搜索的空间范围就越大，也就越容易发现全局最优解，当然算法的运行时间也就越长。

微粒 l 即每个微粒的维数，由具体优化问题而定。微粒范围 $[-x_{\max}, x_{\max}]$ 由具体优化问题决定，通常将问题的参数取值范围设置为微粒的范围。同时微粒的每一维也可以设置不同的范围。

微粒最大速度 $v_{\max}$ 决定了微粒在一次飞行中可以移动的最大距离。如果 $v_{\max}$ 太大，微粒则可能会飞过好解；如果 $v_{\max}$ 太小，微粒则不能在局部区间之外进行足够的搜索，导致陷入局部最优值。通常设定 $v_{\max} = k \cdot x_{\mathrm{dmax}}$，$0.1 \leqslant k \leqslant 1$ 每一维都采用相同的设置方法。

惯性权重 w：w 使微粒保持运动惯性，使其有扩展搜索空间的趋势，有能力探索新的区域。取值范围通常为 $[0.2, 1.2]$。早期的实验将 w 固定为 1，动态惯性权重因子能够获得比固定值更为优越的寻优结果,使算法在全局搜索前期有较高的探索能力以便得到合适的种子。

动态惯性权重因子可以在 PSO 搜索过程中线性变化,也可根据 PSO 性能的某个测度函数而动态改变,如模糊规则系统。目前采用较多的动态惯性权重因子是 Shi 建议的线性递减权值策略,即

$$w = f_{\max} - (f_{\max} - f_{\min}) / \max\_d$$

式中,$\max\_d$——最大进化迭代数;

$f_{\max}$——初始化惯性值;

$f_{\min}$——迭代至最大迭代数时的惯性权值,一般取值 $f_{\max} = 0.8, f_{\min} = 0.2$。

加速常数 c_1 和 c_2 代表每个微粒的统计加速项的权重。低的值允许微粒在被拉回之前可以在目标区域外徘徊,而高的值则导致微粒突然冲向或越过目标区域,c_1 和 c_2 是固定的常数,早期实验中一般取 2,但是有些文献也采取了其他取值,但一般限定 c_1 和 c_2 相等并且取值范围为 $[0,4]$。

11.2.4　算法基本流程

粒子群算法的基本流程如图 11-1 所示。

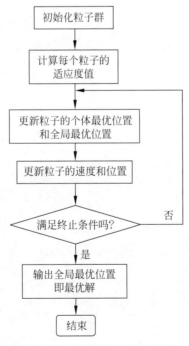

图 11-1　粒子群算法基本流程

实践证明没有绝对最优参数,针对不同的问题选取合适的参数才能获得更好的收敛速度和稳健性,一般情况下 w 取 $0\sim1$ 的随机参数,c_1 和 c_2 分别取 2。

11.2.5　粒子群算法的 MATLAB 实现

在 MATLAB 中编程实现的基本粒子群算法的基本函数为 PSO。函数的调用格式为

```
[xm,fv] = PSO(fitness,N,cl,c2,w,M,D):
```

参数 fitness 为待优化的目标函数，也称为适应度函数，N 为粒子数目；cl 为学习因子 1；c2 为学习因子 2；w 为惯性权重；最大迭代代数 D 为自变量的个数；xm 为目标函数取最小值时的自变量；fv 为目标函数的最小值。

PSO 函数的代码如下：

```
% chapter11/test1.m
function [xm,fv] = PSO(fitness,N,c1,c2,W,M,D)
format long;
for i = 1:N
    for j = 1:D
        x(i,j) = randn;          % 随机初始化位置
        v(i,j) = randn;          % 随机初始化位置
    end
end
% 先计算各个粒子的适应度,初始化 pi 和 pg
for i = 1:N
    p(i) = fitness(x(i,:));
    y(i,:) = x(i,:);
end
pg = x(N,:);    % pg 为全局最优
for i = 1:(N - 1)
    if fitness(x(i,:))< fitness(pg)
        pg = x(i,:);
    end
end
% 进入主要循环
for t = 1:M
    for j = 1:N
        miu = mean_min + (mean_max - mean_min) * rand();
        w = miu + sigma&randn();
        v(i,:) = w * v(i,:) + c1 * rand * (y(i,:) - x(i,:)) + c2 * rand * (pg - x(i,:));
        x(i,:) = x(i,:) + v(i,:);
        if fitness(x(i,:))< p(i)
            p(i) = fitness(x(i,:));
            y(i,:) = x(i,:);
        end
        if p(i)< fitness(pg)
            pg = y(i,:);
```

```
        end
    end
    pbest(t) = fitness(pg);
end
xm = pg';
fv = fitness(pg); % 给出计算结果
disp('目标函数取最小值时的自变量:')
xm = pg'
disp('目标函数的最小值为')
fv = fitness(pg)
```

将 test1.m 函数保存到 MATLAB 可搜索路径中,即可调用该函数。再定义不同的目标函数 fitness 和其他输入量,这样就可以用粒子群算法求解不同的问题。

1. Griewank 函数

Griewank 函数表达式为

$$\min f(x_i) = \sum_{i=1}^{N} \frac{x_i^2}{4000} - \prod_{i=1}^{N} \cos\left(\frac{x_i}{\sqrt{i}}\right) + 1 \tag{11-9}$$

其中,$x_i \in [-600, 600]$。

该函数存在许多局部极小点,数目与问题的维数有关,全局最小值 0 在 $(x_1, x_2, \cdots, x_n) = (0, 0, \cdots, 0)$ 处可以获得。此函数的典型的非线性多模态函数具有广泛的搜索空间,通常被认为是最优化算法很难处理的复杂多模态问题。

Griewank 函数的代码如下:

```
% chapter11/test2.m
% Griewank 函数的代码为
function y = Griewank(x)
% 输入 x,给出相应的 y 值,在 x = ( 0 , 0 , … , 0 )处有全局极小点 0
[row,col] = size(x);
if  row > 1
    error( '输入的参数错误' );
end
y1 = 1/4000 * sum(x.^2 );
y2 = 1 ;
for  h = 1 :col
    y2 = y2 * cos(x(h)/sqrt(h));
end
y = y1 - y2 +1 ;
y = - y;

fv = fitness(pg)
```

实现绘制 Griewank 函数图形,代码如下:

```
% chapter11/test3.m
% 实现绘制 Griewank 函数图形的代码为
>> clearall;
% 绘制 Griewank 函数图形
x = [ - 8:0.1:8];
y = x;
[X,Y] = meshgrid(x,y);
[row,col] = size(X);
for i = 1:col
for h = 1:row
z(h,i) = Griewank([X(h,i),Y(h,i)]);
end
end
surf(X,Y,z);
shading interp
```

运行的效果如图 11-2 所示。

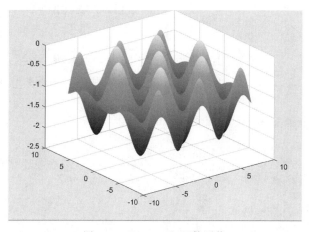

图 11-2　Griewank 函数图像

2. Rastrigin 函数

Rastrigin 函数表达式为

$$\min f(x_i) = \sum_{i=1}^{D} [x_i^2 - 10\cos(2\pi x_i) + 10] \tag{11-10}$$

其中，$x_i \in [-5.12, 5.12]$。

该函数是一个多峰值函数，在 $(x_1, x_2, \cdots, x_n) = (0, 0, \cdots, 0)$ 处取得全局最小值 0，在 $\{x_i \in [-5.12, 5.12], i=1, 2, \cdots, n\}$ 范围内大约有 $10n$ 个局部极小点。此函数同 Griewank 函数类似，也是一种典型的非线性多模态函数，峰形呈高低起伏不定，所以很难优化查找到全局最优值。

Rastrigin 函数的代码如下：

```
% chapter11/test4.m
function y = Rastrigin(x)
% 输入 x,给出相应的 y 值,在 x = ( 0 , 0 ,…, 0 )处有全局极小点 0
[row,col] = size(x);
if  row > 1
    error( '输入的参数错误 ');
end
y = sum(x.^2 - 10 * cos( 2 * pi * x) + 10 );
y = - y;
```

调用 Rastrigin 函数,显示三维图形代码如下:

```
% 实现绘制 Rastrigin 函数图形的代码为
>> clearall;
% 绘制 Rastrigin 函数图形
x = [ - 5:0.05:5];
y = x;
[X,Y] = meshgrid(x,y);
[row,col] = size(X);
for i = 1:col
for h = 1:row
z(h,i) = Rastrigin([X(h,i),Y(h,i)]);
end
end
surf(X,Y,z);
shadinginterp
```

运行的效果如图 11-3 所示。

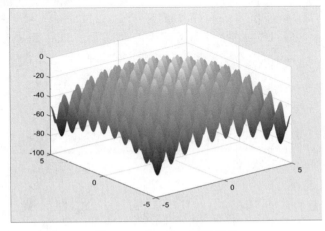

图 11-3　Rastrigin 函数图像

3. Schaffer 函数

Schaffer 函数表达式为

$$\min f(x_1, x_2) = 0.5 + \frac{\left(\sin\sqrt{x_1^2 + x_2^2}\right)^2 - 0.5}{\left[1 + 0.01(x_1^2 + x_2^2)\right]^2} \tag{11-11}$$

其中，$-10.0 \leqslant x_1, x_2 \leqslant 10.0$。

该函数是二维的复杂函数,具有无数个极小值点,在(0,0)处取得最小值0,由于该函数具有强烈振荡的性态,所以很难找到全局最优值。

Schaffer 函数的源代码如下：

```
% chapter11/test5.m
functionresult = Schaffer(x1)
% 输入 x,给出相应的 y 值,在 x = (0,0,…,0)处有全局极大点 1
[row,col] = size(xl);
if row > 1
error('输入的参数错误');
end
x = xl(1,1);
y = xl(1,2);
temp = x^2 + y^2;
result = 0.5 - (sin(sqrt(temp))^2 - 0.5)/(I + 0.001 * temp)^2;
```

实现绘制 Schaffer 函数图形的代码如下：

```
% chapter11/test6.m
>> clearall;
x = [ - 5:0.05:5];
y = x;
[X,Y] = meshgrid(x,y);
[row,col] = size(X);
for i = 1:col
for h = 1:row
z(h,i) = Schaffer([X(h,i),Y(h,i)]);
end
end
surf(X,Y,z);
shadinginterp
```

运行的效果如图 11-4 所示。

4. Rosenbrock 函数

Rosenbrock 函数的表达式为

$$\min f(x_i) = \sum_{i=1}^{D-1} \left[100(x_i^2 - x_{i+1})^2 + (x_i - 1)^2\right] \tag{11-12}$$

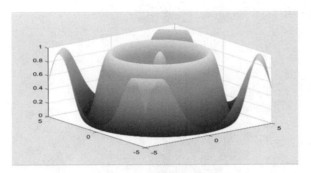

图 11-4　Schaffer 函数图像

其中，$x_i \in [-2.048, 2.048]$。

该函数全局最优点位于一个平滑、狭长的抛物线性山谷内，由于函数为优化算法提供的信息比较有限，使算法很难辨识搜索方向，查找最优解也变得十分困难。函数在 $(x_1, x_2, \cdots, x_n) = (1, 1, \cdots, 1)$ 处可以找到极小值 0。

Rosenbrock 函数的代码如下：

```
% chapter11/test7.m
functionresult = Rosenbrock(x)
% 输入 x,给出相应的 y 值,在 x = (1,1…,1)处有全局极小点 0,为得到最大值,返回值取相反数
[row, col] = size(x);
if row > 1
error('输入的参数错误');
end
result = 100 * (x(1,2) - x(1,1)^2)^2 + (x(1,1) - 1)^2;
result = - result
```

Rosenbrock 实现绘制 Ackley 函数图形的代码如下：

```
% chapter11/test8.m
>> clearall;
% 绘制 Rosenbrock 函数图形,大铁锅函数
x = [-8:0.1:8);
y = x;
[X, Y] = meshgrid(x, y);
[row, col] = size(X);
for i = 1:col
for h = 1:row
z(h,1) = Rosenbrock([X(h,i),Y(h,i)]);
end
end
surf(X, Y, z);
shadinginterp
```

运行得到 Ackley 函数图像,如图 11-5 所示。

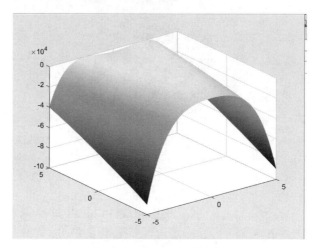

图 11-5   Ackley 函数图像

下面通过一个实例来演示利用粒子群算法求解函数的最小值问题。

【例 11-1】   利用上面介绍的基本粒子群算法求解函数 $f(x) = \sum_{i=1}^{30} x_i^2 + x_i - 6$ 的最小值。

解析:利用 PSO 算法求解最小值,首先需要确认不同迭代步数对结果的影响。设定题中函数的最小点均为 0,粒子群规模为 50,惯性权重为 0.5,学习因子 1 为 1.5,学习因子 2 为 2.5,迭代步数分别取 100、1000、10000。

根据需要,建立目标函数代码如下:

```
% chapter11/test9.m
functionF = fitness(x)
F = 0;
for i = 1:30
F = F + x(i)^2 + x(i) - 6;
end
```

利用 PSO 算法求解代码如下:

```
% chapter11/test10.m
>> clearall;
>> x = zeros(1,30);
>>[xml,fvl] = PSO(@fitness,50,l.5,2.5,0.5,100,30)
>>[xm2,fv2] = PSO(@fitness,50,1.5,2.5,0.5,1000,30)
>>[xm3,fv3] = PSO(@fitness,50,1.5,2.5,0.5,10000,30)
```

运行以上代码,比较目标函数取最小值时的自变量,如表 11-1 所示。

表 11-1　比较不同迭代步数下的目标函数和最小值

迭代步数	100	1000	10000
x_1	-0.041180713	-0.343763991	0.013368451
x_2	-0.033449698	-0.224619517	-0.709003555
x_3	-0.509954286	-0.329280003	-0.343436887
x_4	-0.345666769	-0.290784305	0.207515282
x_5	-0.194541535	-0.610749383	-0.330774393
x_6	-0.34964532	-0.320626648	-0.062991695
x_7	-0.034582494	-0.330625932	-0.178884612
x_8	-0.264088254	-0.05839039	-0.222012492
x_9	-0.233751608	-0.927497107	-0.3639045
x_{10}	-0.497003453	-0.367393128	-0.356978851
x_{11}	-0.23478378	-0.394885565	-0.057109745
x_{12}	-0.390527075	-0.572693376	-0.234994035
x_{13}	-0.561255253	-0.530577707	-0.629524073
x_{14}	-0.370296077	-0.175927723	-0.072833445
x_{15}	-0.485953546	-0.432294304	-0.603507436
x_{16}	-0.139354704	-0.347089403	-0.582033468
x_{17}	-0.680343097	-0.613789378	-0.594053457
x_{18}	-0.250710414	-0.467246502	-0.2873143
x_{19}	-0.228004672	-0.104959387	-0.259768317
x_{20}	-0.319635806	-0.645030813	-0.598732519
x_{21}	-0.752181549	-0.224885745	-0.207907334
x_{22}	-0.277404372	-0.609338334	-0.19739218
x_{23}	-0.379567798	-0.21244894	-0.478300544
x_{24}	-0.468180772	-0.379015544	-0.40552718
x_{25}	-0.448065284	-0.191637104	-0.201119216
x_{26}	-0.378012764	-0.508934815	-0.471946635
x_{27}	-0.325653728	0.081912668	-0.236365261
x_{28}	-0.101387475	-0.169124614	-0.595926545
x_{29}	-0.521192993	-0.171610209	-0.125755961
x_{30}	-0.032631048	-0.416688555	-0.289597943
目标函数最小值 fv	-1.842173775	-1.8555719	-1.85084601

根据得到的结果,比较目标函数取最小值时的自变量,可以看出,迭代步数不一定与获得解的精度成正比,即迭代步数越大,获得解的精度不一定越高。这是因为 PSO 算法是一种随机算法,同样的参数也会算出不同的结果。

在上述参数的基础上,保持惯性权重 0.5、学习因子 1 为 1.5、学习因子 2 为 2.5、迭代步数为 100 不变,粒子群规模分别取 10、100 和 500。

代码如下：

```
% chapter11/test11.m
>> clearall;
>> x = zeros(1,30);
>>[xm4,fv4] = PSO(@fitness,10,1.5,2.5,0.5,100,30)
>>[xm5,fv5] = PSO(@fitness,100,1.5,2.5,0.5,100,30)
>>[xm6,fv6] = PSO(@fitness,500,1.5,2.5,0.5,100,30)
```

比较目标函数取最小值时的自变量，如表 11-2 所示。

表 11-2   比较不同粒子群规模下的目标函数值和最小值

迭代步数	10	100	500
x_1	0.304566403	-0.543180183	-0.499548315
x_2	-0.940986725	-0.589069749	-0.497190763
x_3	-0.276319655	-0.565223736	-0.496198777
x_4	-0.269185462	-0.510752859	-0.49757454
x_5	0.841850318	-0.557966539	-0.497199026
x_6	-0.382831306	-0.151812482	-0.502526444
x_7	0.385796372	-0.535580195	-0.505175767
x_8	-0.140024095	-0.410954698	-0.504944759
x_9	-0.039867791	-0.553667936	-0.49848491
x_{10}	-0.606688333	-0.191106255	-0.500991032
x_{11}	-0.519213335	-0.27136831	-0.504925444
x_{12}	0.401573013	-0.357381475	-0.50426416
x_{13}	0.178401375	-0.394248944	-0.499018073
x_{14}	0.195331292	-0.550354167	-0.499080462
x_{15}	-0.709628069	-0.482043848	-0.504406727
x_{16}	0.147867696	-0.382846439	-0.494922994
x_{17}	-0.1051444	-0.251958374	-0.500255459
x_{18}	-0.147838677	-0.531583553	-0.499127584
x_{19}	0.077849076	-0.709889294	-0.498758946
x_{20}	0.150903648	-0.237890379	-0.499488413
x_{21}	-0.01422892	-0.387980305	-0.494716377
x_{22}	0.762208825	-0.598822132	-0.501174349
x_{23}	0.975161348	-0.547149525	-0.503110692
x_{24}	-1.098367058	-0.614084512	-0.500283278
x_{25}	-0.410346071	-0.369390641	-0.499835343
x_{26}	0.239994031	-0.594265704	-0.500170053
x_{27}	0.488248694	-0.529186414	-0.500250999
x_{28}	0.454245505	-0.44549547	-0.4948129
x_{29}	0.243049547	-0.149371924	-0.491963506
x_{30}	-0.012922283	-0.326559593	-0.498625337
目标函数最小值 fv	-1.761613217	-1.867577496	-1.874996782

从表 11-2 比较目标函数取最小值时的自变量，可以看出，粒子群规模越大，获得解的精

度不一定越高。

综合以上不同迭代步数和不同粒子群规模运算得到的结果可知,在粒子群算法中,要想获得精度高的解,关键在于各参数之间的合适搭配。

11.3 蚁群算法

在自然界中各种生物群体显现出来的智能近几十年来得到了学者们的广泛关注,学者们通过对简单生物体的群体行为进行模拟,进而提出了群智能算法。其中,模拟蚁群觅食过程的蚁群优化算法(Ant Colony Optimization,ACO)和模拟鸟群运动方式的粒子群算法是两种主要的群智能算法。蚁群算法是一种用来在图中寻找优化路径的概率型算法。其求解模式能将问题求解的快速性、全局优化特征及有限时间内答案的合理性结合起来。

最早的蚁群算法是蚂蚁系统(Ant System,AS),研究者们根据不同的改进策略对蚂蚁系统进行了改进并开发了不同版本的蚁群算法,成功地应用于优化领域。用该方法求解旅行商(TSP)问题、分配问题、车间作业调度问题等,取得了较好的试验结果。蚁群算法具有分布式计算、无中心控制和分布式个体之间间接通信等特征,易于与其他优化算法相结合,它通过简单个体之间的协作表现出求解复杂问题的能力,已被广泛用于求解优化问题。蚁群算法相对而言易于实现,且算法中并不涉及复杂的数学操作,其处理过程对计算机的软硬件要求也不高,因此对它的研究在理论和实践中都具有重要的意义。

11.3.1 蚁群的基本概念

1. 蚁群的觅食过程

蚁群算法是一种源于大自然生物世界的新的仿生进化算法,是 20 世纪 90 年代初期通过模拟自然界中蚂蚁集体寻径行为而提出的一种基于种群的启发式随机搜索算法。蚂蚁有能力在没有任何提示的情形下找到从巢穴到食物源的最短路径,并且能随环境的变化,适应性地搜索新的路径,产生新的选择。其根本原因是蚂蚁在寻找食物时,能在其走过的路径上释放一种特殊的分泌物信息素(也称外激素),随着时间的推移,该物质会逐渐挥发,后来的蚂蚁选择该路径的概率与当时这条路径上信息素的强度成正比。当一条路径上通过的蚂蚁越来越多时,其留下的信息素也越来越多,后来蚂蚁选择该路径的概率也就越高,从而更增加了该路径上的信息素强度,而强度大的信息素会吸引更多的蚂蚁,从而形成一种正反馈机制。通过这种正反馈机制,蚂蚁最终可以发现最短路径。

2. 人工蚂蚁与真实蚂蚁的异同

人工蚂蚁与真实蚂蚁的相同点与不同点的比较如下。

1) 相同点比较

蚁群算法是从自然界中真实蚂蚁觅食的群体行为得到启发而提出的,其很多观点来源于真实蚁群,因此算法中所定义的人工蚂蚁与真实蚂蚁存在如下共同点。

(1) 存在一个群体中个体相互交流通信的机制。人工蚂蚁和真实蚂蚁都存在一种改变当前所处环境的机制：真实蚂蚁在经过的路径上留下信息素，人工蚂蚁改变在其所经路径上存储数字信息。该信息就是算法中所定义的信息量，它记录了蚂蚁当前解和历史解的性能状态，而且可被其他后继人工蚂蚁读写。蚁群的这种交流方式改变了当前蚂蚁所经路径周围的环境，同时也以函数的形式改变了整个蚁群所存储的历史信息。通常，在蚁群算法中有一个挥发机制，它像真实的信息量挥发一样随着时间的推移来改变路径上的信息量。挥发机制使人工蚂蚁和真实蚂蚁可以逐渐地忘却历史遗留信息，这样可使蚂蚁在选择路径时不局限于以前蚂蚁所存留的"经验"。

（2）完成一个相同的任务。人工蚂蚁和真实蚂蚁都要完成一个相同的任务，即寻找一条从源节点（巢穴）到目的节点（食物源）的最短路径。人工蚂蚁和真实蚂蚁都不具有跳跃性，只能在相邻节点之间一步步移动，直至遍历完所有节点。为了能在多次寻路过程中找到最短路径，则应该记录当前的移动序列。

（3）利用前信息进行路径选择的随机选择策略。人工蚂蚁和真实蚂蚁从某一节点到下一节点的移动都是利用概率选择策略实现的，概率选择策略只利用当前的信息去预测未来的情况，而不能利用未来的信息，因此，人工蚂蚁和真实蚂蚁所使用的选择策略在时间和空间上都是局部的。

2）不同点比较

在从真实蚁群行为获得启发而构造蚁群算法的过程中，人工蚂蚁还具备了真实蚂蚁所不具备的一些特性：

（1）人工蚂蚁存在于一个离散的空间中，它们的移动是从一种状态到另一种状态的转换。

（2）蚂蚁具有一个记忆其本身过去行为的内在状态。

（3）蚂蚁存在于一个与时间无关联的环境中。

（4）蚂蚁不是完全盲从的，它还受到问题空间特征的启发。例如，有的问题中人工蚂蚁在产生一个解后改变信息量，但无论哪种方法，信息量的更新并不是随时都可以进行的。

（5）改善算法的优化效率，人工蚂蚁可增加一些性能，如预测未来、局部优化、回退等，这些行为在真实蚂蚁中是不存在的。在很多具体应用中，人工蚂蚁可在局部优化过程中相互交换信息，还有一些改进蚁群算法中的人工蚂蚁可实现简单预测。

3. 人工蚁群的优化过程

基于以上真实蚁群寻找食物的最优路径选择问题，可以构造人工蚁群来解决最优化问题，如 TSP 问题。人工蚁群中把具有简单功能的工作单元看作蚂蚁，二者的相似之处在于都是优先选择信息素浓度大的路径。由于较短路径的信息素浓度高，所以能够最终被所有蚂蚁选择，也就是最终的优化结果。两者的区别在于人工蚁群有一定的记忆能力，能够记忆已经访问过的节点。同时，人工蚁群在选择下一条路径的时候是按一定算法规律有意识地寻找最短路径，而不是盲目地寻找。例如在 TSP 问题中，可以预先知道当前节点到下一个目的地的距离。

在 TSP 问题的人工蚁群算法中，假设 m 只蚂蚁在图的相邻节点间移动，从而协作异步得到问题的解。每只蚂蚁的一步转移概率由图中的每条边上的两类参数决定：一是信息素值，也称为信息素痕迹；二是可见度，即先验值。

信息素的更新方式有两种：一是挥发，也就是所有路径上的信息素以一定的比率减少，模拟自然蚁群的信息素随时间挥发的过程；二是增强，给评价值"好"（有蚂蚁走过）的边增加信息素。

蚂蚁向下一个目标运动是通过一个随机原则实现的，也就是运用当前所有节点存储的信息，计算出下一步可达节点的概率，并按此概率实现一步移动，如此往复，越来越接近最优解。

蚂蚁在寻找的过程中，或在找到一个解后，会评估该解或解的一部分的优化程度，并把评价信息保存在相关的信息素中。

4. 蚁群算法的基本原理

蚁群算法可以表述如下：

初始时刻，各条路径上的信息素量相等，设 $T_{ij}(0)=C$（C 为常数），蚂蚁 $k(k=1,2,\cdots,m)$ 在运动过程中根据各条路径上的信息素量决定转移方向。蚂蚁系统所使用的转移规则被称为随机比例规则。在时刻 t，蚂蚁 k 从节点 i 选择节点 j 的转移概率 $p_{ij}^k(t)$ 为

$$p_{ij}^k(t)=\begin{cases}\dfrac{[\tau_{is}(t)]^\alpha[\eta_{is}(t)]^\beta}{\displaystyle\sum_{s\in J_k(i)}[\tau_{is}(t)]^\alpha}[\eta_{is}]^\beta, & j\in J_k(i)\\[2mm]0, & \text{其他}\end{cases}\tag{11-13}$$

其中，$J_k(i)=\{1,2,\cdots,n\}-\tau_k$ 表示蚂蚁 k 下一步允许选择的节点。列表 τ_k 记录了蚂蚁 k 在本次迭代中已经走过的节点，不允许蚂蚁在本次循环中再经过这些节点。当所有 n 节点都加入 τ_k 中时，蚂蚁 k 便完成一次周游，此时蚂蚁 k 所走过的路径便是 TSP 问题的一个可行解。式(11-13)中的 η_{ij} 是一个启发因子，被称为能见度因子。在 AS 算法中，η_{ij} 通常取节点 i 与节点 j 之间距离的倒数。α 和 β 分别反映了在蚂蚁的运动过程中已积累的信息和启发信息的相对重要程度。当所有蚂蚁完成一次周游后，各路径上的信息素根据式(11-14)更新：

$$\tau_{ij}(t+n)=(1-\rho)\tau_{ij}(t)+\Delta\tau_{ij}(t)\tag{11-14}$$

$$\Delta\tau_{ij}(t)=\sum_{k=1}^m\Delta\tau_{ij}^k\tag{11-15}$$

其中，$\rho(0<\rho<1)$ 表示路径上信息素的挥发系数，$1-\rho$ 表示信息素的持久系数；$\Delta\tau_{ij}$ 表示本次迭代边 (ij) 上信息素的增量。$\Delta\tau_{ij}^k$ 表示第 k 只蚂蚁在本次迭代中留在边 (ij) 上的信息素量。如果蚂蚁 k 没有经过边 (ij)，则 $\Delta\tau_{ij}^k$ 的值为 0。$\Delta\tau_{ij}^k$ 表示为

$$\Delta\tau_{uj}^k=\begin{cases}\dfrac{Q}{L_k}, & \text{当蚂蚁 } k \text{ 在本次周游中经过 } ij\\[2mm]0, & \text{否则}\end{cases}\tag{11-16}$$

其中，Q 为正常数，L_k 表示第 k 只蚂蚁在本次周游中所走过路径的长度。

M. Dorigo 提了 3 种 AS 算法模型,式(11-16)称为蚁周系统,另两个模型分别称为蚁量系统和蚁密系统,其差别主要在式(11-16),即

在蚁量系统模型中为

$$\Delta\tau_j^k = \begin{cases} \dfrac{Q}{d_{ij}}, & \text{当蚂蚁 } k \text{ 在时刻 } t \text{ 和 } t+1 \text{ 经过 } ij \text{ 边时} \\ 0, & \text{否则} \end{cases} \tag{11-17}$$

在蚁密系统模型中为

$$\Delta\tau_j^k = \begin{cases} Q, & \text{当蚂蚁 } k \text{ 在时刻 } t \text{ 和 } t+1 \text{ 经过 } ij \text{ 边时} \\ 0, & \text{否则} \end{cases} \tag{11-18}$$

AS算法实际上是正反馈原理和启发式算法相结合的一种算法。在选择路径时,蚂蚁不仅利用了路径上的信息素,而且用到了节点间距离的倒数作为启发式因子。实验结果表明,蚁周系统模型比蚁量系统和蚁密系统模型有更好的性能。这是因为蚁周系统模型利用全局信息更新路径上的信息素量,而蚁量系统和蚁密系统模型使用局部信息。AS 算法的时间复杂度为 $O(N_c n^2 m)$,算法的空间复杂度为 $S(n)=O(n^2)+O(nm)$,其中 N_c 表示迭代的次数,n 为节点数,m 为蚂蚁的数目。

11.3.2　蚁群算法的重要规则

要实现蚁群算法,就要遵守以下一些重要的规则。

1. 避障规则

如果蚂蚁要移动的方向被障碍物挡住,它会随机选择另一个方向,如果有信息素指引,则它会遵照觅食的行为规则。

2. 播撒信息素规则

每只蚂蚁在刚找到食物或者窝的时候散发的信息素最多,并随着它走远的距离,播撒的信息素越来越少。

3. 范围

蚂蚁观察到的范围是一个方格世界,蚂蚁有一个参数为速度半径(一般为3),那么它能观察到的范围就是 3×3 个方格世界,并且能移动的距离也在这个范围内。

4. 移动规则

每只蚂蚁都朝向信息素最多的方向移动,并且,当周围没有信息素指引的时候,蚂蚁会按照自己原来运动的方向惯性运动下去,在运动的方向有一个随机的小扰动。为了防止蚂蚁原地转圈,它会记住最近刚走过哪些点,如果发现要走的下一点已经在最近走过了,它就会尽量避开。

5. 觅食规则

在每只蚂蚁能感知的范围内寻找是否有食物,如果有就直接过去,否则看是否有信息素,并且比较在能感知的范围内哪一点的信息素最多,这样,它就朝信息素多的地方走,并且每只蚂蚁都会以小概率犯错误,从而并不是往信息素最多的点移动。蚂蚁找窝的规则和上

面一样,只不过它对窝的信息素做出反应,而对食物信息素没反应。

6. 环境

蚂蚁所在的环境是一个虚拟的世界,其中有障碍物,有别的蚂蚁,还有信息素。信息素有两种,一种是找到食物的蚂蚁洒下的食物信息素,另一种是找到窝的蚂蚁洒下的窝的信息素。每只蚂蚁都仅仅能感知它范围内的环境信息。环境以一定的速率让信息素消失。

根据这几条规则,蚂蚁之间并没有直接的关系,但是每只蚂蚁都和环境发生交互,而通过信息素这个纽带,实际上把各个蚂蚁之间关联起来。例如,当一只蚂蚁找到了食物,它并不是直接告诉其他蚂蚁这里有食物,而是向环境播撒信息素,当其他的蚂蚁经过附近时,就会感觉到信息素的存在,进而根据信息素的指引找到食物。

11.3.3 蚁群优化算法的应用

随着群智能理论和应用算法研究的不断发展,研究者已尝试着将其用于各种工程优化问题,并取得了意想不到的收获。多种研究表明,群智能在离散求解空间和连续求解空间中均表现出良好的搜索效果,并在组合优化问题中表现突出。

蚁群优化算法并不是旅行商问题的最佳解决方法,但是它却为解决组合优化问题提供了新思路,并很快被应用到其他组合优化问题中。比较典型的应用研究包括网络路由优化、数据挖掘及一些经典的组合优化问题。

蚁群算法在电信路由优化中已取得了一定的应用成果。HP 公司和英国电信公司在 20世纪 90 年代中后期开展了这方面的研究,设计了蚁群路由算法(Ant Colony Routing,ACR)

每只蚂蚁就像蚁群优化算法中一样,根据它在网络上的经验与性能,动态更新路由表项。如果一只蚂蚁因为经过了网络中堵塞的路由而导致了比较大的延迟,就对该表项做较大的增强。同时根据信息素挥发机制实现系统的信息更新,从而抛弃过期的路由信息。

这样,在当前最优路由出现拥堵现象时,ACR 算法就能迅速地搜寻另一条可替代的最优路径,从而提高网络的均衡性、负荷量和利用率。目前这方面的应用研究仍在升温,因为通信网络的分布式信息结构、非稳定随机动态特性及网络状态的异步演化与蚁群算法的本质和特征非常相似。

基于群智能的聚类算法起源于蚁群、蚁卵的分类研究。Lumer、Faieta 和 Deneubourg提出将蚁巢分类模型应用于数据聚类分析。

其基本思想是将待聚类数据随机地散布到一个二维平面内,然后将虚拟蚂蚁分布到这个空间内,并以随机方式移动,当一只蚂蚁遇到一个待聚类数据时即将之拾起并继续随机运动,若运动路径附近的数据与背负的数据相似性高于设置的标准,则将其放置在该位置,然后继续移动,重复上述数据搬运过程。按照这样的方法可实现对相似数据的聚类。

ACO(蚁群算法)还在经典组合优化问题中获得了成功的应用,如二次规划问题(QAP)、机器人路径规划、作业流程规划、图着色等问题。

经过多年的发展,ACO 已经成为能够解决实际二次规划问题的几种重要算法之一,利用 ACO 实现对生产流程和特料管理的综合优化，并通过与遗传、模拟退火算法和禁忌搜索算法的比较证明了 ACO 的工程应用价值。

11.3.4 蚁群算法的 MATLAB 实现

蚁群算法不仅利用了正反馈原理，在一定程度上可以加快进化过程，而且是一种本质并行的算法，个体之间不断进行信息交流和传递，有利于发现较好解。

蚁群实现代码如下：

```
% chapter11/test12.m
% % 初始化
ant = 300;              % 蚂蚁数量
times = 80;             % 蚂蚁移动次数
rou = 0.9;              % 信息素挥发系数
p0 = 0.2;               % 转移概率常数
lower_1 = - 1;          % 设置搜索范围
upper_1 = 1;
lower_2 = - 1;
upper_2 = 1;
for i = 1:ant
    X(i,1) = (lower_1 + (upper_1 - lower_1) * rand);      % 随机设置蚂蚁的初值位置
    X(i,2) = (lower_2 + (upper_2 - lower_2) * rand);      % 随机设置蚂蚁的初值位置
    tau(i) = Maco(X(i,1),X(i,2));
end
step = 0.05;
f = ' - (x.^4 + 3 * y.^4 - 0.2 * cos(3 * pi * x) - 0.4 * cos(4 * pi * y) + 0.6)';
[x,y] = meshgrid(lower_1:step:upper_1,lower_2:step:upper_2);
z = eval(f);
figure;
subplot(1,2,1);mesh(x,y,z);
hold on;
plot3(X(:,1),X(:,2),tau,'r + ');
hold on;
title('蚂蚁的初始分布位置');
xlabel('x');ylabel('y');zlabel('f(x,y)');
for T = 1:times
    lamda = 1/T;
    [tau_best(T),bestindex] = max(tau);
    for i = 1:ant
        p(T,i) = (tau(bestindex) - tau(i))/tau(bestindex);      % 计算状态转移概率
    end
    for i = 1:ant
        if p(T,i)< p0;                                         % 局部搜索
            temp1 = X(i,1) + (2 * rand - 1) * lamda;
            temp2 = X(i,2) + (2 * rand - 1) * lamda;
```

```
            else                                    % 全局搜索
                temp1 = X(i,1) + (upper_1 - lower_1) * (rand - 0.5);
                temp1 = X(i,2) + (upper_2 - lower_2) * (rand - 0.5);
            end
            % 越界处理
            if temp1 < lower_1
                temp1 = lower_1;
            end
            if temp1 > upper_1
                temp1 = upper_1;
            end
                if temp2 < lower_2
                temp2 = lower_2;
            end
            if temp2 > upper_2
                temp2 = upper_2;
            end

            if Maco(temp1,temp2) > Maco(X(i,1),X(i,2))          % 判断蚂蚁是否移动
                X(i,1) = temp1;
                X(i,2) = temp2;
            end
        end
        for i = 1:ant
            tau(i) = (1 - rou) * tau(i) + Maco(X(i,1),X(i,2));   % 更新信息量
        end
end
subplot(1,2,2);mesh(x,y,z);
hold on;
x = X(:,1);
y = X(:,2);
plot3(x,y,eval(f),'r + ');
hold on;
title('蚂蚁的最终分布位置');
xlabel('x');ylabel('y');zlabel('f(x,y)');

[max_value,max_index] = max(tau)
maxX = X(max_index,1)
maxY = X(max_index,2)
maxValue = Maco(X(max_index,1),X(max_index,2))
```

根据需要,设定目标函数,代码如下:

```
functionF = Maco(xl,x2)
F = - (xl.^4 + 3 * x2.^4 - 0.2 * cos(3 * pi * xl) - 0.4 * cos(4 * pi * x2) + 0.6);
```

程序运行的输出效果如图 11-6 所示。

```
max_value = - 2.2127e - 06
max_index = 93
maxX = - 5.4986e - 05
maxY = 2.4941e - 04
maxValue = - 1.9915e - 06
```

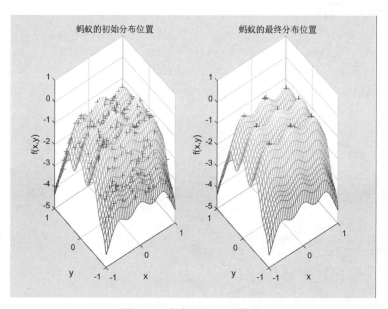

图 11-6　蚂蚁的位置变化图

【例 11-2】　有一个山区地势图如图 11-7 所示,任意一个起始点和一个终止点的位置使用蚁群算法,求蚂蚁从起始点到终止点之间的最优路径。

代码如下:

```
% chapter11/test13.m
clear all
clc
h = [1800 2200 1900 2400 2300 2100 2500 2400 2700 2600 2900
     1600 2000 2000 2600 2900 2000 2000 2500 2700 3000 2800
     2100 1900 2000 1900 1700 2000 2000 2000 2000 2500 2900
     1700 2000 2000 2000 1800 2000 2200 2000 2000 2000 2800
     2200 1800 2000 3100 2300 2400 1800 3100 3200 2300 2000
     1900 2100 2200 3000 2300 3000 3500 3100 2300 2600 2500
     1700 1400 2300 2900 2400 2800 1800 3500 2600 2000 3200
     2300 2500 2400 3100 3000 2600 3000 2300 3000 2500 2700
     2000 2200 2100 2000 2200 3000 2300 2500 2400 2000 2300
     2300 2200 2000 2300 2200 2200 2200 2500 2000 2800 2700
```

```
       2000 2300 2500 2200 2200 2000 2300 2600 2000 2500 2000];
h = h - 1400;

for i = 1:11
    for j = 1:11
        h1(2 * i - 1, j) = h(i, j);
    end
end

for i = 1:10
    for j = 1:11
        h1(2 * i, j) = (h1(2 * i - 1, j) + h1(2 * i + 1, j))/2;
    end
end

for i = 1:21
    for j = 1:11
        h2(i, 2 * j - 1) = h1(i, j);
    end
end

for i = 1:21
    for j = 1:10
        h2(i, 2 * j) = (h2(i, 2 * j - 1) + h2(i, 2 * j + 1))/2;
    end
end

z = h2;                                                    % 初始地形

x = 1:21;
y = 1:21;
[x1, y1] = meshgrid(x, y);
figure(1)
mesh(x1, y1, z)
axis([1, 21, 1, 21, 0, 2000])
title('地势图')
xlabel('km')
ylabel('km')
zlabel('m')
for i = 1:21
    information(i, :, :) = ones(21, 21);                   % 初始信息素
end

% 起点坐标
starty = 10;
starth = 3;
```

```
% 终点坐标
endy = 8;
endh = 5;

% n = 10;
n = 1;
m = 21;

Best = [ ];
[path, information] = searchpath(n, m, information, z, starty, starth, endy, endh);
                                               % 路径寻找
fitness = CacuFit(path);                       % 适应度计算
[bestfitness, bestindex] = min(fitness);       % 最佳适应度
bestpath = path(bestindex, :);
Best = [Best; bestfitness];

% 更新信息素
rou = 0.5;
cfit = 100/bestfitness;
k = 2;
for i = 2:m - 1
    information(k, bestpath(i * 2 - 1), bestpath(i * 2)) = (1 - rou) * information(k, bestpath(i
* 2 - 1), bestpath(i * 2)) + rou * cfit;
end


for kk = 1:1:100
    kk
    [path, information] = searchpath(n, m, information, z, starty, starth, endy, endh);
                                               % 路径寻找
    fitness = CacuFit(path);                   % 适应度计算
    [newbestfitness, newbestindex] = min(fitness);  % 最佳适应度
    if newbestfitness < bestfitness
        bestfitness = newbestfitness;
        bestpath = path(newbestindex, :);
    end
    Best = [Best; bestfitness];

    % 更新信息素
    rou = 0.2;
    cfit = 100/bestfitness;
    k = 2;
    for i = 2:m - 1
        information(k, bestpath(i * 2 - 1), bestpath(i * 2)) = (1 - rou) * information(k,
bestpath(i * 2 - 1), bestpath(i * 2)) + rou * cfit;
```

```
        end
end

for i = 1:21
    a(i,1) = bestpath(i * 2 - 1);
    a(i,2) = bestpath(i * 2);
end

% 绘制结果图形
figure(2)
plot(Best)
title('最佳个体适应度变化趋势')
xlabel('迭代次数')
ylabel('适应度值')

k = 1:21
x = 1:21;
y = 1:21;
[x1,y1] = meshgrid(x,y);

figure(3)
mesh(x1,y1,z);
title('蚂蚁运行路线图')
hold on
plot3(k',a(:,1)',a(:,2)' * 200,'b-- o')
axis([1,21,1,21,0,2000])
% 寻找路径
% n:路径条数; m: 分开平面数; information:信息素; z:高度表
% starty starth 出发点
% endy endh 终点
% path 寻到路径

function
[path, information] = searchpath(n, m, information, z, starty, starth, endy, endh)
ycMax = 2;                              % 横向最大变动
hcMax = 2;                              % 纵向最大变动
decr = 0.8;                             % 衰减概率

for ii = 1:n
    path(ii,1:2) = [starty,starth];
    oldpoint = [starty,starth];         % 当前坐标点
    % k:当前层数
    for k = 2:m - 1
        % 计算所有数据点对应的适应度值
        kk = 1;
        for i = - ycMax:ycMax
            for j = - hcMax:hcMax
```

```
                    point(kk,:) = [oldpoint(1) + i,oldpoint(2) + j];
                    if
                    (point(kk,1) < 20)&&(point(kk,1) > 0)&&(point(kk,2) < 17)&&(point(kk,2) > 0)
                        % 计算启发值
                        qfz(kk) = CacuQfz(point(kk,1),point(kk,2),oldpoint(1),oldpoint(2),
                        endy,endh,k,z);
                        qz(kk) = qfz(kk) * information(k,point(kk,1),point(kk,2));
                        kk = kk + 1;
                    else
                        qz(kk) = 0;
                        kk = kk + 1;
                    end
                end
            end

            % 选择下个点
            sumq = qz. /sum(qz);

            pick = rand;
            while pick == 0
                pick = rand;
            end

            for i = 1:49
                pick = pick - sumq(i);
                if pick < = 0
                    index = i;
                    break;
                end
            end

            oldpoint = point(index,:);

            % 更新信息素
            information(k + 1,oldpoint(1),oldpoint(2)) = 0.5 * information(k + 1,oldpoint(1),
oldpoint(2));

            % 路径保存
            path(ii,k * 2 - 1:k * 2) = [oldpoint(1),oldpoint(2)];
        end
        path(ii,41:42) = [endy,endh];
end
    % 计算每个点的启发值
function qfz = CacuQfz(nowy,nowh,oldy,oldh,endy,endh,k,z)
% nowy,nowh:现在点
% endy,endh:终点
% oldy,oldh:上个点
```

```
% k:当前层数
% z:地形高度图
if z(nowy,k)< nowh * 200
    S = 1;
else
    S = 0;
end

% D距离
D = 50/(sqrt(1 + (oldh * 0.2 - nowh * 0.2)^2 + (nowy - oldy)^2) + sqrt((21 - k)^2 + (endh * 0.2 -
nowh * 0.2)^2 + (nowy - oldy)^2));

% 纵向改变
M = 30/(abs(nowh - oldh) + 1);
qfz = S * M * D;
% 计算个体适应度值
function fitness = CacuFit(path)
% path:路径
% fitness:路径适应度值
[n,m] = size(path);
for i = 1:n
    fitness(i) = 0;
    for j = 2:m/2
        fitness(i) = fitness(i) + sqrt(1 + (path(i,j * 2 - 1) - path(i,(j - 1) * 2 - 1))^2 +
(path(i,j * 2) - path(i,(j - 1) * 2))^2) + abs(path(i,j * 2));
    end
end
```

程序运行的效果如图 11-7～图 11-9 所示。

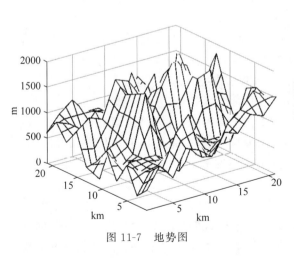

图 11-7　地势图

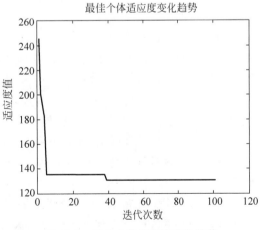

图 11-8　最佳个体适应度变化趋势

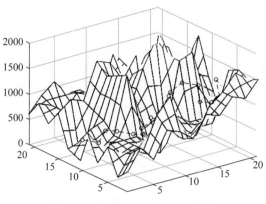

图 11-9　蚂蚁在山区运行路线图

11.4　模拟退火算法

模拟退火算法（Simulate Anneal Arithmetic，SAA）的思想最早由 Metropolis 等于 1953 年提出，Kirkpatrick 于 1983 年第一次使用模拟退火算法求解组合最优化问题。模拟退火算法是一种基于 Monte Carlo 迭代求解策略的随机寻优算法，其出发点是基于物理中固体物质的退火过程与一般组合优化问题之间的相似性，其目的在于为具有 NP（Nondeterministic Polynomial）复杂性的问题提供有效的近似求解算法，它克服了其他优化过程容易陷入局部极小的缺陷和对初值的依赖性。

SAA 是一种通用概率演算法，用来在一个大的搜寻空间内找寻命题的最优解。它不同于局部搜索算法之处是以一定的概率选择邻域中目标值大的劣质解。从理论上讲，它是一种全局最优算法。模拟退火算法以优化问题的求解与物理系统退火过程的相似性为基础，它利用 Metropolis 算法并适当地控制温度的下降过程实现模拟退火，从而达到求解全局优化问题的目的。

模拟退火算法是一种能应用到求最小值问题的优化算法。在此过程中，每一步更新过程的长度都与相应的参数成正比，这些参数扮演着温度的角色。与金属退火原理相似，在开始阶段为了更快地最小化，温度被升得很高，然后才慢慢降温以求稳定。

目前，模拟退火算法迎来了兴盛时期，无论是理论研究还是应用研究都成了十分热门的课题。尤其是它的应用研究显得格外活跃，已在工程中得到了广泛应用，诸如生产调度、控制工程、机器学习、神经网络、模式识别、图像处理、离散/连续变量的结构优化问题等领域。它能有效地求解常规优化方法难以解决的组合优化问题和复杂函数优化问题，适用范围极广。

模拟退火算法具有十分强大的全局搜索性能，这是因为比起普通的优化搜索方法，它采用了许多独特的方法和技术：在模拟退火算法中，基本不用搜索空间的知识或者其他的辅助信息，而只需定义邻域结构，在其邻域结构内选取相邻解，再利用目标函数进行评估；模拟退火算法不是采用确定性规则,而是采用概率的变迁来指导它的搜索方向,它所采用的概率仅仅是作为一种工具来引导其搜索过程朝着更优化解的区域移动,因此,虽然看起来是一种盲目的搜索方向,但实际上有着明确的搜索方向。

11.4.1 模拟退火算法的理论

1. 模拟退火算法的思想

模拟退火的主要思想是在搜索区间随机游走(随机选择点),再利用 Metropolis 抽样准则,使随机游走逐渐收敛于局部最优解,而温度是 Metropolis 算法中的一个重要控制参数,可以认为这个参数的大小控制了随机过程向局部或全局最优解移动的快慢。

1953 年,Metropolis 等提出了重要性采样法,用于模拟固体在恒定温度下达到热平衡的过程。其基本思想是从物体系统倾向于能量较低的状态,而热运动又妨碍它准确落入最低态的基本思想出发,如果采样时着重取那些具有重要贡献的状态,则可以较快地达到较好的结果。

设以粒子相对位置表征的初始状态 i 作为固体的当前状态,该状态的能量是 E_i,然后用摄动状态使随机选取的某个粒子的位移随机地产生一个微小变化,得到一个新状态 j,其能量是 E_j。如果 $E_j < E_i$,则该新状态就作为"重要"的状态;如果 $E_j > E_i$,则考虑热运动的影响,该状态是否为"重要"状态,要依据固体处于该状态的概率来判断,即

$$p = \exp\left(\frac{E_i - E_j}{kT}\right) \tag{11-19}$$

其中,T 为热力学温度;K 为玻耳兹曼常数,因此,$p \in [0,1]$ 越大,则状态是重要状态的概率就越大。如果新状态 j 是重要状态,就取代 i 成为当前状态,否则仍以 i 为当前状态。再重复以上新状态的产生过程。在大量迁移(固体状态的变换称为迁移)后,系统趋于能量较低的平衡状态,固体状态的概率分布趋于吉布斯正则分布:

$$p = \frac{1}{Z}\exp\left(\frac{-E_i}{kT}\right) \tag{11-20}$$

其中,Z 为一常数。

以上接受新状态的准则称为 Metropolis 准则,相应的算法称为 Metropolis 算法。

2. 物理退火的过程

模拟退火算法的核心思想与热力学的原理极为类似。在高温下,液体的大量分子彼此之间进行相对自由移动。如果该液体慢慢地冷却,热能原子可动性就会消失。大量原子常常能够自行排列成行,形成一个纯净的晶体,该晶体在各个方向上都被完全有序地排列在几百万倍于单个原子的距离之内。对于这个系统来讲,晶体状态是能量最低状态,而所有缓慢冷却的系统都可以自然达到这个最低能量状态。实际上,如果液态金属被迅速冷却,则它不会达到这一状态,而只能达到一种只有较高能量的多晶体状态或非结晶状态,因此,这一过程的本质在于缓慢地冷却,以争取足够的时间,让大量原子在丧失可动性之前进行重新分布,这是确保能量达到低能量状态所必须的条件。简单而言,物理退火过程由以下几部分组

成：加温过程、等温过程和冷却过程。

1）加温过程

其目的是增强粒子的热运动，使其偏离平衡位置。当温度足够高时，固体将被熔解为液体，从而消除系统原先可能存在的非均匀态，使随后进行的冷却过程以某一平衡态为起点。熔解过程与系统的能量增大过程相联系，系统能量也随温度的升高而增大。

2）等温过程

通过物理学的知识得知，对于与周围环境交换热量而温度不变的封闭系统，系统状态的自发变化总是朝着自由能减小的方向进行。当自由能达到最小时，系统达到平衡。

3）冷却过程

冷却过程的目的是使粒子的热运动减弱并逐渐趋于有序，系统能量逐渐下降，从而得到低能量的晶体结构。

3. 模拟退火的原理

模拟退火算法来源于固体退火原理，将固体加温至足够高，再让其徐徐冷却，加温时，固体内部粒子随温度升高而变为无序状，内能增大，而徐徐冷却时粒子渐趋有序，在每个温度都达到平衡态，最后在常温时达到基态，内能减为最小。根据 Metropolis 准则，粒子在温度 T 时趋于平衡的概率为 $e-\Delta E/(kT)$，其中 E 为温度 T 时的内能，ΔE 为其改变量，k 为玻耳兹曼常数。用固体退火模拟组合优化问题，将内能 E 模拟为目标函数值 f，温度 T 演化成控制参数 t，即得到解组合优化问题的模拟退火算法：由初始解 i 和控制参数初值 t 开始，对当前解重复"产生新解-计算目标函数差-接受或舍弃"的迭代，并逐步衰减 t 值，算法终止时的当前解即为所得近似最优解，这是基于蒙特卡洛迭代求解法的一种启发式随机搜索过程。退火过程由冷却进度表控制，包括控制参数的初值 t 及其衰减因子 Δt、每个 t 值时的迭代次数 L 和停止条件 S。

4. 模拟退火算法的终止准则

模拟退火算法的终止准则主要采用一些比较直观的方法，如下所述。

1）零度法

模拟退火算法的最终温度为零，所以常给定一个比较小的正数 ε，当温度 $t_k \leqslant \varepsilon$ 时，算法终止，表示达到了最低温度。

2）循环总数控制法

这种方法设总的温度下降次数为一个定值 N，当温度迭代次数达到 N 时，算法终止。这一原则可分为两类：一类是整个算法的总迭代次数为一个定值，另一类是温度下降次数为一个定值。

3）基于不改进规则的控制法

这种方法是指在一个温度和给定的迭代次数内没有改进当前的局部最优解，则算法终止。

4）接受概率控制法

模拟退火算法的基本思想是跳出局部最优解，如果在较高温度时没能跳出局部最优解，则在较低温度时能跳出局部最优解的可能性也更小,所以就给定一个比较小的数 p,在一个温度和给定的迭代步数内,除当前局部最优解外,当其他状态接受概率都小于 p 时,算法终止。另外,还有一些算法终止准则,如邻域法、Lundy 和 Mess 法、Aarts 和 Van Laarhoven 法等。

5. 模拟退火算法的特点

模拟退火算法适用范围广,求得全局最优解的可靠性高,算法简单,便于实现。该算法的搜索策略有利于避免搜索过程因陷入局部最优解的缺陷,有利于提高求得全局最优解的可靠性。模拟退火算法具有十分强的稳健性,这是因为比起普通的优化搜索方法,它采用许多独特的方法和技术,主要有以下几方面。

1) 以一定的概率接受恶化解

模拟退火算法在搜索策略上不仅引入了适当的随机因素,而且还引入了物理系统退火过程的自然机理。这种自然机理的引入,使模拟退火算法在迭代过程中不仅接受使目标函数值变"好"的点,而且还能够以一定的概率接受使目标函数值变"差"的点。迭代过程中出现的状态是随机产生的,并且不强求后一状态一定优于前一状态,接受概率随着温度的下降而逐渐减小。很多传统的优化算法往往是确定性的,从一个搜索点到另一个搜索点的转移有确定的转移方法和转移关系,这种确定性往往可能使搜索点远达不到最优点,因而限制了算法的应用范围,而模拟退火算法以一种概率的方式进行搜索,增加了搜索过程的灵活性。

2) 引进算法控制参数

引进类似于退火温度的算法控制参数,它将优化过程分成若干阶段,并决定各个阶段下随机状态的取舍标准,接受函数由 Metropolis 算法给出一个简单的数学模型。模拟退火算法有两个重要的步骤:一是在每个控制参数下,由前迭代点出发,产生邻近的随机状态,由控制参数确定的接受准则决定此新状态的取舍,并由此形成一定长度的随机 Markov 链;二是缓慢降低控制参数,提高接受准则,直至控制参数趋于零,状态链稳定于优化问题的最优状态,从而提高模拟退火算法全局最优解的可靠性。

3) 对目标函数要求少

传统搜索算法不仅需要利用目标函数值,而且往往需要目标函数的导数值等其他一些辅助信息才能确定搜索方向。当这些信息不存在时,算法就失效了,而模拟退火算法不需要其他的辅助信息,而只需定义邻域结构,在其邻域结构内选取相邻解,再用目标函数进行评估。

11.4.2 模拟退火寻优实现步骤

模拟退火的主要寻优步骤如下:

(1) 初始化粒子的位置和速度。

(2) 计算种群中每个粒子的目标函数值。

(3) 更新粒子的 pbest 和 gbest。

(4) 重复执行下列步骤。

① 对粒子的 pbest 进行 SA 邻域搜索。

② 更新各粒子的 pbest。

③ 执行最优选择操作,更新种群 gbest。

④ gbest 是否满足算法终止条件? 如果是,转到步骤(4),否则转到步骤(5)。

⑤ 输出种群最优解。

该算法总体流程如图 11-10 所示。

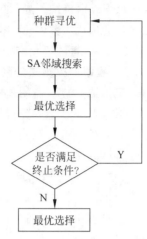

图 11-10 总体算法的流程图

11.4.3 模拟退火算法的 MATLAB 工具箱

在 MATLAB 中的模拟退火算法工具箱(Simulated Annealing Toolbox,SAT)中也提供了相关函数,用于实现模拟退火的相关算法,下面对这些函数进行介绍。

1. simulannealbnd 函数

代码如下:

```
[x,fval] = simulannealbnd(fun,x0,lb,ub,options)
```

功能:使用模拟退火算法找到最小函数。

参数 x 为函数 simulannealbnd 得到的最优解;fval 为 x 对应的目标函数值;fun 为目标函数句柄,同函数 ga 一样,需要编写一个描述目标函数的 M 文件;x0 为算法的初始搜索点;lb、ub 为解的上下限约束,可以表述为 lb≤x≤ub,当没有约束时,用"[ ]"表示即可。options 中需要对模拟退火算法进行一些设置。

options 代码如下:

```
options = saoptimset('Param1',value1,'Param2',value2,...)
```

其中参数 Param1、Param2 等为需要设定的参数,例如最大迭代次数、初始温度、绘图函数等;value1、value2 等是 Param 的具体值。Param 有专门的表述方式,例如,最大迭代次数对应于 Maxlter,初始温度对应于 InitialTemperature 等,更多 Param 及 value 的专用表述方式可以使用"doc saoptimset"语句调出 Help 作为参考。

2. sanewpoint 函数

代码如下:

```
% chapter11/test14.m
function solverData = sanewpoint(solverData,problem,options)
optimvalues = saoptimStruct(solverData,problem);
newx = problem.x0;                              % 产生新解
try
```

```
    newx(:) = options.AnnealingFcn(optimvalues,problem);
catch userFcn_ME
gads_ME = MException('globaloptim:callAnnealingFunction:invalidAnnealingFcn', ...
        'Failure in AnnealingFcn evaluation.');
   userFcn_ME = addCause(userFcn_ME,gads_ME);
        rethrow(userFcn_ME)
end
newfval = problem.objective(newx);
solverData.funccount = solverData.funccount + 1;
try
    if options.AcceptanceFcn(optimvalues,newx,newfval)        % 判断是否接受新解
    solverData.currentx(:) = newx;        % 如果接受新解,则进行相应赋值
    solverData.currentfval = newfval;                         % 目标函数值也是
        % 接受的新点数目标1,为判断是否回调做准备
    solverData.acceptanceCounter = solverData.acceptanceCounter + 1;
    end
catch userFcn_ME
    gads_ME = MException('globaloptim:sanewpoint:invalidAcceptanceFcn', ...
        'Failure in AnnealingFcn evaluation.');
    userFcn_ME = addCause(userFcn_ME,gads_ME);
    rethrow(userFcn_ME)
end
```

可以看出,sanewpoint 函数主要进行以下两个过程:调用函数 AnnealingFcn 产生新解及调用函数 AcceptanceFcn 判断是否接受该新解。

1) AnnealingFcn 函数

由函数 simulanneal 可知,SAT 默认的函数 AnnealingFcn 为函数 annealingfast,其添加中文注释后的 annealingfast 的代码如下:

```
% chapter11/test15.m
functionnewx = annealingfast(optimValues,problem)
% 默认的退火函数,其作用是产生新解
currentx = optimValues.x;        % 当前解赋值
nvar = numel(currentx);          % 解中的自变量个数
newx = currentx;
y = randn(nvar,1);               % 产生随机数
y = y./norm(y);                  % 映射值(-1,1)区间
% 在当前解的基础上产生新解,其中,optimValues.temperature 为当前温度
newx(:) = currentx(:) + optimValues.temperature.*y;
% 当解有上下限约束时,确保新解在约束范围内
newx = sahonorbounds(newx,optimValues,problem);
```

由以上代码可看出,新解的产生是在当前解的基础上加上一个偏移量,该偏移量为当前温度与(-1,1)区间映射后随机数的乘积。显然,当温度较高时,新解与当前解之间的距离,

即 SA 的搜索范围较大,新点可以跳到离当前点较远的地方,随着退火的进行,温度逐步降低,算法的搜索范围随之变小。此外,函数 sahonorbounds 的作用是确保产生的新解在上下限约束范围内,对于没有约束的优化问题,该函数不起作用。

函数 sahonorbounds 的代码如下:

```
% chapter11/test16.m
function newx = sahonorbounds(newx,optimValues,problem)
% 其作用是确保产生的新解在上下限约束范围内
end
xin = newx;                              % 存储 newx
newx = newx(:);                          % 转化为列向量
lb = problem.lb;                         % 下限约束
ub = problem.ub;                         % 上限约束
lbound = newx < lb;                      % 查看是否在下限范围内
ubound = newx > ub;                      % 查看是否在上限范围内
alpha = rand;                            % 产生(0,1)区间的随机数
% 如果有自变量不在约束范围内
if any(lbound) || any(ubound)
    projnewx = newx;                     % 此时的 projnewx 不在约束范围内
    % 如果某自变量超出下限范围,则将下限范围值赋给该自变量,使 projnewx 满足下限约束
    projnewx(lbound) = lb(lbound);
    % 如果某自变量超出上限范围,则将下限范围值赋给该自变量,使 projnewx 满足上限约束
    projnewx(ubound) = ub(ubound);
    % 此时的 projnewx 刚好在约束范围内,optimValues.x 即当前解,因此产生的 newx 一定满足
    % 上下限约束条件
    newx = alpha * projnewx + (1 - alpha) * optimValues.x(:);
    newx = reshapeinput(xin,newx); % 将 newx 转换回行向量
else
    newx = xin;                          % 如果在约束范围内,赋回刚才存储的 newx
end
```

由以上代码可看到,函数 sahonorbounds 的思想是:先将 projnewx 限制在上下限范围内,再使产生的新解的一部分(具体比例为 α)来自 projnewx,另一部分(具体比例为 $1-\alpha$)来自当前解,由于 projnewx 和该当前解都在约束范围内且 α 的范围为(0,1),因此产生的新解也一定在约束范围内,该思想与遗传算法中的算术交叉操作有异曲同工之妙。

2) AcceptanceFcn 函数

由函数 simulanneal 可知,SAT 默认的函数 AcceptanceFcn 为函数 acceptancesa。

函数 acceptancesa 的代码如下:

```
% chapter4/test17.m
function acceptpoint = acceptancesa(optimValues,newx,newfval)
% SAT 采用的新解接受函数,其作用是判断是否接受 AnnealingFcn 函数产生的新解
delE = newfval - optimValues.fval;      % 新解的目标函数值与当前解的目标函数值之差
```

```
% 如果新解比当前解好,也即是说,新解的目标函数值比当前解的值小
if delE < 0
    acceptpoint = true;                   % 则接受该新解
else                                      % 否则,以一定的概率接受新解
    % 产生一个与当前温度及 delE 有关的值
    h = 1/(1 + exp(delE/max(optimValues.temperature)));
    if h > rand                           % 如果该值大于(0,1)区间的随机数
        acceptpoint = true;               % 则接受该新解
    else
        acceptpoint = false;              % 否则拒绝该新解
    end
end
```

由以上代码可看到,在 SAT 中,模拟退火算法接受新解的概率采用 Boltzmann 概率分布,即

$$P(x\Rightarrow x') = \begin{cases} 1, & f(x') < f(x) \\ \dfrac{1}{1 + \exp\left[\dfrac{f(x') - f(x)}{T}\right]}, & f(x') \geqslant f(x) \end{cases} \tag{11-21}$$

其中,x 为当前解,x' 为新解,$f(\cdot)$ 表示解的目标函数值,T 为温度。

3) saupdates 函数

函数 saupdates 的代码如下:

```
% chapter11/test18.m
function solverData = saupdates(solverData,problem,options)
solverData.iteration = solverData.iteration + 1; % 更新迭代次数
solverData.k = solverData.k + 1;                  % 更新退火参数 k
% 如果 SA 接受的解的数目达到一定值,则做回火处理
if solverData.acceptanceCounter = options.ReannealInterval && solverData.iteration ~= 0
solverData = reanneal(solverData,problem,options);
end
% 参数传递
optimvalues = saoptimStruct(solverData,problem);
% 创建一个新的温度向量
try
solverData.temp = max(eps,options.TemperatureFcn(optimvalues,options));
catch userFcn_ME
  gads_ME = MException('globaloptim:saupdate:invalidTemperatureFcn', ...
      'Failure in TemperatureFcn evaluation. ');
  userFcn_ME = addCause(userFcn_ME,gads_ME);
  rethrow(userFcn_ME)
end
% 如果需要,则更新最优解
```

```
if solverData.currentfval < solverData.bestfval
    solverData.bestx = solverData.currentx;
    solverData.bestfval = solverData.currentfval;
end
solverData.bestfvals(end + 1) = solverData.bestfval;
if solverData.iteration > options.StallIterLimit
    solverData.bestfvals(1) = [];
end
```

由以上代码可看到,函数 saupdates 的主要作用是对迭代次数、最优解、温度等进行更新,并在一定条件下做回火处理(回火退火算法是模拟退火算法的一种变异)。由函数 simulanneal 可知,SAT 默认的降温函数 TemperatureFcn 为 temperatureexp,即指数降温函数 temperatureexp,代码如下:

```
% chapter11/test19.m
functiontemperature = temperatureexp(optimValues,options)
% 指数降温函数,其作用是更新模拟退火算法的温度
temperature = options.Initia!Temperature. *.95.^optimValues.k; % 温度更新
```

由以上代码可看到,指数降温函数采用以下公式更新模拟退火算法的温度:

$$T = 0.95^k T_0 \tag{11-22}$$

其中,T 为当前温度;T_0 为初始温度(事先设定,默认值为 100);k 为退火参数。需要对 k 补充说明的是,对于迭代次数,SAT 中还有另一个参数 iteration,由于在参数初始化函数 samakedata 中 k 的初始值为 1,iteration 的初始值为 0,而在函数 saupdates 中两者同时加 1 更新,因此在不考虑回火处理的条件下,k 比 iteration 值大 1,此时可以认为 k 为当前迭代次数。

11.4.4 模拟退火的 MATLAB 实现

MATLAB 中提供了相关函数用于实现模拟退火,下面直接通过实例来演示相关函数的用法。

(背包问题)0-1 背包描述如下。有一个贼在偷窃一家商店时发现了 n 件物品:第 i 件物品值 v_i 元,重 w_i 千克($1 \leqslant i \leqslant n$),此处 v_i 和 w_i 都是整数。他希望带走的东西越值钱越好,但他的背包小,最多只能装 W 千克的东西(W 为整数)。如果每件物品或被带走或被留下,则小偷应该带走哪几件东西?

下面进一步求解背景更为复杂的问题。

例如,物品允许部分带走或者每类物品有多个。在这个 0-1 背包的例子中,假设有 12 件物品,质量分别为 2 千克、5 千克、18 千克、3 千克、2 千克、5 千克、10 千克、4 千克、11 千克、7 千克、14 千克、6 千克,价值分别为 5 元、10 元、13 元、4 元、3 元、11 元、13 元、0 元、8 元、16 元、7 元、4 元,包最多能装 46 千克物品。

【例 11-3】 模拟退火算法实现寻优的实现代码如下:

```matlab
% chapter11/test19.m
a = 0.95;
k = [5 10 13 4 3 11 13 10 8 16 7 4]';
k = - k;                              % 模拟退火算法是求解最小值,因此取负数
d = [2 5 18 3 2 5 10 4 11 7 14 6]';
triction = 46;
num = 12;
sol_new = ones(1,num);                % 生成初始解
E_current = inf;     % 为当前解对应的目标函数值(背包中物品的总价值)
E_best = inf; % 为最优解
sol_current = sol_new;
sol_best = sol_new;
t0 = 97;tf = 3;t = t0;
p = 1;
while t > = tf
     for r = 1:100
          % 产生随机扰动
          tmp = ceil(rand. * num);
          sol_new(1,tmp) = ~sol_new(1,tmp);
          % 检查是否满足约束
          while 1
              q = (sol_new * d < = triction);
              if ~q
                p = ~p;              % 实现交错着逆转头尾的第 1 个 1
                tmp = find(sol_new == 1);
                if p
                    sol_new(1,tmp) = 0;
                    else
                      sol_new(1,tmp(end)) = 0;
                    end
                else
                    break;
                end
            end
        % 计算背包中物品的价值
        E_new = sol_new * k;
        if E_new < E_current
            E_current = E_new;
            sol_current = sol_new;
            if E_new < E_best
                % 把冷却过程中最好的解保存下来
                E_best = E_new;
                sol_best = sol_new;
            end
```

```
        else
            if rand < exp( -(E_new - E_current)./t)
                E_current = E_new;
                sol_current = sol_new;
            else
                sol_new = sol_current;
            end
        end
    end
    t = t. * a;
end
disp('最优解为')
sol_best
disp('物品总价值等于:')
val = - E_best;
disp(val)
disp('背包中物品质量为')
disp(sol_best * d)
```

程序运行的效果,输出如下:

```
最优解为
sol_best = 1  0  1  1  1  1  1  0  1  0  1
物品总价值等于:76
```

11.5 遗传算法

遗传算法(Genetic Algorithm,GA)也称进化算法。遗传算法是受达尔文进化论的启发,借鉴生物进化过程而提出的一种启发式搜索算法,因此在介绍遗传算法前有必要简单介绍生物进化知识。

11.5.1 遗传算法概述

遗传算法是模拟达尔文生物进化论的自然选择和遗传学机理生物进化过程的计算模型,是一种通过模拟自然进化过程搜索最优解的方法,它最初由美国 Michigan 大学 J. Holland 教授于 1975 年首先提出,并出版了颇有影响的专著 *Adaptation in Natural and Artificial Systems*,GA 这个名称才逐渐为人所知,J. Holland 教授所提出的 GA 通常为简单遗传算法(SGA)。

遗传算法是从代表问题可能潜在解集的一个种群开始的,而一个种群则由经过基因编码的一定数目的个体组成。每个个体实际上是染色体带有特征的实体。染色体作为遗传物质的主要载体,即多个基因的集合,其内部表现(基因型)是某种基因组合,它决定了个体形状的外部表现,如黑头发的特征是由染色体中控制这一特征的某种基因决定的,因此,在一开始需要实现从表现型到基因型的映射,即编码工作。由于仿照基因编码的工作很复杂,往往需要进行简化,如进制编码。初代种群产生后,按照适者生存和优胜劣汰的原理,逐代演化产生出越来越好的近似解,在每一代,根据问题域中个体的适应度大小选择个体,并借助自然遗传学的遗传算子进行组合交叉和变异,产生出代表新解集的种群。这个过程将导致种群像自然进化一样的后生代种群比前代更加适应环境,末代种群中的最优个体经过解码可以作为问题近似最优解。

11.5.2　遗传算法的生物学基础

自然选择学说认为适者生存,生物要存活下去,就必须进行生存斗争。生存斗争包括种内斗争、种间斗争及生物跟环境之间的斗争共3个主要方面。在生存斗争中,具有有利变异的个体容易存活下来,并且有更多的机会将有利变异传给后代;具有不利变异的个体就容易被淘汰,产生后代的机会也将小得多,因此,凡是在生存斗争中获胜的个体都是对环境适应性比较强的个体。达尔文把这种在生存斗争中适者生存、不适者淘汰的过程叫作自然选择。

达尔文的自然选择学说表明,遗传和变异是决定生物进化的内在因素。遗传是指父代与子代之间在性状上存在的相似现象;变异是指父代与子代之间,以及子代的个体之间,在性状上存在的差异现象。在生物体内,遗传和变异的关系十分密切。一个生物的遗传性状往往会发生变异,而变异的性状有的可以遗传。遗传能使生物的性状不断地传给后代,因此保持了物种的特性;变异能够使生物的性状发生改变,从而适应新的环境而不断地向前发展。

生物的各项生命活动都有它的物质基础,生物的遗传与变异也是这样。根据现代细胞学和遗传学的研究得知,遗传物质的主要载体是染色体,基因是有遗传效应的片段,它储存着遗传信息,可以准确地复制,也能够发生突变。生物体自身通过对基因的复制和交叉,使其性状的遗传得到选择和控制。同时,通过基因重组、基因变异和染色体在结构和数目上的变异产生丰富多彩的变异现象。生物的遗传特性,使生物界的物种能够保持相对稳定;生物的变异特性,使生物个体产生新的性状,形成了新的物种,推动了生物的进化和发展。

由于生物在繁殖中可能发生基因交叉和变异,引起了生物性状的连续微弱改变,为外界环境的定向选择提供了物质条件和基础,使生物的进化成为可能。人们正是通过对环境的选择、基因的交叉和变异这一生物演化的迭代过程的模仿,才提出了能够用求解最优化问题的强稳健性和自适应性的遗传算法。生物遗传和进化的规律包括以下几方面:

(1) 生物的所有遗传信息都包含在其染色体中,染色体决定了生物的性状。染色体是由基因及其有规律的排列所构成的。

(2) 生物的繁殖过程是由其基因的复制过程来完成的。同源染色体的交叉或变异会产生新的物种,使生物呈现新的性状。

(3) 对环境适应能力强的基因或染色体比适应能力差的基因或染色体有更多的机会遗传到下一代。

11.5.3　遗传算法的名称解释

在遗传算法中有一些名词是我们平时很少接触的,下面对各个名称进行解释。

1. 个体(Individual)

GA 所处理的基本对象、结构。

2. 群体(Population)

个体的集合称为种群体,该集合内个体的数量称为群体的大小。例如,如果个体的长度是 100,适应度函数变量的个数为 3,就可以将这个种群表示为一个 100×3 的矩阵。相同的个体在种群中可以不止一次地出现。每一次迭代,遗传算法都对当前种群执行一系列计算,产生一个新的种群。每个后继的种群称为新的一代。

3. 串(Bit String)

个体的表现形式,对应于生物界的染色体。在算法中其形式可以是二进制,也可以是实值型。

4. 基因(Gene)

串中的元素,用于表示串中个体的特征。例如,有一个串 $S_{二进制}=1011$,则其中的 1、0、1、1 这 4 个元素分别称为基因,它们的值称为等位基因(Alletes)。一个个体的适应度函数值就是它的得分或评价。

5. 基因位置(Geneposition)

一个基因在串中的位置称为基因位置,有时也简称为基因位。基因位置中由串的左向右计算,例如,在串 $S_{二进制}=1011$ 中,0 的基因位置是 3。基因位置对应于遗传学中的特点。

6. 基因特征值(Genefeature)

在用串表示整数时,基因的特征值与二进制数的权一致。例如,在串 $S=1011$ 中,基因位置 3 中的 1,它的基因特征值为 2;基因位置 1 中的 1,它的基因特征值为 8。

7. 串结构空间(Bitstringspace)

在串中,基因任意组合所构成的串的集合,基因操作是在串结构空间中进行的。串结构在空间对应于遗传学中的基因型(Genotype)的集合。

8. 参数空间(Parameters space)

这是串空间在物理系统中的映射,它对应于遗传学中的表现型(Phenotype)的集合。

9. 适应度及适应度函数(Fitness)

它表示某一个体对应于生存环境的适应程度,其值越大,即对生存环境适应程度较高的物种将获得更多的繁殖机会;反之,其繁殖机会相对较小,甚至逐渐灭绝。适应度函数则是优化目标函数。

10. 多样性或差异(Diversity)

一个种群中各个个体间的平均距离。如果平均距离大,则种群具有高的多样性;否则,其多样性低。多样性是遗传算法必不可少的本质属性,它能使遗传算法搜索一个比较大的解的空间区域。

11. 父辈和子辈

为了生成下一代,遗传算法在当前种群中选择某些个体(称为父辈),并且使用它们来生成下一代的个体(称为子辈)。在典型情况下,算法更可能选择那些具有较佳适应度函数值的父辈。

12. 遗传算子

遗传算法中的算法规则主要有选择算子、交叉算子和变异算子。

11.5.4 遗传算法的运算过程

遗传算法的主要特点是直接对结构对象进行操作,不存在求导和函数连续性的限定;具有内在的隐并行性和更好的全局寻优能力。采用概率化的寻优方法,能自动获取和指导优化的搜索空间,自适应地调整搜索方向,不需要确定的规则。遗传算法的这些性质,已被人们广泛地应用于组合优化、机器学习、信号处理、自适应控制和人工生命等领域,它们是现代有关智能计算中的关键技术。

对于一个求函数的最大值的优化问题(求函数最小值也类同),一般可以描述为下列数学规划模型:

$$
\begin{aligned}
&\max f(x) \\
&\begin{cases} x \in R \\ R \subset U \end{cases}
\end{aligned}
\tag{11-23}
$$

式(11-23)中,x 为决策变量,$\max f(x)$ 为目标函数式,式 $x \in R$、$R \subset U$ 为约束条件,U 是基本空间,R 是 U 的子集。满足约束条件的解 X 称为可行解,集合 R 表示所有满足约束条件的解所组成的集合,称为可行解集合。

遗传算法也是计算机科学人工智能领域中用于解决最优化的一种搜索启发式算法,是进化算法的一种。这种启发式通常用来生成有用的解决方案来优化和搜索问题。进化算法最初借鉴了进化生物学中的一些现象而发展起来,这些现象包括遗传、突变、自然选择及杂交等。遗传算法在适应度函数选择不当的情况下有可能收敛于局部最优,而不能达到全局最优。

遗传算法的基本运算过程如下:

1. 初始化

设置进化代数计数器 $t=0$,设置最大进化代数 T,随机生成 M 个个体作为初始群体 $P(0)$。

2. 个体评价

计算群体 $P(t)$ 中各个个体的适应度。

3. 选择运算

将选择算子作用于群体。选择的目的是把优化的个体直接遗传到下一代或通过配对交叉产生新的个体,再遗传到下一代。选择操作是建立在群体中个体的适应度的评估基础上的。

4. 交叉运算

将交叉算子作用于群体。遗传算法中起核心作用的就是交叉算子。

5. 变异运算

将变异算子作用于群体,即对群体中的个体串的某些基因座上的基因值进行变动。群体 $P(t)$ 经过选择、交叉、变异运算之后得到下一代群体 $P(t+1)$。

6. 终止条件判断

若 $t=T$,则以进化过程中所得到的具有最大适应度个体作为最优解输出,终止计算。

11.5.5 遗传算法的特点

遗传算法是解决搜索问题的一种通用算法,对于各种通用问题都可以使用。搜索算法的共同特征为首先组成一组候选解,依据某些适应性条件测算这些候选解的适应度,根据适应度保留某些候选解,放弃其他候选解,对保留的候选解进行某些操作,生成新的候选解。

在遗传算法中,上述几个特征以一种特殊的方式组合在一起:基于染色体群的并行搜索,带有猜测性质的选择操作、交换操作和突变操作。这种特殊的组合方式将遗传算法与其他搜索算法区别开来。

遗传算法还具有以下几方面的特点:

(1)遗传算法从问题解的串集开始搜索,而不是从单个解开始。这是遗传算法与传统优化算法的最大区别。传统优化算法是从单个初始值迭代求最优解的,容易误入局部最优解。遗传算法从串集开始搜索,覆盖面大,利于全局择优。

(2)遗传算法同时处理群体中的多个个体,即对搜索空间中的多个解进行评估,减少了陷入局部最优解的风险,同时算法本身易于实现并行化。

(3)遗传算法基本上不用搜索空间的知识或其他辅助信息,而仅用适应度函数值来评估个体,在此基础上进行遗传操作。适应度函数不仅不受连续可微的约束,而且其定义域可以任意设定,这一特点使遗传算法的应用范围大大扩展。

(4)遗传算法不是采用确定性规则,而是采用概率的变迁规则来指导其搜索方向。

(5)具有自组织、自适应和自学习性。当遗传算法利用进化过程获得的信息自行组织搜索时,适应度大的个体具有较高的生存概率,并获得更适应环境的基因结构。

遗传算法的流程图如图 11-11 所示。

11.5.6 染色体的编码

所谓编码就是将问题的解空间转换成遗传算法所能处理的搜索空间。编码是应用遗

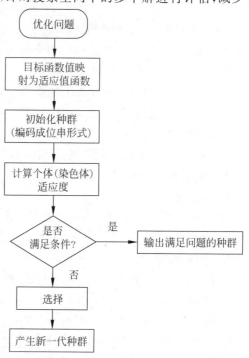

图 11-11 遗传算法的处理流程

传算法时要解决的首要问题,也是关键问题。它决定了个体的染色体中基因的排列次序,也决定了遗传空间到解空间的变换解码方法。编码的方法也影响到遗传算子的计算方法。好的编码方法能够大大提高遗传算法的效率。遗传算法的工作对象是字符串,因此对字符串的编码有两点要求:一是字符串要反映所研究问题的性质,二是字符串的表达要便于计算机处理。

常用的编码方法有以下几种。

1. 二进制编码

二进制编码是遗传算法编码中最常用的方法。它是用固定长度的二进制符号{0,1}串来表示群体中的个体,个体中的每一位二进制字符称为基因。例如,长度为10的二进制编码可以表示$0\sim1023$的1024个不同的数。如果一个待优化变量的区间$[a,b]=[0,100]$,则变量的取值范围可以被离散成$(2^l)^p$个点,其中l为编码长度,p为变量数目。离散点$0\sim100$依次对应于$0000000000\sim0001100100$。

二进制编码中符号串的长度与问题的求解精度有关。如果变量的变化范围为$[a,b]$,编码长度为l,则编码精度为$\dfrac{b-a}{2^l-1}$。

二进制编码、解码操作简单易行,便于实现杂交和变异等遗传操作,符合最小字符集编码原则,具有一定的全局搜索能力和并行处理能力。

2. 符号编码

符号编码是指个体染色体编码串中的基因值取自一个无数值意义而只有代码含义的符号集。这个符号集可以是一个字母表,如$\{A,B,C,D,\cdots\}$,也可以是一个数字序列,如$\{1,2,3,4,\cdots\}$,还可以是一个代码表,如$\{A1,A2,A3,A4,\cdots\}$;等。

符号编码符合有意义的积木块原则,便于在遗传算法中利用所求问题的专业知识。

3. 浮点数编码

浮点数编码是指个体的每个基因用某一范围内的一个浮点数来表示。因为这种编码方法使用的是变量的真实值,所以也称为真值编码方法。

浮点数编码方法适合在遗传算法中表示范围较大的数,适用于对精度要求较高的遗传算法,以便在较大空间进行遗传搜索。

浮点数编码更接近实际,并且可以根据实际问题来设计更有意义与实际问题相关的交叉和变异算子。

4. 格雷编码

格雷编码是这样的一种编码,其连续的两个整数所对应的编码值之间只有一个码位是不同的,其余的则完全相同。例如,31和32的格雷码为010000和110000。格雷码与二进制编码之间有一定的对应关系。

设一个二进制编码为$B=b_m b_{m-1}\cdots b_2 b_1$,则对应的格雷码为$G=g_m g_{m-1}\cdots g_2 g_1$。由二进制向格雷码的转换公式为

$$g_i=b_{i+1}\oplus b_i,\quad i=m-1,m-2,\cdots,1 \tag{11-24}$$

由格雷码向二进制编码的转换公式为

$$b_i = b_{i+1} \oplus g_i, \quad i = m-1, m-2, \cdots, 1 \qquad (11\text{-}25)$$

其中，$\oplus$ 表示"异与"算子，即运算时两数相同时取 0，不同时取 1。例如：

$$0 \oplus 0 = 1 \oplus 1 = 0, \quad 0 \oplus 1 = 1 \oplus 0 = 1$$

使用格雷码对个体进行编码，编码串之间只有一位差异，对应的参数值也只有微小的差异，这样与普通的二进制编码相比，格雷编码方法就相当于增强了遗传算法的局部搜索能力，便于对连续函数进行局部空间搜索。

11.5.7 适应度函数

在用遗传算法寻优之前，首先要根据实际问题确定适应度函数，即要明确目标。各个个体适应度值的大小决定了它们是继续繁衍还是消亡，以及能够繁衍的规模。它相当于自然界中各生物对环境的适应能力的大小，充分体现了自然界适者生存的自然选择规律。

与数学中的优化问题不同的是，适应度函数求取的是极大值，而不是极小值，并且适应度函数具有非负性。

对于整个遗传算法影响最大的是编码和适应度函数的设计。好的适应度函数能够指导算法从非最优的个体进化到最优个体，并且能够用来解决一些遗传算法中的问题，如过早收敛与过慢结束。

过早收敛是指算法在没有得到全局最优解之前就已稳定在某个局部解，其原因是某些个体的适应度值大大高于个体适应度的均值，在得到全局最优解之前，它们就有可能被大量复制而占群体的大多数，从而使算法过早收敛到局部最优解，失去找到全局最优解的机会。解决的方法是，压缩适应度的范围，防止过于适应的个体过早地在整个群体中占据统治地位。

过慢结束是指在迭代许多代后，整个种群已经大部分收敛，但是还没有得到稳定的全局最优解。其原因是整个种群的平均适应度值较高，而且最优个体的适应度值与全体适应度均值间的差异不大，使种群进化的动力不足。解决的方法是扩大适应度函数值的范围，拉大最优个体适应度值与群体适应度均值的距离。

通常适应度是费用、盈利、方差等目标的表达式。在实际问题中，有时希望适应度越大越好，有时希望适应度越小越好，但在遗传算法中，一般是按最大值处理，而且不允许适应度小于零。

对于有约束条件的极值，其适应度可用罚函数方法处理。

例如，原来的极值问题为

$$\begin{aligned} &\max g(x) \\ &\text{s.t.} \quad h_i(x) \leqslant 0, \quad i = 1, 2, L, n \end{aligned} \qquad (11\text{-}26)$$

可转化为

$$\max g(x) - \gamma \sum_{i=1}^{n} \Phi \{ [h_i(x)] \} \qquad (11\text{-}27)$$

其中，γ 为惩罚系数；Φ 为惩罚函数，通常可采用平方形式，即

$$\Phi\left[h_i(x)\right] = h_i^2(x) \tag{11-28}$$

11.5.8 遗传算子

遗传算子是遗传算法中进化的规则。基本遗传算法的遗传算子主要有选择算子、交叉算子和变异算子。

1. 选择算子

选择算子用来确定怎样从父代群体中按照某种方法选择哪些个体作为子代的遗传算子。选择算子建立在对个体的适应度进行评价的基础上，其目的是避免基因的缺失，从而提高全局收敛性和计算效率。选择算子是 GA 的关键，体现了自然界中适者生存的思想。

常用选择算子的操作方法有以下几种：

1）赌轮选择法

此方法的基本思想是个体被选择的概率与其适应度值大小成正比。为此，首先要构造与适应度函数成正比的概率函数 $p_s(i)$

$$p_s(i) = \frac{f(i)}{\sum\limits_{i=1}^{n} f(i)} \tag{11-29}$$

其中，$f(i)$ 为第 i 个个体适应度函数值；n 为种群规模，可将每个个体按其概率函数 $p_s(i)$ 组成面积为 1 的一个赌轮。每转动一次赌轮，指针落入串 i 所占区域的概率（被选择复制的概率）为 $p_s(i)$。当 $p_s(i)$ 较大时，串 i 被选中的概率大，但适应度值小的个体也有机会被选中，这样有利于保持群体的多样性。

2）排序选择法

排序选择法是指在计算每个个体的适应度值后，根据适应度大小按顺序对群体中的个体进行排序，然后按照事先设计好的概率表按序分配给个体，作为各自的选择概率。所有个体按适应度大小排序，选择概率和适应度无直接关系而仅与序号有关。

3）最优保存策略

此方法的基本思想是希望适应度最好的个体尽可能保留到下一代群体中，其步骤如下：

（1）找出当前群体中适应度最高的个体和适应度最低的个体。

（2）如果当前群体中最佳个体的适应度比总的迄今为止最好的个体的适应度还要高，则以当前群体中的最佳个体作为新的迄今为止的最好的个体。

（3）用迄今为止最好的个体作为当前群体中最好的个体。

该策略的实施可保证迄今为止得到的最优个体不会被交叉、变异等遗传算子破坏。

2. 交叉算子

交叉算子体现了自然界信息交换的思想，其作用是将原有群体的优良基因遗传给下一代，并生成包含更复杂结构的新个体。

交叉算子有一点交叉、二点交叉、多点交叉和一致交叉等。

1) 一点交叉

首先在染色体中随机选择一个点作为交叉点,然后第 1 个父辈的交叉点前的串和第 2 个父辈交叉点后的串组合形成一个新的染色体,第 2 个父辈交叉点前的串和第 1 个父辈交叉点后的串组合形成另一个新染色体。

在交叉过程的开始,先产生随机数并与交叉概率 p_c 比较,如果随机数比 p_c 小,则进行交叉运算,否则不进行运算,直接返回父代。

例如,下面两个串在第 5 位上进行交叉,生成的新染色体将替代它们的父辈进入中间群体。

$$\left.\begin{array}{c} \underline{1010} \otimes \underline{xyxyyx} \\ \underline{xyxy} \otimes \underline{xxxyxy} \end{array}\right\} \longrightarrow \begin{array}{c} \underline{1010xxxyxy} \\ \underline{xyxyxyxyyx} \end{array}$$

2) 二点交叉

在父代中选择好的两个染色体后,选择两个点作为交叉点,然后将这两个染色体中的两个交叉点之间的字符串互换就可以得到两个子代的染色体。

例如,下面两个串选第 5 位和第 7 位为交叉点,然后交换两个交叉点间的串就形成了两个新的染色体。

$$\left.\begin{array}{c} \underline{1010} \otimes \underline{xy} \otimes \underline{xyyx} \\ \underline{xyxy} \otimes \underline{xx} \otimes \underline{xyxy} \end{array}\right\} \longrightarrow \left.\begin{array}{c} \underline{1010} \quad \underline{xx} \quad \underline{xyxy} \\ \underline{xyxy} \quad \underline{xy} \quad \underline{xyxy} \end{array}\right\}$$

3) 多点交叉

多点交叉与二点交叉相似。

4) 一致交叉

在一致交叉中,子代染色体的每一位都是从父代相应的位置随机复制而来的,而其位置则由一个随机生成的交叉掩码决定。如果掩码的某一位是 1,则表示子代的这一位是从第 1 个父代中的相应位置复制的,否则是从第 2 个父代中相应位置复制的。

例如,下面父代按相应的掩码进行一致交叉:

$$\left.\begin{array}{ll} 父代 1 & \underline{1010xyxyyx} \\ 父代 2 & \underline{xyxyxxxyxy} \\ 掩码 & 1001011100 \end{array}\right\} \longrightarrow \underline{1yx0xyxyxy}$$

3. 变异算子

变异算子是遗传算法中保持物种多样性的一个重要途径,它模拟了生物进化过程中的偶然基因突变现象。其操作过程是,先以一定概率从群体中随机选择若干个体,然后对于选中的个体随机选取某一位进行反运算,即由 1 变为 0,由 0 变为 1。

同自然界一样,每一位发生变异的概率是很小的,一般在 0.001~0.1;如果过大,则会破坏许多优良个体,也可能无法得到最优解。

GA 的搜索能力主要是由选择算子和交叉算子赋予的。变异算子则保证了算法能搜索到问题解空间的每一点,从而使算法具有全局最优,进一步增强了 GA 的能力。

对产生的新一代群体进行重新评价选择、交叉和变异。如此循环往复,使群体中最优个体的适应度和平均适应度不断提高,直到最优个体的适应度达到某一限值或最优个体的适应度和群体的平均适应度不断提高,则迭代过程收敛,算法结束。

11.5.9 算法参数设计原则

在单纯的遗传算法中,有时也会出现不收敛的情况,即使存在单峰或单调也是如此。这是因为种群的进化能力已经基本丧失,种群早熟。为了避免种群的早熟,参数的设计一般遵从以下原则。

1. 种群的规模

当群体规模太小时,很明显会出现近亲交配,产生病态基因,而且造成有效等位基因先天缺乏,即使采用较大概率的变异算子,生成具有竞争力高阶模式的可能性仍很小,况且大概率变异算子对已有模式的破坏作用极大。

同时遗传算子存在随机误差(模式采样误差),妨碍小群体中有效模式的正确传播,使种群进化不能按照模式定理产生所预测的期望数量;如果种群规模太大,则结果难以收敛且浪费资源,稳健性下降。种群规模的一个建议值为 20~200。

2. 变异概率

当变异概率太小时,种群的多样性下降很快,容易导致有效基因的快速丢失且不容易修补;当变异概率太大时,尽管种群的多样性可以得到保证,但是高阶模式被破坏的概率也随之增大。变异概率一般取 0.005~0.05。

3. 交配概率

交配是生成新种群最重要的手段。与变异概率类似,交配概率太大容易破坏已有的有利模式,随机性增大,容易错失最优个体;如果交配概率太小,则不能有效地更新种群。交配概率一般取 0.4~0.99。

4. 进化代数

如果进化代数太小,则算法不容易收敛,种群还没有成熟;如果进化代数太大,则算法已经熟练或者种群过于早熟而不可能再收敛,继续进化没有意义,只会增加时间开支和资源浪费。进化代数一般取 100~500。

5. 种群初始化

初始种群的生成是随机的,在初始种群的赋予之前,尽量进行一个大范围的区间估计,以免初始种群分布远离全局最优解的编码空间,导致遗传算法的搜索范围受到限制,同时也为算法减轻负担。

11.5.10 适应度函数的调整

1. 在遗传算法运行的初期阶段

群体中可能会有少数几个个体的适应度相对其他个体来讲非常高。若按照常用的比例选择算子来确定个体的遗传数量,则这几个相对较好的个体将在下一代群体中占有很高的比例。在极端情况下或当群体规模较小时,新的群体甚至完全由这样的少数几个个体所组成。这时交配运算就起不了什么作用,因为相同的两个个体不论在何处发生交叉行为都永远不会产生新的个体。

这样就会使群体的多样性降低,容易导致遗传算法发生早熟现象(或称早期收敛),使遗传算法所求到的解停留在某一局部最优点上。因此,希望在遗传算法运行的初期阶段,算法能均对一些适应度较高的个体进行控制,降低其适应度与其他个体适应度之间的差异程度,从而限制其复制数量,以维护群体的多样性。

2. 在遗传算法运行的后期阶段

群体中所有个体的平均适应度可能会接近于群体中最佳个体适应度。也就是说,大部分个体的适应度和最佳个体的适应度差异不大,它们之间无竞争力,都会有以相近的概率被遗传到下一代的可能性,从而使进化过程无竞争性可言,只是一种随机的选择过程。这将导致无法对某些重点区域进行搜索,从而影响遗传算法的运行效率。

因此,希望在遗传算法进行的后期阶段,算法能够对个体的适应度进行适当放大,扩大最佳个体适应度与其他适应度之间的差异程度,以此来提高个体之间的竞争性。

11.5.11 遗传算法的应用

假设有若干个旅行商人要拜访 n 个城市,他们必须选择要求的路径,路径是限制每个城市只能拜访一次,而且最后回到原来的城市。每个旅行商人最少要经过 m 个城市。路径的选择目标要求得到各个旅行商人路径之和的最小值。

【例 11-4】 编写求解 TSP 问题的函数,通过遗传算法搜索最短路径,代码如下:

```
% chapter11/test20.m
function varargout = mtsp_ga(xy,dmat,salesmen,min_tour,pop_size,num_iter,show_prog,show_
res)
% 输入:
%      XY:各个城市坐标的 N×2 矩阵,N 为城市的个数
%      DMAT:各个城市之间的距离矩阵
%      SALESMEN:旅行商人数
%      MIN_TOUR:每个人所经过的最少城市点
%      POP_SIZE:种群大小
%      NUM_ITER:迭代次数
% 输出:
%      最优路线
%      总距离
%      % 初始化
nargs = 8;
for k = nargin:nargs - 1
    switch k
        case 0
```

```
            xy = 10 * rand(40,2);
        case 1
            N = size(xy,1);
            a = meshgrid(1:N);
            dmat = reshape(sqrt(sum((xy(a,:) - xy(a',:)).^2,2)),N,N);
        case 2
            salesmen = 5;        % SALESMEN:人数
        case 3
            min_tour = 3;        % MIN_TOUR:每个人所经过的最少城市点
        case 4
            pop_size = 80;       % POP_SIZE:种群大小
        case 5
            num_iter = 5e3;      % NUM_ITER:迭代次数
        case 6
            show_prog = 1;
        case 7
            show_res = 1;
        otherwise
    end
end
% 调整输入数据
N = size(xy,1);
[nr,nc] = size(dmat);
if N ~ = nr || N ~ = nc
    error('Invalid XY or DMAT inputs!')
end
n = N;
% 约束条件
salesmen = max(1,min(n,round(real(salesmen(1)))));
min_tour = max(1,min(floor(n/salesmen),round(real(min_tour(1)))));
pop_size = max(8,8 * ceil(pop_size(1)/8));
num_iter = max(1,round(real(num_iter(1))));
show_prog = logical(show_prog(1));
show_res = logical(show_res(1));
% 路线的初始化
num_brks = salesmen - 1;
dof = n - min_tour * salesmen;
addto = ones(1,dof + 1);
for k = 2:num_brks
    addto = cumsum(addto);
end
cum_prob = cumsum(addto)/sum(addto);
% 种群初始化
pop_rte = zeros(pop_size,n);
pop_brk = zeros(pop_size,num_brks);
```

```
for k = 1:pop_size
    pop_rte(k,:) = randperm(n);
    pop_brk(k,:) = randbreaks();
end
tmp_pop_rte = zeros(8,n);
tmp_pop_brk = zeros(8,num_brks);
new_pop_rte = zeros(pop_size,n);
new_pop_brk = zeros(pop_size,num_brks);
% 图形中各个路线的颜色
clr = [1 0 0; 0 0 1; 0.67 0 1; 0 1 0; 1 0.5 0];
if salesmen > 5
    clr = hsv(salesmen);
end
% 遗传算法实现
global_min = Inf;
total_dist = zeros(1,pop_size);
dist_history = zeros(1,num_iter);
if show_prog
    pfig = figure('Name','MTSP_GA | Current Best Solution','Numbertitle','off');
end
for iter = 1:num_iter
    for p = 1:pop_size
        d = 0;
        p_rte = pop_rte(p,:);
        p_brk = pop_brk(p,:);
        rng = [[1 p_brk + 1];[p_brk n]]';
        for s = 1:salesmen
            d = d + dmat(p_rte(rng(s,2)),p_rte(rng(s,1)));
            for k = rng(s,1):rng(s,2) - 1
                d = d + dmat(p_rte(k),p_rte(k + 1));
            end
        end
        total_dist(p) = d;
    end
    % 种群中的最优路线
    [min_dist,index] = min(total_dist);
    dist_history(iter) = min_dist;
    if min_dist < global_min
        global_min = min_dist;
        opt_rte = pop_rte(index,:);
        opt_brk = pop_brk(index,:);
        rng = [[1 opt_brk + 1];[opt_brk n]]';
        if show_prog
            % 画最优路线图
            figure(pfig);
            for s = 1:salesmen
```

```
            rte = opt_rte([rng(s,1):rng(s,2) rng(s,1)]);
            plot(xy(rte,1),xy(rte,2),'. - ','Color',clr(s,:));
            title(sprintf('Total Distance = %1.4f, Iterations = %d',min_dist,iter));
            hold on
        end
        hold off
    end
end
% 遗传算法的进程操作
rand_grouping = randperm(pop_size);
for p = 8:8:pop_size
    rtes = pop_rte(rand_grouping(p-7:p),:);
    brks = pop_brk(rand_grouping(p-7:p),:);
    dists = total_dist(rand_grouping(p-7:p));
    [ignore,idx] = min(dists);
    best_of_8_rte = rtes(idx,:);
    best_of_8_brk = brks(idx,:);
    rte_ins_pts = sort(ceil(n * rand(1,2)));
    I = rte_ins_pts(1);
    J = rte_ins_pts(2);
    for k = 1:8 % 产生新的解
        tmp_pop_rte(k,:) = best_of_8_rte;
        tmp_pop_brk(k,:) = best_of_8_brk;
        switch k
            case 2 % 选择交叉算子
                tmp_pop_rte(k,I:J) = fliplr(tmp_pop_rte(k,I:J));
            case 3 % 变异算子
                tmp_pop_rte(k,[I J]) = tmp_pop_rte(k,[J I]);
            case 4 % 重排序
                tmp_pop_rte(k,I:J) = tmp_pop_rte(k,[I+1:J I]);
            case 5 % 修改城市点
                tmp_pop_brk(k,:) = randbreaks();
            case 6 % 选择交叉
                tmp_pop_rte(k,I:J) = fliplr(tmp_pop_rte(k,I:J));
                tmp_pop_brk(k,:) = randbreaks();
            case 7 % 变异,修改城市点
                tmp_pop_rte(k,[I J]) = tmp_pop_rte(k,[J I]);
                tmp_pop_brk(k,:) = randbreaks();
            case 8 % 重排序,修改城市点
                tmp_pop_rte(k,I:J) = tmp_pop_rte(k,[I+1:J I]);
                tmp_pop_brk(k,:) = randbreaks();
            otherwise
        end
    end
    new_pop_rte(p-7:p,:) = tmp_pop_rte;
```

```
                new_pop_brk(p - 7:p, :) = tmp_pop_brk;
        end
        pop_rte = new_pop_rte;
        pop_brk = new_pop_brk;
    end
    if show_res
% 画图
        figure('Name','MTSP_GA | Results','Numbertitle','off');
        subplot(2,2,1);
        plot(xy(:,1),xy(:,2),'k.');
        title('City Locations');
        subplot(2,2,2);
        imagesc(dmat(opt_rte,opt_rte));
        title('Distance Matrix');
        subplot(2,2,3);
        rng = [[1 opt_brk + 1];[opt_brk n]]';
        for s = 1:salesmen
            rte = opt_rte([rng(s,1):rng(s,2) rng(s,1)]);
            plot(xy(rte,1),xy(rte,2),'. - ','Color',clr(s,:));
            title(sprintf('Total Distance = %1.4f',min_dist));
            hold on;
        end
        subplot(2,2,4);
        plot(dist_history,'b','LineWidth',2);
        title('Best Solution History');
        set(gca,'XLim',[0 num_iter + 1],'YLim',[0 1.1 * max([1 dist_history])]);
    end
% 结果展示
if nargout
    varargout{1} = opt_rte;
    varargout{2} = opt_brk;
    varargout{3} = min_dist;
end
        % 随机城市点的生成
        function breaks = randbreaks()
            if min_tour == 1
                tmp_brks = randperm(n - 1);
                breaks = sort(tmp_brks(1:num_brks));
            else
                num_adjust = find(rand < cum_prob,1) - 1;
                spaces = ceil(num_brks * rand(1,num_adjust));
                adjust = zeros(1,num_brks);
                for kk = 1:num_brks
                    adjust(kk) = sum(spaces == kk);
                end
                breaks = min_tour * (1:num_brks) + cumsum(adjust);
```

```
        end
    end
end
```

其实现主程序代码如下：

```
% chapter11/test21.m
n = 48;
xy = [6734 1453;2233 10;5530 1424;401 841;3082 1644;7608 44858;7573 3716;...
7265 1268;6898 1885;1112 2049;5468 2606;5989 2873;4706 2674;4612 2035;...
6347 2683;6107 669;7611 5184;7462 3590;7732 4723;5900 3561;4483 3369;...
6101 1110;5199 2182;1633 2809;4307 2322;675 1006;7555 4819;7541 3981;...
3177 756;7352 4506;7545 2801;3245 3305;6426 3173;4608 1198;23 2216;7248   3779;...
7762 4595;7392 2244;3484 2829;6271 2135; 4985 140;1916 1569;7280 4899;7509 3239;...
10 2676;6807 2993;5185 3258;3023 1942];
salesmen = 4;
min_tour = 5;
pop_size = 80;
num_iter = 5e3;
a = meshgrid(1:n);
dmat = reshape(sqrt(sum((xy(a,:) - xy(a',:)).^2,2)),n,n);
[x,fval,exitflag] = M9_9(xy,dmat,salesmen,min_tour,pop_size,num_iter,1,1)
```

运行程序,效果如图 11-12 所示。

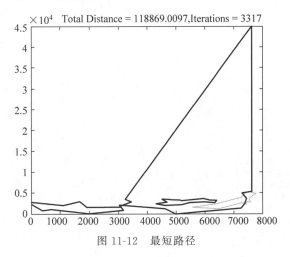

图 11-12　最短路径

由图 11-12 及图 11-13 可知,结果是经过迭代 3317 次,最小路径的总和为 118869。
运行结果如下：

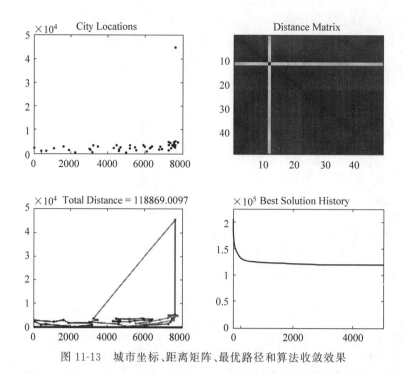

图 11-13　城市坐标、距离矩阵、最优路径和算法收敛效果

```
x =
  列 1 至 15
    17    43    18    38     8    16    41    34    48    39    32     6    26     2
29
  列 16 至 30
     5    42    24    10    45    35     4    21    13    25    14    23    11    12
15
  列 31 至 45
    33    20    47    19    27    30    36    46    40     3    22     1     9    31
44
  列 46 至 48
     7    28    37
fval =
    12    22    33
exitflag =   1.1887e + 05
```

11.6　禁忌搜索算法

工程领域内存在大量的优化问题,对于优化算法的研究一直是计算机领域内的一个热点问题。优化算法主要分为全局优化算法和局部邻域搜索算法。全局优化算法不依赖于问题的性质,按一定规则搜索解空间,直到搜索到近似最优解或最优解,属于智能随机算法,其

代表有遗传算法、模拟退火算法、粒子群算法等。

局部邻域搜索是基于贪婪思想持续地在当前的邻域中进行搜索,通常可描述为从一个初始解出发,利用邻域函数持续地在当前的邻域中搜索比它好的解,如果能够找到如此的解,就以其成为新的当前解,然后重复上述过程,否则结束搜索过程,并以当前解作为最终解。局部搜索算法的性能依赖于邻域结构和初始解,如果邻域函数设计不当或初值选取不合适,则算法最终的性能会很差。局部邻域搜索算法依赖于对问题性质的认识,易陷入局部极小而无法保证全局优化性,但是该算法属于启发式搜索,容易理解,通用且易实现。同时,贪婪思想无疑将使算法丧失全局优化能力,即算法在搜索过程中无法避免陷入局部极小,因此,如果不在搜索策略上进行改进,实现全局优化,则局部搜索算法采用的邻域函数必须是"完全的",即邻域函数将导致解的完全枚举,而这在大多数情况下无法实现,且穷举的方法对于大规模问题在搜索时间上是不允许的。为了实现全局优化,可尝试的途径有扩大邻域搜索结构、多点并行搜索,如进化计算、变结构邻域搜索等。

禁忌(Tabu Search,TS)算法是一种亚启发式随机搜索算法,它从一个初始可行解出发,选择一系列的特定搜索方向(移动)作为试探,选择实现让特定的目标函数值变化最多的移动。为了避免陷入局部最优解,TS搜索中采用了一种灵活的"记忆"技术,对已经进行的优化过程进行记录和选择,指导下一步的搜索方向,这就是 Tabu 表的建立。

11.6.1 禁忌搜索的相关理论

TS 算法是对人类智力过程的一种模拟,是人工智能的一种体现。TS 算法在函数全局优化、组合优化、生产调度、机器学习等领域取得了很大的成功。

11.6.2 启发式搜索算法与传统的方法

TS 由美国科罗拉多州大学的 Fred Glover 教授在 1977 年左右提出来,是一个用来跳出局部最优的搜寻方法。在解决最优问题上,一般区分为两种方式:一种是传统的方法,即穷举法、贪婪法、分治法、动态规划等,而另一种方法则是一些启发式搜索算法,而这两种方法最大的不同点就在于使用传统的方法,必须对每个问题都去设计一套算法,一旦遇到一个新的问题,整个算法就得重新设计,所以相当不方便,也缺乏广泛性。相对的好处就是一旦可以证明算法的正确性,就可以保证找到的答案一定是最优的,而对于启发式算法,针对不同的问题,可以套用同一个架构来寻找答案,在这个过程中,只需设计评价函数及如何找到下一个可能解的函数等,所以启发式算法的广泛性比较高,但相对在准确度上就不一定能够达到最优。因为启发式算法的架构使它可以很快接近最优解,但却不能保证找到的解一定是最优解。不过在现实中,我们所遇到的问题越来越复杂,一个问题牵涉的量也很多,如果根据传统的方法来设计算法,往往必须将问题简化了才有办法达到目标,然而,简化后的模型求出的最优解往往比对完整问题求出的近似解更不符合事实。

11.6.3　禁忌搜索与局部邻域搜索

禁忌搜索是对局部邻域搜索的一种扩展，是一种全局逐步寻求最优算法。禁忌搜索算法中充分体现了集中和扩散两个策略，它的集中策略体现在局部搜索，即从一点出发，在这点的邻域内寻求更好的解，以达到局部最优解而结束，为了跳出局部最优解，扩散策略通过禁忌表的功能实现。禁忌表中记下已经到达的某些信息，算法通过对禁忌表中点的禁忌，而达到一些没有搜索的点，从而实现更大区域的搜索。局部邻域搜索是基于贪婪思想持续地在当前解的邻域中进行搜索，虽然算法通用并易实现，且容易理解，但搜索性能完全依赖于邻域结构和初解，尤其会陷入局部极小而无法保证全局优化性。针对局部邻域搜索，为了实现全局优化，可尝试的路径有以可控性概率接受劣解来跳出局部极小，如模拟退火算法。扩大邻域搜索结构，如 TSP 的 2-opt 扩展到 k-opt，还有就是 TS 的禁忌策略应尽量避免迂回搜索，它是一种确定性的局部极小跳出策略。

11.6.4　局部邻域搜索

局部邻域搜索是基于贪婪准则持续地在当前的邻域中进行搜索，虽然其算法通用，易于实现，且容易理解，但其搜索性能完全依赖于邻域结构和初始解，尤其容易陷入极小值而无法保证全局优化。

局部搜索的算法可以描述如下：

（1）选定一个初始可行解 x^0，记录当前最优解 $x^{\text{best}}=x^0$，$T=N(x^{\text{best}})$ 其中 $N(x^{\text{best}})$ 表示 x^{best} 的邻域。

（2）当 $T-x^{\text{best}}=\phi$（ϕ 表示空集）或满足其他停止运算准则时，输出计算结果，停止运算，否则，继续步骤（3）。

（3）从 T 中选一集合 S，得到 S 的最好解 x^{now}。如果 $f(x^{\text{now}})<f(x^{\text{best}})$，则 $x^{\text{now}}=x^{\text{best}}$，$T=N(x^{\text{best}})$，否则，$T=T-S$，重复步骤（2），继续搜索。

其中，步骤（1）的初始解可随机选取，也可由一些经验算法或其他算法得到。步骤（3）中集合 S 的选取可以大到 $N(x^{\text{best}})$ 本身，也可以小到只有一个元素。S 取值小，将使每一步的计算量减小，但可比较的范围很小；S 取值大，则每一步计算时间增加，但比较的范围增大。这两种情况的应用效果依赖于实际问题。在步骤（3）中，$T-x^{\text{best}}=\phi$ 以外的其他算法，其终止准则的选取取决于人们对算法计算时间、计算结果的要求。

这种邻域搜索方法易于理解，易于实现，而且具有很好的通用性，但是搜索结果的好坏完全依赖于初始解和邻域的结构。如果邻域结构设置不当，或初始解选取不合适，则搜索结果会很差，可能只会搜索到局部最优解，即算法在搜索过程中容易陷入局部极小值，因此，如果不在搜索策略上进行改进，要实现全局优化，局部邻域搜索算法采用的邻域函数就必须是"完全"的，即邻域函数将导致解的完全枚举，而这在大多数情况下是无法实现的，而且穷举的方法对于大规模问题在搜索时间上也是不允许的。为了实现全局搜索，禁忌搜索采用允许接受劣质解的策略来避免局部最优解。

11.6.5　禁忌搜索的基本思想

禁忌搜索是人工智能的一种体现,是局部领域搜索的一种扩展。禁忌搜索最重要的思想是标记对应已搜索的局部最优解的一些对象,并在进一步的迭代搜索中尽量避开这些对象,而不是绝对禁止循环,从而保证对不同的有效搜索途径的探索。禁忌搜索涉及领域、禁忌表、禁忌长度、候选解、藐视准则等概念。

禁忌搜索算法的基本思想:给定一个初始解(随机的)作为当前最优解,给定一种状态 best so far 作为全局最优解。给定初始解的一个邻域,然后在此初始解的邻域中确定若干解作为算法的候选解,利用适配值函数评价这些候选解,选出最佳候选解。如果最佳候选解所对应的目标值优于 best so far 状态,则忽视它的禁忌特性,并且用这个最佳候选解替代当前解和 best so far 状态,并将相应的解加入禁忌表中,同时修改禁忌表中各个解的任期。如果候选解达不到以上条件,则在候选解中选择非禁忌的最佳状态作为新的当前解,并且不管它与当前解的优劣,将相应的解加入禁忌表中,同时修改禁忌表中各对象的任期。最后,重复上述搜索过程,直至满足停止准则。

算法步骤可描述为

(1) 给定算法参数,随机产生初始解 x,置禁忌表为空。

(2) 判断算法终止条件是否满足,如果是,则结束算法并输出优化结果。否则,继续以下步骤。

(3) 利用当前解 x 的邻域函数产生其所有(或若干)邻域解,并从中确定若干候选解。

(4) 对候选解判断特赦准则是否满足。如果成立,则用满足特赦准则的最佳状态 x' 替代 x 成为新的当前解,即 $x = x'$,并用与 x' 对应的禁忌对象替换最早进入禁忌表的禁忌对象,同时用 x' 替换 best so far 状态,然后转到步骤(2)。否则,继续以下步骤。

(5) 判断候选解对应的各对象的禁忌属性,选择候选解集中非禁忌对象对应的最佳状态为新的当前解,同时用与之对应的禁忌对象替换最早进入禁忌表的禁忌对象元素。转到步骤(2)。

禁忌搜索直观的算法流程图如图 11-14 所示。

可以明显地看到,邻域函数、禁忌搜索、禁忌表和特赦准则构成了禁忌搜索算法的关键。其中,邻域函数沿用局部邻域搜索的思想,用于实现邻域搜索。禁忌表和禁忌对象的设置体现了算法避免迂回搜索的特点;特赦准则是对优良状态的奖励,它是对禁忌策略的一种放松。值得指出的是,上述算法仅是一种简单的禁忌搜索框架,对各关键环节复杂和多样化的设计可构造出各种禁忌搜索算法。同时,算法流程中的禁忌对象,可以是搜索状态,也可以是特定搜索操作,甚至是搜索目标值等。

该算法可简单地表示为

(1) 选定一个初始解 x^{now},置禁忌表 $H = \phi$。

(2) 如果满足终止规则,则终止计算。否则,在 x^{now} 的邻域 $N(H, x^{\text{now}})$ 中选出满足禁忌要求的候选集 Can_N(x^{now}),在 Can_N(x^{now}) 中选出一个评价值最佳的解 x^{next},令

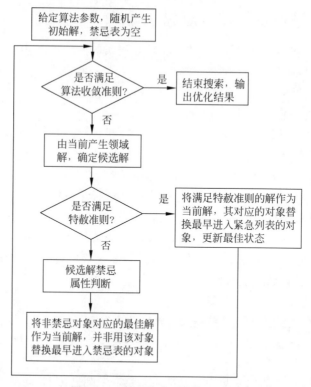

图 11-14 禁忌搜索的算法流程图

$x^{\text{now}} = x^{\text{next}}$ 更新历史记录 H，重复步骤（2）。

11.6.6 禁忌搜索算法的特点

禁忌搜索算法是在邻域搜索的基础上，通过设置禁忌表来禁忌一些已经进行过的操作，并利用藐视准则来奖励一些优良状态，其中邻域结构、候选解、禁忌长度、禁忌对象、藐视准则、终止准则等是影响禁忌搜索算法性能的关键。邻域函数沿用局部邻域搜索的思想，用于实现邻域搜索；禁忌表和禁忌对象的设置体现了算法避免迂回搜索的特点；藐视准则则是对优良状态的奖励，它是对禁忌策略的一种放松。

与传统的优化算法相比，禁忌搜索算法的主要特点如下：

（1）禁忌搜索算法的新解不是在当前解的邻域中随机产生，它要么是优于 best so far 的解，要么是非禁忌的最佳解，因此选取优良解的概率远远大于其他劣质解的概率。

（2）由于禁忌搜索算法具有灵活的记忆功能和藐视准则，并且在搜索过程中可以接受劣质解，所以具有较强的"爬山"能力，搜索时能够跳出局部最优解，转向解空间的其他区域，从而增大获得更好的全局最优解的概率，因此，禁忌搜索算法是一种局部搜索能力很强的全局迭代寻优算法。

迄今为止，尽管禁忌搜索算法在许多领域得到了成功应用，但禁忌搜索也有明显不足，对初始解的依赖性较强,好的初始解有助于搜索很快达到最优解,而较坏的初始解往往会使搜索很难或不能达到最优解,因此有先验知识指导下的初始解容易让算法找到最优解,并且迭代搜索过程是串行的,仅是单一状态的移动,而非并行搜索。

11.6.7　禁忌搜索算法的应用

禁忌搜索算法的相关概念及准则在前面已经介绍了,下面通过一个实例来演示禁忌搜索算法在实际中的应用。

【**例 11-5**】　旅行商问题。假设有一个旅行者要去 31 个城市出差,他需要选择路径,路径的限制是每个城市只能拜访一次,而且最后要回到原来的城市。路径选择要求:所选择的路径为路径之中的最小值。

31 所城市的坐标为 [1304 2312;3639 1315;4177 2244;3712 1399;3488 1535;3326 1556;3238 1229;4196 1044;4312 790;4386 570;3007 1970;2562 1756;2788 1491;2381 1676;1332 695;3715 1678;3918 2179;4061 2370;3780 2212;3676 2578;4029 2838;4263 2391;3429 1908;3507 2376;3394 2643;3439 3201;2935 3240;3140 3550;2545 2357;2778 2826;2370 2975]。

代码如下:

```
% chapter11/test22.m
function [BestShortcut,theMinDistance] = TabuSearch
clear;
Clist = [1304 2312;3639 1315;4177 2244;3712 1399;3488 1535;3326 1556;3238 1229;...
    4196 1044;4312   790;4386   570;3007 1970;2562 1756;2788 1491;2381 1676;...
    1332   695;3715 1678;3918 2179;4061 2370;3780 2212;3676 2578;4029 2838;...
    4263 2931;3429 1908;3507 2376;3394 2643;3439 3201;2935 3240;3140 3550;...
    2545 2357;2778 2826;2370 2975];                % 全国 31 个省会城市的坐标

CityNum = size(Clist,1);                           % TSP 问题的规模,即城市数目
dislist = zeros(CityNum);
for i = 1:CityNum
    for j = 1:CityNum
        dislist(i,j) = ((Clist(i,1) - Clist(j,1))^2 + (Clist(i,2) - Clist(j,2))^2)^0.5;

    end
end
TabuList = zeros(CityNum);                         % (tabu list)
TabuLength = round((CityNum * (CityNum - 1)/2)^0.5); % 禁忌表长度(tabu length)
Candidates = 200;                                  % 候选集的个数 (全部邻域解的个数)
CandidateNum = zeros(Candidates,CityNum);          % 候选解集合
S0 = randperm(CityNum);                            % 随机产生初始解
BSF = S0;                                          % best so far
BestL = Inf;                                        % 当前最佳解距离
```

```
p = 1;                                    % 记录迭代次数
StopL = 2000;                             % 最大迭代次数

figure(1);
stop = uicontrol('style','toggle','string','stop','background','white');
tic;                                      % 用来保存当前时间
% 禁忌搜索循环
while p < StopL
    if Candidates > CityNum * (CityNum - 1)/2
        disp('候选解个数不大于 n * (n - 1)/2!');
        break;
    end
    ALong(p) = M11_1fun(dislist, S0);      % 当前解适配值
    i = 1;
    A = zeros(Candidates, 2);              % 解中交换的城市矩阵
    % 以下 while 循环用于生成随机的 200 × 2 的矩阵 A. 每个元素都在 1~31
    while i < = Candidates
        M = CityNum * rand(1,2);
        M = ceil(M);
        if M(1) ~ = M(2)
            A(i,1) = max(M(1),M(2));
            A(i,2) = min(M(1),M(2));
                if i == 1
                isa = 0;
            else
                for j = 1:i - 1
                    if A(i,1) == A(j,1) && A(i,2) == A(j,2)
                        isa = 1;
                        break;
                    else
                        isa = 0;
                    end
                end
            end
            if ~ isa
                i = i + 1;
            else
            end
        else
        end
    end
    % 产生邻域解
    BestCandidateNum = 100; % 保留前 BestCandidateNum 个最好候选解
    BestCandidate = Inf * ones(BestCandidateNum, 4);
    F = zeros(1, Candidates);
    % 这相当于产生一个 S0 的邻域
```

```
    for i = 1:Candidates
        CandidateNum(i,:) = S0;    % 候选解集合
        CandidateNum(i,[A(i,2),A(i,1)]) = S0([A(i,1),A(i,2)]);
        F(i) = M11_1fun(dislist,CandidateNum(i,:));
        if i < = BestCandidateNum
            BestCandidate(i,2) = F(i);
            BestCandidate(i,1) = i;
            BestCandidate(i,3) = S0(A(i,1));
            BestCandidate(i,4) = S0(A(i,2));
        else
            for j = 1:BestCandidateNum
                if F(i)< BestCandidate(j,2)
                    BestCandidate(j,2) = F(i);
                    BestCandidate(j,1) = i;
                    BestCandidate(j,3) = S0(A(i,1));
                    BestCandidate(j,4) = S0(A(i,2));
                    break;
                end
            end
        end
    end
    % 对 BestCandidate
    [JL,Index] = sort(BestCandidate(:,2));
    SBest = BestCandidate(Index,:);
    BestCandidate = SBest;
    % 藐视准则
      if BestCandidate(1,2)< BestL
        BestL = BestCandidate(1,2);
        S0 = CandidateNum(BestCandidate(1,1),:);
        BSF = S0;
        for m = 1:CityNum
            for n = 1:CityNum
                if TabuList(m,n)~ = 0
                    TabuList(m,n) = TabuList(m,n) - 1;                    % 更新禁忌表
                end
            end
        end
        TabuList(BestCandidate(1,3),BestCandidate(1,4)) = TabuLength;    % 更新禁忌表
    else
for i = 1:BestCandidateNum
        if  TabuList(BestCandidate(i,3),BestCandidate(i,4)) == 0
            S0 = CandidateNum(BestCandidate(i,1),:);
        for m = 1:CityNum
            for n = 1:CityNum
                if TabuList(m,n)~ = 0
```

```
                    TabuList(m,n) = TabuList(m,n) - 1;              % 更新禁忌表
                end
            end
        end
            TabuList(BestCandidate(i,3),BestCandidate(i,4)) = TabuLength;  % 更新禁忌表
        break;
        end
        end
    end
    ArrBestL(p) = BestL;
    for i = 1:CityNum - 1
        plot([Clist(BSF(i),1),Clist(BSF(i + 1),1)],[Clist(BSF(i),2),Clist(BSF(i + 1),2)],'bo - ');
        hold on;
    end
    plot([Clist(BSF(CityNum),1),Clist(BSF(1),1)],[Clist(BSF(CityNum),2),Clist(BSF(1),
2)],'ro - ');
    title(['迭代次数:',int2str(p),'优化最短距离:',num2str(BestL)]);
    hold off;
    pause(0.005);
    if get(stop,'value') == 1
        break;
    end
    % 存储中间结果为图片
    if (p == 1||p == 5||p == 10||p == 20||p == 60||p == 150||p == 400||p == 800||p == 1500||p
== 2000)
        filename = num2str(p);
        fileformat = 'jpg';
        saveas(gcf,filename,fileformat);
    end
    p = p + 1;                                              % 迭代次数加 1
end
toc;                                                        % 用来保存完成的时间
BestShortcut = BSF;                                         % 最佳路线
theMinDistance = BestL;                                     % 最佳路线长度
set(stop,'style','pushbutton','string','close', 'callback','close(gcf)');
figure(2);
plot(ArrBestL,'b');
xlabel('迭代次数');
ylabel('目标函数值');
title('适应度进化曲线');
grid;
hold on;
figure(3)
plot(toc - tic,'b');
grid;
title('运行时间');
```

根据需要,自定义编写的适应值函数的代码如下:

```
% 适配值函数
function F = M11_1fun(dislist,s)
DistanV = 0;
n = size(s,2);
for i = 1:(n-1)
    DistanV = DistanV + dislist(s(i),s(i+1));
end
    DistanV = DistanV + dislist(s(n),s(1));
F = DistanV;
```

运行程序,输出如下,得到优化路径如图 11-15 所示,适应度进化曲线如图 11-16 所示。

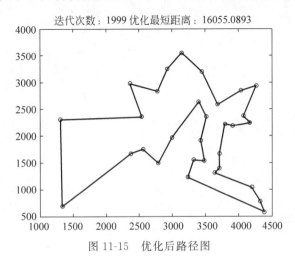

图 11-15 优化后路径图

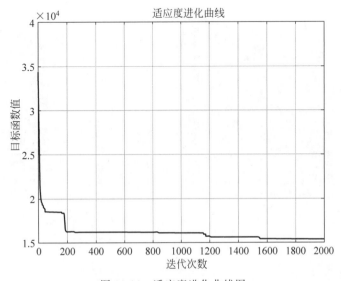

图 11-16 适应度进化曲线图

```
ans =
  列 1 至 15
    12    14    15     1    29    31    30    27    28    26    25    24    20    21
  22
  列 16 至 30
    18     3    17    19    23    11     6     5    16     4     2     8     9    10
   7
  列 31
    13
```

图 书 推 荐

书　名	作　者
鸿蒙应用程序开发	董昱
鸿蒙操作系统开发入门经典	徐礼文
鸿蒙操作系统应用开发实践	陈美汝、郑森文、武延军、吴敬征
华为方舟编译器之美——基于开源代码的架构分析与实现	史宁宁
鲲鹏架构入门与实战	张磊
华为 HCIA 路由与交换技术实战	江礼教
Flutter 组件精讲与实战	赵龙
Flutter 实战指南	李楠
Dart 语言实战——基于 Flutter 框架的程序开发(第 2 版)	亢少军
Dart 语言实战——基于 Angular 框架的 Web 开发	刘仕文
IntelliJ IDEA 软件开发与应用	乔国辉
Vue＋Spring Boot 前后端分离开发实战	贾志杰
Vue.js 企业开发实战	千锋教育高教产品研发部
Python 人工智能——原理、实践及应用	杨博雄主编,于营、肖衡、潘玉霞、高华玲、梁志勇 副主编
Python 深度学习	王志立
Python 异步编程实战——基于 AIO 的全栈开发技术	陈少佳
物联网——嵌入式开发实战	连志安
智慧建造——物联网在建筑设计与管理中的实践	〔美〕周晨光(Timothy Chou)著；段晨东、柯吉译
TensorFlow 计算机视觉原理与实战	欧阳鹏程、任浩然
分布式机器学习实战	陈敬雷
计算机视觉——基于 OpenCV 与 TensorFlow 的深度学习方法	余海林、翟中华
深度学习——理论、方法与 PyTorch 实践	翟中华、孟翔宇
深度学习原理与 PyTorch 实战	张伟振
ARKit 原生开发入门精粹——RealityKit＋Swift＋SwiftUI	汪祥春
Altium Designer 20 PCB 设计实战(视频微课版)	白军杰
Cadence 高速 PCB 设计——基于手机高阶板的案例分析与实现	李卫国、张彬、林超文
SolidWorks 2020 快速入门与深入实战	邵为龙
UG NX 1926 快速入门与深入实战	邵为龙
西门子 S7-200 SMART PLC 编程及应用(视频微课版)	徐宁、赵丽君
三菱 FX3U PLC 编程及应用(视频微课版)	吴文灵
全栈 UI 自动化测试实战	胡胜强、单镜石、李睿
pytest 框架与自动化测试应用	房荔枝、梁丽丽
软件测试与面试通识	于晶、张丹
深入理解微电子电路设计——电子元器件原理及应用(原书第 5 版)	〔美〕理查德·C. 耶格(Richard C. Jaeger)、〔美〕特拉维斯·N. 布莱洛克(Travis N. Blalock)著；宋廷强译
深入理解微电子电路设计——数字电子技术及应用(原书第 5 版)	〔美〕理查德·C. 耶格(Richard C. Jaeger)、〔美〕特拉维斯·N. 布莱洛克(Travis N. Blalock)著；宋廷强译
深入理解微电子电路设计——模拟电子技术及应用(原书第 5 版)	〔美〕理查德·C. 耶格(Richard C. Jaeger)、〔美〕特拉维斯·N. 布莱洛克(Travis N. Blalock)著；宋廷强译

图书资源支持

感谢您一直以来对清华大学出版社图书的支持和爱护。为了配合本书的使用，本书提供配套的资源，有需求的读者请扫描下方的"书圈"微信公众号二维码，在图书专区下载，也可以拨打电话或发送电子邮件咨询。

如果您在使用本书的过程中遇到了什么问题，或者有相关图书出版计划，也请您发邮件告诉我们，以便我们更好地为您服务。

我们的联系方式：

地　　址：北京市海淀区双清路学研大厦 A 座 714

邮　　编：100084

电　　话：010-83470236　010-83470237

资源下载：http://www.tup.com.cn

客服邮箱：tupjsj@vip.163.com

QQ：2301891038（请写明您的单位和姓名）

用微信扫一扫右边的二维码，即可关注清华大学出版社公众号。

教学资源·教学样书·新书信息

人工智能科学与技术
人工智能|电子通信|自动控制

资料下载·样书申请

书圈